科学出版社"十三五"普通高等教育本科规划教材

弹 性 力 学

李 刚 主编

科学出版社

北 京

内 容 简 介

  本书基于大连理工大学工程力学系弹性力学教学团队的多年积累，从弹性力学的基本理论开始，全面、系统、完整地阐述弹性力学的理论、概念和方法，并介绍弹性理论的最新进展——弹性理论的辛方法。另外，本书采用标量表达与张量表达相结合的方式，既可以使学生理解弹性力学公式，又能使学生掌握张量表达，为将来的学习研究奠定基础。

  本书可作为力学、机械、土木、航空航天、船舶与海洋工程等相关专业本科生的弹性力学课程教材，也可供相关领域的科学研究人员、工程技术人员、高等院校的教师及研究生等参考使用。

图书在版编目（CIP）数据

弹性力学 / 李刚主编. — 北京：科学出版社，2021.2
（科学出版社"十三五"普通高等教育本科规划教材）
ISBN 978-7-03-068066-2

Ⅰ. ①弹…　Ⅱ. ①李…　Ⅲ. ①弹性力学－高等学校－教材
Ⅳ. ①O343

中国版本图书馆 CIP 数据核字（2021）第 027172 号

责任编辑：任　俊 / 责任校对：胡小洁
责任印制：张　伟 / 封面设计：迷底书装

科 学 出 版 社 出版
北京东黄城根北街 16 号
邮政编码：100717
http://www.sciencep.com
北京凌奇印刷有限责任公司 印刷
科学出版社发行　各地新华书店经销
*
2021 年 2 月第 一 版　　开本：787×1092　1/16
2022 年 1 月第二次印刷　　印张：21 1/2
字数：537 000

定价：**89.00** 元
（如有印装质量问题，我社负责调换）

前　言

　　弹性力学是固体力学的重要分支，是力学及其相关学科重要的专业基础课，主要研究弹性物体在外力和其他外界因素作用下产生的变形和内力，特别是经典理论的数学弹性力学，具有较强的理论性。大连理工大学工程力学系自20世纪60年代初由唐立民教授开始讲授弹性力学课程以来，弹性力学一直是工程力学专业的主干基础课，60多年来的教学实践形成了自己鲜明的教学风格和知识特色。在弹性力学教材建设中，唐立民教授编写了《弹性力学教程》(讲义，1963)、张允真和曹富新教授出版了《弹性力学及其有限元法》(中国铁道出版社，1983)、曹富新教授出版了《简明弹性力学》(辽宁科学技术出版社，1984)等教材。20世纪90年代以来，钟万勰院士和姚伟岸教授等开展了弹性力学的辛对偶体系的系统研究，并相继出版了《弹性力学求解新体系》(大连理工大学出版社，1995)和《辛弹性力学》(高等教育出版社，2002)等教材。

　　本书基于大连理工大学工程力学系多年来弹性力学的教学实践，参考国内外优秀教材，并考虑当前弹性力学教学理念的创新、教学模式的转换，以及弹性力学教学大纲和学时的调整等需求。本书共15章，包括绪论、应力理论、应变理论、本构关系、弹性力学问题的微分提法及一般原理、弹性空间问题、弹性平面问题、扭转问题、接触问题、热应力、弹性波、变分原理与变分法、弹性理论辛方法预备知识、弹性平面直角坐标的辛求解方法和弹性平面极坐标的辛求解方法等。

　　本书从弹性力学的基本理论开始，全面、系统、完整地阐述弹性力学的理论、概念和方法，并介绍弹性理论的最新进展，即钟万勰院士提出的弹性理论的辛方法。这不仅有利于启迪学生的思维，培养学生的创新精神，也为今后深入学习这一方法和其他力学课程奠定基础。另外，本书采用标量表达与张量表达相结合的方式——弹性力学的标量表示直观、容易理解，但公式繁杂；张量表示简洁，但比较抽象、不易理解——两种表达方式相结合，既可以使学生理解弹性力学公式，又能使学生掌握张量表达，为将来的学习研究奠定基础。

　　本书的作者多年从事弹性力学及相关课程的教学工作，在弹性力学教材建设方面开展了长期的、系统的工作，积累了丰富的经验；同时，弹性力学教学团队也是辽宁省优秀本科教学团队。本书编写工作分工如下：李刚担任主编，负责全书统稿，撰写第1章、第7章和附录，与曹富新合作撰写第2章～第5章；曹富新撰写第6章；杨春秋撰写第8章；刘书田撰写第9章和第12章；季顺迎撰写第10章；杨迪雄撰写第11章；姚伟岸和高强共同撰写第13章～第15章。此外，谭莉、汪锐琼、巩翠颖、周锦航和易龙飞等负责绘制插图、排版工作。

　　本书得到了国家级本科教学工程项目、首批"新工科"研究与实践项目、大连理工大学"新工科"系列精品教材项目等的支持，在此一并表示感谢！

编　者

2020年3月

目　录

第1章 绪 论

1.1 固体的力学性质和理想弹性体模型的建立

固体具有多种多样的物理属性，力学性质是其重要的物理属性之一。固体的力学性质取决于它的微观结构，但是弹性力学并不研究原子、分子、晶体和颗粒的力学性质，而是把根据宏观力学实验抽象出来并理想化的模型(通常称为理想弹性体或简称弹性体)作为研究对象。因此，弹性力学的基本任务就是从宏观上研究弹性体对外因(主要是外力、温度等)作用的反应，确定此时的应力和应变以及位移。

1.1.1 基于试验表征的固体材料的宏观力学性质

回顾简单拉伸试验所反映的固体材料的宏观力学性质。拉伸试验是用标准试件来进行的，对于金属材料，标准试件如图 1-1 所示。设试件两定点之间的长度为 L_0，其截面积为 A_0，加上拉力 F 后，L_0 伸长了 ΔL。F/A_0 称为拉伸应力 σ，$\Delta L/L_0$ 称为拉伸应变 ε，于是有

$$\sigma = \frac{F}{A_0}, \ \varepsilon = \frac{\Delta L}{L_0} \tag{1-1}$$

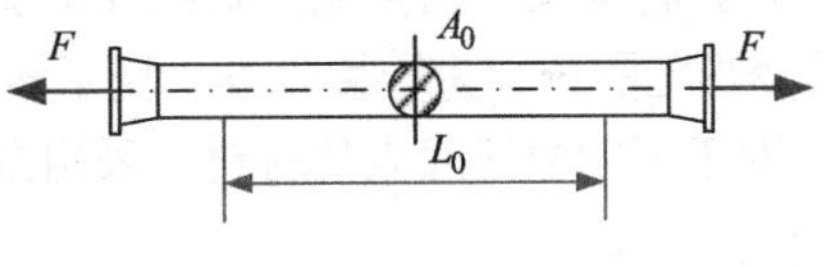

某种材料的拉伸应力和拉伸应变的比称为该材料的杨氏模量或弹性模量 E，即

图 1-1

$$E = \frac{\sigma}{\varepsilon} = \frac{FL_0}{A_0 \Delta L} \tag{1-2}$$

弹性模量 E 表征了材料的物理性质。关于应力和应变的概念，后面还将详细叙述。

固体的宏观力学性质通常用拉伸(压缩)试验过程中的应力应变关系曲线表示，这种曲线称为拉伸(压缩)图。根据力学特性，固体通常分为韧性固体和脆性固体。这两种材料的典型拉伸图如图 1-2 所示。

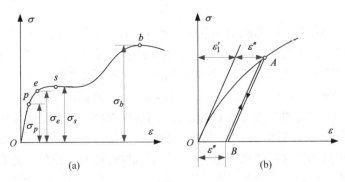

图 1-2

首先分析韧性材料的拉伸图。观察图 1-2(a)，可以看到，材料的受力变形过程明显地由四个特性点划分为三个阶段。图中 p、e 两点一般靠得很近，往往不加区分。

1）弹性阶段

拉伸曲线的 Oe 段称为弹性阶段。这一阶段的一个明显特征是，当外力去掉后，变形也完全消失，表示物体能够恢复到原来的形状。物体的这种性质称为弹性，在 e 点的应力 σ_e 称为弹性极限。随着外力的消失而消失的变形称为弹性变形；去掉外力后仍然保留的变形称为残余变形或永久变形。

弹性阶段的另一个明显特征是，应力 σ 与应变 ε 保持线性关系。设受力方向为 x 方向，则

$$\sigma_x = E\varepsilon_x \tag{1-3}$$

这就是简单拉伸时的胡克定律，弹性模量 E 为常数，表示应力与应变成正比。在拉伸图中，p 点以下均保持式(1-3)的关系，与 p 点对应的应力 σ_p 称为比例极限。因为 p、e 两点很近，所以通常把弹性极限和比例极限规定为一个值。材料在弹性阶段表现的上述两点特征就是弹性力学建立弹性介质的抽象物理模型的基础。

2）塑性阶段

应力应变关系曲线超过 e 点以后，材料开始失去弹性，进入塑性阶段，这时产生较大的永久变形，应力应变关系不再是线性的。当曲线超过 s 点后，材料开始屈服，即在应力几乎不增加的情况下，应变会不断地增加，对应于 s 点的应力 σ_s 称为屈服极限；当变形达到一定程度后，材料又开始强化，要继续增加变形必须再增加外力，到达 b 点后产生颈缩。由 e 到 b 的变形范围统称为塑性阶段，属于塑性力学的研究范畴。

对于无明显屈服点的材料，采用条件屈服极限表示，规定 $\sigma_s = \sigma_{0.2}$，$\sigma_{0.2}$ 为 $\varepsilon = 0.2\%$ 时所对应的应力。

由于 p、e、s 三点很近，工程上常把 σ_s 作为弹、塑性的分界。

3）断裂阶段

试件产生颈缩后，开始失去抵抗外力的能力，最后发生断裂，相对于 b 点的应力称为强度极限。

对于脆性材料，观察图 1-2 (b)，在它的拉伸曲线上没有明显的三个阶段之分，也没有明显的屈服点，材料亦不再满足胡克定律。为了分析上的需求，往往以切线斜率作为弹性模量，即

$$E = \frac{\mathrm{d}\sigma}{\mathrm{d}\varepsilon} \tag{1-4}$$

如果对脆性材料加载，应力应变关系曲线将沿着 OA 上升，若到 A 点后即卸载，应力应变关系曲线并不沿着原来的途径回复到原点，而是沿着直线 AB 下降，当全部载荷卸去之后，试件中尚残余一部分永久变形 ε''。假如重新加载，即第二次加载，应力应变关系曲线沿着 BA 上升，这就好像韧性材料拉伸图中有一段直线部分，A 点类似于屈服点。若以后的加载不超过 A 点，应力应变关系曲线将在 BA 上变动，这种脆性材料在重复载荷作用下变成韧性材料的现象称为硬化作用。特别值得注意的是，脆性材料硬化之后，出现应力应变关系成比例的阶段。这样，根据韧性材料建立的物理模型对于脆性材料同样是有意义的。如果重复加载超过了 A 点再卸载，将沿另外一条直线下降，这些直线都平行于拉伸曲线过 O 点的切线。但

是，精确的观测表明，AB 并不是直线，有微小的曲度，且上升和下降并不是沿着同一条曲线，这就是弹性滞后现象，所以直线也是近似的。

在对固体进行拉伸(压缩)试验时，还会看到试件截面的变化。一般来说，当长度伸长时，截面缩小；当长度缩短时，截面增大。假如纵向应变用 ε_x 表示，横向应变用 ε_y 表示，在简单拉伸，即横向不受力的情形下，二者的关系为

$$\frac{\varepsilon_y}{\varepsilon_x} = -\nu \tag{1-5}$$

式中，ν 称为材料的泊松系数或泊松比。对于一定的物质，在弹性范围内 ν 是常数，对于各向同性材料，ν 一般为 0～0.5。许多材料的 ν 可以取为 0.25，对于结构钢，通常取为 0.3。金属材料 $\nu = 0.25 \sim 0.35$。

固体在剪力载荷作用下将会发生剪应变。设有一立方体，上、下底面积为 A，受有大小相等、方向相反的一对剪力 F_S，则立方体变成斜方体(图 1-3)，其倾角 γ 表示原来直角的改变，称为剪应变，把 F_S/A 定义为剪应力 τ，即

$$\tau = \frac{F_S}{A} \tag{1-6}$$

实验指出，τ 与 γ 满足：

$$\frac{\tau}{\gamma} = G \tag{1-7}$$

式中，G 为材料的剪切模量，当 γ 不大时，G 为常数。τ 与 γ 的关系曲线类似于 σ 和 ε 的关系曲线。对于韧性材料，当 τ 超过某一极限时，同样发生屈服现象。

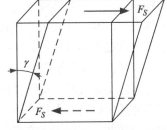

图 1-3

1.1.2　弹性力学的基本假设

1.1.1 节概述了固体的某些力学性质。但是，固体的种类繁多，各有自己的独特属性，应力应变关系曲线也都不一样，一种物质在不同的受力阶段其性质也不相同。另外，有些固体的力学性质明显地与方向有关，如木材纵向和横向性质不同；有些物质材料分布得较均匀，另外一些不均匀。弹性力学根据它们共同的、基本的属性，抽象为统一的、理想化的模型进行研究，物理模型通常是在科学实验的基础上通过假设或公理来建立的。

弹性力学的基本假设如下。

(1)物体的连续性假设。假定组成物体的介质充满了该物体所占有的全部空间，中间没有任何空隙，是连续的密实体。这一假设是建立和求解弹性力学数学模型所必需的，只有介质是连续的，物体内部的应力、应变和位移等物理量才可能是连续的，因而才能够用坐标的连续函数来描述它们的变化规律。实际上，一切物体都是由原子、分子或晶体、颗粒组成的，它们之间存在间隙，这与物体的连续性假设是不相符的。这一矛盾促使人们从微观角度来研究固体的力学性质，如颗粒弹性理论等。但是作为宏观力学的弹性力学不是从颗粒的力学性质出发，而是从宏观的力学实验出发来建立各物理量之间的定量关系，即从统计平均的意义上统一了真实物质结构与假设之间的矛盾，这在一般情况下已为实验所证实。因而弹性力学与其他微观理论同时得到发展和应用。

　　(2)物体的完全弹性假设。假定除去引起物体变形的外力之后，物体能够完全恢复到未加此外力时的原来形状，而没有任何残余变形(在温度保持不变的条件下)，并假定材料服从胡克定律，即应力和应变成正比。这一假设使弹性力学的数学模型简单，使应力和应变成为一一对应的线性关系。这样，物体在任意瞬时的应变就完全取决于该瞬时受到的外力，而与它在该瞬时以前的受力历史情况无关，与施加外力的次序无关，即弹性材料对于变形的历史无"记忆性"。实际上，这一假设对于一大类固体材料在弹性阶段内工作的情形下是近似满足的。对于在不符合这一假设下工作的物体则由塑性力学、蠕变力学、流变学等分支学科加以研究。

　　(3)物体的均匀性假设。假定整个物体是由同一种材料组成的。这一假设使得整个物体的每一部分具有相同的物理性质，即弹性常数、泊松比等不随位置而变化，因而可以从物体中取出任意微元进行分析，其单元性质可以用于整个物体。实际上，物质是由颗粒组成的，因为均匀性具有统计平均的意义，从宏观上看，这一假设对多数固体材料，特别是金属材料是比较符合的；对于某些物体，如混凝土，由多种材料组成，并不均匀，但是只要每种材料的颗粒远远小于物体而且均匀地分布在物体之内，从统计平均的意义上也可以当作均匀的。必须说明，物体的均匀性假设不妨碍弹性力学处理由几部分材料组成的弹性体，只要在每一部分都满足均匀性即可。

　　(4)物体的各向同性假设。假定物体的力学性质在各个方向上都是相同的。这一假设使得材料的物理性质，如弹性模量、泊松比等不随方向而变化。实际上，这一假设对于橡胶等许多非晶体材料是很符合的，对于钢铁等由晶体组成的金属材料，尽管晶体本身表现出明显的各向异性，但是由于它们很微小并且是不规则、杂乱无章的随机排列，在宏观表现上具有统计平均的效应，因此，它们基本上满足各向同性的特性，这也得到实验的证实。对于木材等明显的各向异性材料，由各向异性弹性力学专门进行研究。

　　(5)小变形假设。假定物体在受力变形以后，体内各点的位移都远远小于物体的原来尺寸，应变和转角远远小于 1。这一假设使得在建立弹性体变形以后的平衡方程时，可以用变形以前的尺寸，并不考虑作用方向随着变形的改变；在研究变形和位移时方可略去应变和转角的二次项与交叉项，从而简化了弹性力学的数学模型，使外力与变形或内力呈线性关系，在一般情形下可利用叠加原理。至于考虑几何上的有限变形或大变形问题，则由几何非线弹性力学及板、壳的大挠度理论进行专门的研究。

　　在上述五条基本假设中，前四条是关于物理方面的，凡是满足这四条基本假设的物体称为理想弹性体。它是由真实物体抽象出来的物理模型。反过来，它又更深刻、更广泛地反映着一类物质统一的、本质的力学属性。第五条基本假设是关于几何方面的。建立在上述五条基本假设基础上的弹性力学称为经典弹性力学，即经典弹性力学是研究理想弹性体线性问题的理论。本书所研究的问题除个别部分外，均属经典弹性力学的范畴。

1.2　弹性力学的基本任务、内容和研究方法

　　牛顿力学把物体抽象为质点或者刚体，研究它们之间的相互作用(称为力)和运动，以及力与运动的关系。运动的结果使物体产生位移、速度和加速度，其中刚体位移包括线位移(简

称位移)和转角两部分。牛顿力学是建立在牛顿三大定律和万有引力定律的基础之上的,它在物体运动速度远小于光速的现实世界中已被实践证明是正确的。因此,在它的体系完成之后,力学家就开始把它应用于各种可变形的连续介质,弹性力学就成为把牛顿力学由刚体应用到连续介质上的一个桥梁。在弹性力学的研究中,保留了刚体力学的方法。牛顿三大定律以及由它得出的结论在弹性力学里面不仅有效,而且必须作为理论基础;研究对象由刚体模型变为连续的弹性体模型所必须增加的运动规律完全可以在牛顿三大定律和物性条件(1.1.2 节提出的基本假设)的基础上建立起来。

1. 弹性力学的基本任务和内容

对于连续的弹性体,同样必须研究问题的静力学方面和运动的几何学方面,同时必须研究问题的物理方面,即应力和应变之间的物理关系(或本构关系),就如在一维弹性力学——材料力学中所做的那样。

在弹性力学的静力学方面,同样要研究物体的平衡条件。但是,对于变形体,静力平衡条件只是平衡的必要条件,而不是充分条件。物体承受的外力是平衡力系,还不能保证弹性体内部处处平衡,因此,必须研究弹性体内部的平衡,这是连续体力学主要研究的平衡关系。为此,假想弹性体是由内部为无限多个无限小的微元平行六面体和边界表面为无限多个无限小的微元四面体所组成的集合体。在变形完成之后把每一个微元看作刚体(称为刚化原理)并研究它们的平衡,即可建立弹性力学平衡微分方程和力的边界条件。在小变形情形下,平衡条件是在变形前的微元体上建立的。由于未知应力数大于方程数,弹性力学问题总是超静定的,必须研究问题的几何方面和物理方面。

在弹性力学中研究运动的几何学方面,同样要研究弹性体内部任一点的位移。但是,只考虑刚体位移就不够了,还必须研究物体因变形而产生的位移,这是弹性力学中主要研究的位移。因此,变形体的位移在一般情形下必须包含刚性位移和变形位移两部分。破坏前弹性体是连续的,变形后不允许产生裂缝或重叠,因此位移和变形必须是连续的。研究位移和应变的关系、微元之间的变形协调条件,就可得出弹性力学的几何微分方程或与之等价的变形连续方程(亦称变形协调方程或相容方程)。研究边界位移与外加约束的协调性可建立位移边界条件。

与刚体力学不同,对于变形体还必须研究应力与应变之间的物理关系(本构关系),对于弹性体,这种关系就是广义胡克定律。

弹性力学就是通过静力、几何、物理三方面的研究来建立描述弹性体在外力作用下运动规律的数学模型,最后得到一组高阶偏微分方程及相应的边界条件。这一步工作在经典弹性力学中已经完成,并为科学实验和工程实践所证实。上述只是根据弹性力学基本假设建立起来的弹性理论,称为数学弹性理论。如果除基本假设外,还引用某些附加的几何变形假设或应力分布规律假设,如在梁、板、壳里面引用的直法线假设,这样的弹性理论就称为应用弹性理论。应用弹性理论使数学模型简化,从而扩大了弹性力学解决问题的范围。

建立弹性力学基本方程是弹性力学的基本内容之一。弹性力学的另一个基本内容就是求解各类具体问题。

2. 弹性力学的研究方法

对于各类弹性力学中具体问题的求解，从数学角度看，就是求解高阶微分方程的边值问题。根据所保留的未知量，求解方法可分为力法(以应力为未知量)、位移法(以位移为未知量)和混合法(同时以应力和位移为未知量)。弹性力学解答的存在性和唯一性已为理论所证明和实践所验证。关于一般解(或通解)的研究也取得了明显的成效。利用解析法求解，对于某些问题显得十分有效。但是，由于物体几何形状、结构构造及外部载荷的复杂性，许多问题不能用解析法求得所期望的完备级数形式或闭合形式的解析解。在历史上，对于一些简单问题，如平面问题中的梁，曾经采用逆解法或半逆解法求得闭合形式的解析解，这种方法就是假设全部或一部分解答，然后检查是否满足全部方程和边界条件，或用它们确定其未知部分。弹性力学要求区域内部逐点满足平衡条件和连续条件，边界逐点满足力边界条件或位移边界条件，这是相当强的条件。各种能量法在求解问题时放松了逐点满足的条件，它寻求某些函数满足一部分条件，然后用能量上的极值条件控制未满足的条件，从而获得近似解析解。此外，为了解决复杂的工程问题，人们研究了各种数值解法，最主要的是有限差分法和有限元法。

1.3 弹性力学中的基本物理量

弹性力学中经常遇到的物理量有四个，它们是外力、应力、位移和应变。这些量常在某一坐标系中给定，本书采用右手直角坐标系。

1. 外力

作用在物体上的外力通常分为两类：体积力(也称为体力)和表面力(也称为面力)。

体积力系指分布在物体全部体积内的力，它作用于物体内部的每一个质点上，如重力、磁引力和惯性力等。一般情形下各点所受到的体积力是不相同的，它是各点位置坐标的函数。设一弹性体如图1-4所示。现规定体内任一点 M 所受到的体积力的大小和方向。为此，取任一包含 M 点的微元体，体积为 ΔV。假定作用于该微元体上的体积力为 ΔF，它是一个向量，规定极限

$$\lim_{\Delta V \to 0} \frac{\Delta F}{\Delta V} = \frac{\mathrm{d}F}{\mathrm{d}V} = f \tag{1-8}$$

为物体在 M 点受到的单位体积力，称为体积力集度，它是一个向量，简称体积力，通常以在坐标系中的二个分量形式给出，在直角坐标系中记为 f_x、f_y、f_z，分别表示 f 在 x、y、z 坐标轴上的投影。体积力分量以与坐标轴正方向一致者为正，相反者为负。体积力的量纲是[力][长度]$^{-3}$。

表面力系指分布于物体表面上的力，如与该物体相接触的气体、液体或固体的压力等。一般情形下物体表面上各点所受到的表面力是不相同的，它是表面上各点位置坐标的函数。现规定表面上任一点 N 所受到表面力的大小和方向。为此，取任一包含 N 点的微元面，面积为 ΔA。假定在该微元面上作用的表面力为 $\Delta F_v'$，它是一个向量(图1-4)。设表面力在微元面上连续分布，规定极限

$$\lim_{\Delta A \to 0} \frac{\Delta \boldsymbol{F}'_\nu}{\Delta A} = \frac{\mathrm{d}\boldsymbol{F}'_\nu}{\mathrm{d}A} = \boldsymbol{f}_\nu \qquad (1\text{-}9)$$

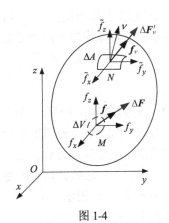

图 1-4

为物体在表面上 N 点所受到的表面应力，称为表面力集度，它亦是一个向量，简称表面力，通常以在坐标系中的三个分量形式给出，在直角坐标系中记为 $\tilde{f}_x$、$\tilde{f}_y$、$\tilde{f}_z$，分别表示 $\boldsymbol{f}_\nu$ 在 x、y、z 坐标轴上的投影。记号中的下标 ν 表示表面在 N 点的外法线方向。表面力分量以与坐标轴正方向一致者为正，相反者为负。表面力的量纲是[力][长度]$^{-2}$。

2. 应力

在外力作用下的物体内部将产生抵抗变形的内力。为了研究某点 K 的内力，假想用一平面 P 过 K 点将该物体截分为 A、B 两部分(图 1-5)。这种方法就是截面法。应用截面法，就可以把牛顿力学的法则引入连续体的内部。根据牛顿第三定律，A、B 两部分将相互作用以力(这里是内力)，并且大小相等、方向相反。现考察 A 对 B 的作用。根据物体的连续性和均匀性假设，可以认为，在截面 P 上内力是连续分布的。但是，一般来说，分布是不均匀的。现包围 K 点取一微元面积 ΔA，其外法线方向为 ν，设 ΔA 上作用的内力为 $\Delta \boldsymbol{F}_\nu$，它是一个向量。规定极限

$$\lim_{\Delta A \to 0} \frac{\Delta \boldsymbol{F}_\nu}{\Delta A} = \frac{\mathrm{d}\boldsymbol{F}_\nu}{\mathrm{d}A} = \boldsymbol{p}_\nu \qquad (1\text{-}10)$$

为物体内部过 K 点、外法线为 ν 截面上的应力，它亦是一个向量，称为应力向量。显然，过 K 点可以取无数个截面 P，也就可以定义出无数个应力向量。因此，一点的应力向量不仅取决于该点的位置，还取决于截面的方向。但是，以后将证明，如果已知过某点三个相互垂直截面上的三个应力向量，则过该点任何其他方向截面上的应力向量均可求出，即这三个应力向量完全确定了该点的应力状态。

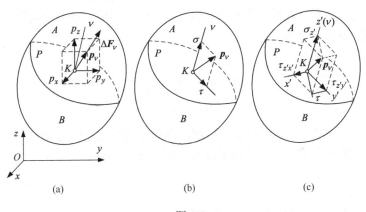

图 1-5

根据推导公式和强度计算方面的需要，截面上的应力向量通常有两种分解方式。

(1) 按坐标轴方向分解，如图 1-5 (a) 所示，ν 表示应力向量 $\boldsymbol{p}_\nu$ 作用面的外法线方向，设它在给定坐标系中的方向余弦为 l、m、n，如果用 p_x、p_y、p_z 表示应力向量 $\boldsymbol{p}_\nu$ 在坐标轴 x、y、z 上的分量，则有

$$p_\nu^2 = p_x^2 + p_y^2 + p_z^2 \tag{1-11}$$

式中，p_ν 为向量 $\boldsymbol{p}_\nu$ 的模，是给定面上的全应力。

(2) 按平面的法向和切向分解，如图 1-5 (b) 所示，$\boldsymbol{p}_\nu$ 在法线 ν 上的分量用 σ 表示，称为给定截面上的法向应力（或正应力），$\boldsymbol{p}_\nu$ 在截面上的分量用 τ 表示，称为截面上的全剪应力。再进一步，把外法线方向 ν 作为一个坐标轴 z'，另外两个坐标轴 x' 和 y' 在截面上给定，这时正应力 σ 可用 $\sigma_{z'}$ 表示，全剪应力 τ 按 x'、y' 分解为 $\tau_{z'x'}$、$\tau_{z'y'}$，如图 1-5 (c) 所示。因此，一个截面上的应力向量可以用三个应力分量表示。以后，正应力分量用一个下标表示，代表应力所在截面的法线方向，也是应力方向；剪应力分量用两个下标表示，第一个代表应力所在截面的法线方向，第二个代表应力本身的方向。由定义知，应力的量纲是 [力][长度]$^{-2}$。

下面按上述原则定义今后将经常用到的平行六面体（设六个面垂直于相应的坐标轴）上的应力分量，按正方向表示在图 1-6 上。应力分量的正、负号规定如下：对于外法线方向和某一坐标轴方向一致的截面，其上的应力分量以与坐标轴正方向一致者为正，相反者为负；对于外法线方向和某一坐标轴方向相反的截面，其上的应力分量以与坐标轴负方向一致者为正，相反者为负。

由于考虑的是一点的应力状态，没有给出相对两平行面上应力分量的变化。以后将证明：作用于两个相互垂直面上并且垂直于该两面交线的剪应力互等（大小相等，正负号相同），通常称为剪应力互等定理，即

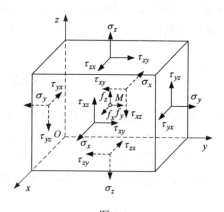

图 1-6

$$\tau_{xy} = \tau_{yx}, \quad \tau_{yz} = \tau_{zy}, \quad \tau_{zx} = \tau_{xz} \tag{1-12}$$

因此，剪应力的两个下标可以互换，在三个相互垂直面上应力向量的九个分量只有六个是独立的。它们组成一个二阶对称的应力张量，二阶张量可以用矩阵表示，记为

$$[\varSigma] = \begin{bmatrix} \sigma_x & \tau_{yx} & \tau_{zx} \\ \tau_{xy} & \sigma_y & \tau_{zy} \\ \tau_{zx} & \tau_{yz} & \sigma_z \end{bmatrix} \tag{1-13}$$

式 (1-13) 称为应力张量矩阵。以后将证明，过一点任意截面上的应力分量完全由该点的应力张量唯一地确定，即一点的应力状态是用该点的应力张量表示的。

3. 位移

物体内部每一点在受力变形过程中都将发生位置的变化，称为位移。它是一个向量，用 $\varDelta$ 表示，在三个坐标轴方向的分量记为 u、v、w，见图 1-7。一个微元体的位置变化由两部分组成：其一是周围介质位移使它产生的刚性位移，其二是本身变形产生的位移。后者与应变

有着确定的几何关系。位移的量纲是[长度]。

4. 应变

在外力作用下的物体内部的每一部分都将要发生变形，欲考察物体内部某点 K 的变形情况，只须研究通过该点微元线段长度的变化和两条微元线段所夹角度的变化。设过 K 点某一微元线段长度为 Δl，变形后长度为 $\Delta l'$，规定极限

$$\lim_{\Delta l \to 0} \frac{\Delta l' - \Delta l}{\Delta l} = \frac{dl' - dl}{dl} = \varepsilon_l \tag{1-14}$$

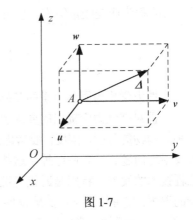

图 1-7

为 K 点在 l 方向的正应变，即正应变表示单位长度线段的伸长或缩短，见图 1-8(a)。

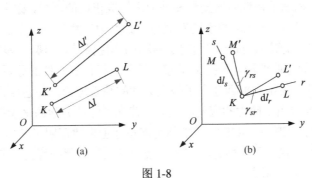

图 1-8

设 dl_r 和 dl_s 为过 K 点的两条相互垂直的微元线段，定义变形后该两条线段所夹直角的改变(以弧度计)为剪应变，记为 γ_{rs} 或 γ_{sr}，如图 1-8(b)所示。它由两部分组成：一是 s 方向线段向 r 方向的转角 θ_{rs}；二是 r 方向线段向 s 方向的转角 θ_{sr}，于是有

$$\gamma_{rs} = \gamma_{sr} = \theta_{rs} + \theta_{sr} \tag{1-15}$$

规定正应变以伸长为正，缩短为负；剪应变以直角的减小为正，增加为负。按照定义，应变为无量纲的量。

过 K 点取三条与坐标轴一致的微元线段 dx、dy、dz，根据上述原则，显然可以定义出三个正应变和三对两两相等的剪应变：ε_x、ε_y、ε_z、$\gamma_{xy} = \gamma_{yx}$、$\gamma_{yz} = \gamma_{zy}$、$\gamma_{zx} = \gamma_{xz}$。以后将证明，若相互垂直三条线段确定的九个应变分量为已知，则过该点其他任意方向线段的伸长(或缩短)以及任意两条垂直线段夹角的改变均可求出。这九个应变分量(独立的只有六个)组成一个对称的二阶应变张量，记为

$$[E_e] = \begin{bmatrix} \varepsilon_x & \dfrac{1}{2}\gamma_{yx} & \dfrac{1}{2}\gamma_{zx} \\ \dfrac{1}{2}\gamma_{xy} & \varepsilon_y & \dfrac{1}{2}\gamma_{zy} \\ \dfrac{1}{2}\gamma_{xz} & \dfrac{1}{2}\gamma_{yz} & \varepsilon_z \end{bmatrix} \tag{1-16}$$

式(1-16)称为应变张量矩阵。也可以说，一点的应变状态是用该点的应变张量表示的。

1.4　弹性力学的发展

弹性力学作为固体力学的基础，在工程上得到了广泛的应用。

工程对弹性力学提出的要求也进一步促进了弹性力学的发展。工程中需要确定弹性体或各种结构物的强度、刚度，要考虑结构的稳定、振动或动力学、弹性波，各种应力集中现象，以及温度问题、接触问题等，这些都属于弹性力学的研究范围，并且形成了它的各个分支。工程技术的发展，特别是近代飞机结构、航天结构，以及各种复合材料的出现，提出了许多新的课题，使弹性力学广泛地发展。近代电子计算技术的发展和各种近似方法(特别是有限元法)的出现为弹性力学的研究和解决复杂工程问题提供了新的有力手段。

弹性力学的发展初期主要通过实验探索物体的受力与变形之间的关系。1678 年，胡克在大量实验的基础上，揭示了弹性体的变形和外力之间成正比的规律，称为胡克定律。1687 年，牛顿确立了运动三大定律，同时，数学的发展也为弹性力学数学物理方法的建立奠定了基础。1807 年，杨做了大量的实验，提出和测定了材料的弹性模量。伯努利和纳维分别于 1705 年和 1826 年研究了梁的弯曲理论。一些力学家开始了对杆件等构件的分析。

19 世纪 20 年代，纳维和柯西建立了弹性力学的数学理论，使它成为一门独立的分支。1822—1828 年，柯西提出了应力和应变的概念，建立了弹性力学的平衡微分方程、几何方程和各向同性的广义胡克定律；1838 年，格林用能量守恒定律证明了各向异性体有 21 个独立的弹性系数。这些工作建立了弹性力学完整的线性理论，使得弹性力学问题成为给定边界条件下求解微分方程的数学问题。

19 世纪中期起，弹性力学开始广泛应用于工程实际问题，同时在理论方面建立了许多定理和重要的原理，并提出了许多有效的计算方法，如局限性原理和半逆解法，以及弹性力学平面问题、弹性体的接触问题、平板的平衡和振动问题、应力集中问题等问题的解法。这个时期，弹性力学在理论方面进一步发展，建立了各种能量原理，并提出了基于这些原理的近似计算方法，如功的互等定理、最小势能原理、瑞利-里茨法。20 世纪 30 年代发展了用复变函数理论求解弹性力学问题的方法。

从 20 世纪 20 年代开始，弹性力学得到更深入的发展，提出了薄板的大挠度问题、大应变问题、薄壳的非线性稳定问题等，这些工作为非线弹性力学的发展做出了重要的贡献。胡海昌和鹫津久一郎分别于 1954 年和 1955 年独立建立了三类变量的广义势能原理和广义余能原理，称为胡海昌-鹫津原理。1960 1978 年，钱伟长在这方面也做了大量工作，为有限元法的发展奠定了理论基础。在这个时期，还出现了许多新的分支，丰富了弹性力学的内容，促进了有关工程技术的发展，如各向异性和非均匀的理论、非线性板壳理论和非线弹性力学、热弹性力学，以及气动弹性力学、黏弹性力学等。

习　　题

1-1　简述弹性力学与理论力学、材料力学、结构力学在研究对象、研究方法等方面的特点。

1-2　简要说明弹性力学的基本假设及其作用。

1-3　如图 1-9(a)所示的受轴向拉伸的变截面薄板,若采用材料力学方法计算其应力,所得结果是否能满足杆段(图 1-9(b)所示部分)和微元体(图 1-9(c)所示部分)的平衡?若采用弹性力学方法,其结果又将如何?

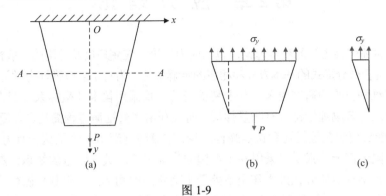

(a)　　　　　　　　(b)　　　　　(c)

图 1-9

第 1 章部分参考答案

第 2 章 应 力 理 论

接下来将讲述弹性力学的基本理论，包括应力理论、应变理论及常用的一般性原理，并在此基础上建立两套微分形式的基本方程和相应的定解条件，为将来求解弹性力学问题奠定基础。

本章以三维物体作为研究对象。除非特殊说明，均采用笛卡儿坐标系，即直角坐标系。由于弹性力学的许多物理量都具有张量性质，而且利用张量推演方程简洁、方便、有律可循、不易出错，并能够更深刻地描述和认识弹性理论，本章将逐渐引入张量这一有力的数学工具。为简单计，仅限于笛卡儿张量并采用易于掌握的指标记法。关于张量的知识请参阅附录 A。

本章将从力学观点研究在外力作用下处于平衡状态的物体，导出其平衡微分方程和斜面应力公式；进而在坐标变换的基础上阐述应力张量的概念及性质，建立一点应力状态的理论。本章的分析不涉及材料的物理性质和物体的变形，所得结果也适用于其他连续介质。

2.1 体元受力分析和平衡微分方程

1. 体元受力分析

将牛顿力学引入弹性理论。弹性体属于连续变形体。设三维空间的弹性体在外力(边界力、体力等)作用下处于平衡状态。对于弹性静力学问题，要求该物体的任何一部分都必须满足平衡条件。可以想象将其剖分为无穷多个无限小的微元体(称为体元)，如果每一个体元都处于平衡状态，则物体的任何部分包括整个物体都保持平衡状态。由于物体每点都是坐标的连续函数，不失一般性，可以在物体内部和边界各任取一个隔离体(图 2-1)，分别研究其平衡关系，即可得到平衡微分方程和应力边界条件。本节只研究前者。

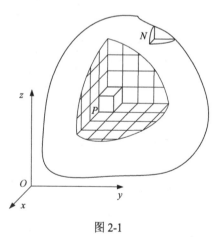

图 2-1

图 2-2 所示隔离体为包围物体内部任一点 P 切取的平行六面体体元示意图，其六个微元面(称为面元)都平行于坐标平面，体元的棱长分别为 dx、dy、dz。根据牛顿第三定律，需以力代替周围介质对于隔离体的作用，这种相互作用力称为内力，单位面积上的内力称为应力。由于体元的微分性质，作用在每个面元上的应力向量可以认为均匀分布，以其作用于面心单位面积上的应力向量(或三个平行坐标轴的分量：一个正应力和两个剪应力)表示。对于相对的两个面元，因为有了一个坐标微分的增量，所以应力增加了一个微分量。根据小变形假设，可忽略二阶以上的高阶微分量。例如，垂直 y 轴的两个面元，右边面元(外法线与坐标方向一致称为正面)比左边面元(外法线与坐标方向相反称为负面)上作用的应力分量

分别增加了一阶微分量 $\left(\dfrac{\partial \tau_{yx}}{\partial y}\mathrm{d}y, \dfrac{\partial \sigma_y}{\partial y}\mathrm{d}y, \dfrac{\partial \tau_{yz}}{\partial y}\mathrm{d}y\right)$，其余类推。同样，单位体积的体力向量 $\boldsymbol{F}$ 也

是均匀分布的，由作用于体心 P 的三个分量 F_x、F_y、F_z 表示。图 2-2 所示各分量均为正方向。

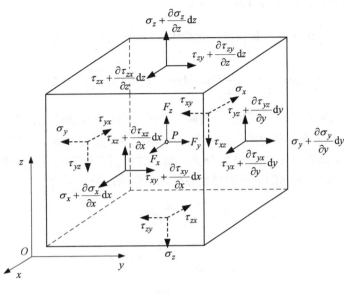

图 2-2

2. 平衡微分方程

根据牛顿第一定律，处于平衡状态的体元应满足两个平衡条件。

(1) 合力为零：$\sum X = 0$，$\sum Y = 0$，$\sum Z = 0$。

(2) 合力矩为零：$\sum M_x = 0$，$\sum M_y = 0$，$\sum M_z = 0$。

首先，以平衡条件 (2) 中的 $\sum M_x = 0$ 为例推导力矩平衡方程。取通过体心 P 并平行于 x 轴的 cc' 为取矩轴线。因为 $cc'//Ox$，所以 $\sum M_{cc'} = 0$，即 $\sum M_x = 0$。取矩时，与右手法则一致时为正，反之为负，于是有

$$\left(\tau_{yz} + \frac{\partial \tau_{yz}}{\partial y}\mathrm{d}y\right)\mathrm{d}x\mathrm{d}z\frac{\mathrm{d}y}{2} + \tau_{yz}\mathrm{d}x\mathrm{d}z\frac{\mathrm{d}y}{2} - \left(\tau_{zy} + \frac{\partial \tau_{zy}}{\partial z}\mathrm{d}z\right)\mathrm{d}x\mathrm{d}y\frac{\mathrm{d}z}{2} - \tau_{zy}\mathrm{d}x\mathrm{d}y\frac{\mathrm{d}z}{2} = 0$$

约减后得

$$\tau_{yz} + \frac{\partial \tau_{yz}}{\partial y}\mathrm{d}y - \tau_{zy} - \frac{\partial \tau_{zy}}{\partial z}\mathrm{d}z = 0$$

等式左边第二、四两项是一阶微分量，称为一阶小量，与第一、三两项有限量比较，显然可以忽略不计，于是得到 $\tau_{yz} = \tau_{zy}$，由 $\sum M_y = 0, \sum M_z = 0$ 进行类同的分析，则得另外两个等式，综合写为

$$\tau_{xy} = \tau_{yx}, \quad \tau_{xz} = \tau_{zx}, \quad \tau_{yz} = \tau_{zy} \tag{2-1}$$

这种关系称为弹性力学的剪应力互等定理：在相互正交的两个面上，垂直于棱边的两个剪应力大小相等、正负号相同。

其次，以平衡条件(1)中的 $\sum X = 0$ 为例推导平衡微分方程。由作用于体元 x 方向的合力（以与正 x 轴同向者为正，反向者为负）为零得

$$\left(\sigma_x + \frac{\partial \sigma_x}{\sigma x}dx\right)dydz - \sigma_x dydz + \left(\tau_{yx} + \frac{\partial \tau_{yx}}{\partial_y}dy\right)dzdx -$$

$$\tau_{yx}dzdx + \left(\tau_{zx} + \frac{\partial \tau_{zx}}{\partial_z}dz\right)dxdy - \tau_{zx}dxdy + F_x dxdydz = 0$$

等式左边第一、二两项为垂直 x 轴正、负两个面元上在 x 方向的合力，第三、四两项为垂直 y 轴正、负两个面元上在 x 方向的合力，第五、六两项为垂直 z 轴正、负两个面元上在 x 方向的合力，第七项为体元中 x 方向体力分量。将上式约减后即得第一个平衡微分方程，利用 $\sum Y = 0$，$\sum Z = 0$ 进行类同的分析则得到另外两个等式，综合写为

$$\begin{cases} \dfrac{\partial \sigma_x}{\partial x} + \dfrac{\partial \tau_{yx}}{\partial y} + \dfrac{\partial \tau_{zx}}{\partial z} + F_x = 0 \\[2mm] \dfrac{\partial \tau_{xy}}{\partial x} + \dfrac{\partial \sigma_y}{\partial y} + \dfrac{\partial \tau_{zy}}{\partial z} + F_y = 0 \\[2mm] \dfrac{\partial \tau_{xz}}{\partial x} + \dfrac{\partial \tau_{yz}}{\partial y} + \dfrac{\partial \sigma_z}{\partial z} + F_z = 0 \end{cases} \tag{2-2a}$$

式(2-2a)称为平衡微分方程，简称平衡方程，又称为纳维(Navier)方程。

对式中各类分量引入指标记法：$\sigma_x = \sigma_{11}, \sigma_y = \sigma_{22}, \cdots, \tau_{xy} = \sigma_{12}, \cdots$，记为 σ_{ij} $(i, j = 1, 2, 3)$；$F_x = F_1, F_y = F_2, F_z = F_3$，记为 F_i $(i = 1, 2, 3)$。同时引入微分算符的张量记法，令 $\dfrac{\partial()}{\partial x_i} = ()_{,i}$ $(i = 1, 2, 3)$，则平衡方程(2-2a)可写为张量方程：

$$\sigma_{ji,j} + F_i = 0 \tag{2-2b}$$

在三个平衡方程中含有九个应力分量，虽然由于剪应力互等，只有六个独立的未知函数，但是仍然大于方程的个数，所以一般情形下，不能直接由平衡方程求出应力。也就是说，弹性力学本身就是超静定问题。实际上，满足平衡方程的应力分量有无穷多组，即平衡方程只是应力分量必须满足的必要条件之一。因此，必须建立其他控制方程，详见第 3 章和第 4 章。

需要指出，在切取微元体时，没有区分变形前还是变形后，也就是忽略了体元变形对应力向量方向变化的影响，这是因为应用了小变形假设。因此，式(2-2)表示的平衡方程只适于小变形情形。但是，由于没有涉及材料物理性质，式(2-2)也适用于其他连续介质，如流体。

2.2　四面体体元分析和斜面应力公式

1. 四面体体元分析

图 2-2 所示体元，如果对立面无限趋近体心，即坐标微分趋于零，则应力增量消失，也

就是物体内任何一点应力总的情况都可以通过该点平行六面体上的九个应力分量表示。通过本节的进一步分析可知，过该体元任一斜面上的应力也都能由这九个应力分量表示，所以说它全面描述了一点的应力状态。现在来求斜面应力分量。为方便，可切取如图 2-3 所示四面体体元进行分析。斜面上的应力可以有三种分解方式：①按原坐标轴方向分解；②按斜面法向和切向(全剪应力)分解；③按斜面法向和切向(某正交剪应力)分解，分别见图 2-3(a)～(c)。图 2-3(b)和(c)两种情形将在后面应用。图 2-3(a)表示斜面上沿原坐标轴方向的三个应力分量，求这三个应力分量将是本节讨论的问题。为清晰起见，MBC 面上的应力分量未画出。

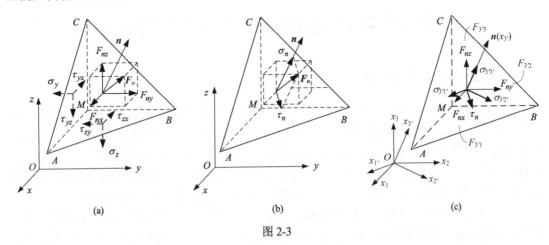

图 2-3

2. 斜面应力公式

将四面体体元 $MABC$ 作为隔离体，其中三个微分面平行坐标平面均为负面，$\triangle ABC$ 为斜面。设斜面法向单位向量 $\boldsymbol{n}$ 的方向余弦为

$$l = \cos(\boldsymbol{n}, x), \quad m = \cos(\boldsymbol{n}, y), \quad n = \cos(\boldsymbol{n}, z)$$

四面体体积为 ΔV，斜面 $\triangle ABC$ 的面积为 ΔS，则 $\triangle MBC$、$\triangle MAC$ 和 $\triangle MAB$ 的面积分别为 $l\Delta S$、$m\Delta S$、$n\Delta S$；又设 M 点至 $\triangle ABC$ 的高为 Δh，则四面体的体积等于 $\Delta h \Delta S / 3$。各面元上的应力分量均标注在图上。图中 F_{nx}、F_{ny}、F_{nz}(或统一记为 F_{nj})表示斜面单位面积上的应力向量 $\boldsymbol{F}_n$ 按坐标轴方向分解的应力分量，下标中的第一个指标 n 表示应力所在斜面的法线方向，第二个指标表示应力分量的方向，必须注意它是向量，不是二阶张量。根据四面体的平衡条件 $\sum X = 0$ 得

$$F_{nx}\Delta S - \sigma_x l\Delta S - \tau_{yx} m\Delta S - \tau_{zx} n\Delta S + \frac{1}{3}F_x \Delta h\Delta S = 0$$

上式各项同除以 ΔS，然后使 $\Delta h \to 0$ 取极限，并移项得到式(2-3a)的第一式，由 $\sum Y = 0$ 和 $\sum Z = 0$ 得式(2-3a)的第二式和第三式。

$$\begin{cases} F_{nx} = \sigma_x l + \tau_{yx} m + \tau_{zx} n \\ F_{ny} = \tau_{xy} l + \sigma_y m + \tau_{zy} n \\ F_{nz} = \tau_{xz} l + \tau_{yz} m + \sigma_z n \end{cases} \tag{2-3a}$$

式 (2-3a) 称为斜面应力公式，简称斜面公式，又称柯西 (Cauchy) 公式。

若令 $(l\ \ m\ \ n)=(n_1\ \ n_2\ \ n_3)$、$(F_{nx}\ \ F_{ny}\ \ F_{nz})=(F_{n1}\ \ F_{n2}\ \ F_{n3})$，并分别记为 n_i（$i=1,2,3$）和 F_{nj}（$j=1,2,3$），同时注意到应力张量记法，则斜面公式可以写为

$$F_{nj}=\sigma_{ij}n_i \tag{2-3b}$$

柯西公式指出，法线为 n 的斜面上沿坐标轴方向的应力分量等于四面体体元的应力张量与斜面法向向量的点积，即如果已知一点邻域的九个应力分量，就可以求出过该点任意斜面上的应力分量。如果将该公式应用于边界表面，就化为边界条件。

2.3　坐标变换应力张量转轴公式与一点的应力状态

1. 向量 (一阶张量) 转轴公式

这里研究的是坐标旋转变换，即考察同一个物理量在不同旋转坐标系中的关系。如图 2-4 所示，设坐标变换前的坐标系为旧坐标系，通常用 $Oxyz$ 表示，用指标记法时表示为 $Ox_1x_2x_3$；坐标变换后的新坐标系用 $O'x'y'z'$ 或 $O'x_1x_2x_3'$ 表示，如果新、旧坐标系为同一个原点，则表示为 $Ox_1'x_2'x_3'$。在旧坐标系中任一点的坐标为 x_1,x_2,x_3，或记为 x_i；基向量为 e_1,e_2,e_3，或记为 $e_i(i=1,2,3)$。在新坐标系中分别为 x_1',x_2',x_3' 和 e_1',e_2',e_3'，或记为 $x_{i'}$ 和 $e_{i'}(i=1,2,3)$。

新坐标系是由新、旧坐标轴之间夹角方向余弦确定的。由于基向量和坐标轴的方向是一致的，两者在新、旧坐标系中与坐标轴的夹角方向余弦相同。表 2-1 是用基向量、坐标通常记法和指标记法给出的方向余弦（变换系数）。

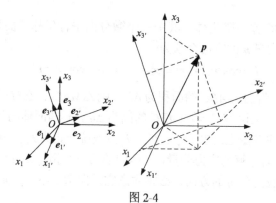

图 2-4

表 2-1

	$e_1(x_1)$	$e_2(x_2)$	$e_3(x_3)$
$e_{1'}(x_{1'})$	$l_1(\alpha_{1'1})$	$m_1(\alpha_{1'2})$	$n_1(\alpha_{1'3})$
$e_{2'}(x_{2'})$	$l_2(\alpha_{2'1})$	$m_2(\alpha_{2'2})$	$n_2(\alpha_{2'3})$
$e_{3'}(x_{3'})$	$l_3(\alpha_{3'1})$	$m_3(\alpha_{3'2})$	$n_3(\alpha_{3'3})$

采用张量表示的变换系数 $\alpha_{i'i}$ 可以写成矩阵形式：

$$[\alpha_{i'i}] \equiv \begin{bmatrix} l_1 & m_1 & n_1 \\ l_2 & m_2 & n_2 \\ l_3 & m_3 & n_3 \end{bmatrix} \equiv \begin{bmatrix} \alpha_{1'1} & \alpha_{1'2} & \alpha_{1'3} \\ \alpha_{2'1} & \alpha_{2'2} & \alpha_{2'3} \\ \alpha_{3'1} & \alpha_{3'2} & \alpha_{3'3} \end{bmatrix} \tag{2-4}$$

由解析几何可知，新、旧坐标的变换关系可用表 2-1 的方向余弦表示为

$$\begin{cases} x_{1'} = l_1 x_1 + m_1 x_2 + n_1 x_3 \\ x_{2'} = l_2 x_1 + m_2 x_2 + n_2 x_3 \\ x_{3'} = l_3 x_1 + m_3 x_2 + n_3 x_3 \end{cases} \tag{2-5a}$$

如果用表 2-1 的变换系数来表示这一变换关系，可写为

$$\begin{cases} x_{1'} = \alpha_{1'1} x_1 + \alpha_{1'2} x_2 + \alpha_{1'3} x_3 \\ x_{2'} = \alpha_{2'1} x_1 + \alpha_{2'2} x_2 + \alpha_{2'3} x_3 \\ x_{3'} = \alpha_{3'1} x_1 + \alpha_{3'2} x_2 + \alpha_{3'3} x_3 \end{cases} \tag{2-5b}$$

式(2-5b)可用张量记法简洁地表示为

$$x_{i'} = \alpha_{i'i} x_i \quad (i=1,2,3) \tag{2-5c}$$

基向量也具有同样的变换关系，即

$$e_{i'} = \alpha_{i'i} e_i \quad (i=1,2,3) \tag{2-5d}$$

张量理论指出，若旧坐标系中三个分量的集合为 a_1, a_2, a_3，当新、旧坐标系旋转变换时，按式(2-5c)的变换规律确定在新坐标系中的集合 $a_{1'}, a_{2'}, a_{3'}$，则这三个分量的集合就称为向量，也称为一阶张量。简言之，若 $a_{i'} = \alpha_{i'j} a_j$，则定义 a_j 为向量(一阶张量)。根据这一定义，凡向量(一阶张量)在坐标系旋转变换时，其三个分量都是由变换系数 $\alpha_{i'j}$ 进行变换实现的。在弹性力学中，许多向量如位移、体力、斜面应力向量、表面应力向量等都可以按统一公式进行坐标变换，称为转轴公式。例如，位移转轴公式、体力转轴公式、斜面应力向量两组分量间的转轴公式分别记为

$$u_{i'} = \alpha_{i'j} u_j, \quad F_{i'} = \alpha_{i'i} F_i, \quad F_{ni'} = \alpha_{i'i} F_{ni} \tag{2-6}$$

2. 应力张量(二阶张量)转轴公式

前面已经指出，斜面公式(2-3b)是在同一个坐标系中由一点应力状态的九个应力分量表示通过该点斜面上沿坐标轴方向的应力，见图 2-3(a)。现在考察图 2-3(c)的情形，它的斜面应力向量是按一个新坐标系分解的，新坐标系的 $x_{3'}$ 平行斜面法线，$x_{1'}$、$x_{2'}$ 平行斜面。此时斜面上的应力向量 $(\sigma_{3'1'}\ \sigma_{3'2'}\ \sigma_{3'3'})$ 与 $(F_{3'1}\ F_{3'2}\ F_{3'3})$ 的关系由向量转轴公式写为 $\sigma_{3'j'} = \alpha_{jj'} F_{3'j}$。

图 2-5 表示在旧、新坐标系 $Oxyz$、$Ox_{1'}x_{2'}x_{3'}$ 给出包含同一点 P 的两个体元，当体元无限收缩于 P 点时，可以将新体元的每个微分面视为旧体元的斜面。例如，垂直 $x_{3'}$ 轴的微分面可视其为旧体元的一个斜面，二者的转换关系即 $\sigma_{3'j'} = \alpha_{jj'} F_{3'j}$，式中 $F_{3'j}$ 可由斜面公式表示为 $F_{3'j} = \sigma_{ij}\alpha_{3'i}$，因此，$\sigma_{3'j'} = \alpha_{jj'}\sigma_{ij}\alpha_{3'i}$，而在垂直 $x_{1'}$、$x_{2'}$ 轴的面上将式中下标 3′ 代以 1′、2′ 即可，或将三式相应下标记为 i'，最后得到

$$\sigma_{i'j'} = \alpha_{i'i}\alpha_{j'j}\sigma_{ij} \tag{2-7a}$$

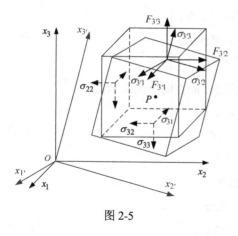

图 2-5

式(2-7a)等号左边是新坐标系中的九个应力分量 $\sigma_{i'j'}$，对应右边旧坐标系中的九个应力分量 σ_{ij}，而 $\alpha_{i'i}$ 和 $\alpha_{j'j}$ 同为表 2-1 表示的变换系数。

张量理论指出，若九个应力分量的集合在新、旧坐标变换中服从式(2-7a)的变化规律，即定义一个二阶张量，这就证明九个应力分量的集合是二阶张量，称为应力张量。由于剪应力互等，应力张量是二阶对称张量。在弹性力学中，式(2-7a)称为应力张量转轴公式。将其按张量计算规则展开，并换成通常记号即可得到用分量表示的应力转轴公式：

$$
\begin{cases}
\sigma_{x'} = \sigma_x l_1^2 + \sigma_y m_1^2 + \sigma_z n_1^2 + 2\tau_{xy} l_1 m_1 + 2\tau_{yz} m_1 n_1 + 2\tau_{zx} n_1 l_1 \\
\sigma_{y'} = \sigma_x l_2^2 + \sigma_y m_2^2 + \sigma_z n_2^2 + 2\tau_{xy} l_2 m_2 + 2\tau_{yz} m_2 n_2 + 2\tau_{zx} n_2 l_2 \\
\sigma_{z'} = \sigma_x l_3^2 + \sigma_y m_3^2 + \sigma_z n_3^2 + 2\tau_{xy} l_3 m_3 + 2\tau_{yz} m_3 n_3 + 2\tau_{zx} n_3 l_3 \\
\tau_{x'y'} = \tau_{y'x'} = \sigma_x l_1 l_2 + \sigma_y m_1 m_2 + \sigma_z n_1 n_2 + \tau_{xy}(l_1 m_2 + l_2 m_1) + \tau_{yz}(m_1 n_2 + m_2 n_1) + \tau_{zx}(n_1 l_2 + n_2 l_1) \\
\tau_{y'z'} = \tau_{z'y'} = \sigma_x l_2 l_3 + \sigma_y m_2 m_3 + \sigma_z n_2 n_3 + \tau_{xy}(l_2 m_3 + l_3 m_2) + \tau_{yz}(m_2 n_3 + m_3 n_2) + \tau_{zx}(n_2 l_3 + n_3 l_2) \\
\tau_{z'x'} = \tau_{x'z'} = \sigma_x l_3 l_1 + \sigma_y m_3 m_1 + \sigma_z n_3 n_1 + \tau_{xy}(l_3 m_1 + l_1 m_3) + \tau_{yz}(m_3 n_1 + m_1 n_3) + \tau_{zx}(n_3 l_1 + n_1 l_3)
\end{cases}
\tag{2-7b}
$$

为应用方便，下面给出用主应力表示的转轴公式：

$$
\begin{cases}
\sigma_{x'} = \sigma_1 l_1^2 + \sigma_2 m_1^2 + \sigma_3 n_1^2 \\
\sigma_{y'} = \sigma_1 l_2^2 + \sigma_2 m_2^2 + \sigma_3 n_2^2 \\
\sigma_{z'} = \sigma_1 l_3^2 + \sigma_2 m_3^2 + \sigma_3 n_3^2 \\
\tau_{x'y'} = \tau_{y'x'} = \sigma_1 l_1 l_2 + \sigma_2 m_1 m_2 + \sigma_3 n_1 n_2 \\
\tau_{y'z'} = \tau_{z'y'} = \sigma_1 l_2 l_3 + \sigma_2 m_2 m_3 + \sigma_3 n_2 n_3 \\
\tau_{z'x'} = \tau_{x'z'} = \sigma_1 l_3 l_1 + \sigma_2 m_3 m_1 + \sigma_3 n_3 n_1
\end{cases}
\tag{2-7c}
$$

3. 一点应力状态、应力张量场

由应力张量转轴公式可知，在一点的邻域内，通过该点各微元面上的应力是不同的。前面的研究指出，只要确定了一点应力张量的九个分量，则过该点任何斜面上的应力分量也就确定了。也就是说，应力张量提供了一点应力状态的全部信息，所以研究一点应力状态有着十分重要的实际意义。

关于应力必须弄清楚应力向量、应力张量和应力分量几个概念。提到应力向量就必须指出它的作用点位置和作用面法线方向以及构成它的三个应力分量，而应力张量实质是由三对微分面的三个应力向量构成的，共含有九个应力分量，它也是坐标位置的函数，所以说到应力张量必须指出应力张量的位置。当然，不管是向量还是张量，在用分量(或指标)记法时，都必须指出它们所在的参考坐标系。

物体中每一点的应力状态都对应一个应力张量，故整个物体所在空间就构成一个应力张量场。

2.4 应力张量的性质

已经证明一点应力状态是二阶对称张量，它与一般二阶对称张量具有共同的性质，如对称张量的不变性、张量的主值、不变量等。本节将研究应力张量的性质。

由式(2-7b)可见，当坐标进行旋转变换时，应力分量也在变化，而且与新、旧坐标轴之间的夹角方向余弦有关，是方向余弦的二次式。根据线性代数理论，必然存在唯一平方和的坐标系，在这个坐标系中剪应力为零，使方向余弦的交叉项消失。定义剪应力为零的平面为主平面，主平面上的正应力为主应力，主应力的方向为应力主方向(简称主方向)，三个主方向构成的坐标系称为一点应力状态的主坐标系或主轴坐标系，记为 $O123$。可以根据定义来构建确定主应力和应力主方向的方程。

假设在给定坐标系中，过某点的面元为主平面，其法线方向余弦为 l、m、n，即主方向，根据定义在该平面上剪应力为零，设其正应力为 σ，它也是该平面上的全应力，在给定坐标系坐标轴方向的分量为

$$F_{nx} = \sigma l , \quad F_{ny} = \sigma m , \quad F_{nz} = \sigma n \tag{2-8}$$

将式(2-8)代入斜面公式(2-3a)并移项得到

$$\begin{cases} (\sigma_x - \sigma)l + \tau_{yx}m + \tau_{zx}n = 0 \\ \tau_{xy}l + (\sigma_y - \sigma)m + \tau_{zy}n = 0 \\ \tau_{xz}l + \tau_{yz}m + (\sigma_z - \sigma)n = 0 \end{cases} \tag{2-9a}$$

式(2-9a)的张量式为

$$(\sigma_{ji} - \sigma\delta_{ji})n_j = 0 \tag{2-9b}$$

式中，应力张量 σ_{ji} 为二阶对称张量；σ 为应力张量的主值(主应力)；n_j 为特征向量(应力主方向)。

假设应力张量已给定，则式(2-9)就是关于主平面法向量方向余弦的线性代数方程组。因为 $l^2 + m^2 + n^2 = 1$，l、m、n 不可能同时为零，所以存在非零解。存在非零解的条件是系数行列式等于零，即

$$\begin{vmatrix} \sigma_x - \sigma & \tau_{yx} & \tau_{zx} \\ \tau_{xy} & \sigma_y - \sigma & \tau_{zy} \\ \tau_{xz} & \tau_{yz} & \sigma_z - \sigma \end{vmatrix} = 0 \tag{2-10a}$$

展开行列式(注意剪应力互等)得到如下关于特征值 σ 的三次代数方程。

$$\sigma^3 - I_1\sigma^2 + I_2\sigma - I_3 = 0 \tag{2-10b}$$

式(2-10)称为特征方程。

$$\begin{cases} I_1 = \sigma_x + \sigma_y + \sigma_z \\ I_2 = \sigma_x\sigma_y + \sigma_y\sigma_z + \sigma_z\sigma_x - \tau_{xy}^2 - \tau_{yz}^2 - \tau_{zx}^2 \\ I_3 = \sigma_x\sigma_y\sigma_z + 2\tau_{xy}\tau_{yz}\tau_{xz} - \sigma_x\tau_{yz}^2 - \sigma_y\tau_{zx}^2 - \sigma_z\tau_{xy}^2 \end{cases} \tag{2-11a}$$

式中，I_1、I_2、I_3 分别称为应力张量的第一、第二和第三不变量。不变量也可用主应力表示为

$$\begin{cases} I_1 = \sigma_1 + \sigma_2 + \sigma_3 \\ I_2 = \sigma_1\sigma_2 + \sigma_2\sigma_3 + \sigma_3\sigma_1 \\ I_3 = \sigma_1\sigma_2\sigma_3 \end{cases} \tag{2-11b}$$

1. 主应力

张量理论指出，实对称张量一定有三个实根。它指出在物体内任何一点都存在三个主应力。求主应力的方法就是解三次代数方程(2-10b)，求出三个实根。三个实根通常以其代数值排列，依次称为第一主应力、第二主应力、第三主应力，分别用 σ_1、σ_2、σ_3 表示。它们之间可能出现四种情况：$\sigma_1 \neq \sigma_2 \neq \sigma_3$；$\sigma_1 = \sigma_2 \neq \sigma_3$；$\sigma_1 \neq \sigma_2 = \sigma_3$；$\sigma_1 = \sigma_2 = \sigma_3$。

2. 应力主方向

下面讨论应力主方向的性质。

(1) $\sigma_1 \neq \sigma_2 \neq \sigma_3$。在这种情况下，三个主方向必相互正交。证明如下。

设原坐标系作为旧坐标系，将主轴坐标系作为新坐标系，三个应力主方向与旧坐标轴夹角的方向余弦对照表 2-1 用两种记号记为

$$\begin{cases} (\alpha_{1'i}) = (\alpha_{1'1}\ \alpha_{1'2}\ \alpha_{1'3}) = (l_1\ m_1\ n_1) \\ (\alpha_{2'i}) = (\alpha_{2'1}\ \alpha_{2'2}\ \alpha_{2'3}) = (l_2\ m_2\ n_2) \\ (\alpha_{3'i}) = (\alpha_{3'1}\ \alpha_{3'2}\ \alpha_{3'3}) = (l_3\ m_3\ n_3) \end{cases} \tag{2-12}$$

将每个主应力和对应的方向余弦同时代入式(2-9b)得

$$\begin{cases} (\sigma_{ji} - \sigma_1\delta_{ji})\alpha_{1'i} = 0 \\ (\sigma_{ji} - \sigma_2\delta_{ji})\alpha_{2'i} = 0 \\ (\sigma_{ji} - \sigma_3\delta_{ji})\alpha_{3'i} = 0 \end{cases} \tag{2-13}$$

用 $\alpha_{2'i}$、$\alpha_{1'i}$ 分别乘式(2-13)的第一和第二式，然后相减得到式(2-14)的第一式。同样，利用式(2-13)的第一、第三式和第二、第三式做类似推导即得出式(2-14)的后两式。

$$\begin{cases} (\sigma_1 - \sigma_2)\alpha_{1'i}\alpha_{2'i} = 0 \\ (\sigma_1 - \sigma_3)\alpha_{1'i}\alpha_{3'i} = 0 \\ (\sigma_2 - \sigma_3)\alpha_{2'i}\alpha_{3'i} = 0 \end{cases} \tag{2-14}$$

因为 $\sigma_1 \neq \sigma_2 \neq \sigma_3$，即 $\sigma_1 - \sigma_2 \neq 0$，$\sigma_1 - \sigma_3 \neq 0$，$\sigma_2 - \sigma_3 \neq 0$，所以必须 $\alpha_{1'i}\alpha_{2'i} = 0$，$\alpha_{1'i}\alpha_{3'i} = 0$，$\alpha_{2'i}\alpha_{3'i} = 0$。若将最后面的三式展开，并代以熟悉的记号则得出常见形式：

$$\begin{cases} l_1l_2 + m_1m_2 + n_1n_2 = 0 \\ l_1l_3 + m_1m_3 + n_1n_3 = 0 \\ l_2l_3 + m_2m_3 + n_2n_3 = 0 \end{cases} \tag{2-15}$$

式(2-15)中的每个式子都是相应两个主方向相互垂直的条件，这就证明了三个主方向必相互

正交，同时证明了三个主平面相互垂直。

(2) $\sigma_1 = \sigma_2 \neq \sigma_3$。由式(2-14)看出，此时 $\sigma_1 - \sigma_3 \neq 0$，$\sigma_2 - \sigma_3 \neq 0$，$\sigma_1 - \sigma_2 = 0$。所以必须 $\alpha_{1'i}\alpha_{3'i} = 0$，$\alpha_{2'i}\alpha_{3'i} = 0$，但是 $\alpha_{1'i}\alpha_{2'i}$ 不一定等于零。由此得出结论，第三主方向既与第一主方向正交又与第二主方向正交，但是第一主方向与第二主方向可以正交也可以不正交。也就是说，在与 σ_3 方向垂直的微分面上的任何方向都是主方向，其力学意义是在垂直第三主轴平面上处于均匀受力(拉伸或压缩)状态。

(3) $\sigma_1 \neq \sigma_2 = \sigma_3$。类似情况(2)，直接推论得出，在与 σ_1 方向垂直的微分面上的任何方向都是主方向，平面内处于均匀受力(拉伸或压缩)状态。如果需要，可以任选两个垂直方向作为主方向。

(4) $\sigma_1 = \sigma_2 = \sigma_3$。此种情况可以由情况(2)和(3)的分析直接得出结论：该点处于各向均匀受力(拉伸或压缩)状态，通过该点的任何方向都是主方向，可以根据需要在该点选取三个相互正交的方向作为主方向或主轴。

一般情况下，物体中各点(包括邻近点)的应力状态不同，主方向也随点的位置坐标而变化。

下面介绍求主向量的方法。由式(2-10b)求出主应力之后，将每一个主应力代入式(2-9a)并注意 $l^2 + m^2 + n^2 = 1$ 的关系即可求出相应的特征向量——应力张量的三个主方向。设第一主应力为 σ_1，第一主轴的方向余弦为 l_1、m_1、n_1。将其代入式(2-9a)并取前两式，有

$$(\sigma_x - \sigma_1)l_1 + \tau_{yx}m_1 + \tau_{zx}n_1 = 0$$
$$\tau_{xy}l_1 + (\sigma_y - \sigma_1)m_1 + \tau_{zy}n_1 = 0$$

将其均除以 l_1，并令 $m_1/l_1 = \alpha_1$，$n_1/l_1 = \beta_1$，则得

$$\tau_{yx}\alpha_1 + \tau_{zx}\beta_1 + (\sigma_x - \sigma_1) = 0$$
$$(\sigma_y - \sigma_1)\alpha_1 + \tau_{zy}\beta_1 + \tau_{xy} = 0$$

解其求出 α_1、β_1，然后由 $l_1^2 + m_1^2 + n_1^2 = 1$ 即可求得 l_1，进而求得 m_1、n_1。

$$l_1 = \frac{1}{\sqrt{1 + \alpha_1^2 + \beta_1^2}}, \quad m_1 = \frac{\alpha_1}{\sqrt{1 + \alpha_1^2 + \beta_1^2}}, \quad n_1 = \frac{\beta_1}{\sqrt{1 + \alpha_1^2 + \beta_1^2}}$$

同理可以求出第二主方向和第三主方向的方向余弦，此处不再赘述。

3. 应力不变量

因为主应力与坐标系的选择无关，所以要求特征方程(2-10b)的系数不应随坐标系的选择而改变，即特征方程的系数 I_1、I_2、I_3 相对于坐标系旋转变换来说是不变量。不变量是张量的重要性质之一。

需要说明的是，由特征方程(2-10b)推断，其三个系数必须是不变量，才能保证主应力的不变性。又注意到这三个系数是 σ 不同幂次的系数，所以必然是相互独立的。二阶对称张量只有三个独立的不变量，其他都是在上面的基本不变量格式的基础上引出的。实际上，一点应力状态相对于坐标旋转变换来说的固有属性是不变的。应力张量的对称性是不变的，主应力、主方向、最大剪应力也是不变的。

4. 最大正应力

线性代数理论指出，特征方程的特征值具有极值性质。因此，弹性体内任一点的主应力就是极值应力，三个主应力中的最大者就是该点的最大正应力，最小者就是该点的最小正应力。直接证明如下。

取主轴坐标系为旧坐标系，取过某点任一斜面外法线向量 $\boldsymbol{n}$（方向余弦为 l、m、n）为新坐标系的 x' 轴，由转轴公式(2-7c)第一式得到

$$\sigma_n = \sigma_1 l^2 + \sigma_2 m^2 + \sigma_3 n^2 \tag{2-16}$$

又因为 $l^2 + m^2 + n^2 = 1$，所以式(2-16)可以写为

$$\sigma_n = \sigma_1 - m^2(\sigma_1 - \sigma_2) - n^2(\sigma_1 - \sigma_3)$$

假设 $\sigma_1 \geqslant \sigma_2 \geqslant \sigma_3$，注意到 $0 \leqslant m^2 \leqslant 1$，$0 \leqslant n^2 \leqslant 1$，由上式看出，任何斜面上都有 $\sigma_n \leqslant \sigma_1$，所以 σ_1 是最大正应力。同样推理，可以得到任何斜面上都有 $\sigma_n \geqslant \sigma_3$。

5. 最大剪应力

寻求一点应力状态最大剪应力所在的平面及其大小，最方便的办法是选取主轴坐标系。在主轴坐标系中，设过某点斜面外法线 $\boldsymbol{n}$ 的方向余弦为 l、m、n，则斜面公式(2-3a)变为

$$F_{n1} = \sigma_1 l, \quad F_{n2} = \sigma_2 m, \quad F_{n3} = \sigma_3 n$$

式中，F_{n1}、F_{n2}、F_{n3} 为斜面应力向量沿三个主轴方向的分量。同一向量在斜面法线方向的分量即正应力 σ_n，设在斜面上的全剪应力为 τ_n，则有 $\sigma_n^2 + \tau_n^2 = F_{n1}^2 + F_{n2}^2 + F_{n3}^2$，见图2-3(b)。因此有

$$\tau_n^2 = F_{n1}^2 + F_{n2}^2 + F_{n3}^2 - \sigma_n^2 = \sigma_1^2 l^2 + \sigma_2^2 m^2 + \sigma_3^2 n^2 - (\sigma_1 l^2 + \sigma_2 m^2 + \sigma_3 n^2)^2 \tag{2-17}$$

式(2-17)表明 τ_n^2 随其方向余弦 l、m、n 而变化。但是，必须满足条件：

$$l^2 + m^2 + n^2 = 1$$

这是一个条件极值问题，可以消去方向余弦中的任何一个，然后求极值。例如，消去 n，将 $n^2 = 1 - l^2 - m^2$ 代入式(2-17)并取导数 $\partial \tau_n^2 / \partial l = 0$，$\partial \tau_n^2 / \partial m = 0$，化简后得到

$$2(\sigma_1 - \sigma_3)l\,[(\sigma_1 - \sigma_3) - 2(\sigma_1 - \sigma_3)l^2 - 2(\sigma_2 - \sigma_3)m^2] = 0$$

$$2(\sigma_2 - \sigma_3)m[(\sigma_2 - \sigma_3) - 2(\sigma_1 - \sigma_3)l^2 - 2(\sigma_2 - \sigma_3)m^2] = 0$$

这是 τ_n^2 取得极值的条件，联立求解此方程，得到 l 和 m，再由 $l^2 + m^2 + n^2 = 1$ 求出 n。将所得到的方向余弦代回式(2-17)即得到相应的极值剪应力；由式(2-16)可求出相应极值剪应力所在平面上的正应力。各种情况计算的结果列于表2-2。

表2-2中的前三组解答表示在主平面上剪应力为零。由后三组解答显见，极值剪应力位于通过第一、第二、第三主轴而平分其余两主轴夹角的平面上。假设 $\sigma_1 > \sigma_2 > \sigma_3$，则最大剪应力为

$$\tau_{\max} = \frac{\sigma_1 - \sigma_3}{2} \tag{2-18}$$

即一点应力状态的最大剪应力位于通过第二主轴而平分第一、第三主轴夹角的平面上，大小等于最大主应力与最小主应力之差的一半。

表 2-2

l	m	n	τ_n	σ_n
0	0	± 1	0	σ_3
0	± 1	0	0	σ_2
± 1	0	0	0	σ_1
0	$\pm\dfrac{1}{\sqrt{2}}$	$\pm\dfrac{1}{\sqrt{2}}$	$\pm\dfrac{\sigma_2-\sigma_3}{2}$	$\dfrac{1}{2}(\sigma_2+\sigma_3)$
$\pm\dfrac{1}{\sqrt{2}}$	0	$\pm\dfrac{1}{\sqrt{2}}$	$\pm\dfrac{\sigma_1-\sigma_3}{2}$	$\dfrac{1}{2}(\sigma_1+\sigma_3)$
$\pm\dfrac{1}{\sqrt{2}}$	$\pm\dfrac{1}{\sqrt{2}}$	0	$\pm\dfrac{\sigma_1-\sigma_2}{2}$	$\dfrac{1}{2}(\sigma_1+\sigma_2)$

6. 八面体应力

八面体是由在主轴坐标系的主轴上与坐标原点等距离的六个点连线构成的体元，它上面的八个面元都是正三角形，与主平面的夹角相等，几何上是正八面体 (图 2-6(a))。八面体八个面上的应力大小相同，其上的正应力和剪应力分别记为 $\sigma_{(8)}$ 和 $\tau_{(8)}$，称为八面体正应力和八面体剪应力，统称八面体应力。下面由第一象限面元 (图 2-6(b)) 计算八面体应力。由定义可知，八面体面元的外法线与各主轴夹角的方向余弦相等，即

$$l = m = n = \pm\frac{1}{\sqrt{3}}$$

将其分别代入式 (2-16) 和式 (2-17)，即得到八面体正应力和剪应力：

$$\sigma_{(8)} = \frac{1}{3}(\sigma_1+\sigma_2+\sigma_3) = \frac{1}{3}(\sigma_x+\sigma_y+\sigma_z) = \frac{1}{3}I_1 \tag{2-19}$$

$$\tau_{(8)} = \frac{1}{3}\sqrt{(\sigma_1-\sigma_2)^2+(\sigma_2-\sigma_3)^2+(\sigma_3-\sigma_1)^2} \tag{2-20}$$

八面体应力在强度理论和塑性力学中都有重要应用。

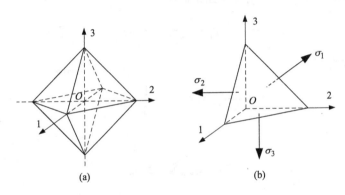

(a)　　　　　　　　(b)

图 2-6

2.5　应力互换定理

剪应力互等定理适用于相互正交的微分面元，现在来研究两个任意相交微分面元上应力分量之间的关系。设微分面元 A、B 过 M 点相交（图 2-7），两面元单位法向向量和应力向量分别为 $\boldsymbol{n}$、$\boldsymbol{n}'$ 和 $\boldsymbol{F}_n$、$\boldsymbol{F}_{n'}$，它们可以表示为

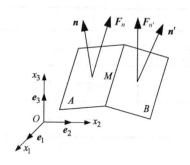

图 2-7

$$n = n_1 e_1 + n_2 e_2 + n_3 e_3 = n_i e_i \tag{2-21a}$$

$$n' = n_1' e_1 + n_2' e_2 + n_3' e_3 = n_i' e_i \tag{2-21b}$$

$$\begin{cases} \boldsymbol{F}_n = F_{n1} e_1 + F_{n2} e_2 + F_{n3} e_3 = F_{ni} e_i \\ \boldsymbol{F}_{n'} = F_{n'1} e_1 + F_{n'2} e_2 + F_{n'3} e_3 = F_{n'i} e_i \end{cases} \tag{2-21c}$$

现在证明式（2-22）成立。

$$\boldsymbol{F}_n \cdot \boldsymbol{n}' = \boldsymbol{F}_{n'} \cdot \boldsymbol{n} \tag{2-22}$$

将式（2-21b）、式（2-21c）代入式（2-22）左边，得 $\boldsymbol{F}_n \cdot \boldsymbol{n}' = F_{ni} n_i'$，斜面公式现在可以写为 $F_{ni} = \sigma_{ji} n_j$，于是有 $\boldsymbol{F}_n \cdot \boldsymbol{n}' = \sigma_{ji} n_j n_i'$；同理，可由式（2-22）右边得到 $\boldsymbol{F}_{n'} \cdot \boldsymbol{n} = F_{n'i} n_i$，代入斜面公式 $F_{n'i} = \sigma_{ji} n_j'$，有 $\boldsymbol{F}_{n'} \cdot \boldsymbol{n} = \sigma_{ji} n_j' n_i$。由于应力张量的对称性 $\sigma_{ji} = \sigma_{ij}$，故 $\sigma_{ji} n_j' n_i = \sigma_{ij} n_i n_j' = \sigma_{ji} n_j' n_i$，所以 $\boldsymbol{F}_n \cdot \boldsymbol{n}' = \boldsymbol{F}_{n'} \cdot \boldsymbol{n}$。这就是应力互换定理，可以表述为：在通过物体任何一点的两个微分面元上，第一个微分面元上的应力向量在第二个微分面元法线上的投影等于第二个微分面元上的应力向量在第一个微分面元法线上的投影。

2.6　应力张量的加法分解

张量理论指出，任何二阶对称张量都可以分解为球张量和偏张量之和。现在按张量加法分解的方法将应力张量分解为应力球张量和应力偏张量。

应力张量 σ_{ij} 的缩并为 σ_{ii}，表示三个正应力之和，也常记为

$$\Theta = \sigma_{ii} = \sigma_x + \sigma_y + \sigma_z \tag{2-23}$$

式中，Θ 也称为体积应力。如果引入平均正应力

$$\sigma_0 = \frac{1}{3} \sigma_{ii} = \frac{1}{3}(\sigma_x + \sigma_y + \sigma_z) \tag{2-24}$$

则应力张量可分解为

$$\sigma_{ij} = \frac{1}{3} \sigma_{mm} \delta_{ij} + \left(\sigma_{ij} - \frac{1}{3} \sigma_{mm} \delta_{ij} \right) \tag{2-25}$$

令

$$\sigma_{ij}^0 = \frac{1}{3} \sigma_{mm} \delta_{ij} = \sigma_0 \delta_{ij} \tag{2-26a}$$

$$\sigma_{ij}^* = \sigma_{ij} - \frac{1}{3}\sigma_{mm}\delta_{ij} = \sigma_{ij} - \sigma_0\delta_{ij} \tag{2-26b}$$

分别称为应力球张量和应力偏张量。应力球张量描述各向均匀（拉伸或压缩）受力状态，应力偏张量实际是应力张量对均匀受力状态的偏离。式(2-25)可更清晰地表示为常见的矩阵形式：

$$\begin{bmatrix} \sigma_x & \tau_{yx} & \tau_{zx} \\ \tau_{xy} & \sigma_y & \tau_{zy} \\ \tau_{xz} & \tau_{yz} & \sigma_z \end{bmatrix} = \begin{bmatrix} \sigma_0 & 0 & 0 \\ 0 & \sigma_0 & 0 \\ 0 & 0 & \sigma_0 \end{bmatrix} + \begin{bmatrix} \sigma_x - \sigma_0 & \tau_{yx} & \tau_{zx} \\ \tau_{xy} & \sigma_y - \sigma_0 & \tau_{zy} \\ \tau_{xz} & \tau_{yz} & \sigma_z - \sigma_0 \end{bmatrix} \tag{2-27}$$

应力张量分解图见图 2-8（为清晰起见，图中只标注了正微分面上的应力分量）。在塑性力学中应力偏张量起着重要作用，它也是二阶对称张量，也有自己的不变量，这些在塑性力学中将有详细的论述。

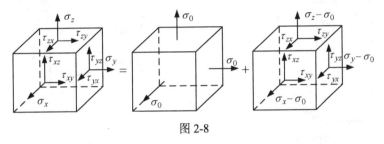

图 2-8

习 题

2-1 什么叫作一点的应力状态？如何表示一点的应力状态？

2-2 什么叫作应力张量的不变量？其不变的含义是什么？为什么不变？

2-3 已知六个应力分量 σ_x、σ_y、σ_z、τ_{yz}、τ_{xz}、τ_{xy} 中，$\sigma_z = \tau_{yz} = \tau_{xz} = 0$，试求应力张量不变量并导出主应力公式。

2-4 一个任意形状的物体表面受均匀压力 p 作用，如果不计其体力，试验证应力分量 $\sigma_x = \sigma_y = \sigma_z = -p$，$\tau_{yz} = \tau_{xz} = \tau_{xy} = 0$ 是否满足平衡微分方程和该问题的应力边界条件。

2-5 试以材料力学方法求出图 2-9 所示等直杆纯弯曲时的应力，并检查是否满足平衡微分方程和边界条件。

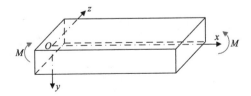

图 2-9

2-6 试按圣维南原理列出图 2-10 所示物体在 $z=0$ 的次要边界上的边界条件(参见 5.3 节)。

2-7 已知受力物体内某点的应力分量为 $\sigma_x = 0$，$\sigma_y = 2\text{MPa}$，$\sigma_z = 1\text{MPa}$，$\tau_{xy} = 1\text{MPa}$，$\tau_{yz} = 0$，$\tau_{xz} = 2\text{MPa}$。试求经过此点的平面 $x + 3y + z = 1$ 上的沿坐标轴方向的应力分量，以

及该平面上的正应力和剪应力。

2-8 如图 2-10 所示，某斜截面的法线与三个应力主方向成相同角度，试研究该斜截面上的应力。设坐标轴与应力主方向一致，$l=m=n=1\sqrt{3}$。

2-9 图 2-11 表示一三角形水坝，已求得应力分量

$$\sigma_x = Ax+By, \quad \sigma_y = Cx+Dy, \quad \sigma_z = 0, \quad \tau_{yz}=\tau_{xz}=0, \quad \tau_{xy} = -Dx-Ay-\rho gx$$

ρ 和 ρ_1 分别表示坝身和液体的密度。试根据应力边界条件确定常数 A、B、C、D。

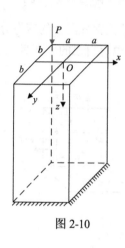
图 2-10

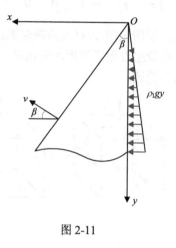
图 2-11

第 2 章部分参考答案

第3章 应变理论

本章将从几何学的角度研究物体的变形。首先给出物体在三维空间的位移和应变的描述，并推导两者的关系，建立几何方程和连续方程；进而在坐标变换的基础上深入地研究一点应变张量的性质和一点应变状态的理论。由于本章的研究不涉及材料的物理性质以及外力作用和平衡等因素，属于独立的几何学研究，其结果也适用于其他连续介质。

3.1 几何方程和连续方程

3.1.1 变形描述

在外力作用下，物体的大小和形状将发生变化，称为物体的变形。与变形前比较，变形后物体上对应点的空间位置发生了改变，变形前、后对应点的向量称为位移。从几何学观点研究变形和位移，它们之间有某种关系。但是，位移除了引起物体变形，还可能引起物体的移动和转动，这部分位移不引起物体变形。在弹性力学中，把引起变形的位移称为弹性位移，把不引起变形的位移称为刚性位移。首先研究弹性位移与变形的关系。根据物体的连续性假设，在变形过程中弹性体内任何部分都不能发生开裂、重叠、弯折、错位和相互嵌入等，这就要求位移是坐标的连续函数，变形前与变形后的点是一一对应的关系。一般情形下各点的位移是不相同的，从而引起线段的伸缩和两线段之间夹角的改变。线元单位长度的改变称为正应变，伸长为正、缩小为负；两正交线元夹角的改变称为剪应变，直角减小为正、增加为负。在研究变形时，主要考虑微元线段(线元)，并注意小变形假设的运用。

3.1.2 几何方程

为了方便又不失一般性，在变形前的物体内部，通过任一 M 点平行坐标轴方向取三条线元 MA、MB、MC，其长度分别为 $\mathrm{d}x$、$\mathrm{d}y$、$\mathrm{d}z$，变形前的线元及其在坐标平面上的投影见图 3-1(a)。变形后，M、A、B、C 分别移至 M'、A'、B'、C'，见图 3-1(b)。

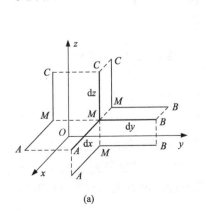

(a)

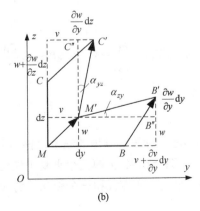

(b)

图 3-1

　　首先分析线段的伸缩变形,为方便计,将原空间线元的变形分解到各投影面上进行分析并推导有关公式。在投影面上分析,就是忽略平面外变形的影响。从数量级上考察,无论是线元伸缩还是夹角改变,平面外引起的变形与平面内产生的变形相比较都是高阶小量,故可以忽略,这在小变形范围内分析是容许的。为图形简单,投影面上的线元直接用原来的记号表示。下面将 Oyz 坐标平面作为实例进行分析,见图 3-1(b)。MB、MC 表示变形前的线元。设 M 点位移向量在 y 和 z 方向的分量为 v 和 w,B 点和 C 点的位移分量分别为

$$v+\frac{\partial v}{\partial y}\mathrm{d}y,\quad w+\frac{\partial w}{\partial y}\mathrm{d}y;\quad v+\frac{\partial v}{\partial z}\mathrm{d}z,\quad w+\frac{\partial w}{\partial z}\mathrm{d}z$$

每个式中的第二项是由点位差引起的附加项。首先定义 y 方向线元 MB 的正应变。考虑到小变形假设,可以用 MB'' 的长度代替 MB' 的长度,这相当于略去了 M、B 两点在 z 方向的位移差引起线元 MB 的伸缩量,它也是一个高阶小量。因此,根据正应变定义,有

$$\varepsilon_y=\frac{\left(v+\dfrac{\partial v}{\partial y}\mathrm{d}y\right)+\mathrm{d}y-v-\mathrm{d}y}{\mathrm{d}y}=\frac{\partial v}{\partial y}\tag{3-1a}$$

同理得到 z 方向线元 MC 的正应变为

$$\varepsilon_z=\frac{\left(w+\dfrac{\partial w}{\partial z}\mathrm{d}z\right)+\mathrm{d}z-w-\mathrm{d}z}{\mathrm{d}z}=\frac{\partial w}{\partial z}\tag{3-1b}$$

　　其次分析夹角变化,即考虑 MB 与 MC 所夹直角的改变。其中 y 方向线元向 z 方向的转角记为 α_{zy},而 z 方向线元向 y 方向的转角记为 α_{yz}。由剪应变定义,有

$$\gamma_{yz}=\gamma_{zy}=\alpha_{zy}+\alpha_{yz}$$

结合图 3-1(b) 并注意到小变形,则有 $\alpha_{zy}\approx\tan\alpha_{zy}=\dfrac{B'B''}{M'B''}$,于是

$$\alpha_{zy}=\frac{\dfrac{\partial w}{\partial y}\mathrm{d}y}{\left(1+\dfrac{\partial v}{\partial y}\right)\mathrm{d}y}$$

由于在小变形情形下,$\dfrac{\partial v}{\partial y}\ll1$,所以 $\alpha_{zy}=\dfrac{\partial w}{\partial y}$,同理 $\alpha_{yz}=\dfrac{\partial v}{\partial z}$,故有

$$\gamma_{yz}=\gamma_{zy}=\frac{\partial w}{\partial y}+\frac{\partial v}{\partial z}\tag{3-1c}$$

式 (3-1) 即由 Oyz 坐标平面导出的三个位移与应变关系的方程。同理,可以得到另外两个坐标平面上的方程。综合起来,去掉三个重复出现的正应变,并注意到 $\gamma_{xy}=\gamma_{yx}$,$\gamma_{yz}=\gamma_{zy}$,$\gamma_{zx}=\gamma_{xz}$,实际上得到三个正应变方程和三个独立的剪应变方程,最后组成六个应变方程:

$$\begin{cases} \varepsilon_x = \dfrac{\partial u}{\partial x} \ , \ \gamma_{xy} = \gamma_{yx} = \dfrac{\partial v}{\partial x} + \dfrac{\partial u}{\partial y} \\[3mm] \varepsilon_y = \dfrac{\partial v}{\partial y} \ , \ \gamma_{yz} = \gamma_{zy} = \dfrac{\partial w}{\partial y} + \dfrac{\partial v}{\partial z} \\[3mm] \varepsilon_z = \dfrac{\partial w}{\partial z} \ , \ \gamma_{zx} = \gamma_{xz} = \dfrac{\partial u}{\partial z} + \dfrac{\partial w}{\partial x} \end{cases} \tag{3-2}$$

方程(3-2)称为几何方程,又称柯西方程。它给出了六个独立应变分量和三个位移分量之间必须满足的关系。这样定义的应变通常称为工程应变分量。由式(3-2)可见,如果已知三个单值连续并可微的位移分量,就可以通过式(3-2)直接求导数得到六个应变分量。但是,反过来,如果给定六个应变分量,是否一定可以通过积分求出位移分量呢?从数学角度提出这个问题,就是由式(3-2)的六个偏微分方程求解三个未知函数的问题,方程个数比待求的未知函数的个数多出三个,如何保证它们彼此相容而不出现矛盾方程呢? 这就要求六个应变分量必须满足一定的控制条件。

3.1.3 连续方程(工程应变表示)

将方程(3-2)升阶并消去位移则得到如下的偏微分方程组。

$$\begin{cases} \dfrac{\partial^2 \varepsilon_x}{\partial y^2} + \dfrac{\partial^2 \varepsilon_y}{\partial x^2} = \dfrac{\partial^2 \gamma_{xy}}{\partial x \partial y}, \ \dfrac{\partial}{\partial x}\left(\dfrac{\partial \gamma_{xz}}{\partial y} + \dfrac{\partial \gamma_{xy}}{\partial z} - \dfrac{\partial \gamma_{yz}}{\partial x} \right) = 2\dfrac{\partial^2 \varepsilon_x}{\partial y \partial z} \\[4mm] \dfrac{\partial^2 \varepsilon_x}{\partial z^2} + \dfrac{\partial^2 \varepsilon_z}{\partial x^2} = \dfrac{\partial^2 \gamma_{xz}}{\partial x \partial z}, \ \dfrac{\partial}{\partial y}\left(\dfrac{\partial \gamma_{xy}}{\partial z} + \dfrac{\partial \gamma_{yz}}{\partial x} - \dfrac{\partial \gamma_{xz}}{\partial y} \right) = 2\dfrac{\partial^2 \varepsilon_y}{\partial x \partial z} \\[4mm] \dfrac{\partial^2 \varepsilon_y}{\partial z^2} + \dfrac{\partial^2 \varepsilon_z}{\partial y^2} = \dfrac{\partial^2 \gamma_{yz}}{\partial y \partial z}, \ \dfrac{\partial}{\partial z}\left(\dfrac{\partial \gamma_{yz}}{\partial x} + \dfrac{\partial \gamma_{xz}}{\partial y} - \dfrac{\partial \gamma_{xy}}{\partial z} \right) = 2\dfrac{\partial^2 \varepsilon_z}{\partial x \partial y} \end{cases} \tag{3-3}$$

式(3-3)称为应变协调方程,简称协调方程,又称连续方程,或相容方程,还称为圣维南(Saint-Venant)方程,也就是应变分量必须满足的控制条件。

由几何方程从形式上推导出连续方程并不困难。式(3-3)有两种类型,下面推导左列第一式和右列第一式,其余各式类推或循环轮换字母 x,y,z 得到。将式(3-2)左列第一式两边对 y 求两次偏导数,左列第二式两边对 x 求两次偏导数,然后相加并注意到右列第一式的关系,即得到式(3-3)左列第一式。将式(3-2)右列第一式两边对 x 和 z 各求一次偏导数,右列第二式两边对 x 求两次偏导数并变号,右列第三式两边对 x 和 y 各求一次偏导数,然后将得到的最后三个等式相加,并注意到左列第一式的关系,即得到式(3-3)右列第一式。由推导过程可见,表示位移的函数必须满足单值连续并足够光滑(存在三阶以上的连续偏导数),求出的应变分量就一定能够满足连续方程。这就证明了连续方程是单连域位移满足单值连续的必要条件;其充分条件,即在单连域若给定应变分量满足连续方程,就一定能由几何方程求出单值连续位移函数的证明,以及在多连域的补充条件,见 3.7 节。

由上述分析可知,在组合基本方程时,几何方程(3-2)和协调方程(3-3),只须用其中的一个,不需同时使用。当选用位移作基本未知函数时,当然只能应用几何方程(3-2),协调方程(3-3)会自然满足。当选用应变作基本未知函数时,直接应用协调方程(3-3)比较方便。它是满足变形连续的充分必要条件(单连域)，因此求解时无须再应用几何方程(3-2)，但是如果需要求位移，它可以保证由几何方程(3-2)求出单值连续的位移函数，因此从数学分析的角度来看，协调方程就是由几何方程对应变积分求位移的可积性条件。

必须指出，在由式(3-2)和式(3-3)表示的几何方程和连续方程中，因为九个应变分量的集合不满足张量的坐标变换关系，所以该集合并不构成张量。也就是说它不是张量分量，通常称其为工程应变或工程应变分量。

3.1.4　张量化几何方程和连续方程

前面已指出几何方程的九个应变分量不构成二阶张量。但是，如果引入记号

$$
\begin{cases}
e_{11}=e_{xx}=\varepsilon_x,\ e_{22}=e_{yy}=\varepsilon_y,\ e_{33}=e_{zz}=\varepsilon_z \\
e_{12}=e_{xy}=\dfrac{1}{2}\gamma_{xy},\ e_{23}=e_{yz}=\dfrac{1}{2}\gamma_{yz},\ e_{31}=e_{zx}=\dfrac{1}{2}\gamma_{zx} \\
e_{21}=e_{yx}=\dfrac{1}{2}\gamma_{yx},\ e_{32}=e_{zy}=\dfrac{1}{2}\gamma_{zy},\ e_{13}=e_{xz}=\dfrac{1}{2}\gamma_{xz}
\end{cases}
\tag{3-4}
$$

则九个分量 $e_{11},e_{22},\cdots,e_{31},e_{13}$ 的集合满足张量定义，称为应变张量。工程应变分量与应变张量分量的正应变是相同的，剪应变后者是前者的 $1/2$。用张量记法，应变张量可简记为 e_{ij}，下标 $i,j=1,2,3$；位移分量记为 u_i，$u_1=u,u_2=v,u_3=w$。于是，几何方程的张量式为

$$
e_{ij}=\frac{1}{2}\left(\frac{\partial u_i}{\partial x_j}+\frac{\partial u_j}{\partial x_i}\right)=\frac{1}{2}(u_{i,j}+u_{j,i})
\tag{3-5}
$$

由式(3-5)不难导出连续方程的张量式。为此，可由几何方程求两次偏导数(假设位移分量满足单值连续并具有至少三阶的连续偏导数)，构建下列各式：

$$
2e_{ij,kl}=u_{i,jkl}+u_{j,ikl},\ 2e_{kl,ij}=u_{k,lij}+u_{l,kij},\ 2e_{ik,jl}=u_{i,kjl}+u_{k,ijl},\ 2e_{jl,ik}=u_{j,lki}+u_{l,jik}
\tag{3-6}
$$

将式(3-6)的前面两式相加后再减去后面两式，并注意求导指标与求导次序无关，则得到应变分量的关系式：

$$
e_{ij,kl}+e_{kl,ij}-e_{ik,jl}-e_{jl,ik}=0
\tag{3-7}
$$

式(3-7)就是协调方程的张量表达式，式中含有四个自由指标，所以展开后可以得到 $3^4=81$ 个方程。不过，由于 e_{ij} 的对称性，其中只有六个是不相同的，其余不是重复就是恒等。为了去掉不必要的方程，可以取式(3-6)中的第一式(也可以取其他式)，用置换符号 e_{jln} 和 e_{ikm} 乘式(3-7)的两端，并注意 $e_{jin}u_{i,jkl}=0$，$e_{ikm}u_{j,ikl}=0$，于是有

$$
e_{ikm}e_{jln}e_{ij,kl}=0
\tag{3-8}
$$

式(3-8)也是张量形式的连续方程。式中只有 m 和 n 是自由指标(其他为求和指标)，故展开后只有九个方程，且其中有三对方程重复，因此不同的方程只有六个。令 $mn=11,22,33$ 换成工程应变分量就可以得到式(3-3)左列的三个等式；令 $mn=12,23,31$，则可得到式(3-3)右列的三个等式。具体求之，由 $m=1,n=1$，得 $e_{22,33}+e_{33,22}-e_{32,23}-e_{23,32}=0$，将式(3-4)的有关项代入则得到式(3-3)左列第三式；由 $m=1,n=2$，得 $e_{23,31}+e_{31,23}-e_{21,33}-e_{33,21}=0$，即式(3-3)右列第三式；令 $mn=21,32,13$，得到与 $mn=12,23,31$ 完全重复的三个等式。

3.2 斜线段的正应变、剪应变、位移梯度张量及其转轴公式

几何方程建立了应变与位移的关系，表示位移使物体发生了变形。而事实上，位移除了使物体变形，还可能使物体产生移动和转动。本节和后文将对位移响应进行全面分析。

物体所占据的空间位置称为物体位形，物体变形前的位形称为初始位形，变形后的位形称为即时位形，分别用 D_0 和 D 表示，它们同时表示在同一个固定的笛卡儿坐标系中，见图3-2。M 是物体内的任一点，N 为其邻域内的任一点，无限小线元 MN 用向量 $\mathrm{d}\boldsymbol{x}(\mathrm{d}x_1,\mathrm{d}x_2,\mathrm{d}x_3)$ 表示，

M 点和 N 点的坐标矢径分别为 $\boldsymbol{x}(x_1,x_2,x_3)$ 和 $\bar{\boldsymbol{x}}$ $(\bar{\boldsymbol{x}}=\boldsymbol{x}+\mathrm{d}\boldsymbol{x})$；变形后 M 移至 $\bar{M}$，N 移至 $\bar{N}$，线元 $\overline{MN}$ 用向量 $\mathrm{d}\bar{\boldsymbol{x}}$ 表示。为保证变形的连续性，变形后与变形前的新、旧位形内的质点必须是一一对应的关系。由图 3-2 知，M 点的位移向量为 $\boldsymbol{u}=\bar{\boldsymbol{x}}-\boldsymbol{x}$，或写为分量形式：

$$u_i = \bar{x}_i - x_i$$

而 N 点的位移向量为 $\bar{\boldsymbol{u}}=\boldsymbol{u}+\mathrm{d}\boldsymbol{u}$，或移项表示为分量形式：

$$\mathrm{d}u_i = \bar{u}_i - u_i \tag{3-9}$$

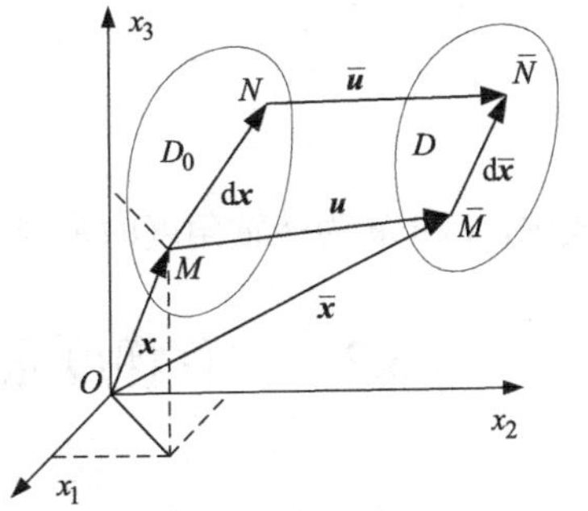

图 3-2

在一般情形下，$\bar{x}_i(\bar{x}_1,\bar{x}_2,\bar{x}_3)$ 是 $x_i(x_1,x_2,x_3)$ 的函数，因而 $\mathrm{d}u_i(\mathrm{d}u,\mathrm{d}v,\mathrm{d}w)$ 也是 x_i 的函数。将 $\bar{u}_i$ 按泰勒级数展开，注意在小变形情形下 $\left|\partial u_i/\partial x_j\right|\ll 1$，略去高阶微分项，$\mathrm{d}u_i(\mathrm{d}u,\mathrm{d}v,\mathrm{d}w)$ 可以表示为

$$\begin{cases} \mathrm{d}u = \dfrac{\partial u}{\partial x}\mathrm{d}x + \dfrac{\partial u}{\partial y}\mathrm{d}y + \dfrac{\partial u}{\partial z}\mathrm{d}z \\[2mm] \mathrm{d}v = \dfrac{\partial v}{\partial x}\mathrm{d}x + \dfrac{\partial v}{\partial y}\mathrm{d}y + \dfrac{\partial v}{\partial z}\mathrm{d}z \\[2mm] \mathrm{d}w = \dfrac{\partial w}{\partial x}\mathrm{d}x + \dfrac{\partial w}{\partial y}\mathrm{d}y + \dfrac{\partial w}{\partial z}\mathrm{d}z \end{cases} \tag{3-10a}$$

或写为张量形式：

$$\mathrm{d}u_i = u_{i,j}\mathrm{d}x_j \quad (i,j=1,2,3) \tag{3-10b}$$

式中，$\mathrm{d}u_i$ 和 $\mathrm{d}x_j$ 均为向量，即一阶张量。根据判别张量的商法则，把具有九个分量的 $u_{i,j}$ 视为一个线性变换，它将一个一阶张量 $\mathrm{d}x_j$ 变换为另一个一阶张量，其本身必为二阶张量。这就证明了 $u_{i,j}$ 是一个二阶张量，称为位移梯度张量。为清晰起见，将位移梯度张量用通常分量和张量分量矩阵表示为

$$[u_{i,j}] = \begin{bmatrix} \dfrac{\partial u}{\partial x} & \dfrac{\partial u}{\partial y} & \dfrac{\partial u}{\partial z} \\[2mm] \dfrac{\partial v}{\partial x} & \dfrac{\partial v}{\partial y} & \dfrac{\partial v}{\partial z} \\[2mm] \dfrac{\partial w}{\partial x} & \dfrac{\partial w}{\partial y} & \dfrac{\partial w}{\partial z} \end{bmatrix} = \begin{bmatrix} \dfrac{\partial u_1}{\partial x_1} & \dfrac{\partial u_1}{\partial x_2} & \dfrac{\partial u_1}{\partial x_3} \\[2mm] \dfrac{\partial u_2}{\partial x_1} & \dfrac{\partial u_2}{\partial x_2} & \dfrac{\partial u_2}{\partial x_3} \\[2mm] \dfrac{\partial u_3}{\partial x_1} & \dfrac{\partial u_3}{\partial x_2} & \dfrac{\partial u_3}{\partial x_3} \end{bmatrix} \tag{3-11}$$

式 (3-11) 也称为位移梯度张量矩阵。显见，位移梯度张量是一般的二阶张量。因此，必然服从二阶张量坐标变换规律及其具有的性质。设 $u_{i',j'}$ 和 $u_{i,j}$ 分别为新、旧坐标系中的位移梯度张量的分量，根据式 (2-7a) 直接写出它的坐标变换公式为

$$u_{i',j'} = \alpha_{i'i}\alpha_{j'j}u_{i,j} \tag{3-12a}$$

按张量的运算规则，求导后的指标同样是张量指标。其相对位移的分量矩阵转轴公式可以表达为

$$\begin{bmatrix} \dfrac{\partial}{\partial x'} \\ \dfrac{\partial}{\partial y'} \end{bmatrix} = \begin{bmatrix} l_1 & m_1 \\ l_2 & m_2 \end{bmatrix} \begin{bmatrix} \dfrac{\partial}{\partial x} \\ \dfrac{\partial}{\partial y} \end{bmatrix} \tag{3-12b}$$

式中，l 和 m 为转轴角度的余弦。

3.3　位移梯度张量的加法分解及应变张量和转动张量

1. 位移梯度张量加法分解

根据张量加法定理，任何一个非对称二阶张量总可以唯一地分解为一个对称张量和一个反称张量之和。由式 (3-11) 可见，位移梯度张量 $u_{i,j}$ 是非对称二阶张量，因此可以分解为对称和反称的两个张量：

$$u_{i,j} = \frac{1}{2}(u_{i,j} + u_{j,i}) + \frac{1}{2}(u_{i,j} - u_{j,i}) \tag{3-13a}$$

式 (3-13a) 可以转换成用通常记号表示的矩阵形式：

$$\begin{bmatrix} \dfrac{\partial u}{\partial x} & \dfrac{\partial u}{\partial y} & \dfrac{\partial u}{\partial z} \\ \dfrac{\partial v}{\partial x} & \dfrac{\partial v}{\partial y} & \dfrac{\partial v}{\partial z} \\ \dfrac{\partial w}{\partial x} & \dfrac{\partial w}{\partial y} & \dfrac{\partial w}{\partial z} \end{bmatrix} = \begin{bmatrix} \dfrac{\partial u}{\partial x} & \dfrac{1}{2}\left(\dfrac{\partial u}{\partial y} + \dfrac{\partial v}{\partial x}\right) & \dfrac{1}{2}\left(\dfrac{\partial u}{\partial z} + \dfrac{\partial w}{\partial x}\right) \\ \dfrac{1}{2}\left(\dfrac{\partial u}{\partial y} + \dfrac{\partial v}{\partial x}\right) & \dfrac{\partial v}{\partial y} & \dfrac{1}{2}\left(\dfrac{\partial v}{\partial z} + \dfrac{\partial w}{\partial y}\right) \\ \dfrac{1}{2}\left(\dfrac{\partial u}{\partial z} + \dfrac{\partial w}{\partial x}\right) & \dfrac{1}{2}\left(\dfrac{\partial v}{\partial z} + \dfrac{\partial w}{\partial y}\right) & \dfrac{\partial w}{\partial z} \end{bmatrix}$$
$$+ \begin{bmatrix} 0 & \dfrac{1}{2}\left(\dfrac{\partial u}{\partial y} - \dfrac{\partial v}{\partial x}\right) & \dfrac{1}{2}\left(\dfrac{\partial u}{\partial z} - \dfrac{\partial w}{\partial x}\right) \\ -\dfrac{1}{2}\left(\dfrac{\partial u}{\partial y} - \dfrac{\partial v}{\partial x}\right) & 0 & \dfrac{1}{2}\left(\dfrac{\partial v}{\partial z} - \dfrac{\partial w}{\partial y}\right) \\ -\dfrac{1}{2}\left(\dfrac{\partial u}{\partial z} - \dfrac{\partial w}{\partial x}\right) & -\dfrac{1}{2}\left(\dfrac{\partial v}{\partial z} - \dfrac{\partial w}{\partial y}\right) & 0 \end{bmatrix} \tag{3-13b}$$

式 (3-13b) 左端是位移梯度张量矩阵；右端第一项是二阶对称张量，称为应变张量，这是小变形假设下的应变张量，亦称为柯西应变张量；右端第二项是二阶反称张量，称为转动张量。

2. 应变张量

柯西应变张量是式(3-13a)的对称部分，与式(3-12)比较可见，它就是几何方程，引入应变张量记号 e_{ij} 后，即式(3-5)表示的张量方程。

3. 转动张量及其对偶向量

由式(3-13a)的反称张量部分引入记号 Ω_{ij} $(i,j=1,2,3)$，转动张量可记为

$$\Omega_{ij}=-\frac{1}{2}\left(\frac{\partial u_i}{\partial x_j}-\frac{\partial u_j}{\partial x_i}\right)=-\frac{1}{2}(u_{i,j}-u_{j,i}) \tag{3-14a}$$

展开式(3-14a)或直接由式(3-13b)得到转动张量通常分量的表达式：

$$\begin{cases} \Omega_{12}=-\Omega_{21}=\dfrac{1}{2}\left(\dfrac{\partial u_2}{\partial x_1}-\dfrac{\partial u_1}{\partial x_2}\right)=\dfrac{1}{2}\left(\dfrac{\partial v}{\partial x}-\dfrac{\partial u}{\partial y}\right) \\[3mm] \Omega_{23}=-\Omega_{32}=\dfrac{1}{2}\left(\dfrac{\partial u_3}{\partial x_2}-\dfrac{\partial u_2}{\partial x_3}\right)=\dfrac{1}{2}\left(\dfrac{\partial w}{\partial y}-\dfrac{\partial v}{\partial z}\right) \\[3mm] \Omega_{31}=-\Omega_{13}=\dfrac{1}{2}\left(\dfrac{\partial u_1}{\partial x_3}-\dfrac{\partial u_3}{\partial x_1}\right)=\dfrac{1}{2}\left(\dfrac{\partial u}{\partial z}-\dfrac{\partial w}{\partial x}\right) \end{cases} \tag{3-14b}$$

转动张量 Ω_{ij} 中的九个分量由于具有反称性，主对角线上的三个分量 $\Omega_{11}=\Omega_{22}=\Omega_{33}=0$ 及 $\Omega_{ij}=-\Omega_{ji}$ $(i\neq j)$，故只有三个独立分量，与一个向量相对应，称为反称张量 Ω_{ij} 的对偶向量。设对偶向量的三个分量为 ω_1、ω_2、ω_3，记为

$$\boldsymbol{\omega}=\omega_1\boldsymbol{e}_1+\omega_2\boldsymbol{e}_2+\omega_3\boldsymbol{e}_3 \tag{3-15}$$

根据张量代数关于对偶向量的定义，对偶向量为

$$\omega_k=\frac{1}{2}e_{kij}\Omega_{ij} \tag{3-16}$$

式中，e_{kij} 为置换符号。将式(3-16)展开得到

$$\omega_1=\Omega_{23},\ \omega_2=\Omega_{31},\ \omega_3=\Omega_{12} \tag{3-17}$$

在式(3-16)两边乘以 e_{kmn}，经过简单的运算即得到

$$\Omega_{ij}=e_{ijk}\omega_k \tag{3-18}$$

注意到式(3-2)、式(3-14a)及 $\Omega_{ij}=-\Omega_{ji}$ $(i\neq j)$，式(3-13a)可以写为

$$u_{i,j}=e_{ij}+\Omega_{ji} \tag{3-19}$$

将式(3-18)代入式(3-19)后再代入式(3-10b)，则得

$$\begin{aligned} \mathrm{d}u_i=u_{i,j}\mathrm{d}x_j &=e_{ij}\mathrm{d}x_j+\Omega_{ji}\mathrm{d}x_j \\ &=e_{ij}\mathrm{d}x_j+e_{ikj}\omega_k\mathrm{d}x_j \\ &=e_{ij}\mathrm{d}x_j+(\boldsymbol{\omega}\times\mathrm{d}\boldsymbol{x})_i \end{aligned} \tag{3-20}$$

式(3-20)说明，一点邻域内各点相对位移由两部分构成：最后等号右端第一项是弹性变形产

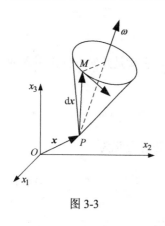

图 3-3

生的位移增量，由应变张量确定；第二项即转动张量对位移增量的影响，该项是对偶向量 $\boldsymbol{\omega}$ 与线元向量 $\mathrm{d}\boldsymbol{x}$ 的向量积 $\boldsymbol{\omega} \times \mathrm{d}\boldsymbol{x}$，其分量为

$$\begin{cases} (\boldsymbol{\omega} \times \mathrm{d}\boldsymbol{x})_1 = \omega_2 \mathrm{d}x_3 - \omega_3 \mathrm{d}x_2 \\ (\boldsymbol{\omega} \times \mathrm{d}\boldsymbol{x})_2 = \omega_3 \mathrm{d}x_1 - \omega_1 \mathrm{d}x_3 \\ (\boldsymbol{\omega} \times \mathrm{d}\boldsymbol{x})_3 = \omega_1 \mathrm{d}x_2 - \omega_2 \mathrm{d}x_1 \end{cases} \tag{3-21}$$

由刚体运动学可知，当角加速度为零时，刚体绕固定点 P 转动时刚体上任一点 M 的速度向量 $\boldsymbol{v} = \boldsymbol{\omega} \times \mathrm{d}\boldsymbol{x}$（$\boldsymbol{\omega}$ 为角速度），见图 3-3。在不考虑时间因素且微小转动时，$\boldsymbol{v}$ 和 $\boldsymbol{\omega}$ 就相当于位移和对偶向量。也就是说，式(3-20)中描述转动的位移向量 $\boldsymbol{\omega} \times \mathrm{d}\boldsymbol{x}$ 与描述刚体转动的速度向量是相同的，因此称为刚性转动，基于此，也把转动张量的对偶向量 $\boldsymbol{\omega}$ 称为转动向量。

由上述分析可见，位移梯度张量包含一点邻域内各点相对位移的全部信息。

3.4　应变张量转轴公式与一点的应变状态

3.3 节已证明由式(3-14)表示的应变张量是二阶对称张量，故其坐标变换关系应与应力张量相同。因此，应变张量转轴公式完全可以由应力张量转轴公式直接得到。例如，由式(2-7a)可以写出张量形式的转轴公式：

$$e_{i'j'} = \alpha_{i'i} \alpha_{j'j} e_{ij} \tag{3-22a}$$

展开式(3-22a)后，将式中的 e_{ij} 按式(3-4)代换即可得到用通常分量形式表示的应变转轴公式，也可以通过应力转轴公式(2-7b)得到，只需将式中的应力分量代换为相应的应变分量（以 ε_x 代替 σ_x，…，以 $\gamma_{xy}/2$ 代替 τ_{xy}，…）即可。通常分量形式的应变转轴公式为

$$\begin{cases} \varepsilon_{x'} = \varepsilon_x l_1^2 + \varepsilon_y m_1^2 + \varepsilon_z n_1^2 + \gamma_{xy} l_1 m_1 + \gamma_{yz} m_1 n_1 + \gamma_{zx} n_1 l_1 \\ \varepsilon_{y'} = \varepsilon_x l_2^2 + \varepsilon_y m_2^2 + \varepsilon_z n_2^2 + \gamma_{xy} l_2 m_2 + \gamma_{yz} m_2 n_2 + \gamma_{zx} n_2 l_2 \\ \varepsilon_{z'} = \varepsilon_x l_3^2 + \varepsilon_y m_3^2 + \varepsilon_z n_3^2 + \gamma_{xy} l_3 m_3 + \gamma_{yz} m_3 n_3 + \gamma_{zx} n_3 l_3 \\ \gamma_{x'y'} = \gamma_{y'x'} = 2\varepsilon_x l_1 l_2 + 2\varepsilon_y m_1 m_2 + 2\varepsilon_z n_1 n_2 + \gamma_{xy}(l_1 m_2 + l_2 m_1) + \gamma_{yz}(m_1 n_2 + m_2 n_1) + \gamma_{zx}(n_1 l_2 + n_2 l_1) \\ \gamma_{y'z'} = \gamma_{z'y'} = 2\varepsilon_x l_2 l_3 + 2\varepsilon_y m_2 m_3 + 2\varepsilon_z n_2 n_3 + \gamma_{xy}(l_2 m_3 + l_3 m_2) + \gamma_{yz}(m_2 n_3 + m_3 n_2) + \gamma_{zx}(n_2 l_3 + n_3 l_2) \\ \gamma_{z'x'} = \gamma_{x'z'} = 2\varepsilon_x l_3 l_1 + 2\varepsilon_y m_3 m_1 + 2\varepsilon_z n_3 n_1 + \gamma_{xy}(l_3 m_1 + l_1 m_3) + \gamma_{yz}(m_3 n_1 + m_1 n_3) + \gamma_{zx}(n_3 l_1 + n_1 l_3) \end{cases}$$

$$\tag{3-22b}$$

式(3-22b)表明，只要知道了一点的应变张量就可以求出该点任何方向的应变分量。由此可以得出结论：一点的应变状态完全取决于该点的应变张量。

3.5　应变张量的性质

由于应变张量与应力张量一样，都是二阶对称张量，所以二者具有类同的性质。例如，

在坐标旋转变换时，应变张量也存在三个相互垂直的平面，在这些平面上剪应变等于零，称为应变主平面。主平面法线方向的正应变称为主应变，主应变方向称为应变主方向或应变主轴。由应变主轴构成的坐标系称为应变主轴坐标系，简称应变主坐标系。下面仿照应力张量的研究方法给出应变张量的有关结果。

应变张量如同应力张量一样，也有主应变和应变主方向，演绎方法相同。由线性代数可知，如果把应变张量 e_{ij} 视为一个线性变换，它将一个单位向量 n_j 变换后只改变大小、不改变方向，即满足关系式 $e_{ij}n_j = \varepsilon\delta_{ij}n_j$，则定义 ε 为 e_{ij} 的特征值，n_j 为特征向量。因此，特征向量方程为

$$(e_{ij} - \varepsilon\delta_{ij})n_j = 0 \tag{3-23}$$

式(3-23)存在非零解的条件为系数行列式等于零，将式(3-23)展开，其中的 e_{ij} 按式(3-14)代换，则得

$$\begin{vmatrix} \varepsilon_x - \varepsilon & \dfrac{1}{2}\gamma_{yx} & \dfrac{1}{2}\gamma_{zx} \\ \dfrac{1}{2}\gamma_{xy} & \varepsilon_y - \varepsilon & \dfrac{1}{2}\gamma_{zy} \\ \dfrac{1}{2}\gamma_{xz} & \dfrac{1}{2}\gamma_{yz} & \varepsilon_z - \varepsilon \end{vmatrix} = 0 \tag{3-24a}$$

式中，特征值 ε 即主应变，展开行列式得到

$$\varepsilon^3 - J_1\varepsilon^2 + J_2\varepsilon - J_3 = 0 \tag{3-24b}$$

式中，

$$\begin{cases} J_1 = \varepsilon_x + \varepsilon_y + \varepsilon_z = \varepsilon_1 + \varepsilon_2 + \varepsilon_3 \\ J_2 = \varepsilon_x\varepsilon_y + \varepsilon_x\varepsilon_z + \varepsilon_y\varepsilon_z - \dfrac{1}{4}(\gamma_{xy}^2 + \gamma_{xz}^2 + \gamma_{yz}^2) = \varepsilon_1\varepsilon_2 + \varepsilon_1\varepsilon_3 + \varepsilon_2\varepsilon_3 \\ J_3 = \varepsilon_x\varepsilon_y\varepsilon_z + \dfrac{1}{4}\gamma_{xy}\gamma_{xz}\gamma_{yz} - \dfrac{1}{4}(\varepsilon_x\gamma_{yz}^2 + \varepsilon_y\gamma_{xz}^2 + \varepsilon_z\gamma_{xy}^2) = \varepsilon_1\varepsilon_2\varepsilon_3 \end{cases} \tag{3-25}$$

分别称为应变张量的第一、第二、第三不变量(等式最右端是主应变)。它们可以由展开行列式(3-24a)或由应力张量不变量代换得到。方程(3-24b)在形式上与应力张量特征方程(2-10b)完全相同，因此可以省略类似的推导，直接给出应变张量的性质。

1. 主应变

求解代数方程(3-24b)。由于对称性，一般情形下可以得到三个不等的实根，即主应变。其中最大的称为第一主应变，余下的依次称为第二、第三主应变，分别用 ε_1、ε_2、ε_3 表示。如果有两个实根相等，则在平行于该两个主应变方向组成的平面内是均匀变形状态。如果有三个实根相等，则处于三维的均匀变形状态。

2. 应变主方向

与应力主方向一样，如果三个主应变不相等，则它们是相互正交的；如果两个主应变相等，则在平行该两个主方向组成的平面内任一方向都是主方向；如果三个主应变相等，则任

何方向都是应变主方向。

　　可以证明，对于各向同性弹性体，应变主方向与应力主方向重合。这为弹性力学分析问题提供了极大的方便。

　　3. 应变张量不变量

　　因为主应变与初始坐标的选择无关，所以式(3-24b)的系数必然是不变量。应变张量的独立不变量也只有三个，在此基础上，根据需要可以变换出许多其他形式。

　　4. 最大正应变

　　和应力张量一样，应变张量主值也具有极值性。因此，最大的主应变就是该点的最大正应变。设 $\varepsilon_1 > \varepsilon_2 > \varepsilon_3$，则 ε_1 就是最大正应变。

　　5. 最大剪应变

　　前面已经指出，应变主轴与应力主轴重合，故采用对比法，将式(2-18)中的 $\tau_{\max}$、σ_1、σ_3 代以 $\gamma_{\max}/2$、ε_1、ε_3 即得到

$$\gamma_{\max} = \varepsilon_1 - \varepsilon_3 \tag{3-26}$$

　　6. 八面体应变

　　像研究八面体应力一样，仍然选取主轴坐标系，见图 2-6。此时，八面体面元法线方向与三个主轴的夹角方向余弦为 $l = m = n = \pm 1/\sqrt{3}$，由式(2-19)和式(2-20)以应变代换应力，即得到八面体正应变和八面体剪应变：

$$\varepsilon_{(8)} = \frac{1}{3}(\varepsilon_1 + \varepsilon_2 + \varepsilon_3) \tag{3-27}$$

$$\gamma_{(8)} = \frac{2}{3}\sqrt{(\varepsilon_1 - \varepsilon_2)^2 + (\varepsilon_2 - \varepsilon_3)^2 + (\varepsilon_3 - \varepsilon_1)^2} \tag{3-28}$$

八面体正应变的方向与三个主轴的夹角相等。八面体应变在塑性力学中有重要应用。

　　7. 体积应变

　　物体发生变形后单位体积的变化称为体积应变，用字母 θ 表示。设变形前、后体元的体积为 dV 和 dV'，依定义有

$$\theta = \frac{dV' - dV}{dV} \tag{3-29}$$

而 $dV = dxdydz$，$dV' = dx'dy'dz'$。变形后 $dx' = (1+\varepsilon_x)dx$，$dy' = (1+\varepsilon_y)dy$，$dz' = (1+\varepsilon_z)dz$，将其代入式(3-29)，并略去应变分量的二次和三次项，得到体积应变：

$$\theta = e_{mm} = \varepsilon_x + \varepsilon_y + \varepsilon_z = \frac{\partial u}{\partial x} + \frac{\partial v}{\partial y} + \frac{\partial w}{\partial z} \tag{3-30}$$

式(3-30)说明，在小变形假设下，三个正应变之和(应变第一不变量)表示物体变形后单位体积的变化。

3.6 应变张量的加法分解及应变球张量和应变偏张量

应变张量进行加法分解后得到与应力张量分解的对应形式。引入平均正应变：

$$\varepsilon_0 = e_0 = \frac{1}{3}e_{mm} = \frac{1}{3}(\varepsilon_x + \varepsilon_y + \varepsilon_z) \tag{3-31}$$

则应变张量可以分解为

$$e_{ij} = \frac{1}{3}e_{mm}\delta_{ij} + \left(e_{ij} - \frac{1}{3}e_{mm}\delta_{ij}\right) \tag{3-32}$$

式中，

$$e_{ij}^0 = \frac{1}{3}e_{mm}\delta_{ij} = e_0\delta_{ij} \tag{3-33a}$$

$$e_{ij}^* = e_{ij} - \frac{1}{3}e_{mm}\delta_{ij} = e_{ij} - e_0\delta_{ij} \tag{3-33b}$$

分别称为应变球张量和应变偏张量。用通常应变分量表示式(3-32)的矩阵形式为

$$\begin{bmatrix} \varepsilon_x & \frac{1}{2}\gamma_{yx} & \frac{1}{2}\gamma_{zx} \\ \frac{1}{2}\gamma_{xy} & \varepsilon_y & \frac{1}{2}\gamma_{zy} \\ \frac{1}{2}\gamma_{xz} & \frac{1}{2}\gamma_{yz} & \varepsilon_z \end{bmatrix} = \begin{bmatrix} \varepsilon_0 & 0 & 0 \\ 0 & \varepsilon_0 & 0 \\ 0 & 0 & \varepsilon_0 \end{bmatrix} + \begin{bmatrix} \varepsilon_x - \varepsilon_0 & \frac{1}{2}\gamma_{yx} & \frac{1}{2}\gamma_{zx} \\ \frac{1}{2}\gamma_{xy} & \varepsilon_y - \varepsilon_0 & \frac{1}{2}\gamma_{zy} \\ \frac{1}{2}\gamma_{xz} & \frac{1}{2}\gamma_{yz} & \varepsilon_z - \varepsilon_0 \end{bmatrix} \tag{3-34}$$

式(3-34)右端第一项即应变球张量；第二项即应变偏张量。应变球张量表示各方向线段的均匀伸长(或缩短)，使体元产生膨胀(或收缩)，而不产生形状改变；而应变偏张量只产生形状改变、不发生体积变化。这将在塑性力学中详细研究。

3.7 位移积分公式、整体刚性位移、位移约束条件、线性位移场和均匀变形

在讲述连续方程时已指出，在单连域，如果给定应变分量且满足连续方程，一定可以由几何方程求出唯一的单值连续位移函数。对于某个具体弹性问题，求位移可以用不同的方法，对于比较简单的问题可以直接由几何方程积分求出位移，这将在后面结合具体例题讲述。本节首先推导位移一般积分表达式，然后在此基础上讨论整体刚性位移和线性位移场。

3.7.1 单连域位移积分公式的多连域位移单值条件

设单连域物体中M_0点的位移分量为u_0、v_0、w_0，求另一点M_1的位移分量u_1、v_1、w_1，

见图 3-4。由式 (3-20) 有 $du_i = e_{ij}dx_j + e_{ikj}\omega_k dx_j$，展开后得到

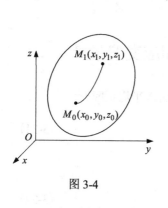

图 3-4

$$\begin{cases} du = -\omega_z dy + \omega_y dz + e_x dx + e_{xy} dy + e_{xz} dz \\ dv = \omega_z dx - \omega_x dz + e_{yx} dx + e_y dy + e_{yz} dz \\ dw = -\omega_y dx + \omega_x dy + e_{zx} dx + e_{zy} dy + e_z dz \end{cases} \tag{3-35}$$

对式 (3-35) 积分得

$$\begin{cases} \int du = \int -\omega_z dy + \int \omega_y dz + \int e_x dx + \int e_{xy} dy + \int e_{xz} dz \\ \int dv = \int \omega_z dx + \int -\omega_x dz + \int e_{yx} dx + \int e_y dy + \int e_{yz} dz \\ \int dw = \int -\omega_y dx + \int \omega_x dy + \int e_{zx} dx + \int e_{zy} dy + \int e_z dz \end{cases} \tag{3-36a}$$

从全微分角度分析位移，在单连域，如果位移分量是单值连续函数（并具有至少三阶的连续导数），位移分量只取决于 M_1 点的坐标位置，而与积分路径无关。也就是说，du、dv、dw 应是全微分，因此满足：

$$\begin{cases} \dfrac{\partial e_x}{\partial y} = \dfrac{\partial e_{xy}}{\partial x} - \dfrac{\partial \omega_z}{\partial x}, \quad \dfrac{\partial e_x}{\partial z} = \dfrac{\partial e_{xz}}{\partial x} - \dfrac{\partial \omega_y}{\partial x}, \quad \dfrac{\partial e_{xy}}{\partial z} - \dfrac{\partial \omega_z}{\partial z} = \dfrac{\partial e_{xz}}{\partial y} + \dfrac{\partial \omega_y}{\partial y} \\ \dfrac{\partial e_{yx}}{\partial y} + \dfrac{\partial \omega_z}{\partial y} = \dfrac{\partial e_y}{\partial x}, \quad \dfrac{\partial e_{yx}}{\partial z} + \dfrac{\partial \omega_z}{\partial z} = \dfrac{\partial e_{yz}}{\partial x} - \dfrac{\partial \omega_x}{\partial x}, \quad \dfrac{\partial e_y}{\partial z} = \dfrac{\partial e_{yz}}{\partial y} - \dfrac{\partial \omega_x}{\partial y} \\ \dfrac{\partial e_{zx}}{\partial y} - \dfrac{\partial \omega_y}{\partial y} = \dfrac{\partial e_{zy}}{\partial x} + \dfrac{\partial \omega_x}{\partial x}, \quad \dfrac{\partial e_{zx}}{\partial z} - \dfrac{\partial \omega_y}{\partial z} = \dfrac{\partial e_z}{\partial x}, \quad \dfrac{\partial e_{zy}}{\partial z} + \dfrac{\partial \omega_x}{\partial z} = \dfrac{\partial e_z}{\partial y} \end{cases} \tag{3-36b}$$

根据式 (3-5)、式 (3-14a)、式 (3-17)，不难验证式 (3-36b) 全部满足。

下面对式 (3-36a) 中的第一式积分，首先将积分式中带有 ω_i 的项进行简单的代换：

$$\begin{cases} \displaystyle\int_{M_0}^{M_1} -\omega_z dy = \int_{M_0}^{M_1} \omega_z d(y_1 - y) = -\omega_{z0}(y_1 - y_0) - \int_{M_0}^{M_1}(y_1 - y)d\omega_z \\ \displaystyle\int_{M_0}^{M_1} \omega_y dz = -\int_{M_0}^{M_1} \omega_y d(z_1 - z) = \omega_{y0}(z_1 - z_0) + \int_{M_0}^{M_1}(z_1 - z)d\omega_y \end{cases} \tag{3-36c}$$

全微分 $d\omega_y$ 和 $d\omega_z$ 的一般形式为

$$\begin{cases} d\omega_y = \dfrac{\partial \omega_y}{\partial x}dx + \dfrac{\partial \omega_y}{\partial y}dy + \dfrac{\partial \omega_y}{\partial z}dz \\ d\omega_z = \dfrac{\partial \omega_z}{\partial x}dx + \dfrac{\partial \omega_z}{\partial y}dy + \dfrac{\partial \omega_z}{\partial z}dz \end{cases} \tag{3-36d}$$

式中，ω_i 的各偏导数项可由式 (3-36b) 求得

$$\begin{cases} \dfrac{\partial \omega_y}{\partial x} = \dfrac{\partial e_{xz}}{\partial x} - \dfrac{\partial e_x}{\partial z}, \quad \dfrac{\partial \omega_y}{\partial y} = \dfrac{\partial e_{yx}}{\partial z} - \dfrac{\partial e_{yz}}{\partial x}, \quad \dfrac{\partial \omega_y}{\partial z} = \dfrac{\partial e_{xz}}{\partial z} - \dfrac{\partial e_z}{\partial x} \\ \dfrac{\partial \omega_z}{\partial x} = \dfrac{\partial e_{xy}}{\partial x} - \dfrac{\partial e_x}{\partial y}, \quad \dfrac{\partial \omega_z}{\partial y} = \dfrac{\partial e_y}{\partial x} - \dfrac{\partial e_{xy}}{\partial y}, \quad \dfrac{\partial \omega_z}{\partial x} = \dfrac{\partial e_{yz}}{\partial x} - \dfrac{\partial e_{xz}}{\partial z} \end{cases} \tag{3-36e}$$

由式 (3-36a) 第一式，有

$$u_1 = u_0 + \int_{M_0}^{M_1} -\omega_z \mathrm{d}y + \int_{M_0}^{M_1} \omega_y \mathrm{d}z + \int_{M_0}^{M_1} e_x \mathrm{d}x + \int_{M_0}^{M_1} e_{xy} \mathrm{d}y + \int_{M_0}^{M_1} e_{xz} \mathrm{d}z \qquad (3\text{-}36f)$$

将式 (3-36e) 反序号回代至式 (3-36c),然后代入式 (3-36f),即得到位移 u_1 的表达式。v_1 和 w_1 可按 $x \to y \to z$ 顺序循环轮换字母得到,全部结果如下。

$$\begin{cases} u_1 = u_0 - \omega_{z0}(y_1 - y_0) + \omega_{y0}(z_1 - z_0) + \int_{M_0}^{M_1} U_x \mathrm{d}x + U_y \mathrm{d}y + U_z \mathrm{d}z \\ v_1 = v_0 + \omega_{z0}(x_1 - x_0) - \omega_{x0}(z_1 - z_0) + \int_{M_0}^{M_1} V_x \mathrm{d}x + V_y \mathrm{d}y + V_z \mathrm{d}z \\ w_1 = w_0 - \omega_{y0}(x_1 - x_0) + \omega_{x0}(y_1 - y_0) + \int_{M_0}^{M_1} W_x \mathrm{d}x + W_y \mathrm{d}y + W_z \mathrm{d}z \end{cases} \qquad (3\text{-}37)$$

式中,

$$\begin{cases} U_x = e_x + (y_1 - y)\left(\dfrac{\partial e_x}{\partial y} - \dfrac{\partial e_{xy}}{\partial x}\right) + (z_1 - z)\left(\dfrac{\partial e_x}{\partial z} - \dfrac{\partial e_{xz}}{\partial x}\right) \\ U_y = e_{xy} + (y_1 - y)\left(\dfrac{\partial e_{xy}}{\partial y} - \dfrac{\partial e_y}{\partial x}\right) + (z_1 - z)\left(\dfrac{\partial e_{xy}}{\partial z} - \dfrac{\partial e_{yz}}{\partial x}\right) \\ U_z = e_{xz} + (y_1 - y)\left(\dfrac{\partial e_{xz}}{\partial y} - \dfrac{\partial e_{yz}}{\partial x}\right) + (z_1 - z)\left(\dfrac{\partial e_{xz}}{\partial z} - \dfrac{\partial e_z}{\partial x}\right) \end{cases} \qquad (3\text{-}38)$$

积分号中的其他表达式也可以按同样方法求出,或通过字母轮换得到,此处不再赘述。

通过推演位移积分表达式的过程和最后的结果,可以得出以下结论。

(1) 连续方程是单连域位移单值连续的充分必要条件。由式 (3-37) 可知,因为位移分量是被积函数的全微分,而其右端前两项都是单值的,所以单值连续的充分必要条件是

$$\frac{\partial U_x}{\partial y} = \frac{\partial U_y}{\partial x}, \quad \frac{\partial U_x}{\partial z} = \frac{\partial U_z}{\partial x}, \quad \cdots \qquad (3\text{-}39)$$

将式 (3-39) 第一式展开得到

$$(y_1 - y)\left[\frac{\partial^2 e_x}{\partial y^2} - 2\frac{\partial^2 e_{xy}}{\partial x \partial y} + \frac{\partial^2 e_y}{\partial x^2}\right] + (z_1 - z)\left[\frac{\partial^2 e_x}{\partial y \partial z} - \frac{\partial e_{xz}}{\partial x \partial y} - \frac{\partial^2 e_{xy}}{\partial x \partial z} + \frac{\partial e_{yz}}{\partial x^2}\right] = 0 \qquad (3\text{-}40)$$

式中,由于自变量 y 和 z 可以任意取值,要满足式 (3-39),两个方括号中的项必须同时等于零,将其换成通常记号即得

$$\frac{\partial^2 \varepsilon_x}{\partial y^2} + \frac{\partial^2 \varepsilon_y}{\partial x^2} = \frac{\partial^2 \gamma_{xy}}{\partial x \partial y}, \quad \frac{\partial}{\partial x}\left(\frac{\partial \gamma_{xz}}{\partial y} + \frac{\partial \gamma_{xy}}{\partial z} - \frac{\partial \gamma_{yz}}{\partial x}\right) = 2\frac{\partial^2 \varepsilon_x}{\partial y \partial z} \qquad (3\text{-}41)$$

这正是连续方程 (3-3) 首行的两个等式。如果将式 (3-39) 的其余八个等式做类似处理,总共可以得到 18 个关系式,其中不重复的只有六个,正是连续方程。这就证明了,在单连域,连续方程是位移单值连续的充分必要条件。也就是说,在用位移描述变形连续性时,由单值连续(且存在至少三阶连续的偏导数)的位移函数求出的应变场一定满足连续方程,即连续方程是位移单值连续的必要条件;用应变描述变形连续性时,应变满足连续方程就一定可以由几何方程通过积分求出单值连续的位移,即在单连域,连续方程也是位移单值连续的充分条件。因此,

在单连域，从应用上来说，几何方程和连续方程是等价的，可以根据求解问题的方法选择其一，而无须同时应用。

(2) 多连域位移单值连续的补充条件。前面的推演和论证一直强调对于单连域物体。对于多连域问题，位移可以是多值函数，当积分路径按不同方向绕过孔洞时，在同一点可能产生不同的值，从变形几何学分析是指物体会产生裂缝或重叠，这是不容许的。因此，必须增加补充控制条件，以保证多连域物体在发生变形后仍然是连续体。

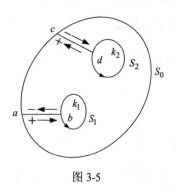

图 3-5

为简明起见，考察一平面域上的多连域物体，规定 k 连域等于闭合边界的个数，即一个闭合外边界及其内的 $(k-1)$ 个孔洞数。在处理多连域问题时，可用 $(k-1)$ 个切口将其化为单连域，例如，图 3-5 为三连域，用切口 ab 和 cd 将外边界和两个内孔边界连通，连通后的区域构成一个单连域。如果应变分量满足连续方程，在该区域内仍可以求出单值连续的位移。但是，在切口两侧趋向同一点处的位移通常是不相同的。设两侧的位移由上标记号"+"和"−"加以区别，对于第 k 个切口，必须附加条件：

$$u_{(k)}^+ = u_{(k)}^-, \quad v_{(k)}^+ = v_{(k)}^-, \quad w_{(k)}^+ = w_{(k)}^- \quad (k=1,2,\cdots,n-1) \tag{3-42}$$

式 (3-42) 称为多连域的位移单值条件。因此，对于多连域问题，保证位移单值连续的充分必要条件是同时满足连续方程和位移单值条件。式 (3-42) 也可以表示为

$$\oint_{s_k} u\mathrm{d}s = 0, \quad \oint_{s_k} v\mathrm{d}s = 0, \quad \oint_{s_k} w\mathrm{d}s = 0 \quad (k=1,2,\cdots,n-1) \tag{3-43}$$

式 (3-43) 的几何意义与式 (3-42) 是一样的，只是换了个说法，它表示围绕孔洞一周的任意曲线进行闭合围线积分产生的位移增量等于零。

3.7.2 整体刚性位移和位移约束条件

位移作为被积函数的原函数不是唯一的，可以相差一个常数。由式 (3-37) 可见，在位移表达式中有六个常数，为了厘清它们的意义，将其写成矩阵形式：

$$\begin{bmatrix} u_1 \\ v_1 \\ w_1 \end{bmatrix} = \begin{bmatrix} u_0 \\ v_0 \\ w_0 \end{bmatrix} + \begin{bmatrix} 0 & -\omega_{z0} & \omega_{y0} \\ \omega_{z0} & 0 & -\omega_{x0} \\ -\omega_{y0} & \omega_{x0} & 0 \end{bmatrix} \begin{bmatrix} x_1-x_0 \\ y_1-y_0 \\ z_1-z_0 \end{bmatrix} + \int_{M_0}^{M_1} \begin{bmatrix} U_x & U_y & U_z \\ V_x & V_y & V_z \\ W_x & W_y & W_z \end{bmatrix} \begin{bmatrix} \mathrm{d}x \\ \mathrm{d}y \\ \mathrm{d}z \end{bmatrix} \tag{3-44}$$

显见，式 (3-44) 右端第一项的 u_0、v_0、w_0 表示初始点位移，它影响物体上的所有点，使每一点都随之发生同样的位移，相当于整个物体像刚体一样产生位移，称为整体刚性移动；第二项的 ω_{x0}、ω_{y0}、ω_{z0} 表示初始点的转动，它们与后面的积分终始的坐标差之乘积表示初始点转动对终点位移的影响，它恰似整个刚体绕始点产生转动的效果，称为整体刚性转动。前两项产生的位移统称为整体刚性位移。它们不产生变形，但是影响位移。式 (3-44) 右端第三项表示物体变形产生的位移。

现在假设物体没有变形，式 (3-44) 右端第三项为零，即

$$\varepsilon_x = \frac{\partial u}{\partial x} = 0, \quad \varepsilon_y = \frac{\partial v}{\partial y} = 0, \quad \varepsilon_z = \frac{\partial w}{\partial z} = 0$$

$$\gamma_{xy} = \frac{\partial v}{\partial x} + \frac{\partial u}{\partial y}, \quad \gamma_{yz} = \frac{\partial w}{\partial y} + \frac{\partial v}{\partial z}, \quad \gamma_{zx} = \frac{\partial u}{\partial z} + \frac{\partial w}{\partial x}$$

求积分后得到

$$\begin{cases} u = f(y,z) = -a_2 y + c_3 z + e_3 \\ v = f(x,z) = a_2 x - b_1 z + e_2 \\ w = f(x,y) = -c_3 x + b_1 y + e_1 \end{cases} \tag{3-45}$$

式(3-45)中有六个尚未确定的常系数。各常系数的含义如下：当坐标取零时，$e_3 = u_0$，$e_2 = v_0, e_1 = w_0$ 表示积分原点的位移，即物体的刚性移动；由式

$$a_2 = \frac{1}{2}\left(\frac{\partial v}{\partial x} - \frac{\partial u}{\partial y}\right), \quad c_3 = \frac{1}{2}\left(\frac{\partial u}{\partial z} - \frac{\partial w}{\partial x}\right), \quad b_1 = \frac{1}{2}\left(\frac{\partial w}{\partial y} - \frac{\partial v}{\partial z}\right)$$

显见，一次项常系数表示由原点转动产生的位移，如果将记号换为 $a_2 = \omega_{z0}, c_3 = \omega_{y0}, b_1 = \omega_{x0}$，则更为明显。因此，式(3-45)中的六个常系数表示物体整体刚性位移，也就是说，无应变的弹性体产生和刚体一样的位移，这与由位移积分公式得到的结果是一致的。因此，在求解位移场时，除了边界条件，还必须根据具体问题的实际情况适当地增加约束条件来确定这些常系数。

3.7.3　线性位移场和均匀变形

现在考察线性函数所描述的位移场，设

$$\begin{cases} u = u_0 + a_{11}x + a_{12}y + a_{13}z \\ v = v_0 + a_{21}x + a_{22}y + a_{23}z \\ w = w_0 + a_{31}x + a_{32}y + a_{33}z \end{cases} \tag{3-46}$$

线性函数是最简单的连续函数，求其应变分量和转动分量，分别得到

$$\begin{cases} \varepsilon_x = \dfrac{\partial u}{\partial x} = a_{11}, \quad \gamma_{xy} = \dfrac{\partial v}{\partial x} + \dfrac{\partial u}{\partial y} = a_{21} + a_{12} \\[2mm] \varepsilon_y = \dfrac{\partial v}{\partial y} = a_{22}, \quad \gamma_{xz} = \dfrac{\partial w}{\partial x} + \dfrac{\partial u}{\partial z} = a_{31} + a_{13} \\[2mm] \varepsilon_z = \dfrac{\partial w}{\partial z} = a_{33}, \quad \gamma_{yz} = \dfrac{\partial w}{\partial y} + \dfrac{\partial v}{\partial z} = a_{32} + a_{23} \end{cases} \tag{3-47}$$

$$\begin{cases} \omega_x = \dfrac{1}{2}\left(\dfrac{\partial w}{\partial y} - \dfrac{\partial v}{\partial z}\right) = \dfrac{1}{2}(a_{32} - a_{23}) \\[2mm] \omega_y = \dfrac{1}{2}\left(\dfrac{\partial u}{\partial z} - \dfrac{\partial w}{\partial x}\right) = \dfrac{1}{2}(a_{13} - a_{31}) \\[2mm] \omega_z = \dfrac{1}{2}\left(\dfrac{\partial v}{\partial x} - \dfrac{\partial u}{\partial y}\right) = \dfrac{1}{2}(a_{21} - a_{12}) \end{cases} \tag{3-48}$$

由此可见，线性位移场的常数项表示刚性移动，$(a_{32}-a_{23})/2$ 等三项表示刚性转动，a_{11},a_{22},a_{33} 和 $(a_{21}+a_{12})$ 等三项表示应变，而且是常应变。全部应变为常量的变形称为均匀变形。因此，线性位移场产生均匀变形。均匀变形有如下特点。

(1) 变形前的直线在变形后仍保持为直线。

(2) 变形前的平行直线在变形后仍保持为平行直线。

(3) 变形前的直边三角形在变形后仍保持为直边三角形。

(4) 变形前的平行四边形在变形后仍保持为平行四边形。

(5) 变形前的矩形在变形后变为平行四边形。

(6) 变形前的圆在变形后变为椭圆。

对于非均匀变形的弹性体，在小变形假设下，可以设想把它划分为无限多个无限小的单元体，每个单元体具有均匀变形的性质，在微小单元体内应变分量和应力分量都是常数。实际上，在进行单元分析时已经应用了这一性质。

有限元法将连续体离散为有限多个有限大小的单元体。在建立单元模型时，最简单的就是常应变单元，应用广泛的平面三角形单元将位移设为线性函数。当然，有限元的发展过程中也建立了许多高级单元模型，位移函数包含坐标的高次项，但是必须包含线性函数部分。

习　题

3-1　判断下述命题是否正确。

(1) 若物体内一点的位移 u、v、w 均为零，则该点必有应变 $\varepsilon_x=\varepsilon_y=\varepsilon_z=0$。

(2) 在 x 为常数的直线上，若 $u=0$，则沿该线必有 $\varepsilon_x=0$。

(3) 在 y 为常数的直线上，若 $u=0$，则沿该线必有 $\varepsilon_x=0$。

3-2　在 Oxy 平面上沿 Oa、Ob 和 Oc 三个方向的伸长率 ε_a、ε_b、ε_c 为已知，而 $\varphi_a=0$，$\varphi_b=60°$，$\varphi_c=120°$，如图 3-6 所示。求平面上任意方向的伸长率 ε_v。

3-3　某一长方体的位移分量为

$$u=-\frac{P(1-2\mu)}{E}x+b_3y-b_2z+a_1$$

$$v=-\frac{P(1-2\mu)}{E}y+b_1z-b_2x+a_2$$

$$w=-\frac{P(1-2\mu)}{E}x+b_2x-b_1y+a_3$$

式中，a_1、a_2、a_3、b_1、b_2、b_3 为常数。试证长方体只有体积改变而无形状改变。若原点无移动，长方体无转动，求位移分量表达式中各常数。

3-4　图 3-7 为一平行六面体，位移分量为 $u=c_1xyz$，$v=c_2xyz$，$w=c_3xyz$，试确定：

(1) E 点的变形状态，已知变形前 E 点坐标为 $(1.5,1.0,2.0)$，变形后移至 $(1.503,1.001,1.997)$；(2) E 点在 EA 方向的线应变。

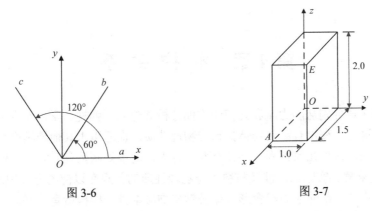

图 3-6　　　　　　　　　　　　图 3-7

3-5　已知一点的应变分量为 $\varepsilon_x = 500\mu$，$\varepsilon_y = 400\mu$，$\varepsilon_z = 200\mu$，$\gamma_{xy} = 600\mu$，$\gamma_{yz} = -600\mu$，$\gamma_{zx} = 0$。试求：(1)沿 $2\boldsymbol{i} + 2\boldsymbol{j} + \boldsymbol{k}$ 方向的线应变；(2)主应变及主方向。

3-6　已知某物体的应变分量为

$$\varepsilon_x = \varepsilon_y = -\nu\frac{\rho g z}{E}, \quad \varepsilon_z = \frac{\rho g z}{E}, \quad \gamma_{yz} = \gamma_{xz} = \gamma_{xy} = 0$$

式中，E 和 ν 分别为弹性模量和泊松比；ρ 为物体的密度；g 为重力加速度。试求位移分量 u, v, w（任意常数不须定出）。

第 3 章部分参考答案

第4章 本构关系

第2章和第3章分别从静力学和几何学方面分析并建立了弹性力学的平衡方程、几何方程、协调方程，这些方程没有涉及物体材料的物理性质，也适用于其他连续介质。同时也看到，三个平衡方程、六个几何方程，共计有九个方程，而未知函数(应力、应变和位移)共有15个，因此无法求解。实际上，涉及材料本身物理性质的关系在以前的方程中还没有反映。在外力作用下，物体内部的应力和变形规律必然与物质本身结构构造有关联。描述物性关系的数学表达式通常称为本构关系(或本构方程)，广义地说，本构关系可以包括许多物理性质的内容，如材料的热力学性质、电场、磁场影响等。本章主要建立只考虑力学性质的本构方程(有关热应力问题见第10章)，在弹性力学中亦称为弹性方程或物理方程，即应力应变关系。当然，经典弹性力学仍然是在材料宏观实验的基础上，应用唯象学观点把固体抽象化为理想弹性体模型后来建立这种关系，并不涉及材料的微观结构。

本章前面讲述各向同性弹性体广义胡克定律，后面讨论各向异性弹性体本构方程及其各种特殊情形。讨论仍限于小变形下均匀、连续的弹性体范围。

4.1 各向同性弹性体广义胡克定律

首先构建各向同性弹性体的物理方程。根据理想弹性体模型假设，卸载后材料能够完全恢复其初始形状。因此，在确定温度下，不考虑力学性质的时间效应时，应力与应变之间有一一对应关系。实验是建立这一关系的基础。由于不能直接通过实验确定六个独立应力分量和六个独立应变分量的关系，只能依据材料的单向拉伸(压缩)试验和纯剪切试验，然后推广到三维空间的一般形式，称为广义胡克定律。对于各向同性弹性体，有下面几种表达形式。

1. 用应力表示应变的胡克定律

对于各向同性弹性体，依据第1章提到的物体简单拉伸胡克定律、剪切胡克定律和材料力学已经广泛应用的叠加原理将其推广到三维空间。仍然考虑一体元，如图 2-2 所示，假设该体元处于三向应力状态。根据小变形假设，可以认为三个坐标轴方向正应力的作用互不影响，即视为单独作用然后叠加的结果。按三个坐标轴方向写出单向的简单拉伸胡克定律：$\sigma_x = E\varepsilon_x$，$\sigma_y = E\varepsilon_y$，$\sigma_z = E\varepsilon_z$，其反过来表示为 $\varepsilon_x = \sigma_x / E$，$\varepsilon_y = \sigma_y / E$，$\varepsilon_z = \sigma_z / E$。于是，在 x 方向的总正应变应等于 σ_x 产生的正应变和 σ_y、σ_z 在 x 线元方向产生收缩引起的负应变，即总应变等于 $\varepsilon_x - \nu\varepsilon_y - \nu\varepsilon_z$。将前面的应变代入即得到式(4-1)左列第一式，同理可得到式(4-1)左列第二、三式。关于三个剪应变，由于小变形假设，可以认为两个坐标轴方向线元在平面内的剪应变与其他两个面内的剪应变互不影响，于是式(4-1)右列三式可由剪切胡克定律直接写出，共有六个应力应变关系式：

$$\begin{cases} \varepsilon_x = \dfrac{1}{E}[\sigma_x - \nu(\sigma_y + \sigma_z)] \ , \ \gamma_{xy} = \dfrac{1}{G}\tau_{xy} \\[2mm] \varepsilon_y = \dfrac{1}{E}[\sigma_y - \nu(\sigma_x + \sigma_z)] \ , \ \gamma_{yz} = \dfrac{1}{G}\tau_{yz} \\[2mm] \varepsilon_z = \dfrac{1}{E}[\sigma_z - \nu(\sigma_x + \sigma_y)] \ , \ \gamma_{zx} = \dfrac{1}{G}\tau_{zx} \end{cases} \tag{4-1}$$

式中，剪切弹性模量为

$$G = \frac{E}{2(1+\nu)} \tag{4-2}$$

式(4-1)的弹性方程(物理方程)是基于简单实验胡克定律推广得到的,也称为各向同性弹性体的广义胡克定律,在不引起误解时也可以简称为胡克定律。由于应力张量和应变张量的对称性,独立的物理关系只有六个。

2. 用应变表示应力的胡克定律

在应用时,为了方便也常将式(4-1)反过来表示,即用应变来表示应力,只要做简单的代数运算即可得到

$$\begin{cases} \sigma_x = \dfrac{E(1-\nu)}{(1+\nu)(1-2\nu)}\left[\varepsilon_x + \dfrac{\nu}{1-\nu}(\varepsilon_y + \varepsilon_z)\right] \\[3mm] \sigma_y = \dfrac{E(1-\nu)}{(1+\nu)(1-2\nu)}\left[\varepsilon_y + \dfrac{\nu}{1-\nu}(\varepsilon_x + \varepsilon_z)\right] \\[3mm] \sigma_z = \dfrac{E(1-\nu)}{(1+\nu)(1-2\nu)}\left[\varepsilon_z + \dfrac{\nu}{1-\nu}(\varepsilon_x + \varepsilon_y)\right] \\[3mm] \tau_{xy} = G\gamma_{xy} \ , \ \tau_{yz} = G\gamma_{yz} \ , \ \tau_{zx} = G\gamma_{zx} \end{cases} \tag{4-3}$$

3. 用拉梅常数表示的胡克定律

将式(4-3)第一式进行简单的代数变换不难得到

$$\sigma_x = \frac{E}{1+\nu}\varepsilon_x + \frac{E\nu}{(1+\nu)(1-2\nu)}(\varepsilon_x + \varepsilon_y + \varepsilon_z)$$

对式(4-3)第二、三式同样处理,然后连同三个剪切关系式一并写出

$$\begin{cases} \sigma_x = 2G\varepsilon_x + \lambda\theta \ , \ \tau_{xy} = G\gamma_{xy} \\[2mm] \sigma_y = 2G\varepsilon_y + \lambda\theta \ , \ \tau_{yz} = G\gamma_{yz} \\[2mm] \sigma_z = 2G\varepsilon_z + \lambda\theta \ , \ \tau_{zx} = G\gamma_{zx} \end{cases} \tag{4-4}$$

式中,$\theta = \varepsilon_x + \varepsilon_y + \varepsilon_z$,而

$$\lambda = \frac{E\nu}{(1+\nu)(1-2\nu)} \tag{4-5}$$

式(4-4)中的两个弹性常数 G 和 λ 称为拉梅(Lame)常数。

4. 张量形式的胡克定律

式(4-4)极易写为张量方程。首先将应力和应变改为张量符号，例如，第一行两式可以改写为 $\sigma_{11} = 2Ge_{11} + \lambda\theta, \sigma_{12} = 2Ge_{12}$ 等。注意 $\theta = \varepsilon_x + \varepsilon_y + \varepsilon_z = e_{mm}$，最后可将六个公式统一写为

$$\sigma_{ij} = 2Ge_{ij} + \lambda e_{mm}\delta_{ij} \tag{4-6}$$

式(4-6)适用于任何笛卡儿直角坐标系，而不限于特定的坐标系。由式(4-6)不难求出其反表示式。为此，将其缩并得到

$$\sigma_{mm} = \frac{E}{1-2\nu}e_{mm} \tag{4-7}$$

反求出 e_{mm} 并代回式(4-6)，整理后即得到

$$Ee_{ij} = (1+\nu)\sigma_{ij} - \nu\sigma_{mm}\delta_{ij} \tag{4-8}$$

5. 体积弹性定律及球张量和偏张量的胡克定律

令

$$K = \frac{E}{3(1-2\nu)} \tag{4-9}$$

并注意式(2-24)、式(3-31)，$\sigma_{mm} = \sigma_x + \sigma_y + \sigma_z = 3\sigma_0$，体积应变 $\theta = e_{mm} = \varepsilon_x + \varepsilon_y + \varepsilon_z = 3e_0$，则式(4-7)可写为

$$\sigma_0 = K\theta \tag{4-10}$$

或

$$\sigma_0 = \frac{E}{1-2\nu}e_0 \tag{4-11}$$

式(4-11)称为体积弹性定律。体积弹性定律指出，弹性体的体积改变是由平均正应力引起的，并且与体积应变成正比。比例系数 K 称为体积弹性模量。式(4-7)也可以写为 $\sigma_0 = 3Ke_0$ 或 $\sigma_{ij}^0 = 3Ke_{ij}^0$。由式(4-6)减去式(4-11)并考虑式(2-26a)、式(3-33a)以及定义 $\sigma_{ij}^* = \sigma_{ij} - \sigma_0\delta_{ij}$，$e_{ij}^* = e_{ij} - e_0\delta_{ij}$，则得到偏张量间的弹性关系，现将球张量和偏张量弹性关系一并写出。

$$\begin{cases} \sigma_{ij}^0 = 3Ke_{ij}^0 \\ \sigma_{ij}^* = 2Ge_{ij}^* \end{cases} \tag{4-12}$$

式(4-12)称为球张量和偏张量的胡克定律。显见式(4-12)是相互独立的，其中第一式表示均匀受力状态只引起物体体积改变，不发生形状改变；第二式表示应力偏张量只引起物体形状改变，不产生体积变化。由此，式(4-6)的应力分量也可以由应变球张量和偏张量表示为

$$\sigma_{ij} = 2Ge_{ij}^* + 3Ke_{ij}^0 \tag{4-13}$$

假设物体受静水压力作用，即 $\sigma_x = \sigma_y = \sigma_z = -p$，由式(4-10)有

$$K = \frac{\sigma_0}{\theta} = -\frac{p}{\theta}$$

式中,K 为物体发生单位体积变形所需要的力,反映了弹性体抵抗均匀受力的能力。由式(4-9)可见,如果 $\nu \to 1/2$,则 $K \to \infty$,表示发生单位体积变形必须加无穷大的压力,这种材料称为不可压缩材料。由式(4-2)可知,此时 $G \to E/3$,即不可压缩材料的剪切模量近于拉伸弹性模量的 1/3。

综上所述,前面对于各向同性弹性体共给出四种形式的弹性关系,它们都是等价的,可以根据情况选用。在进行数值计算时,还常应用两个矩阵形式的物理关系式,它们可以由式(4-1)和式(4-3)写出

$$[\varepsilon]=[D][\sigma] \tag{4-14}$$

$$[\sigma]=[C][\varepsilon] \tag{4-15}$$

式中,

$$[\varepsilon]=[\varepsilon_x\ \varepsilon_y\ \varepsilon_z\ \gamma_{xy}\ \gamma_{yz}\ \gamma_{zx}]^{\mathrm{T}} \tag{4-16}$$

$$[\sigma]=[\sigma_x\ \sigma_y\ \sigma_z\ \tau_{xy}\ \tau_{yz}\ \tau_{zx}]^{\mathrm{T}} \tag{4-17}$$

$$[D]=\frac{1}{E}\begin{bmatrix} 1 & -\nu & -\nu & 0 & 0 & 0 \\ -\nu & 1 & -\nu & 0 & 0 & 0 \\ -\nu & -\nu & 1 & 0 & 0 & 0 \\ 0 & 0 & 0 & 2(1+\nu) & 0 & 0 \\ 0 & 0 & 0 & 0 & 2(1+\nu) & 0 \\ 0 & 0 & 0 & 0 & 0 & 2(1+\nu) \end{bmatrix} \tag{4-18}$$

$$[C]=E^*\begin{bmatrix} 1 & \dfrac{\nu}{1-\nu} & \dfrac{\nu}{1-\nu} & 0 & 0 & 0 \\ \dfrac{\nu}{1-\nu} & 1 & \dfrac{\nu}{1-\nu} & 0 & 0 & 0 \\ \dfrac{\nu}{1-\nu} & \dfrac{\nu}{1-\nu} & 1 & 0 & 0 & 0 \\ 0 & 0 & 0 & \dfrac{1-2\nu}{2(1-\nu)} & 0 & 0 \\ 0 & 0 & 0 & 0 & \dfrac{1-2\nu}{2(1-\nu)} & 0 \\ 0 & 0 & 0 & 0 & 0 & \dfrac{1-2\nu}{2(1-\nu)} \end{bmatrix} \tag{4-19}$$

其中,$[C]$ 为刚度系数矩阵,简称刚度矩阵;$[D]$ 为柔度系数矩阵,简称柔度矩阵,$[D]=[C]^{-1}$。这里 $E^*=\dfrac{E(1-\nu)}{(1+\nu)(1-2\nu)}$ 不是新的弹性常数,只是为书写紧凑设定的。注意,式中的应变分量是常用的工程应变分量。

至此,在物理方程中共出现了五个弹性常数:弹性模量 E、泊松比 ν、拉梅常数 G 和 λ、

体积弹性模量 K。式(4-1)和式(4-3)由 E 和 ν 表示,式(4-4)由 G 和 λ 表示,式(4-12)由 G 和 K 表示。而 G、λ、K 都可以由 E 和 ν 求出,见式(4-2)、式(4-5)、式(4-9)。由此也可以看出,五个常数只有两个是独立的,这将在后面从理论上给予严格证明。实际上,这五个常数中的任意三个都可以用另外两个表示,比较常用的有以 E、ν 或 G、λ 为基本常数的公式:

$$E = \frac{G(3\lambda + 2G)}{\lambda + G}, \ \nu = \frac{\lambda}{2(\lambda + G)}, \ K = \lambda + \frac{2}{3}G; \quad G = \frac{E}{2(1+\nu)}, \ \lambda = \frac{E\nu}{(1+\nu)(1-2\nu)}, \ K = \frac{E}{3(1-2\nu)}$$

$$(4\text{-}20)$$

4.2　各向同性线性热弹性本构方程

本节建立考虑温度效应的热弹性本构方程。假设物体是连续、均匀的各向同性弹性体,满足小变形假设,在温度变化范围内弹性常数不随温度变化。此时,可以把应变张量分为两部分:一部分是应力场引起的;另一部分是温度场引起的,分别记为 e'_{ij} 和 e''_{ij},总应变 $e_{ij} = e'_{ij} + e''_{ij}$。当物体不受约束,温度从 T_0 变到 T 时,其单位体积的应变张量 $e''_{ij} = \alpha(T - T_0)\delta_{ij}$,$e'_{ij}$ 见式(4-8),相加后整理即得到

$$e_{ij} = \frac{1}{2G}\left[\sigma_{ij} - \frac{\lambda}{3\lambda + 2G}\sigma_{mm}\delta_{ij}\right] + \alpha(T - T_0)\delta_{ij} \tag{4-21a}$$

式(4-21a)即各向同性线性热弹性本构方程。经过简单的代数运算,即得到用应变表示应力的形式:

$$\sigma_{ij} = 2Ge_{ij} + \lambda e_{mm}\delta_{ij} - (2G + 3\lambda)\alpha(T - T_0)\delta_{ij} \tag{4-21b}$$

用弹性常数 E 和 ν 表示为

$$\sigma_{ij} = \frac{E}{1+\nu}e_{ij} + \frac{E\nu}{(1+\nu)(1-2\nu)}e_{mm}\delta_{ij} - \frac{E\alpha(T - T_0)}{(1-2\nu)}\delta_{ij} \tag{4-21c}$$

4.3　广义胡克定律一般形式的弹性应变能和余应变能格林公式

4.3.1　广义胡克定律的一般形式及弹性张量

经典弹性力学主要研究均匀、连续、具有线弹性关系的各向同性弹性体在小变形范围内的应力和变形规律。许多常用的工程材料都可以简化为各向同性弹性体,各向同性材料在物体中每一点的任何方向上都有相同的弹性性质。但是,无论是自然界的材料还是人工材料,如木材、晶体、一些复合材料等,在某个方向或某些方向有着明显的各向异性特征,如木材的纵向和横向的弹性性质很不相同。随着现代科学技术的发展,各向异性材料的应用日益广泛。在一个方向或多个方向具有不同弹性性质的材料均称为各向异性材料,所有方向弹性性质都不相同的材料称为极端各向异性材料。

观察各向同性弹性体广义胡克定律发现,在应力应变关系上,正应力和剪应力对变形的影响是独立的,互不耦合,即正应力只产生正应变,不影响剪应变;剪应力只产生剪应变,

不影响正应变。如果从更一般的情形考虑，很自然可以把这一关系推广到相互耦合的应力应变关系。下面将证明，这个推广后的关系正好描述各向异性弹性体的应力应变关系。仍然假设弹性材料是处于小变形的均匀、连续介质，应力应变关系仍为线弹性关系。线弹性关系的最一般形式可以用张量方程表示为

$$\sigma_{ij} = E_{ijmn}e_{mn} \tag{4-22a}$$

式中，应力张量 σ_{ij} 和应变张量 e_{mn} 都是二阶对称张量，依商法则判定 E_{ijmn} 一定是四阶张量，称为弹性常数张量，简称弹性张量。为了看得更清楚，还可以将其表示为如下的矩阵形式（矩阵的排列方式不是唯一的）：

$$
\begin{bmatrix}
\sigma_{11} \\
\sigma_{22} \\
\sigma_{33} \\
\sigma_{12} \\
\sigma_{21} \\
\sigma_{23} \\
\sigma_{32} \\
\sigma_{31} \\
\sigma_{13}
\end{bmatrix}
=
\begin{bmatrix}
E_{1111} & E_{1122} & E_{1133} & E_{1112} & E_{1121} & E_{1123} & E_{1132} & E_{1131} & E_{1113} \\
E_{2211} & E_{2222} & E_{2233} & E_{2212} & E_{2221} & E_{2223} & E_{2232} & E_{2231} & E_{2213} \\
E_{3311} & E_{3322} & E_{3333} & E_{3312} & E_{3321} & E_{3323} & E_{3332} & E_{3331} & E_{3313} \\
E_{1211} & E_{1222} & E_{1233} & E_{1212} & E_{1221} & E_{1223} & E_{1232} & E_{1231} & E_{1213} \\
E_{2111} & E_{2122} & E_{2133} & E_{2112} & E_{2121} & E_{2123} & E_{2132} & E_{2131} & E_{2113} \\
E_{2311} & E_{2322} & E_{2333} & E_{2312} & E_{2321} & E_{2323} & E_{2332} & E_{2331} & E_{2313} \\
E_{3211} & E_{3222} & E_{3233} & E_{3212} & E_{3221} & E_{3223} & E_{3232} & E_{3231} & E_{3213} \\
E_{3111} & E_{3122} & E_{3133} & E_{3112} & E_{3121} & E_{3123} & E_{3132} & E_{3131} & E_{3113} \\
E_{1311} & E_{1322} & E_{1333} & E_{1312} & E_{1321} & E_{1323} & E_{1332} & E_{1331} & E_{1313}
\end{bmatrix}
\begin{bmatrix}
e_{11} \\
e_{22} \\
e_{33} \\
e_{12} \\
e_{21} \\
e_{23} \\
e_{32} \\
e_{31} \\
e_{13}
\end{bmatrix}
\tag{4-22b}
$$

由式(4-22b)可见，弹性张量的弹性常数有 81 个。但是，由于应力张量和应变张量的对称性以及弹性张量本身的对称性，实际上就是极端各向异性材料的弹性常数也不会超过 21 个。

4.3.2 弹性应变能、应变能密度与格林公式

在外力作用下弹性体将发生变形并产生抵抗变形的应力，前面从平衡、几何、物理三方面描述了弹性体的变形规律。现在从更为一般的能量守恒原理来研究这一问题。对于弹性静力学问题，由于加载是缓慢进行的，弹性体的变形过程是一个可以忽略能量耗散的可逆过程。因此，当不考虑温度等其他因素时，外力在弹性体变形过程所做的功将全部转化为机械能储存于弹性体内，这个能量称为应变能，应变能与变形的历史无关，只取决于现实的应变状态。储存在单位弹性体内的应变能称为应变能密度，用记号 W 表示。根据上面的描述，W 应为应变分量的函数。显然，如果全部体积的应变能用 U 表示，则有

$$U = \iiint\limits_V \bar{U}(e_{ij})\mathrm{d}V \tag{4-23}$$

从弹性体内部切取一平行六面体体元（图 4-1）并计算其内部储存的应变能。此时，体元各微分面上的应力相当于外力，设想应变有一个微小的变化 δe_{ij}（$\delta e_{11}, \delta e_{12}, \cdots, \delta e_{32}, \delta e_{33}$），这时所有应力分量都将在对应的应变分量所引起的变形上做功。例如，由图 4-2(a)可知，δe_{11} 引起的功等于 $\sigma_{11}\delta e_{11}$，其他可同样写出，所以由应变微小变化 δe_{ij} 引起的总功为

$$\delta W = \sigma_{11}\delta e_{11} + \sigma_{12}\delta e_{12} + \cdots + \sigma_{32}\delta e_{32} + \sigma_{33}\delta e_{33} = \sigma_{ij}\delta e_{ij} \tag{4-24a}$$

另外，因为应变能密度是应变分量的函数，所以当应变变化 δe_{ij} 时，应变能密度必然也

产生了一个微小的变化 $\delta\bar{U}$ ，根据能量守恒原理，$\delta\bar{U}=\delta W$ 。故应变能密度的增量为

$$\delta\bar{U}(e_{ij})=\sigma_{11}\delta e_{11}+\sigma_{12}\delta e_{12}+\cdots+\sigma_{32}\delta e_{32}+\sigma_{33}\delta e_{33}=\sigma_{ij}\delta e_{ij} \tag{4-24b}$$

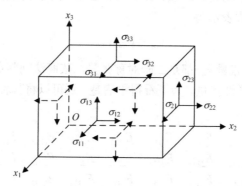

图 4-1

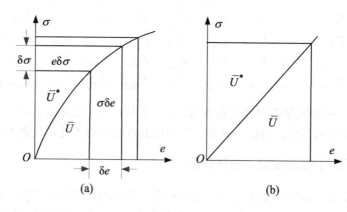

图 4-2

整个变形过程在单位体积内储存的应变能为

$$\delta\bar{U}(e_{ij})=\sigma_{ij}\delta e_{ij} \tag{4-24c}$$

由于应变能是应变状态的函数，与变形历史无关，在一个闭合的变形循环中储存的应变能等于零。换句话说，从零应变状态到某个 e_{ij} 应变状态积分与路径无关，即应变能密度的增量必定是全微分，即 $\delta\bar{U}(e_{ij})=\mathrm{d}\bar{U}(e_{ij})$ 。故有

$$\mathrm{d}\bar{U}(e_{ij})=\frac{\partial\bar{U}}{\partial e_{ij}}\mathrm{d}e_{ij}=\sigma_{ij}\mathrm{d}e_{ij} \tag{4-25}$$

所以

$$\bar{U}(e_{ij})=\int_0^{e_{ij}}\sigma_{ij}\mathrm{d}e_{ij} \tag{4-26}$$

由式 (4-25) 有

$$\frac{\partial\bar{U}}{\partial e_{ij}}=\sigma_{ij} \tag{4-27}$$

式(4-27)说明，对于弹性体，应变能密度函数对任何应变分量的偏导数等于对应的应力分量。也就是说，应力应变关系由应变能密度唯一确定，反之亦然。这是弹性本构关系的另一种表达形式，称为格林(Green)公式。只要确定了材料应变能密度函数的具体形式，就可由格林公式导出该材料的本构方程。

从上面的推演过程可以看到，格林公式的应用范围不限于线弹性，也可以是非线弹性，但是仍属于小变形范畴。

若分别将式(4-27)两端对 e_{mn}、e_{ij} 求偏导数(假设 $\bar{U}(e_{ij})$ 对于 e_{ij} 存在二阶以上的连续偏导数)，有

$$\frac{\partial}{\partial e_{mn}}\left(\frac{\partial \bar{U}}{\partial e_{ij}}\right)=\frac{\partial \sigma_{ij}}{\partial e_{mn}}\ ,\quad \frac{\partial}{\partial e_{ij}}\left(\frac{\partial \bar{U}}{\partial e_{mn}}\right)=\frac{\partial \sigma_{mn}}{\partial e_{ij}}$$

显然，两等式左端相等，所以

$$\frac{\partial \sigma_{ij}}{\partial e_{mn}}=\frac{\partial \sigma_{mn}}{\partial e_{ij}} \tag{4-28}$$

式(4-28)称为广义格林公式。

4.3.3　余应变能

由图 4-2(a)可以看到，对于一个给定的应变，曲线下面与 e 轴形成的面积就是应变能密度 $\bar{U}$ 的值。由于 σ 与 e 是单值函数，$\bar{U}$ 也是应变的单值函数。由此可知，该曲线与 σ 轴形成的面积也是单值函数。仿照应变能密度的概念，将该函数定义为余应变能密度，记为 $\bar{U}^{*}$。于是，用与分析应变能密度函数相同的方法导出

$$\bar{U}^{*}(\sigma_{ij})=\int_{0}^{\sigma_{ij}}e_{ij}\mathrm{d}\sigma_{ij} \tag{4-29}$$

$$\mathrm{d}\bar{U}^{*}(\sigma_{ij})=\frac{\partial \bar{U}^{*}}{\partial \sigma_{ij}}\mathrm{d}\sigma_{ij}=e_{ij}\mathrm{d}\sigma_{ij} \tag{4-30}$$

$$\frac{\partial \bar{U}^{*}}{\partial \sigma_{ij}}=e_{ij} \tag{4-31}$$

$$\frac{\partial \sigma_{ij}}{\partial e_{mn}}=\frac{\partial \sigma_{mn}}{\partial e_{ij}}$$

式(4-31)说明，余应变能密度函数对于任何应力分量的偏导数等于对应的应变分量，它又是弹性本构方程的一种表达形式，也适合于非线弹性材料。

在前面所有的推演中，所用的物理量特别是应变分量全部是张量分量，没有用工程分量，勿混淆。

4.3.4　弹性常数的个数

对于线弹性材料，应力应变关系如图 4-2(b)所示。这种情况，由于应力张量对称，即

$\sigma_{ij} = \sigma_{ji}$，由式(4-22a)显见，弹性张量 E_{ijmn} 必须关于前两个指标对称。至于由于应变张量对称，E_{ijmn} 也关于后两个指标对称则需要进行说明。由于 $\sigma_{ij} = E_{ijmn}e_{mn}$，等号左端的每一个应力都表示为等号右端九个应变分量的和，所以不能简单地说 E_{ijmn} 关于后两个指标也对称。但是总可以选择 E_{ijmn} 关于后两个指标对称而不违背弹性关系式，例如，取 $E'_{ijmn} = (E_{ijmn} + E_{ijnm})/2$。不过为了简单，没必要引入记号 E'_{ijmn}，规定 E_{ijmn} 关于后两个指标对称即可。另外，从式(4-22b)也可看出，在应力对称的前提下，若将应力和应变对应排列，也能满足弹性张量关于后两个指标对称的要求。最后，对式(4-26)积分，由式(4-22a)可得到(式中，λ 是积分参数而非弹性常数)

$$\bar{U}(e_{ij}) = \int_0^{e_{ij}} E_{ijmn}e_{mn}\,\mathrm{d}e_{ij} = \int_0^1 E_{ijmn}e_{mn}e_{ij}\lambda\mathrm{d}\lambda = \frac{1}{2}E_{ijmn}e_{mn}e_{ij} = \frac{1}{2}\sigma_{ij}e_{ij} \tag{4-32}$$

由式(4-32)最后等号左端显见，弹性张量前面一对指标与后面一对指标对称。根据上述分析，线弹性张量具有三个对称性，即

$$E_{ijmn} = E_{jimn}, \quad E_{ijmn} = E_{ijnm}, \quad E_{ijmn} = E_{mnij} \tag{4-33}$$

这就使独立弹性常数由81个减至36个，最后减至21个。也就是说，对于任何弹性材料(含极端各向异性材料)，独立弹性常数最多是21个。于是，式(4-22b)可以改写为

$$
\begin{bmatrix} \sigma_{11} \\ \sigma_{22} \\ \sigma_{33} \\ \sigma_{12} \\ \sigma_{21} \\ \sigma_{23} \\ \sigma_{32} \\ \sigma_{31} \\ \sigma_{13} \end{bmatrix} = \begin{bmatrix} E_{1111} & E_{1122} & E_{1133} & E_{1112} & E_{1112} & E_{1123} & E_{1123} & E_{1131} & E_{1131} \\ & E_{2222} & E_{2233} & E_{2212} & E_{2212} & E_{2223} & E_{2223} & E_{2231} & E_{2231} \\ & & E_{3333} & E_{3312} & E_{3312} & E_{3323} & E_{3323} & E_{3331} & E_{3331} \\ & & & E_{1212} & E_{1212} & E_{1223} & E_{1223} & E_{1231} & E_{1231} \\ & & & & E_{1212} & E_{1223} & E_{1223} & E_{1231} & E_{1231} \\ & \text{sym} & & & & E_{2323} & E_{2323} & E_{2331} & E_{2331} \\ & & & & & & E_{2323} & E_{2331} & E_{2331} \\ & & & & & & & E_{3131} & E_{3131} \\ & & & & & & & & E_{3131} \end{bmatrix} \begin{bmatrix} e_{11} \\ e_{22} \\ e_{33} \\ e_{12} \\ e_{21} \\ e_{23} \\ e_{32} \\ e_{31} \\ e_{13} \end{bmatrix} \tag{4-34}
$$

如果采用通常记法，去掉式(4-22b)中重复的行与列，则得到

$$
\begin{bmatrix} \sigma_x \\ \sigma_y \\ \sigma_z \\ \tau_{xy} \\ \tau_{yz} \\ \tau_{zx} \end{bmatrix} = \begin{bmatrix} C_{11} & C_{12} & C_{13} & C_{14} & C_{15} & C_{16} \\ & C_{22} & C_{23} & C_{24} & C_{25} & C_{26} \\ & & C_{33} & C_{34} & C_{35} & C_{36} \\ & \text{sym} & & C_{44} & C_{45} & C_{46} \\ & & & & C_{55} & C_{56} \\ & & & & & C_{66} \end{bmatrix} \begin{bmatrix} \varepsilon_x \\ \varepsilon_y \\ \varepsilon_z \\ \gamma_{xy} \\ \gamma_{yz} \\ \gamma_{zx} \end{bmatrix} \tag{4-35}
$$

式中，弹性常数 C_{kl} 的下标1、2、3、4、5、6对应于 E_{ijmn} 下标中的11、22、33、12、23、31。注意：虽然对 C_{kl} ($k,l=1,2,\cdots,6$) 使用指标记法，但是它们并不构成张量。式(4-35)中的应变分量为工程应变。显然，$[C]$ 为对称矩阵，即 $C_{kl} = C_{lk}$。

4.4 几种特殊的各向同性弹性体

前面的分析已经证明,对任何各向异性弹性体,弹性常数最多是 21 个。各向异性特征决定弹性常数的个数,下面将结合具体情况进行分析。为了叙述方便,引入弹性对称面和弹性主方向的概念。假如在物体内的每一个点都存在这样一个平面,在以它为对称面的两个方向上具有完全相同的弹性性质,则该平面称为弹性对称面,垂直弹性对称面的方向称为弹性主方向。本节将介绍几种工程上常遇到的各向异性材料,最后给出各向同性材料只有两个弹性常数的证明。

1. 具有一个弹性对称面的各向异性弹性体

假设某弹性体 Oxy 平面为弹性对称面,z 轴为弹性主方向,见图 4-3。材料的本构关系是材料本身固有的物理属性,不应受到坐标系选取的影响。为了寻求独立弹性常数的个数,做一个简单的变换,将原坐标系 $Oxyz$ 绕 y 轴旋转 $180°$ 得到新坐标系 $Ox'y'z'$,这种变换称为关于对称面的反射变换。该反射变换中新、旧坐标系间的坐标关系如下:$x \to x', y \to y', z \to -z'$。坐标变换后的各分量的下标随变换后的指标而变化,但是正负号需如下考虑:对于正应力和正应变,由于其正负号的规定与物体受拉、压的正负号规定一致,坐标变号时正应力和正应变不随坐标变号而改变正负号;而剪应力和剪应变的正负号受坐标方向的影响。由定义可知,如果有一个下标变号,则相应的剪应力和剪应变变号,如果两个下标同时变号,则相应的剪应力和剪应变不变号。由此得到变号的应力和应变为

$$\tau_{y'z'} = -\tau_{yz}, \quad \tau_{z'x'} = -\tau_{zx}, \quad \gamma_{y'z'} = -\gamma_{yz}, \quad \gamma_{z'x'} = -\gamma_{zx} \tag{4-36}$$

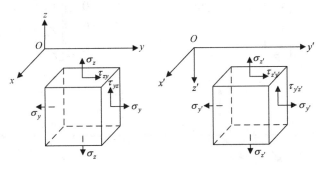

图 4-3

将式(4-36)代入式(4-35)后显见,为了保持本构关系不改变,必须使弹性常数满足:

$$C_{15} = C_{16} = C_{25} = C_{26} = C_{35} = C_{36} = C_{45} = C_{46} = 0 \tag{4-37}$$

例如,若 C_{15}、C_{16} 不为零,将式(4-35)展开,变号后其第一行和式的六项中的最后两项变为 $-C_{15}\gamma_{yz} - C_{16}\gamma_{zx}$,而前面的四项不变,为保持本构关系不变,相应的弹性常数必为零,其余类推。因此,具有一个弹性对称面的各向异性弹性体的独立弹性常数为 21−8=13 个。本构关系矩阵为

$$\begin{bmatrix} \sigma_x \\ \sigma_y \\ \sigma_z \\ \tau_{xy} \\ \tau_{yz} \\ \tau_{zx} \end{bmatrix} = \begin{bmatrix} C_{11} & C_{12} & C_{13} & C_{14} & 0 & 0 \\ & C_{22} & C_{23} & C_{24} & 0 & 0 \\ & & C_{33} & C_{34} & 0 & 0 \\ & \text{sym} & & C_{44} & 0 & 0 \\ & & & & C_{55} & C_{56} \\ & & & & & C_{66} \end{bmatrix} \begin{bmatrix} \varepsilon_x \\ \varepsilon_y \\ \varepsilon_z \\ \gamma_{xy} \\ \gamma_{yz} \\ \gamma_{zx} \end{bmatrix} \qquad (4\text{-}38)$$

这种各向异性弹性体在自然界中广泛地存在于单斜晶系的各类单晶体中，也见于某些两向正交铺设的钢筋混凝土构件。

2. 具有两个弹性对称面的各向异性弹性体

假设弹性体的每一点都具有两个相互垂直的弹性对称面，所有点的对称面方向一致。接着式(4-38)的关系继续分析，取 Oxz 和 Oxy 为弹性对称面，相应的弹性主方向为 y 轴和 z 轴，两对称面交线为 x 轴，见图4-4(a)。对两个弹性对称面进行反射变换，则有 $y \to -y', z \to -z'$。于是有 $\tau_{x'y'} = -\tau_{xy}, \tau_{z'x'} = -\tau_{zx}, \gamma_{x'y'} = -\gamma_{xy}, \gamma_{z'x'} = -\gamma_{zx}$，因此

$$C_{14} = C_{24} = C_{34} = C_{56} = 0 \qquad (4\text{-}39)$$

由此可见，有两个弹性对称面的各向异性弹性体的独立弹性常数为 13-4=9 个。本构关系矩阵为

$$\begin{bmatrix} \sigma_x \\ \sigma_y \\ \sigma_z \\ \tau_{xy} \\ \tau_{yz} \\ \tau_{zx} \end{bmatrix} = \begin{bmatrix} C_{11} & C_{12} & C_{13} & 0 & 0 & 0 \\ & C_{22} & C_{23} & 0 & 0 & 0 \\ & & C_{33} & 0 & 0 & 0 \\ & \text{sym} & & C_{44} & 0 & 0 \\ & & & & C_{55} & 0 \\ & & & & & C_{66} \end{bmatrix} \begin{bmatrix} \varepsilon_x \\ \varepsilon_y \\ \varepsilon_z \\ \gamma_{xy} \\ \gamma_{yz} \\ \gamma_{zx} \end{bmatrix} \qquad (4\text{-}40)$$

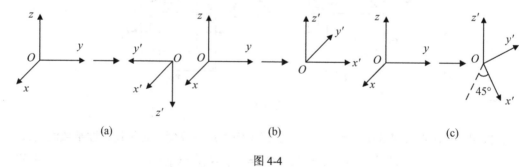

(a) (b) (c)

图4-4

3. 具有三个弹性对称面的各向异性弹性体

具有三个弹性对称面的各向异性弹性体又称为正交各向异性弹性体。对于具有三个弹性对称面的各向异性弹性体，可在有两个对称面的式(4-40)上进行分析，即假定 Oyz 平面也是弹性对称面，再进行一次反射变换，即 $x \to -x'$。但是，此时 γ_{xy} 与 τ_{xy} 以及 γ_{zx} 与 τ_{zx} 都同时变

号，故不影响原来的本构关系。因此，具有三个弹性对称面的各向异性弹性体的独立弹性常数仍然是 9 个。这也就是说，一个各向异性弹性体，如果有两个相互正交的弹性对称面，那么第三个正交平面也必然是弹性对称面。这类各向异性弹性体称为正交各向异性弹性体。在自然界中，正交晶系中的各类单晶体属于正交各向异性体；某些人工制造的三向正交铺设的纤维增强材料亦属于此类。但是必须考察此种材料是否仍属于线弹性的范畴。

4. 横观各向同性弹性体

现在来考察具有一个弹性对称面，在弹性对称面内是各向同性，而垂直弹性对称面方向的弹性性质与弹性对称面内的弹性性质不同，这类弹性体称为横观各向同性弹性体。为简单计，可对式(4-40)的结果继续分析。那里有三个弹性对称面，九个独立的弹性常数。现在又在一个弹性对称面上增加了各向同性条件，这只需在该平面内进行任意角度的旋转变换即可。为方便起见，可以选择 Oxy 面为各向同性平面和两个特殊的旋转角度。

(1) 按右手法则绕 z 轴旋转 $90°$，见图 4-4(b)。此时的坐标变换如下： $x \to y'$，$y \to -x', z \to z'$。按与前面雷同的分析方法，可得到新、旧坐标间应力分量、应变分量的关系：

$$\sigma_{x'} = \sigma_y, \ \sigma_{y'} = \sigma_x, \ \sigma_{z'} = \sigma_z, \ \tau_{x'y'} = -\tau_{xy}, \ \tau_{y'z'} = -\tau_{zx}, \ \tau_{z'x'} = \tau_{yz} \tag{4-41}$$

$$\varepsilon_{x'} = \varepsilon_y, \ \varepsilon_{y'} = \varepsilon_x, \ \varepsilon_{z'} = \varepsilon_z, \ \gamma_{x'y'} = -\gamma_{xy}, \ \gamma_{y'z'} = -\gamma_{zx}, \ \gamma_{z'x'} = \gamma_{yz} \tag{4-42}$$

由式(4-40)展开并取其前两行得到在旧坐标系中的两个应力应变关系式：

$$\sigma_x = C_{11}\varepsilon_x + C_{12}\varepsilon_y + C_{13}\varepsilon_z, \quad \sigma_y = C_{12}\varepsilon_x + C_{22}\varepsilon_y + C_{23}\varepsilon_z \tag{4-43}$$

因为在笛卡儿直角坐标系内的旋转变换本构关系保持不变，所以在新坐标系对应的两个关系式仍可以写为式(4-43)形式而弹性常数不变。

$$\sigma_{x'} = C_{11}\varepsilon_{x'} + C_{12}\varepsilon_{y'} + C_{13}\varepsilon_{z'}, \quad \sigma_{y'} = C_{12}\varepsilon_{x'} + C_{22}\varepsilon_{y'} + C_{23}\varepsilon_{z'} \tag{4-44}$$

将式(4-42)的正应力和正应变代入式(4-44)则得

$$\sigma_y = C_{11}\varepsilon_y + C_{12}\varepsilon_x + C_{13}\varepsilon_z, \quad \sigma_x = C_{12}\varepsilon_y + C_{22}\varepsilon_x + C_{23}\varepsilon_z \tag{4-45}$$

对比式(4-43)与式(4-45)，显然有

$$C_{11} = C_{22}, C_{13} = C_{23} \tag{4-46}$$

对式(4-40)最后两行进行同样分析可以得到

$$C_{55} = C_{66} \tag{4-47}$$

(2) 按右手法则绕 z 轴旋转 $45°$，见图 4-4(c)。此时需先求坐标变换系数：

$$l_1 = \frac{\sqrt{2}}{2}, \ m_1 = \frac{\sqrt{2}}{2}, \ n_1 = 0; \ l_2 = -\frac{\sqrt{2}}{2}, \ m_2 = \frac{\sqrt{2}}{2}, \ n_2 = 0; \ l_3 = 0, \ m_3 = 0, \ n_3 = 1 \tag{4-48}$$

代入转轴公式(2-7b)和式(3-22b)得到

$$\tau_{x'y'} = \frac{1}{2}(\sigma_y - \sigma_x), \quad \gamma_{x'y'} = \varepsilon_y - \varepsilon_x \tag{4-49}$$

由式(4-40)取其前两行并考虑式(4-46)和式(4-47)的系数关系，则得到旧坐标系的两个应力应

变关系式:

$$\sigma_x = C_{11}\varepsilon_x + C_{12}\varepsilon_y + C_{13}\varepsilon_z, \quad \sigma_y = C_{12}\varepsilon_x + C_{11}\varepsilon_y + C_{13}\varepsilon_z \tag{4-50}$$

因为在笛卡儿直角坐标系的旋转变换不改变本构关系,所以在新坐标系仍有

$$\tau_{x'y'} = C_{44}\gamma_{x'y'} \tag{4-51}$$

将式(4-50)代入式(4-49)的前式后,再与式(4-49)的后式一同代入式(4-51),最后得到

$$C_{44} = \frac{1}{2}(C_{11} - C_{12}) \tag{4-52}$$

至此已经得到五个独立常数 $C_{11}, C_{12}, C_{13}, C_{33}, C_{55}$。再进行绕 z 轴的任何旋转变换都不会得到新的结果。因此,横观各向同性弹性体只有五个独立的弹性常数,本构方程的矩阵形式为

$$\begin{bmatrix} \sigma_x \\ \sigma_y \\ \sigma_z \\ \tau_{xy} \\ \tau_{yz} \\ \tau_{zx} \end{bmatrix} = \begin{bmatrix} C_{11} & C_{12} & C_{13} & 0 & 0 & 0 \\ & C_{11} & C_{13} & 0 & 0 & 0 \\ & & C_{33} & 0 & 0 & 0 \\ & \text{sym} & & C_{44} & 0 & 0 \\ & & & & C_{55} & 0 \\ & & & & & C_{55} \end{bmatrix} \begin{bmatrix} \varepsilon_x \\ \varepsilon_y \\ \varepsilon_z \\ \gamma_{xy} \\ \gamma_{yz} \\ \gamma_{zx} \end{bmatrix} \tag{4-53}$$

自然界的六方晶系的单晶体、木材,以及某些人工制造的复合材料属于横观各向同性材料。

5. 各向同性弹性体独立弹性常数

下面证明各向同性弹性体只有两个独立弹性常数。为简便计,可在横观各向同性弹性体取得的结果的基础上继续分析。那里,弹性对称面 Oxy 内已经各向同性,只须使沿 z 方向的弹性性质与弹性对称面内的弹性性质相同便可得到各向同性弹性体的本构方程。为此,将旧坐标系 $Oxyz$ 绕 y 轴按右手法则旋转 $90°$ 得到新坐标系 $Ox'y'z'$,新、旧坐标变换为 $x \to -z', y \to y', z \to x'$。沿用相同的分析方法,可以得到新、旧坐标系中各分量之间的关系为

$$\begin{cases} \sigma_{x'} = \sigma_z, \ \sigma_{y'} = \sigma_y, \ \sigma_{z'} = \sigma_x, \ \tau_{x'y'} = -\tau_{yz}, \ \tau_{y'z'} = -\tau_{xy}, \ \tau_{z'x'} = -\tau_{zx} \\ \varepsilon_{x'} = \varepsilon_z, \ \varepsilon_{y'} = \varepsilon_y, \ \varepsilon_{z'} = \varepsilon_x, \ \gamma_{x'y'} = -\gamma_{yz}, \ \gamma_{y'z'} = -\gamma_{xy}, \ \gamma_{z'x'} = -\gamma_{zx} \end{cases} \tag{4-54}$$

由于本构关系不随坐标变换而改变,在新坐标系中本构关系的第一行仍然可以写为

$$\sigma_{x'} = C_{11}\varepsilon_{x'} + C_{12}\varepsilon_{y'} + C_{13}\varepsilon_{z'} \tag{4-55}$$

将式(4-54)中的有关项代入式(4-55)得到

$$\sigma_z = C_{11}\varepsilon_z + C_{12}\varepsilon_y + C_{13}\varepsilon_x \tag{4-56}$$

在旧坐标系,由式(4-53)得到相应的关系式:

$$\sigma_z = C_{13}\varepsilon_x + C_{13}\varepsilon_y + C_{33}\varepsilon_z \tag{4-57}$$

对比式(4-56)、式(4-57)对应的同类项系数得到

$$C_{13} = C_{12}, \quad C_{33} = C_{11} \tag{4-58}$$

同理，将式(4-54)中的相关项代入变换后的关系式 $\tau_{x'y'} = C_{44}\gamma_{x'y'}$ 得到 $\tau_{yz} = C_{44}\gamma_{yz}$，与变换前的相应关系式 $\tau_{yz} = C_{55}\gamma_{yz}$ 对比得到

$$C_{55} = C_{44} \tag{4-59}$$

至此，就证明了各向同性弹性体只有两个独立弹性常数 C_{11}, C_{12}。本构方程矩阵表达式为

$$
\begin{bmatrix} \sigma_x \\ \sigma_y \\ \sigma_z \\ \tau_{xy} \\ \tau_{yz} \\ \tau_{zx} \end{bmatrix} = \begin{bmatrix} C_{11} & C_{12} & C_{12} & 0 & 0 & 0 \\ & C_{11} & C_{12} & 0 & 0 & 0 \\ & & C_{11} & 0 & 0 & 0 \\ & \text{sym} & & C_{44} & 0 & 0 \\ & & & & C_{44} & 0 \\ & & & & & C_{44} \end{bmatrix} \begin{bmatrix} \varepsilon_x \\ \varepsilon_y \\ \varepsilon_z \\ \gamma_{xy} \\ \gamma_{yz} \\ \gamma_{zx} \end{bmatrix} \tag{4-60}
$$

将式(4-60)展开并引入 $\theta = \varepsilon_x + \varepsilon_y + \varepsilon_z$，然后令 $C_{44} = G$，$C_{12} = \lambda$，即得到以前的应力应变关系式(4-4)。

综上所述，各向同性和各向异性弹性体的本构方程均可以用刚度系数矩阵或柔度系数矩阵统一表示为式(4-14)和式(4-15)。在应用时把相应的系数矩阵代入便可。

6. 各向同性弹性体应变能密度正定性

式(4-23)给出了整个弹性体应变能公式：

$$U = \iiint_V \bar{U}(e_{ij}) \mathrm{d}V$$

弹性体的特征是，加载前处于无应变的自然状态，加载过程中物体由变形产生的应变能在卸载后仍能够恢复到原来的无应变状态，应变能是变形状态(应变张量)的函数，与变形历史无关。就是说，在载荷作用下的弹性体的应变能 U 不可能小于零。因此，应变能密度函数必须恒正，即 $\bar{U}(e_{ij}) \geqslant 0$，而且 $\bar{U}(e_{ij}) = 0$ 只对应于零应变状态。或者说，只要物体承受载荷就必须存在 $\bar{U}(e_{ij}) > 0$，即应变能密度函数是正定函数。

7. 弹性常数数值范围

前面已经证明了各向同性弹性体只有两个独立的弹性常数，本章又给出了工程中常用到的五个弹性常数，它们的关系见式(4-20)。在实际应用中人们更关心其取值范围和具体数值。

现在来讨论五个弹性常数的取值范围。式(4-32)指出，小变形线弹性体(含各向异性)应变能密度函数可以表示为 $\bar{U} = \sigma_{ij} e_{ij} / 2$。若将各向同性线弹性本构关系式(4-13)代入应变能密度函数，并考虑到应变偏张量和球张量的定义 $e_{ij}^* = e_{ij} - e_0 \delta_{ij}$、$e_{ij}^0 = e_{mm} \delta_{ij} / 3 = e_0 \delta_{ij}$，经过简单的推演便可得到小变形各向同性线弹性体的应变能密度表达式：

$$\bar{U} = \frac{E}{2} \left[\frac{1}{1+\nu} e_{ij}^* e_{ij}^* + \frac{1}{3(1-2\nu)} (e_{ij}^0)^2 \right] \tag{4-61}$$

式(4-61)表明，应变能密度函数包含两项：第一项是应变偏张量的二次齐次式；第二项是应变球张量的二次齐次式，二者相互独立。就是说，应变能分别是由弹性体形状改变和体积改变独立产生的。因此要保证应变能密度函数恒正，两项前面的常数必须同时大于零。显然，满足 $E>0$，$1+\nu>0$，$1-2\nu>0$ 即可。根据

$$K=\frac{E}{3(1-2\nu)}，\quad G=\frac{E}{2(1+\nu)}，\quad \lambda=\frac{E\nu}{(1+\nu)(1-2\nu)}$$

就可以得出线弹性常数数值范围为

$$E>0，\quad G>0，\quad K>0，\quad -1<\nu<\frac{1}{2}$$

而常数 λ 从理论分析来看是允许出现负值的，当 $\nu>0$ 时，$\lambda>0$；当 $\nu<0$ 时，$\lambda<0$。但是对于大多数广泛应用的工程材料来说，没有发现 $\nu<0$ 和 $\lambda<0$ 的情况；对于 $E>0$，$G>0$，$K>0$ 的情形，已分别为单向拉伸试验、薄壁圆管扭转试验、静水压力试验所证实。

众所周知，由于物质的多样性，即使同一物质在不同的环境和条件下或在不同的变形阶段，其弹性常数也不一样，各种工程材料即使在弹性阶段其力学性质也是不相同的，即反映这种差别的弹性常数都不相同。在前面的推演中，一直假设弹性常数不随温度变化，但是在特殊温度下工作就需要测定该温度下的弹性常数数值。获得弹性常数具体数值的方法只能通过实验。许多常用工程材料的弹性常数可以从工程材料手册中查到。特殊材料或特定环境使用的必须通过实验测定弹性常数。

习　　题

4-1　试写出极坐标、柱坐标和球坐标形式的各向同性弹性体的广义胡克定律。

4-2　试证明在各向同性材料中应力主方向与应变主方向总是重合的。

4-3　如图 4-5 所示的立方体橡皮块放在同样大小的铁盒内，其上端用铁盖封闭，铁盖上作用有均布压力 q。现将铁盒与铁盖均视为刚体，且假定橡皮块与铁盒及铁盖之间均无摩擦阻力。试求铁盒内侧面所受的压力以及橡皮块的体积应变与最大剪应力。

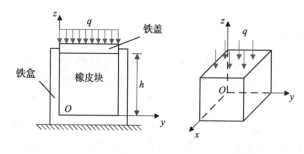

图 4-5

第 4 章部分参考答案

第 5 章　弹性力学问题的微分提法及一般原理

前面对已经建立的理想弹性体"物理模型"在静力学、变形几何学和反映物质材料本身特征的本构关系等方面进行了分析，并相应地建立了平衡方程(三个)、几何方程(六个)和等价的连续方程或协调方程(六个)、物理方程(六个)。本章将把这些方程分为两组基本形式，综合为两套偏微分方程组，是描述"物理模型"(理想弹性体)物理量间内部变化规律的"数学模型"。这样就把弹性力学问题化为数学上的偏微分方程或数学物理方程问题。因此，也把弹性力学称为"数学弹性力学"，以区别解决实际工程问题为主的"应用弹性力学"。实际上，二者并无本质上的区别。数学模型的建立使偏微分方程或数学物理方程的理论和方法可以应用于弹性力学中，在给定恰当的定解条件后便可求解。

5.1　弹性力学问题的微分方程提法

1. 用应力、应变、位移表示的基本方程

这组用应力、应变、位移表示的基本方程组含有 15 个方程和 15 个未知函数(应力六个、应变六个、位移三个)，其中，平衡方程(三个)见式(2-2b)，几何方程(六个)见式(3-5)，物理方程(六个)见式(4-6)。上述方程汇总如下：

$$\begin{cases} \sigma_{ji,j} + F_i = 0 \\ e_{ij} = \dfrac{1}{2}\left(\dfrac{\partial u_i}{\partial x_j} + \dfrac{\partial u_j}{\partial x_i}\right) = \dfrac{1}{2}(u_{i,j} + u_{j,i}) \\ \sigma_{ij} = 2Ge_{ij} + \lambda e_{mm}\delta_{ij} \end{cases} \tag{5-1a}$$

方程组 (5-1a) 中的方程是用张量公式写出的。注意，通常公式的应变为工程应变分量，而张量公式的应变为应变张量分量。方程组 (5-1a) 的方程数与待求的未知函数相等，数学上已经证明解的存在性和唯一性问题。因此，从应用角度来说，可根据给定的具体定解条件去求解。

2. 用应力、应变表示的基本方程

这组方程组含有用应力、应变表示的基本方程，其中，平衡方程(三个)见式(2-2b)，连续方程(六个)见式(3-7)，物理方程(六个)见式(4-8)。上述方程汇总如下：

$$\begin{cases} \sigma_{ji,j} + F_i = 0 \\ e_{ij,kl} + e_{kl,ij} - e_{ik,jl} - e_{jl,ik} = 0 \\ Ee_{ij} = (1+\nu)\sigma_{ij} - \nu\sigma_{mm}\delta_{ij} \end{cases} \tag{5-1b}$$

与方程组 (5-1a) 相似，方程组 (5-1b) 给出的是张量方程，其通常形式为式(2-2a)、式(3-3)

和式(4-1)。从以前的分析中得知，连续方程(协调方程)是单连域位移函数单值连续的充分必要条件，可以用它来代替几何方程。实际上，连续方程就是通过几何方程求导数升阶消去位移而得到的。升阶后，减少了三个位移函数，使未知函数变为 12 个(应力、应变各六个)，但是方程仍是 15 个。于是，方程组(5-1b)的方程比未知函数多三个。力学家很早就注意到这个问题，指出存在若干种可能情况将六个协调方程等价于三个方程和三个边界条件，使方程和未知函数都是 12 个，而边界条件由原来的三个再加上这三个变为六个。

方程组(5-1b)是空间问题基本方程的另一种表达形式，可以按给定的定解条件求解得出应力和应变。如果需要，可以由几何方程积分求得位移。

3. 边界条件

方程组(5-1a)是含有应力、应变、位移三类变量的偏微分方程组。方程组(5-1b)是含有应力、应变两类变量的偏微分方程组。在求解偏微分方程时，必须建立相应的定解条件，对于弹性静力学问题一般只需建立边界条件。但是在求位移时对于某些问题还需要给出位移的整体约束条件，在求解多连域问题时还要建立相应的位移单值条件。弹性静力学偏微分方程的边界条件主要有以下两方面问题。

1) 两类边界问题

(1)应力边界条件。在给定应力部分的边界上，要求域内应力场在这部分边界上必须等于给定的表面应力向量。2.2 节建立了斜面公式(柯西公式)，它是在物体内部任一点隔离的微元正四面体的平衡条件。斜面公式指出了斜面上按坐标轴方向分解的应力分量与一点应力状态的六个独立应力分量之间的关系。如果将该微元体取在任一边界表面处(如图 2-1 含 N 点区域)，此时的微元斜面可以视为边界表面微元，四面体类似于图 2-3(a)，只需将 (F_{nx}, F_{ny}, F_{nz}) 换成 $(\tilde{F}_x, \tilde{F}_y, \tilde{F}_z)$。因此，可按斜面公式直接写出应力边界条件公式：

$$\begin{cases} \sigma_x l + \tau_{yx} m + \tau_{zx} n = \tilde{F}_x \\ \tau_{xy} l + \sigma_y m + \tau_{zy} n = \tilde{F}_y \qquad (在 \Gamma_\sigma 上) \\ \tau_{xz} l + \tau_{yz} m + \sigma_z n = \tilde{F}_z \end{cases} \qquad (5\text{-}2a)$$

$$\sigma_{ji} n_j = \tilde{F}_i \qquad (在 \Gamma_\sigma 上) \qquad (5\text{-}2b)$$

式(5-2a)、式(5-2b)称为应力边界条件。记号 Γ_σ 表示给定应力的边界表面，其方位由式中的方向余弦给出。应力边界条件是内域应力场(未知函数)在给定表面应力的边界上必须满足的条件。其实质就是在 Γ_σ 边界上单元的平衡条件。一般来说，在 Γ_σ 表面上需要给出表面应力。若有集中力，须应用圣维南原理(见 5.3 节)将其化为静力等效的表面应力。

斜面公式与应力边界条件公式的共同处，都是描述微元四面体平衡的公式，只不过前者是在体内，后者是在边界表面上；其不同之处在于，斜面公式表示如果已知体内某点的应力状态就可以由它求出该点任一斜截面上的应力，应力边界条件公式表示在边界表面上任何一点的应力张量与过该点边界表面上已知的应力向量必须满足的平衡关系式。

(2)位移边界条件。在给定位移部分的边界上，要求域内位移场在这部分边界上必须等于给定表面上的位移，即

$$u = \tilde{u}, \ v = \tilde{v}, \ w = \tilde{w} \qquad (在 \Gamma_u 上) \qquad (5\text{-}3a)$$

$$u_i = \tilde{u}_i \qquad (在 \Gamma_u 上) \tag{5-3b}$$

式(5-3a)、式(5-3b)称为位移边界条件。对于一些特殊问题,也需要对某些点给出位移导数(如转角)的约束条件,详见有关例题。

2)三类边界问题

(1)应力边界问题(全Γ_σ边界)。在全部边界表面处处给定表面应力。必须指出,自由表面实质是给定表面应力为零的表面,即必须在式(5-2a)中置 $\tilde{F}_x = 0$, $\tilde{F}_y = 0$, $\tilde{F}_z = 0$。另外,要注意检查全部外力(包括体积力、表面力等)总和必须为零,即此种情况要求外力本身必须是自相平衡的,否则物体会产生运动。对于外力自相平衡下的弹性体,可以求出唯一的应力场和应变场,但是位移场不是唯一的,彼此只相差一个刚体位移项。对于空间问题,必须给出六个约束条件以确定这些常数。此外,还必须说明,整体位移约束条件少了则无法求解出确定的位移,多了虽然可以求出位移,但是在约束点附近区域要产生附加的应力和应变。换句话说,所解的问题已经不是原来的问题了。

(2)位移边界问题(全Γ_u边界)。在全部边界表面处处给定位移。一般来说,全位移边界情况可以约束物体的刚性移动和刚性转动,所以不必再附加整体位移约束条件。但是也要视具体问题而定,如果位移边界不足以约束整体位移,则必须增加恰当的补充条件(见 3.7 节)。

(3)混合边界问题(含Γ_σ和Γ_u边界)。在一部分边界上给定应力,在其余边界上给定位移(图 5-1)。

必须指出,在给定应力的部分边界上,不能同时给定位移,反之亦然。但是,对于个别问题,如弹簧体系两端边界上的位移和力作为状态向量用辛方法求解时,允许一端同时给定位移和力,另一端不给任何条件。

除了上面的三种情形,还有弹性边界问题,如弹性支撑问题等。本书主要讨论前面三种情形。

方程组(5-1a)或方程组(5-1b)加上本节给出的边界条件,就构成了一个完整的偏微分方程组。关于解的存在性问题,数学上已经给出了严格的证明。关于解的唯一性证

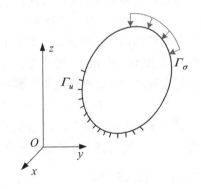

图 5-1

明见 5.3 节。从数学的角度来说,问题已经解决。但是,从弹性力学的角度来看,问题似乎又没有完全解决。因为弹性力学不只满足于建立方程,更重要的是求解方程,直至解决工程实际问题。但是,基本方程和未知函数的数量太多,要求解 15 个复杂的偏微分方程是相当困难的,再加上实际问题边界条件复杂,使得求解难上加难。然而,力学家经过艰辛的努力,至今已经取得了丰硕的成果,能量法、数值法、优化法、辛方法不断发展,这些方法几乎可以求解任何复杂的弹性力学问题。为使弹性力学问题求解容易些,首先可以从数量上简化方程、减少未知函数,其次在不降低精度的情况下将方程的某些控制条件放松。这将在后面各章陆续展开。

5.2　弹性力学求解方法

弹性力学基本方程的边值问题十分复杂,很难用统一的方法求解种类繁多的实际问题。因此,在求解具体问题时,要根据问题的复杂程度选取经济而适用的方法。一般来说,大体上有下面几种方法。

(1)直接积分法：直接积分基本方程并使求得的函数满足定解条件。首先求出基本方程的通解，弹性力学中也称为一般解。寻求一般解也是数学上的复杂问题，特别是在繁杂的边界上满足定解条件，就更困难了。但是对于特殊情形(如扭转问题、平面问题)中的某些问题，采用直接积分法是很有效的。

(2)逆解法、半逆解法。逆解法包含两个含义：一个是根据具体问题的情况和基本方程的特点，猜选出满足基本方程的一些函数(解)，然后反演出函数在边界上的性质，由此反过来说满足基本方程和该边界条件的解就是猜选的函数；另一个是对于某些非常简单的问题，猜选的函数既满足基本方程又满足边界条件。半逆解法是根据基本方程和边界的特点猜选出函数(位移或应力)的形式，但是保留某些未确定部分，由满足全部方程和边界条件来确定。随着计算机的出现和各类数值方法的发展，虽然逆解法、半逆解法已经不再是解决实际问题的主要手段，但是它们对于深入透彻地理解弹性力学的理论与方法仍具有重要意义。

(3)能量法或变分法。5.1 节对于弹性力学问题的描述是由平衡方程、几何方程(或连续方程)、物理方程和相应的边界条件建立的并归结为偏微分方程的边值问题。另外，从数学的泛函角度分析，弹性力学问题又可以归结为泛函的极值问题。弹性力学问题变分法对应的物理量是能量，所以也称为能量原理或能量法。一方面，可以由能量原理推导出弹性力学的微分方程和边界条件；另一方面，能量原理是进行近似分析数值计算的基础，详见第 12 章。

(4)辛方法。该方法将原变量及其对偶变量组成的辛空间引入弹性力学，形成弹性力学的辛求解体系。辛求解体系改变了半逆解法的传统，给出了富有理性的统一的求解方法。另外，辛求解体系降低了微分方程阶次，虽然带来了未知量增加的问题，但是与数值方法结合更能发挥现代计算机的优势去解决工程问题，详见第 13 章～第 15 章。

另外，由于弹性力学基本方程的未知量太多，在研究求解时，还可以通过减少未知量的数目来简化方程。这样，就出现了位移法、应力法、应力函数法等。这些方法还可以根据问题的复杂程度选择上面提到的各种解法。

5.2.1　按位移求解

按位移求解弹性力学问题称为位移法。位移法就是把位移作为基本未知函数建立方程，求解方程后首先得到位移，然后分别通过几何方程、物理方程求出应变和应力。由方程组(5-1a)来建立用位移表示的基本方程并不困难。为了简洁起见，下面将从无体力情形开始，并用张量推导这组基本方程，再推广到存在体力的一般情形。

1. 无体力情形

将几何方程(3-5)代入物理方程(4-6)得到用位移表示应力的物理关系：

$$\sigma_{ij} = \sigma_{ji} = G(u_{i,j} + u_{j,i}) + \lambda e_{mm}\delta_{ij} \tag{5-4a}$$

将式(5-4a)代入无体力的平衡方程：

$$\sigma_{ji,j} = 0 \tag{5-4b}$$

并注意到，对式(3-5)缩并，有

$$e_{mm} = \frac{1}{2}(u_{m,m} + u_{m,m}) = u_{m,m} \tag{5-4c}$$

由张量中的运算关系：$u_{m,mj}\delta_{ij} = u_{m,mi}$，$u_{j,ij} = u_{j,ji}$，$u_{m,mi} = u_{j,ji}$，得到

$$\sigma_{ji,j} = G(u_{i,j} + u_{j,i})_{,j} + \lambda u_{m,mj}\delta_{ij} = G(u_{i,jj} + u_{j,ij}) + \lambda u_{m,mi} = G(u_{i,jj} + u_{j,ji}) + \lambda u_{j,ji}$$

即

$$\sigma_{ji,j} = G(u_{i,jj} + u_{j,ji}) + \lambda u_{j,ji} = Gu_{i,jj} + (G+\lambda)u_{j,ji} \qquad (5\text{-}4d)$$

将式 (5-4d) 代入式 (5-4b) 则得到

$$Gu_{i,jj} + (G+\lambda)u_{j,ji} = 0 \qquad (5\text{-}5a)$$

注意：$u_{i,jj} = \nabla^2 u_i$（∇^2 为调和算子），$u_{j,ji} = (u_{j,j})_{,i} = (e_{jj})_{,i} = \theta_{,i}$，则式 (5-5a) 可改写为

$$\nabla^2 u_i + \frac{1}{1-2\nu}\theta_{,i} = 0 \qquad (5\text{-}5b)$$

式 (5-5b) 即无体力时用位移分量表示的求解弹性力学问题的基本方程，在数学上属于齐次方程，满足该方程的解称为齐次解。

2. 有体力情形

有体力的平衡方程为 $\sigma_{ji,j} = -F_i$，将式 (5-4d) 代入其中便得到

$$Gu_{i,jj} + (G+\lambda)u_{j,ji} + F_i = 0 \quad (i=1,2,3) \qquad (5\text{-}5c)$$

式 (5-5c) 通常称为拉梅 (Lame)-纳维 (Navier) 方程，简称拉梅方程，在数学上属于非齐次方程，满足该方程的解称为非齐次解。显然，拉梅方程也可以表示为

$$\nabla^2 u_i + \frac{1}{1-2\nu}\theta_{,i} = -\frac{F_i}{G} \quad (i=1,2,3) \qquad (5\text{-}5d)$$

下面将式 (5-5c) 按 $i=1,2,3$ 展开并换成通常的位移分量，即得到

$$\begin{cases} G\nabla^2 u + (G+\lambda)\dfrac{\partial\theta}{\partial x} + F_x = 0 \\[2mm] G\nabla^2 v + (G+\lambda)\dfrac{\partial\theta}{\partial y} + F_y = 0 \\[2mm] G\nabla^2 w + (G+\lambda)\dfrac{\partial\theta}{\partial z} + F_z = 0 \end{cases} \qquad (5\text{-}6)$$

式中，

$$\nabla^2 = \frac{\partial^2}{\partial x^2} + \frac{\partial^2}{\partial y^2} + \frac{\partial^2}{\partial z^2}$$

拉梅方程涵盖了无体力和有体力情况，前者是后者的特殊情形。实际上，拉梅方程就是由位移表示的平衡方程，在推导过程中用到了几何方程和物理方程，最后得到由三个方程构成的含有三个未知函数的方程组，方程个数与未知函数个数相同。

3. 边界条件

(1) 位移边界条件：与式 (5-3a)、式 (5-3b) 相同，即

$$u_i = \tilde{u}_i \quad (u = \tilde{u}, v = \tilde{v}, w = \tilde{w}) \quad (在 \Gamma_u 上)$$

(2)应力边界条件：需要把用应力表示的应力边界条件转换为用位移表示的应力边界条件。将式(5-4a)代入式(5-2b)便得到

$$[G(u_{i,j} + u_{j,i}) + \lambda u_{m,m}\delta_{ij}]n_j = \tilde{F}_i \quad (在 \Gamma_\sigma 上) \tag{5-7a}$$

展开后即可得到通常分量表达式：

$$\begin{cases} \left[2G\dfrac{\partial u}{\partial x} + \lambda\left(\dfrac{\partial u}{\partial x} + \dfrac{\partial v}{\partial y} + \dfrac{\partial w}{\partial z}\right)\right]n_1 + \left[G\left(\dfrac{\partial u}{\partial y} + \dfrac{\partial v}{\partial x}\right)\right]n_2 + \left[G\left(\dfrac{\partial u}{\partial z} + \dfrac{\partial w}{\partial x}\right)\right]n_3 = \tilde{F}_1 \\[3mm] \left[G\left(\dfrac{\partial u}{\partial y} + \dfrac{\partial v}{\partial x}\right)\right]n_1 + \left[2G\dfrac{\partial v}{\partial y} + \lambda\left(\dfrac{\partial u}{\partial x} + \dfrac{\partial v}{\partial y} + \dfrac{\partial w}{\partial z}\right)\right]n_2 + \left[G\left(\dfrac{\partial v}{\partial z} + \dfrac{\partial w}{\partial y}\right)\right]n_3 = \tilde{F}_2 \quad (在 \Gamma_\sigma 上) \\[3mm] \left[G\left(\dfrac{\partial u}{\partial z} + \dfrac{\partial w}{\partial x}\right)\right]n_1 + \left[G\left(\dfrac{\partial v}{\partial z} + \dfrac{\partial w}{\partial y}\right)\right]n_2 + \left[2G\dfrac{\partial w}{\partial z} + \lambda\left(\dfrac{\partial u}{\partial x} + \dfrac{\partial v}{\partial y} + \dfrac{\partial w}{\partial z}\right)\right]n_3 = \tilde{F}_3 \end{cases} \tag{5-7b}$$

可以推出二维下的相应调和算子：

$$\begin{cases} G\left[(k+1)\dfrac{\partial^2 u}{\partial x^2} + \dfrac{\partial^2 u}{\partial y^2} + (k-1)\dfrac{\partial^2 v}{\partial x \partial y} + \dfrac{\partial^2 v}{\partial y \partial x} + \dfrac{\tilde{F}_1}{G}\right] = 0 \\[3mm] G\left[(k+1)\dfrac{\partial^2 v}{\partial y^2} + \dfrac{\partial^2 v}{\partial x^2} + (k-1)\dfrac{\partial^2 u}{\partial y \partial x} + \dfrac{\partial^2 u}{\partial x \partial y} + \dfrac{\tilde{F}_2}{G}\right] = 0 \end{cases} \tag{5-7c}$$

式中，

$$k = \frac{1+\lambda}{1-\lambda}$$

在求解拉梅方程时，全部给定位移边界是一种比较理想的情况。如果还含有给定应力的边界就麻烦了，因为由式(5-7b)可见，边界条件含有位移偏导数项，对于具体问题处理起来比较困难。

5.2.2　按应力求解

按应力求解方法求解弹性力学问题称为应力法或力法。它把应力作为基本未知函数建立方程，求解方程得到应力后通过物理方程求出应变，再由几何方程积分来求位移。可以直接由方程组(5-1b)来建立用应力表示的方程组。

1. 无体力情况

在第 3 章已经得到用应变表示的连续方程(3-7)，现在需要将式中的应变转换成应力，已知物理方程(4-8)，将式(4-8)按式(3-7)的需要分别求两次偏导数得到如下四个表达式：

$$e_{ij,kl} = \frac{(1+\nu)}{E}\sigma_{ij,kl} - \frac{\nu}{E}(\sigma_{mm}\delta_{ij})_{,kl} \tag{5-8a}$$

$$e_{kl,ij} = \frac{(1+\nu)}{E}\sigma_{kl,ij} - \frac{\nu}{E}(\sigma_{mm}\delta_{kl})_{,ij} \tag{5-8b}$$

$$e_{ik,jl} = \frac{(1+\nu)}{E}\sigma_{ik,jl} - \frac{\nu}{E}(\sigma_{mm}\delta_{ik})_{,jl} \tag{5-8c}$$

$$e_{jl,ik} = \frac{(1+\nu)}{E}\sigma_{jl,ik} - \frac{\nu}{E}(\sigma_{mm}\delta_{jl})_{,ik} \tag{5-8d}$$

将式(5-8a)～式(5-8d)代入式(3-7)得到

$$\sigma_{ij,kl} + \sigma_{kl,ij} - \sigma_{ik,jl} - \sigma_{jl,ik} - \frac{\nu}{1+\nu}(\sigma_{mm,kl}\delta_{ij} + \sigma_{mm,ij}\delta_{kl} - \sigma_{mm,jl}\delta_{ik} - \sigma_{mm,ik}\delta_{jl}) = 0 \tag{5-8e}$$

取 $l = k$ 进行缩并后整理即得到

$$\sigma_{ij,kk} + \frac{1}{1+\nu}\sigma_{mm,ij} - \frac{\nu}{1+\nu}\sigma_{mm,kk}\delta_{ij} = \sigma_{ik,jk} + \sigma_{jk,ik} \tag{5-8f}$$

实际上，式(5-8f)就是用应力分量表示的协调方程。如果注意到在无体力时右端项：

$$\sigma_{ik,jk} + \sigma_{jk,ik} = (\sigma_{ik,k})_{,j} + (\sigma_{jk,k})_{,i} = 0 \tag{5-8g}$$

则式(5-8f)可简化为

$$\sigma_{ij,kk} + \frac{1}{1+\nu}\sigma_{mm,ij} - \frac{\nu}{1+\nu}\sigma_{mm,kk}\delta_{ij} = 0 \tag{5-9}$$

注意：

$$\sigma_{mm} = \Theta,\ \sigma_{mm,ij} = \Theta_{,ij},\ \sigma_{mm,kk} = \nabla^2\Theta,\ \sigma_{ij,kk} = \nabla^2\sigma_{ij} \tag{5-10}$$

式(5-8a)可以改写为

$$\nabla^2\sigma_{ij} + \frac{1}{1+\nu}\Theta_{,ij} - \frac{\nu}{1+\nu}\delta_{ij}\nabla^2\Theta = 0 \tag{5-11}$$

式(5-9)和式(5-11)就是无体力时用应力表示的协调方程。在数学上属于齐次方程，其解称为齐次解。

2. 有体力情形

有体力时，式(5-8g)应改写为

$$\sigma_{ik,jk} + \sigma_{jk,ik} = (\sigma_{ik,k})_{,j} + (\sigma_{jk,k})_{,i} = -(F_{i,j} + F_{j,i}) \tag{5-12}$$

式(5-12)表示体力是通过平衡方程 $\sigma_{jk,k} = -F$ 引入连续方程的。因此，式(5-9)、式(5-11)将随之变为

$$\sigma_{ij,kk} + \frac{1}{1+\nu}\sigma_{mm,ij} - \frac{\nu}{1+\nu}\sigma_{mm,kk}\delta_{ij} = -(F_{i,j} + F_{j,i}) \tag{5-13}$$

$$\nabla^2\sigma_{ij} + \frac{1}{1+\nu}\Theta_{,ij} - \frac{\nu}{1+\nu}\delta_{ij}\nabla^2\Theta = -(F_{i,j} + F_{j,i}) \tag{5-14}$$

式(5-12)变为 $\frac{2(1-\nu)}{1+\nu}\nabla^2\Theta = -2F_{i,i}$，由此求得

$$\nabla^2\Theta = -\frac{1+\nu}{1-\nu}F_{i,i} \tag{5-15}$$

将式(5-15)代入式(5-11)后，经简单的运算整理便得到

$$\nabla^2 \sigma_{ij} + \frac{1}{1+\nu} \Theta_{,ij} = -\frac{\nu}{1-\nu} \delta_{ij} F_{k,k} - (F_{i,j} + F_{j,i}) \tag{5-16}$$

式(5-16)就是用应力表示的连续方程，通常称为贝尔特拉米(Beltrami)-米歇尔(Michell)方程，简称贝尔特拉米方程。贝尔特拉米方程涵盖了无体力和有体力情形，前者是后者的特殊情况。在推导过程中用到了平衡方程，但用的是升阶后的平衡方程(对平衡方程求了一次偏导数)。因此，在用应力方程求解弹性力学问题时，必须同时应用平衡方程和贝尔特拉米方程的组合进行求解，将式(2-2b)、式(5-16)综合为

$$\begin{cases} \sigma_{ji,j} + F_i = 0 \\ \nabla^2 \sigma_{ij} + \dfrac{1}{1+\nu} \Theta_{,ij} = -\dfrac{\nu}{1-\nu} \delta_{ij} F_{k,k} - (F_{i,j} + F_{j,i}) \end{cases} \tag{5-17}$$

　　下面将贝尔特拉米方程表示为通常的分量形式。式(5-16)含有关于 i、j 对称的两个自由指标，所以只有六个不相同的方程，将其按 $i,j = 11,22,33$ 和 $i,j = 12,23,31$（或 $i,j = 21,32,13$）展开便得到

$$\begin{cases} \nabla^2 \sigma_x + \dfrac{1}{1+\nu} \dfrac{\partial^2 \Theta}{\partial x^2} = -\dfrac{\nu}{1-\nu} \left(\dfrac{\partial F_x}{\partial x} + \dfrac{\partial F_y}{\partial y} + \dfrac{\partial F_z}{\partial z} \right) - 2\dfrac{\partial F_x}{\partial x} \\[2mm] \nabla^2 \sigma_y + \dfrac{1}{1+\nu} \dfrac{\partial^2 \Theta}{\partial y^2} = -\dfrac{\nu}{1-\nu} \left(\dfrac{\partial F_x}{\partial x} + \dfrac{\partial F_y}{\partial y} + \dfrac{\partial F_z}{\partial z} \right) - 2\dfrac{\partial F_y}{\partial y} \\[2mm] \nabla^2 \sigma_z + \dfrac{1}{1+\nu} \dfrac{\partial^2 \Theta}{\partial z^2} = -\dfrac{\nu}{1-\nu} \left(\dfrac{\partial F_x}{\partial x} + \dfrac{\partial F_y}{\partial y} + \dfrac{\partial F_z}{\partial z} \right) - 2\dfrac{\partial F_z}{\partial z} \\[2mm] \nabla^2 \tau_{xy} + \dfrac{1}{1+\nu} \dfrac{\partial^2 \Theta}{\partial x \partial y} = -\left(\dfrac{\partial F_x}{\partial y} + \dfrac{\partial F_y}{\partial x} \right) \\[2mm] \nabla^2 \tau_{yz} + \dfrac{1}{1+\nu} \dfrac{\partial^2 \Theta}{\partial y \partial z} = -\left(\dfrac{\partial F_y}{\partial z} + \dfrac{\partial F_z}{\partial y} \right) \\[2mm] \nabla^2 \tau_{zx} + \dfrac{1}{1+\nu} \dfrac{\partial^2 \Theta}{\partial z \partial x} = -\left(\dfrac{\partial F_z}{\partial x} + \dfrac{\partial F_x}{\partial z} \right) \end{cases} \tag{5-18}$$

式中，$\Theta = \sigma_x + \sigma_y + \sigma_z$。

　　3. 应力边界条件

$$\sigma_{ji} n_j = \tilde{F}_i \quad (\text{在}\, \Gamma_\sigma \text{上}) \tag{5-19}$$

　　综上分析，从数学上讲，按应力求解弹性力学问题最终归结为寻求满足方程组(5-17)和在边界上满足应力边界条件(式(5-2a)、式(5-2b))的问题。该方程的特点是含有九个分量方程和三个边界条件，未知函数只有六个应力分量，也就是方程比未知函数多三个，边界条件比未知函数少三个。如果全部为外力边界，在边界上除了满足三个外力边界条件，还能满足三个平衡方程，则在域内只需满足六个应力协调方程就能解出六个应力分量。换句话说，相

当于把平衡方程归结为边界条件,若在边界上满足六个条件(三个平衡方程和三个应力边界条件），则只需在域内求解六个应力协调方程即可。证明如下。

将式(5-16)对 x_j 求偏导数,注意到 $\nabla^2\Theta_{,i} = (\nabla^2\Theta)_{,i}$, $\delta_{ij}F_{k,kj} = F_{k,ki}$, $F_{i,jj} = \nabla^2 F_i$,则有

$$\nabla^2\sigma_{ji,j} + \frac{1}{1+\nu}\nabla^2\Theta_{,i} = -\frac{\nu}{1-\nu}F_{k,ki} - (\nabla^2 F_i + F_{j,ij})$$

或整理为

$$\nabla^2(\sigma_{ji,j} + F_i) = -\frac{1}{1+\nu}\nabla^2\Theta_{,i} - \frac{\nu}{1-\nu}F_{k,ki} - F_{j,ji}$$

式中, $\nabla^2\Theta_{,i} = -\frac{1+\nu}{1-\nu}F_{k,k}$, $F_{j,ji} = F_{k,ki}$,简单计算后便得到上式右端项等于零。于是得到

$$\nabla^2(\sigma_{ji,j} + F_i) = 0$$

即若把平衡方程作为一个函数,它满足调和方程,是调和函数。根据调和函数的性质,若其边界值为零,则域内处处为零,即若边界上满足平衡方程,则域内任一点都满足平衡方程。这就证明了前面的结论。

从上面分析来看,似乎应力法给弹性力学问题的求解带来了方便,但是对于几何形状复杂或受力复杂的边界要求出精确的弹性力学解还是困难的,如果还存在给定位移的边界,上述特点也不再存在,用应力法求解将更为困难,一般就只能采用位移法了。

4. 位移和应力的函数属性

如前所述,求解弹性力学问题是非常困难的,寻求函数犹如大海捞针。如果能给出函数的属性,将其框在某类函数范围内,对求解问题是有益的。下面就根据前面的分析探讨这个问题。

首先,将式(5-5a)对 x_i 求一次导数,并注意:

$$u_{i,ijj} = u_{j,jii} = \nabla^2\theta \tag{5-20}$$

则得到 $\frac{2(1-\nu)}{1-2\nu}\nabla^2\theta = 0$,因系数不为零,故

$$\nabla^2\theta = 0 \tag{5-21}$$

这就是说,在无体力时,体积应变(应变第一不变量)满足拉普拉斯方程,是调和函数,而平均正应变 $e_0 = \theta/3$,所以 e_0 也是调和函数。进一步,对式(5-5b)作用调和算子 ∇^2 ,则得到

$$\nabla^2\nabla^2 u_i + \frac{1}{1-2\nu}\nabla^2\theta_{,i} = 0$$

由于 $\nabla^2\theta = 0$,则式 $\nabla^2\theta_{,i} = (\nabla^2\theta)_{,i} = 0$,于是有

$$\nabla^2\nabla^2 u_i = \nabla^4 u_i = 0 \tag{5-22}$$

式中, $\nabla^4 = \nabla^2\nabla^2$ 为重调和算子。如果再用 ∇^4 作用几何方程并注意式(5-22)的关系,则得到

$$\nabla^4 e_{ij} = \frac{1}{2}[\nabla^4 u_{i,j} + \nabla^4 u_{j,i}] = \frac{1}{2}[(\nabla^4 u_i)_{,j} + (\nabla^4 u_j)_{,i}] = 0 \tag{5-23}$$

由式(5-22)和式(5-23)可知，无体力时，位移分量和应变分量都满足重调和方程，都是重调和函数，不难验证这一结论对于常体力也是正确的。

其次，将式(5-11)对 $j=i$ 进行缩并后并注意 $\sigma_{mm,ii}=\sigma_{ii,mm}=\sigma_{ii,kk}$，$\sigma_{mm,kk}=\sigma_{ii,kk}$，则有

$$\frac{2(1-\nu)}{1+\nu}\nabla^2\Theta=0 \tag{5-24}$$

因为式(5-24)系数不为零，所以

$$\nabla^2\Theta=0 \tag{5-25}$$

也就是说，体积应力(应力第一不变量)满足调和方程，是调和函数，而平均应力 $\sigma_0=\Theta/3$，所以 σ_0 也是调和函数。实际上，上面的结论也可以由式(5-3a)、式(5-3b)和体积弹性定律(式(4-10))直接得出。若对式(4-10)作用调和算子 ∇^2，可以得到

$$\nabla^2\nabla^2\sigma_{ij}=\nabla^4\sigma_{ij}=0 \tag{5-26}$$

即应力分量满足重调和方程，是重调和函数。这一结论对常体力情形也是正确的。

综上所述，在无体力或常体力情形下，体积应变(应力)和平均正应变(正应力)都是调和函数，位移分量、应变分量和应力分量都是重调和函数。这就为求解弹性力学问题时给待寻求的函数划定了一个范围，而且这些函数是数学上已经研究得最为清楚的内容之一，这无疑对弹性力学问题的求解是有益的。事实上，许多实际工程问题都可以按常体力分析，甚至忽略体力的影响。即使是变体力情形，只要能够找到一个无须满足边界条件的特解，再加上前述的齐次解，共同满足边界条件即可得到全解。

注意：一般情况下，不能只按式(5-22)或式(5-26)来求解位移或应力。这是因为它们是原方程的升阶方程，满足升阶方程的函数不一定满足原方程。因此，由升阶方程得到的函数必须回到原方程进行检验，通过之后还需满足边界条件。

5.2.3　按应力函数求解

应力函数的概念首先出现在平面问题和扭转问题中，如著名的艾里(Airy)应力函数。应力函数法的思路就是首先引进某些函数表示应力使平衡方程自然满足，然后求解引进函数表示的连续方程并满足边界条件，最后由这些函数求出应力。下面介绍几种空间问题无体力，即齐次方程的应力函数。

1. 麦克斯韦(Maxwell)应力函数

引入一组应力函数 $(\varphi_1,\varphi_2,\varphi_3)$ 并使

$$\begin{cases}\tau_{yz}=-\dfrac{\partial^2\varphi_1}{\partial y\partial z},\ \tau_{zx}=-\dfrac{\partial^2\varphi_2}{\partial z\partial x},\ \tau_{xy}=-\dfrac{\partial^2\varphi_3}{\partial x\partial y}\\[2mm]\sigma_x=\dfrac{\partial^2\varphi_3}{\partial y^2}+\dfrac{\partial^2\varphi_2}{\partial z^2},\ \sigma_y=\dfrac{\partial^2\varphi_1}{\partial z^2}+\dfrac{\partial^2\varphi_3}{\partial x^2},\ \sigma_z=\dfrac{\partial^2\varphi_2}{\partial x^2}+\dfrac{\partial^2\varphi_1}{\partial y^2}\end{cases} \tag{5-27}$$

注意体力为零，则平衡方程(2-2a)自然满足。将其代入用应力表示的连续方程：

$$\begin{cases} \nabla^2 \sigma_x + \dfrac{1}{1+\nu}\dfrac{\partial^2 \Theta}{\partial x^2} = 0, \ \nabla^2 \tau_{xy} + \dfrac{1}{1+\nu}\dfrac{\partial^2 \Theta}{\partial x \partial y} = 0 \\[2mm] \nabla^2 \sigma_y + \dfrac{1}{1+\nu}\dfrac{\partial^2 \Theta}{\partial y^2} = 0, \ \nabla^2 \tau_{yz} + \dfrac{1}{1+\nu}\dfrac{\partial^2 \Theta}{\partial y \partial z} = 0 \\[2mm] \nabla^2 \sigma_z + \dfrac{1}{1+\nu}\dfrac{\partial^2 \Theta}{\partial z^2} = 0, \ \nabla^2 \tau_{zx} + \dfrac{1}{1+\nu}\dfrac{\partial^2 \Theta}{\partial z \partial x} = 0 \end{cases} \tag{5-28}$$

则得到

$$\begin{cases} \nabla^2 \left(\dfrac{\partial^2 \varphi_3}{\partial y^2} + \dfrac{\partial^2 \varphi_2}{\partial z^2} \right) + \dfrac{1}{1+\nu}\dfrac{\partial^2 \Theta}{\partial x^2} = 0, \ \dfrac{\partial^2}{\partial y \partial z}\left(\nabla^2 \varphi_1 - \dfrac{1}{1+\nu}\Theta \right) = 0 \\[2mm] \nabla^2 \left(\dfrac{\partial^2 \varphi_1}{\partial z^2} + \dfrac{\partial^2 \varphi_3}{\partial x^2} \right) + \dfrac{1}{1+\nu}\dfrac{\partial^2 \Theta}{\partial y^2} = 0, \ \dfrac{\partial^2}{\partial z \partial x}\left(\nabla^2 \varphi_2 - \dfrac{1}{1+\nu}\Theta \right) = 0 \\[2mm] \nabla^2 \left(\dfrac{\partial^2 \varphi_2}{\partial x^2} + \dfrac{\partial^2 \varphi_1}{\partial y^2} \right) + \dfrac{1}{1+\nu}\dfrac{\partial^2 \Theta}{\partial z^2} = 0, \ \dfrac{\partial^2}{\partial x \partial y}\left(\nabla^2 \varphi_3 - \dfrac{1}{1+\nu}\Theta \right) = 0 \end{cases} \tag{5-29}$$

式中，

$$\Theta = \nabla^2 \left(\varphi_1 + \varphi_2 + \varphi_3 \right) - \left(\dfrac{\partial^2 \varphi_1}{\partial x^2} + \dfrac{\partial^2 \varphi_2}{\partial y^2} + \dfrac{\partial^2 \varphi_3}{\partial z^2} \right) \tag{5-30}$$

函数组 $(\varphi_1, \varphi_2, \varphi_3)$ 称为麦克斯韦应力函数，式(5-29)即求解该函数组的方程。

2. 莫雷拉(Morera)应力函数

莫雷拉引入函数组 (ψ_1, ψ_2, ψ_3)，将应力表示为

$$\begin{cases} \sigma_x = \dfrac{\partial^2 \psi_1}{\partial y \partial z}, \ \sigma_y = \dfrac{\partial^2 \psi_2}{\partial z \partial x}, \ \sigma_z = \dfrac{\partial^2 \psi_3}{\partial x \partial y} \\[2mm] \tau_{yz} = -\dfrac{1}{2}\dfrac{\partial}{\partial x}\left(-\dfrac{\partial \psi_1}{\partial x} + \dfrac{\partial \psi_2}{\partial y} + \dfrac{\partial \psi_3}{\partial z} \right) \\[2mm] \tau_{zx} = -\dfrac{\partial \varphi_2}{\partial y}\left(\ \dfrac{\partial \psi_1}{\partial x} - \dfrac{\partial \psi_2}{\partial y} + \dfrac{\partial \psi_3}{\partial z} \right) \\[2mm] \tau_{xy} = -\dfrac{\partial \varphi_3}{\partial z}\left(\ \dfrac{\partial \psi_1}{\partial x} + \dfrac{\partial \psi_2}{\partial y} - \dfrac{\partial \psi_3}{\partial z} \right) \end{cases} \tag{5-31}$$

用与前面相同的方法得到连续方程：

$$\begin{cases} \nabla^2 \dfrac{\partial^2 \psi_1}{\partial y \partial z} + \dfrac{1}{1+\nu}\dfrac{\partial^2 \Theta}{\partial x^2} = 0, \ \nabla^2 \dfrac{\partial^2 \psi_2}{\partial z \partial x} + \dfrac{1}{1+\nu}\dfrac{\partial^2 \Theta}{\partial y^2} = 0, \ \nabla^2 \dfrac{\partial^2 \psi_3}{\partial x \partial y} + \dfrac{1}{1+\nu}\dfrac{\partial^2 \Theta}{\partial z^2} = 0 \\[2mm] \nabla^2 \dfrac{\partial}{\partial x}\left(\ \dfrac{\partial \psi_1}{\partial x} - \dfrac{\partial \psi_2}{\partial y} - \dfrac{\partial \psi_3}{\partial z} \right) + \dfrac{2}{1+\nu}\Theta = 0 \\[2mm] \nabla^2 \dfrac{\partial}{\partial y}\left(-\dfrac{\partial \psi_1}{\partial x} + \dfrac{\partial \psi_2}{\partial y} - \dfrac{\partial \psi_3}{\partial z} \right) + \dfrac{2}{1+\nu}\Theta = 0 \\[2mm] \nabla^2 \dfrac{\partial}{\partial z}\left(-\dfrac{\partial \psi_1}{\partial x} - \dfrac{\partial \psi_2}{\partial y} + \dfrac{\partial \psi_3}{\partial z} \right) + \dfrac{2}{1+\nu}\Theta = 0 \end{cases} \tag{5-32}$$

式中，

$$\Theta = \frac{\partial^2 \psi_1}{\partial y \partial z} + \frac{\partial^2 \psi_2}{\partial z \partial x} + \frac{\partial^2 \psi_3}{\partial x \partial y} \tag{5-33}$$

函数组 (ψ_1, ψ_2, ψ_3) 称为莫雷拉应力函数。

　　有了应力函数，它只须满足连续方程即求得弹性力学问题的解。在平面问题和扭转问题中应力函数解决了许多问题，但是它能够求解的空间问题十分有限。

5.3　弹性力学问题的一般原理

　　本节将介绍弹性力学中经常用到的基本原理或定理，包括叠加原理、唯一性定理、圣维南原理和功的互等定理等。

5.3.1　叠加原理

　　叠加原理在材料力学和结构力学中已经广泛应用，这里主要证明它在弹性力学中仍然适用，并指出它的应用条件和范围。

　　考察弹性力学基本方程组(5-1a)和/或方程组(5-1b)以及边界条件(5-2a)、条件(5-2b)和条件(5-3a)、条件(5-3b)，它们的一个重要特点就是都具有线性性质，即从数学上来说经典弹性力学属于线性体系(某些非线性问题不在此列)。

　　叠加原理可以表述为，满足小变形和线弹性的体系，如果 $u_i^{(1)}, \sigma_{ij}^{(1)}, e_{ij}^{(1)}$ 以及 $u_i^{(2)}, \sigma_{ij}^{(2)}, e_{ij}^{(2)}$ 分别是满足基本方程和全部边界条件的解，则它们的线性组合 $A_1 u_i^{(1)} + A_2 u_i^{(2)}$，$A_1 \sigma_{ij}^{(1)} + A_2 \sigma_{ij}^{(2)}$，$A_1 e_{ij}^{(1)} + A_2 e_{ij}^{(2)}$ 也一定是满足该基本方程和全部边界条件的解(其中 A_1 和 A_2 为任意常数)。

　　以方程组(5-1a)证明。这里，为简单而又不失一般性，取 $A_1 = A_2 = 1$，设物体承受两组载荷，第一组体力和在 Γ_σ 边界上作用的面力分别为 $F_i^{(1)}$ 和 $\tilde{F}_i^{(1)}$，在 Γ_u 边界上给定的位移为 $\tilde{u}_i^{(1)}$，解为 $u_i^{(1)}, \sigma_{ij}^{(1)}, e_{ij}^{(1)}$；第二组体力和在 Γ_σ 上的面力分别为 $F_i^{(2)}$ 和 $\tilde{F}_i^{(2)}$，在 Γ_u 上给定的位移为 $\tilde{u}_i^{(2)}$，解为 $u_i^{(2)}, \sigma_{ij}^{(2)}, e_{ij}^{(2)}$。它们的每一组都满足基本方程和边界条件，即

$$\begin{cases} \sigma_{ji,j}^{(1)} + F_i^{(1)} = 0; \quad \sigma_{ji,j}^{(2)} + F_i^{(2)} = 0 \\[2mm] e_{ij}^{(1)} = \frac{1}{2}(u_{i,j}^{(1)} + u_{j,i}^{(1)}); \quad e_{ij}^{(2)} = \frac{1}{2}(u_{i,j}^{(2)} + u_{j,i}^{(2)}) \quad \text{(在内部)} \\[2mm] \sigma_{ij}^{(1)} = 2Ge_{ij}^{(1)} + \lambda e_{mm}^{(1)} \delta_{ij}; \quad \sigma_{ij}^{(2)} = 2Ge_{ij}^{(2)} + \lambda e_{mm}^{(2)} \delta_{ij} \end{cases} \tag{5-34a}$$

$$\sigma_{ji}^{(1)} n_j = \tilde{F}_i^{(1)}; \quad \sigma_{ji}^{(2)} n_j = \tilde{F}_i^{(2)} \quad \text{(在 } \Gamma_\sigma \text{上)} \tag{5-34b}$$

$$u_i^{(1)} = \tilde{u}_i^{(1)}; \quad u_i^{(2)} = \tilde{u}_i^{(2)} \quad \text{(在 } \Gamma_u \text{上)} \tag{5-34c}$$

式(5-34a)~式(5-34c)左列对应第一组情形，右列对应第二组情形。因为在小变形时平衡方程、几何方程是线性微分方程，在线弹性时物理方程是线性代数方程，同时要求边界条件也是线性关系，两组共同作用时，下面关系一定成立：

$$\begin{cases} (\sigma_{ji}^{(1)} + \sigma_{ji}^{(2)})_{,j} + (F_i^{(1)} + F_i^{(2)}) = 0 \\ (e_{ij}^{(1)} + e_{ij}^{(2)}) = \dfrac{1}{2}[(u_i^{(1)} + u_i^{(2)})_{,j} + (u_j^{(1)} + u_j^{(2)})_{,i}] \quad \text{(在内部)} \\ \sigma_{ij}^{(1)} + \sigma_{ij}^{(2)} = 2G(e_{ij}^{(1)} + e_{ij}^{(2)}) + \lambda(e_{mm}^{(1)} + e_{mm}^{(2)})\delta_{ij} \end{cases} \quad (5\text{-}34\text{d})$$

$$(\sigma_{ji}^{(1)} + \sigma_{ji}^{(2)})n_j = \tilde{F}_i^{(1)} + \tilde{F}_i^{(2)} \quad \text{(在} \Gamma_\sigma \text{上)} \quad\quad (5\text{-}34\text{e})$$

$$u_i^{(1)} + u_i^{(2)} = \tilde{u}_i^{(1)} + \tilde{u}_i^{(2)} \quad \text{(在} \Gamma_u \text{上)} \quad\quad (5\text{-}34\text{f})$$

　　由上述的证明过程可见,最为关键的依据是弹性力学是线性系统,基本方程和边界条件都是线性的。凡是物理非线性或能导致几何非线性的情况(包含边界),叠加原理就不能应用,如杆的纵横弯曲问题,大位移、大变形问题,接触问题,具有非线性支撑的问题等。但是,在线性系统内,叠加原理是非常有用的,它可以把一个复杂问题分解为若干简单问题求解。从本质上来说,在线弹性系统范围,载荷产生的变形和应力与施加载荷的过程无关,一定的载荷对应唯一的能量表达式。因此,叠加原理也称为弹性体的力的独立作用原理。

5.3.2　唯一性定理

　　5.1 节建立了弹性力学的基本方程和定解条件。人们必然会提出解的存在性和唯一性的问题。由于弹性力学的具体问题往往很难求解,有时也只能求出近似解或数值解,这时就可能怀疑解是否存在和是否唯一的问题。关于解的存在性问题,差不多在一百年前已经解决。唯一性定理的证明是由克希霍夫(Kirchhoff)等科学家给出的。唯一性定理可以这样表述:满足小变形线弹性理论,在给定体力、面力以及边界位移的情形下,弹性体中应力的分布规律和应变的分布规律是唯一确定的,在限制整体刚性位移的情况下,位移的分布规律也是唯一的。证明如下。

　　采用反证法,设同一个弹性体在同一边界条件和同一载荷作用下有两组解:

$$u_i^{(1)}, \sigma_{ij}^{(1)}, e_{ij}^{(1)}; \ u_i^{(2)}, \sigma_{ij}^{(2)}, e_{ij}^{(2)}$$

它们每一组都能满足 15 个基本方程和边界条件,即第一组满足:

$$\begin{cases} \sigma_{ij,j}^{(1)} + F_i = 0 \quad \text{(平衡方程)} \\ e_{ij}^{(1)} = \dfrac{1}{2}(u_{i,j}^{(1)} + u_{j,i}^{(1)}) \quad \text{(几何方程) (在} \Omega \text{内)} \\ \sigma_{ij}^{(1)} = 2Ge_{ij}^{(1)} + \lambda e_{mm}^{(1)}\delta_{ij} \quad \text{(物理方程)} \end{cases}$$

$$\sigma_{ji}^{(1)}n_j = \tilde{F}_i \quad \text{(在} \Gamma_\sigma \text{上)}$$

$$u_i^{(1)} = \tilde{u}_i \quad \text{(在} \Gamma_u \text{上)}$$

第二组满足:

$$\begin{cases} \sigma_{ij,j}^{(2)} + F_i = 0 \quad \text{（平衡方程）} \\ e_{ij}^{(2)} = \dfrac{1}{2}(u_{i,j}^{(2)} + u_{j,i}^{(2)}) \quad \text{（几何方程）（在}\Omega\text{内）} \\ \sigma_{ij}^{(2)} = 2Ge_{ij}^{(2)} + \lambda e_{mm}^{(2)}\delta_{ij} \quad \text{（物理方程）} \end{cases}$$

$$\sigma_{ji}^{(2)} n_j = \tilde{F}_i \quad \text{（在}\Gamma_\sigma\text{上）}$$

$$u_i^{(2)} = \tilde{u}_i \quad \text{（在}\Gamma_u\text{上）}$$

将两组对应的方程分别相减，则 $\sigma_{ij}^{(1)} - \sigma_{ij}^{(2)}$，$e_{ij}^{(1)} - e_{ij}^{(2)}$，$u_i^{(1)} - u_i^{(2)}$，根据叠加原理应满足：

$$\begin{cases} (\sigma_{ij}^{(1)} - \sigma_{ij}^{(2)})_{,j} = 0 \quad \text{（平衡方程）} \\ e_{ij}^{(1)} - e_{ij}^{(2)} = \dfrac{1}{2}[(u_i^{(1)} - u_i^{(2)})_{,j} + (u_j^{(1)} - u_j^{(2)})_{,i}] \quad \text{（几何方程）（在}\Omega\text{内）} \\ \sigma_{ij}^{(1)} - \sigma_{ij}^{(2)} = 2G(e_{ij}^{(1)} - e_{ij}^{(2)}) + \lambda(e_{mm}^{(1)} - e_{mm}^{(2)})\delta_{ij} \quad \text{（物理方程）} \end{cases}$$

$$(\sigma_{ji}^{(1)} - \sigma_{ji}^{(2)})n_j = 0_i \quad \text{（在}\Gamma_\sigma\text{上）}$$

$$u_i^{(1)} - u_i^{(2)} = 0 \quad \text{（在}\Gamma_u\text{上）}$$

这样一来，在所有的外力和边界位移都等于零的情况下，弹性体在施加载荷以前处于无初始应力和变形的自然状态。因此，如果没有施加外力和给定边界位移，那么弹性体内部就不存在任何应力、应变和不包括刚体位移的位移分量。因此，假设的两组应力、应变和排除刚性位移后的位移必须相等，即 $\sigma_{ij}^{(1)} = \sigma_{ij}^{(2)}$，$e_{ij}^{(1)} = e_{ij}^{(2)}$，$u_i^{(1)} = u_i^{(2)}$。这样，就证明了弹性力学解的唯一性定理。

从证明过程可知，唯一性定理存在的前提条件是可以应用叠加原理的线弹性系统，同时符合自然状态假设的要求。

唯一性定理指明了求解弹性力学问题的基本原则，不管用什么方法，只要严格满足基本方程和给定的边界条件的解就是唯一的精确解。因此，它是逆解法和半逆解法的理论依据，也是校核各类近似法和数值法的原则。

5.3.3　圣维南原理和静力等效边界条件

1. 圣维南原理

建立在五条基本假设基础上的弹性力学物理模型清楚明确地界定了所研究物体的范围。描述弹性力学的数学模型是偏微分方程，并建立了精确逐点满足的边界条件。因而，理论上可以求得任何具体问题的解答。但是，很长一段时间里，解决的具体问题很少。其根本原因之一就是实际问题的边界条件非常复杂。有些问题，严格满足边界条件在求解上会遇到困难；有些问题，边界形状复杂，难以用连续函数描写边界及边界条件；还有些问题，在边界的某些位置很难或给不出准确的边界表面应力或位移分布。这些原因使得弹性力学偏微分方程的边值问题难以求解。1855 年，圣维南发表了关于柱体扭转和弯曲理论的论文，并提出了局部作用原理，该原理被后人称为圣维南原理。根据这一原理，弹性力学开始解决许多实际工程问题。圣维南原理的表述如下：如果在物体的某一局部(小部分)区域上作用的力改变其分布方式，但保持静力等效(主向量相同，对于同一点的主矩相同)，则近处的应力、应变的分布将有显著的改变，而相当远处的应力、应变的分布改变极小，可以忽略不计。

根据弹性力学的唯一性定理，即使是局部区域上外力发生静力等效的变化，也是两个弹性力学问题，应有两种解答。但是，从圣维南原理得知，这两个问题的两种解答的显著差别只发生在力的作用区域附近，对于远处的影响很小。

例如，在图 5-2(a)和(b)两端作用的力满足静力等效条件，所以这两个问题应力分布的显著差异只发生在端部，故可用图 5-2(b)的解答代替图 5-2(a)的解答。因为图 5-2(a)的精确解答(包括端部边界条件的精确满足)是困难的，而图 5-2(b)的精确解答是非常简单的。

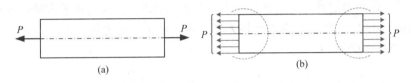

(a)　　　　　　　　　(b)

图 5-2

当局部区域受一平衡力系作用时，圣维南原理还可以表述为：如果在弹性体的任何局部(小部分)区域上作用一平衡力系(主向量和主矩均为零)，这个平衡力系所产生的扰动只限于局部，即只在受力附近产生显著的应力和应变，应力和应变随着远离受力区域迅速减小甚至消失。

最明显的例证是用钳子夹钢板或铁丝(图 5-3)，虽然在施力点(钳口)附近产生很大的应力乃至剪断，但是只要离剪口不甚远处，应力就已经很小甚至完全消失。

圣维南原理多用于实心弹性体。一般来说，应用圣维南原理影响的区域大致与力的作用区域相当。但是必须指出，对于薄壁构件或壳体结构，在应用圣维南原理时必须谨慎。例如，一端固定、另一端自由的薄壁工字梁(图 5-4)，在自由端受有双力偶，分别作用在翼缘平面内而方向相反，显然每个翼缘均在自身平面内产生弯曲，一个向上、另一个向下，但是由于翼缘与腹板刚性连接，同时还引起工字梁横截面的扭转，其扭转程度与腹板厚度有关。设想腹板很薄，则横截面的扭转会很严重，翼缘弯曲也会加大，它们的影响范围甚至可能达到梁的根部，显然，在这种情形下圣维南原理就不能应用了。这就指明了应用圣维南原理的一个必要条件，即力的作用区域要比该区域的最小尺寸小得多，并且几何约束能有效地限制局部效应的传播。

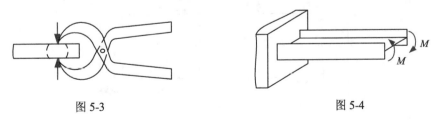

图 5-3　　　　　　　　　　　　图 5-4

圣维南原理尚无严格的数学证明，其正确性已被大量的工程实践所证实，同时可以由能量守恒定律得到解释。另外，圣维南原理的数学证明也有了进一步的发展。

2. 静力等效边界条件

圣维南原理的一个重要应用就是简化复杂的边界问题。在许多情况下，特别是在实际工程问题中经常遇到这种情况，即在物体的局部要么只能给出集中力，要么无法给出外力的分布情形，使问题难以解决。此时往往采取两种办法处理：一是用某种分布函数逼近；二是在局部利用静力等效的力系替代。较复杂的情况常用静力等效的积分条件来代替逐点精确满足的严格边界条件。在边界上用静力等效的力系替代原有力系写成的边界条件称为静力等效边界条件或放松的边界条件。它为在边界局部小区域上存在集中力和/或集中力偶的问题提供了一种简单有效的处理方法。对于空间问题，一般情形下应该满足六个积分条件。

　　下面结合图 5-5 表示的平面问题进行具体分析，并写出静力等效的积分条件。图 5-5(a) 是一个悬臂梁的自由端，承受集中力偶 M 作用，但是没有给出分布规律；梁的左端插入墙体内部，此时要视具体情况处理，如全部给定位移，视为位移边界，或求出支反力，然后与自由端类似处理，化作给定外力的边界。对于自由端的处理，比较简单的方法是根据圣维南原理以合成力偶为 M 的线性分布应力代替力偶作用，或直接写为积分形式的静力等效边界条件，如图 5-5 的自由端可以写为

$$\int_{-\frac{h}{2}}^{\frac{h}{2}} (\sigma_x)_{x=l}\,\mathrm{d}y = 0 \ , \ \int_{-\frac{h}{2}}^{\frac{h}{2}} (\sigma_x)_{x=l}\,y\mathrm{d}y = M \ , \ \int_{-\frac{h}{2}}^{\frac{h}{2}} (\tau_{xy})_{x=l}\,\mathrm{d}y = 0 \tag{5-35a}$$

而图 5-6 的静力等效边界条件(平面问题)为

$$\int_{-\frac{h}{2}}^{\frac{h}{2}} (\sigma_x)_{x=l}\,\mathrm{d}y = 0 \ , \ \int_{-\frac{h}{2}}^{\frac{h}{2}} (\sigma_x)_{x=l}\,y\mathrm{d}y = 0 \ , \ \int_{-\frac{h}{2}}^{\frac{h}{2}} (\tau_{xy})_{x=l}\,\mathrm{d}y = -Q \tag{5-35b}$$

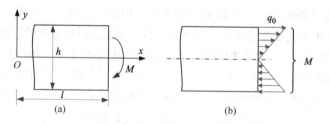

图 5-5

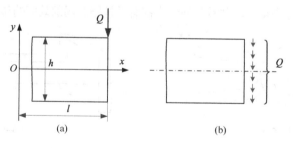

图 5-6

　　为了简便，上面例举了两个平面问题，一般情况下平面问题有三个积分形式的静力等效边界条件，而空间问题有六，将在后文结合具体例题进一步讨论。

　　在只给出集中力、集中力偶而没有给出(往往很难给出)具体分布规律的情况下，用端部

应力积分的等效条件代替精确的逐点满足的边界条件，这样做就是在物体的局部对于严格满足的边界条件有所放松。它的运用扩大了弹性力学能够解决实际问题的范围，可以把复杂的问题化为简单的问题来研究。

5.3.4　功的互等定理

功的互等定理，也称为贝蒂定理，表述为：在任一线弹性系统中，第一组外力在由第二组外力引起的位移上所做的功，等于第二组外力在由第一组外力引起的位移上所做的功。

功的互等定理的适用范围是没有能量耗散的线弹性系统，在结构力学中已经给出证明，下面对线弹性体给出一般性的证明。线弹性体在变形过程中没有能量损失，根据能量守恒原理，外力所做的功全部转换为储存在线弹性体内部的应变能，外力功只与当时的变形状态有关，而与变形的历史过程无关。因此，可以应用叠加原理。仍然遵循缓慢加载过程，假设在线弹性体上作用两组外力（体力、表面力），产生两组状态（应力、位移、应变）：

(1) 由体力 $F_i^{(1)}$、表面力 $\tilde{F}_i^{(1)}$ 产生的应力张量 $\sigma_{ij}^{(1)}$、位移向量 $u_i^{(1)}$、应变张量 $e_{ij}^{(1)}$；

(2) 由体力 $F_i^{(2)}$、表面力 $\tilde{F}_i^{(2)}$ 产生的应力张量 $\sigma_{ij}^{(2)}$、位移向量 $u_i^{(2)}$、应变张量 $e_{ij}^{(2)}$。

这样一来，功的互等定理可以用数学表达式表示为

$$\int_V F_i^{(1)} u_i^{(2)} \mathrm{d}V + \int_S \tilde{F}_i^{(1)} u_i^{(2)} \mathrm{d}S = \int_V F_i^{(2)} u_i^{(1)} \mathrm{d}V + \int_S \tilde{F}_i^{(2)} u_i^{(1)} \mathrm{d}S \tag{5-36}$$

式(5-36)左端表示第一组外力在由第二组外力引起的位移上所做的功；右端表示第二组外力在由第一组外力引起的位移上所做的功。证明如下。

式(5-36)左端：

$$\begin{aligned} \int_V F_i^{(1)} u_i^{(2)} \mathrm{d}V + \int_S \tilde{F}_i^{(1)} u_i^{(2)} \mathrm{d}S &= -\int_V \sigma_{ji,j}^{(1)} u_i^{(2)} \mathrm{d}V + \int_S \sigma_{ji}^{(1)} n_j u_i^{(2)} \mathrm{d}S \\ &= -\int_V \sigma_{ji,j}^{(1)} u_i^{(2)} \mathrm{d}V + \int_V \sigma_{ji,j}^{(1)} u_i^{(2)} \mathrm{d}V + \int_V \sigma_{ji}^{(1)} e_{ij}^{(2)} \mathrm{d}V \\ &= \int_V \sigma_{ji}^{(1)} e_{ij}^{(2)} \mathrm{d}V \end{aligned} \tag{5-37a}$$

注意：在推演式(5-37a)过程中应用了高斯公式将面积分化为体积分。

式(5-36)右端（同样推导）：

$$\int_V F_i^{(2)} u_i^{(1)} \mathrm{d}V + \int_S \tilde{F}_i^{(2)} u_i^{(1)} \mathrm{d}S = \int_V \sigma_{ji}^{(2)} e_{ij}^{(1)} \mathrm{d}V \tag{5-37b}$$

将本构关系式(4-22a)应用于式(5-37a)中的 $\int_V \sigma_{ji}^{(1)} e_{ij}^{(2)} \mathrm{d}V$，并注意到式(4-33)表示的弹性张量对称性，则得到如下关系：

$$\int_V \sigma_{ji}^{(1)} e_{ij}^{(2)} \mathrm{d}V = \int_V E_{jikl} e_{kl}^{(1)} e_{ij}^{(2)} \mathrm{d}V = \int_V E_{klij} e_{kl}^{(1)} e_{ij}^{(2)} \mathrm{d}V = \int_V \sigma_{ji}^{(2)} e_{kl}^{(1)} \mathrm{d}V \tag{5-37c}$$

故式(5-36)的两端相等，功的互等定理（贝蒂定理）得证。

在应用贝蒂定理求解具体问题时，往往把第一组载荷作为真实外力，把第二组载荷作为辅助载荷（或虚拟载荷），它是为了求解问题的方便而引入的假想力系。下面举例说明贝蒂定理的应用。

例 5-1　设一等截面杆（面积为 A），杆中间受一对大小相等、方向相反集中力 P 的作用（施

力点间的距离为 h），如图 5-7 所示。试求杆的总伸长。（体力影响甚微，不予考虑。）

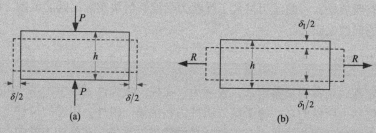

图 5-7

　　该例看似简单，但是若按基本方程求解则十分困难。而用贝蒂定理却很方便。将集中力 P 作为第一组外力，设在该力作用下杆沿中心线方向的伸长为 δ（待求量），如图 5-7(a) 所示。作为第二组外力，假想为一对大小相等、方向相反集中力 R 沿中心线方向作用于两端面中心，这将引起杆的拉伸，如图 5-7(b) 所示。它产生的应变等于 $R/(EA)$，因而在横向引起的缩短量为 $\delta_1 = vhR/(EA)$。根据贝蒂定理，有 $P\delta_1 = R\delta$。最后将 δ_1 代入即得 $\delta = Pvh/(EA)$。

　　例 5-2　设一弹性体受一对大小相等、方向相反集中力 P 的作用（设作用点为 a 和 b），如图 5-8 所示。试求弹性体体积的缩小量 Δ。

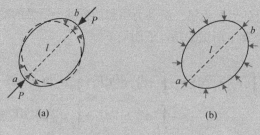

图 5-8

　　把图 5-8(a) 作为第一状态，图 5-8(b) 作为第二状态。第一状态已知外力 P；第二状态的虚拟外力设为均匀压力 p，此时弹性体处于均匀受力状态，平均应力 $\sigma_0 = -p$，显然任意方向的正应变 $\varepsilon = e_0 = -[(1-2v)p]/E$，故由均匀压力 p 作用引起 a、b 两点间距离的减少量 $\delta = \varepsilon l = [(1-2v)pl]/E$。注意：体积弹性定律 $\sigma_0 = Ee_0/(1-2v)$，由贝蒂定理 $P\delta = p\Delta$ 便得 $\Delta = [Pl(1-2v)]/E$。

习　　题

　　5-1　试比较按位移求解弹性力学问题与按位移变分法求解弹性力学问题的区别，以及按应力求解弹性力学问题与按应力变分法求解弹性力学问题的区别。

　　5-2　检验下列空间问题中的应力分量、应变分量和位移分量是否可能存在。

　　(1) 应力分量 $\sigma_x = x^2 + y^2$，　$\sigma_y = Ax^2 + By^2$，　$\sigma_z = x^2 - y^2 - xy$，　$\tau_{xy} = C(x^2 + y^2)$，$\tau_{yz} = \tau_{xz} = 0$，其中 A、B、C 为常数，且体力不计。

　　(2) 应变分量 $\varepsilon_x = Axy^2$，$\varepsilon_y = Ax^2 y$，$\varepsilon_z = Axy$，$\gamma_{xy} = 0$，$\gamma_{yz} = Az^2 + By$，$\gamma_{xz} = Ax^2 + By^2$，

其中 A、B 是不同时为零的常数，且体力不计。

(3) 位移分量 $u = \dfrac{\mu(z^2 - y^2)}{2A}$，$v = \dfrac{\mu xy}{A}$，$w = \dfrac{\mu xz}{A}$，其中 A 为非零常数，μ 为泊松比且体力不计。

5-3　如图 5-9 所示的半空间体，容重为 $\gamma = \rho g$，泊松比为 μ，在水平边界上受均布压力 q 作用，取水平边界面为 xOy 平面，z 轴向下，试求其应力分量和位移分量。

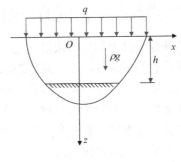

图 5-9

5-4　已知矩形板 $ABCD$，厚度为 h，$BC=a$，$AB=b$，两边分别受均布弯矩（单位宽度上）M_1 和 M_2 的作用，体力不计，如图 5-10 所示。试证明下列应力分量：

$$\sigma_x = \frac{12M_1 z}{h^3}, \quad \sigma_y = \frac{12M_2 z}{h^3}, \quad \sigma_z = 0, \quad \tau_{xy} = \tau_{yz} = \tau_{xz} = 0$$

是此弹性力学空间问题的正确解答。

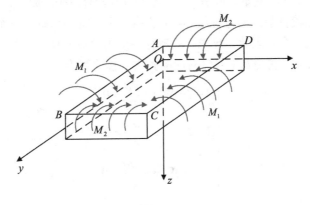

图 5-10

第 5 章部分参考答案

第6章 弹性空间问题

本章讲述弹性力学一般解的问题，再依据球对称和轴对称方程求解例题，最后介绍历史上著名的弹性空间问题。

6.1 弹性空间问题的一般解

弹性力学问题最终归结为求解偏微分方程组的边值问题。但是由于基本方程的复杂性，特别是由于物体几何形状和边界荷载的多样性，边值问题的求解十分困难。因此，寻求一般解是数学家和力学家十分关心的问题之一。本节将介绍著名的弹性空间问题一般解。

通常，弹性力学基本方程在直角坐标系中是常系数非齐次线性偏微分方程组，其通解等于对应的齐次方程的通解加上非齐次方程的任意一个特解。方程的通解有两种形式：一种是显式，即求得的解是自变量的显函数，如球对称一般解；另一种是由某个或数个有限方程所确定的，如轴对称一般解由重调和方程确定。求微分方程的解就是积分微分方程，所以确定微分方程解的有限方程就是微分方程的积分，如重调和方程就是轴对称问题微分方程的积分。从数学角度上就认为微分方程的解已经求出来了。弹性空间问题一般解都属于后者。

弹性力学最基本方程就是在第5章已经建立的用应力、应变和位移表示的方程组(5-1a)，以及用应力、应变表示的方程组(5-1b)；另外，还建立了用位移表示的方程组(5-6)和用应力表示的方程组(5-17)。方程组(5-1a)包含三类变量，方程组(5-1b)包含二类变量，方程组(5-16)和方程组(5-17)都只有一类变量。但是，方程组(5-17)含有三个一阶、六个二阶共15阶的九个偏微分方程组，比较复杂，而方程组(5-16)含有三个二阶共六阶的三个偏微分方程组，比较整齐，自变量也是三个。因此，寻求一般解往往应用拉梅方程。前面已经指出，可以直接考虑齐次方程一般解，拉梅方程(5-16)对应的齐次方程改写为

$$\begin{cases} (1-2\nu)\nabla^2 u + \dfrac{\partial \theta}{\partial x} = 0 \\[2mm] (1-2\nu)\nabla^2 v + \dfrac{\partial \theta}{\partial y} = 0 \\[2mm] (1-2\nu)\nabla^2 w + \dfrac{\partial \theta}{\partial z} = 0 \end{cases} \tag{6-1}$$

1. 伽辽金一般解

伽辽金是较早提出一般解的力学家，1930年他首先将式(6-1)的解表示为

$$\begin{cases} u = \nabla^2 a_1 - \dfrac{1}{2(1-\nu)} \dfrac{\partial}{\partial x} \left(\dfrac{\partial a_1}{\partial x} + \dfrac{\partial a_2}{\partial y} + \dfrac{\partial a_3}{\partial z} \right) \\[3mm] v = \nabla^2 a_2 - \dfrac{1}{2(1-\nu)} \dfrac{\partial}{\partial y} \left(\dfrac{\partial a_1}{\partial x} + \dfrac{\partial a_2}{\partial y} + \dfrac{\partial a_3}{\partial z} \right) \\[3mm] w = \nabla^2 a_3 - \dfrac{1}{2(1-\nu)} \dfrac{\partial}{\partial z} \left(\dfrac{\partial a_1}{\partial x} + \dfrac{\partial a_2}{\partial y} + \dfrac{\partial a_3}{\partial z} \right) \end{cases} \tag{6-2}$$

式中,

$$\nabla^4 a_i = 0 \quad (i=1,2,3) \tag{6-3}$$

a_i 称为伽辽金向量,它的每个分量都是重调和函数。也就是说,这三个重调和方程就是式(6-1)的积分。用直接代入法可以验证伽辽金一般解(6-2)使拉梅方程(6-1)变为恒等式。通过物理方程(4-4)可以求出用伽辽金向量表示的应力分量为

$$\begin{cases}
\sigma_x = \dfrac{E}{2(1-\nu^2)}\left[2(1-\nu)\dfrac{\partial}{\partial x}\nabla^2 a_1 + \left(\nu\nabla^2 - \dfrac{\partial^2}{\partial x^2}\right)\left(\dfrac{\partial a_1}{\partial x} + \dfrac{\partial a_2}{\partial y} + \dfrac{\partial a_3}{\partial z}\right)\right] \\[4mm]
\sigma_y = \dfrac{E}{2(1-\nu^2)}\left[2(1-\nu)\dfrac{\partial}{\partial y}\nabla^2 a_2 + \left(\nu\nabla^2 - \dfrac{\partial^2}{\partial y^2}\right)\left(\dfrac{\partial a_1}{\partial x} + \dfrac{\partial a_2}{\partial y} + \dfrac{\partial a_3}{\partial z}\right)\right] \\[4mm]
\sigma_z = \dfrac{E}{2(1-\nu^2)}\left[2(1-\nu)\dfrac{\partial}{\partial z}\nabla^2 a_3 + \left(\nu\nabla^2 - \dfrac{\partial^2}{\partial z^2}\right)\left(\dfrac{\partial a_1}{\partial x} + \dfrac{\partial a_2}{\partial y} + \dfrac{\partial a_3}{\partial z}\right)\right] \\[4mm]
\tau_{xy} = \dfrac{E}{2(1-\nu^2)}\left[(1-\nu)\left(\dfrac{\partial}{\partial x}\nabla^2 a_2 + \dfrac{\partial}{\partial y}\nabla^2 a_1\right) - \dfrac{\partial^2}{\partial x \partial y}\left(\dfrac{\partial a_1}{\partial x} + \dfrac{\partial a_2}{\partial y} + \dfrac{\partial a_3}{\partial z}\right)\right] \\[4mm]
\tau_{yz} = \dfrac{E}{2(1-\nu^2)}\left[(1-\nu)\left(\dfrac{\partial}{\partial y}\nabla^2 a_3 + \dfrac{\partial}{\partial z}\nabla^2 a_2\right) - \dfrac{\partial^2}{\partial y \partial z}\left(\dfrac{\partial a_1}{\partial x} + \dfrac{\partial a_2}{\partial y} + \dfrac{\partial a_3}{\partial z}\right)\right] \\[4mm]
\tau_{zx} = \dfrac{E}{2(1-\nu^2)}\left[(1-\nu)\left(\dfrac{\partial}{\partial z}\nabla^2 a_1 + \dfrac{\partial}{\partial x}\nabla^2 a_3\right) - \dfrac{\partial^2}{\partial z \partial x}\left(\dfrac{\partial a_1}{\partial x} + \dfrac{\partial a_2}{\partial y} + \dfrac{\partial a_3}{\partial z}\right)\right]
\end{cases} \tag{6-4}$$

有了伽辽金一般解,就可以应用式(6-2)或式(6-4)按位移或应力来求解具体弹性空间的边值问题了。但是,如何针对具体问题来选择四个重调和函数,除少数问题外仍然是一个困难问题。此外,进一步分析会看到,伽辽金一般解的三个重调和方程的总阶数是 12,远高于原来的总阶数为六的拉梅方程,这就会包含许多多余的解。总阶数与原方程阶数相等的解称为恰当的,低于原方程阶数的解一般来说是不完全的,而高于原方程阶数的解中将有多余的函数或任意常数,因而也不是恰当的。因此,伽辽金一般解不是恰当的解。

2. 帕普科维奇一般解

为了降低一般解的阶数,帕普科维奇 1932 年对拉梅方程(6-1)给出用四个调和函数 b_i (i=0,1,2,3)表示的一般解,具体形式为

$$\begin{cases}
u = b_1 - \dfrac{1}{4(1-\nu)}\dfrac{\partial}{\partial x}(xb_1 + yb_2 + zb_3 + b_0) \\[4mm]
v = b_2 - \dfrac{1}{4(1-\nu)}\dfrac{\partial}{\partial y}(xb_1 + yb_2 + zb_3 + b_0) \\[4mm]
w = b_3 - \dfrac{1}{4(1-\nu)}\dfrac{\partial}{\partial z}(xb_1 + yb_2 + zb_3 + b_0)
\end{cases} \tag{6-5}$$

可以验证式(6-5)满足拉梅方程，由物理方程(4-4)求得应力分量为

$$
\begin{cases}
\sigma_x = 2G\left[\dfrac{\partial b_1}{\partial x} - \dfrac{1}{4(1-\nu)}\left(\dfrac{\partial^2}{\partial x^2} - \nabla^2\right)(xb_1 + yb_2 + zb_3 + b_0)\right] \\[3mm]
\sigma_y = 2G\left[\dfrac{\partial b_2}{\partial y} - \dfrac{1}{4(1-\nu)}\left(\dfrac{\partial^2}{\partial y^2} - \nabla^2\right)(xb_1 + yb_2 + zb_3 + b_0)\right] \\[3mm]
\sigma_z = 2G\left[\dfrac{\partial b_3}{\partial z} - \dfrac{1}{4(1-\nu)}\left(\dfrac{\partial^2}{\partial z^2} - \nabla^2\right)(xb_1 + yb_2 + zb_3 + b_0)\right] \\[3mm]
\tau_{zy} = 2G\left\{\dfrac{1}{2}\left(\dfrac{\partial}{\partial x}b_2 + \dfrac{\partial}{\partial y}b_1\right) - \left[\dfrac{1}{4(1-\nu)}\dfrac{\partial}{\partial x}\dfrac{\partial}{\partial y}(xb_1 + yb_2 + zb_3 + b_0)\right]\right\} \\[3mm]
\tau_{yz} = 2G\left\{\dfrac{1}{2}\left(\dfrac{\partial}{\partial y}b_2 + \dfrac{\partial}{\partial z}b_1\right) - \left[\dfrac{1}{4(1-\nu)}\dfrac{\partial}{\partial y}\dfrac{\partial}{\partial z}(xb_1 + yb_2 + zb_3 + b_0)\right]\right\} \\[3mm]
\tau_{zx} = 2G\left\{\dfrac{1}{2}\left(\dfrac{\partial}{\partial z}b_2 + \dfrac{\partial}{\partial x}b_1\right) - \left[\dfrac{1}{4(1-\nu)}\dfrac{\partial}{\partial z}\dfrac{\partial}{\partial x}(xb_1 + yb_2 + zb_3 + b_0)\right]\right\}
\end{cases}
\tag{6-6}
$$

帕普科维奇一般解仍然不是恰当的解，它的总阶数比原方程仍然高两阶。

3. 胡海昌一般解

胡海昌 1953 年在"横观各向同性体的弹性力学的空间问题"一文中给出了横观各向同性体的一般解。针对各向同性弹性体情形，式(6-1)的一般解为

$$
\begin{cases}
u = -\dfrac{\partial^2 F}{\partial x \partial z} - \dfrac{\partial \varphi}{\partial y} \\[3mm]
v = -\dfrac{\partial^2 F}{\partial y \partial z} + \dfrac{\partial \varphi}{\partial x} \\[3mm]
w = 2(1-\nu)\nabla^2 F - \dfrac{\partial^2 F}{\partial z^2}
\end{cases}
\tag{6-7}
$$

式中，

$$
\nabla^4 F = 0, \quad \nabla^2 \varphi = 0
\tag{6-8}
$$

即胡海昌一般解把位移表示为两个函数，其中一个是重调和函数，另一个是调和函数。解的总阶数恰等于原方程阶数，都是六阶。胡海昌一般解是恰当的解。胡海昌一般解的应力分量表达式为

$$\begin{cases} \sigma_x = 2G\left[\dfrac{\partial}{\partial z}\left(\nu\nabla^2 - \dfrac{\partial^2}{\partial x^2}\right)F - \dfrac{\partial^2 \varphi}{\partial x \partial y}\right] \\[3mm] \sigma_y = 2G\left[\dfrac{\partial}{\partial z}\left(\nu\nabla^2 - \dfrac{\partial^2}{\partial y^2}\right)F + \dfrac{\partial^2 \varphi}{\partial x \partial y}\right] \\[3mm] \sigma_z = 2G\left[\dfrac{\partial}{\partial z}\left((2-\nu)\nabla^2 - \dfrac{\partial^2}{\partial z^2}\right)F\right] \\[3mm] \tau_{zy} = 2G\left[-\dfrac{\partial^3 F}{\partial x \partial y \partial z} + \dfrac{1}{2}\left(\dfrac{\partial^2}{\partial x^2} - \dfrac{\partial^2}{\partial y^2}\right)\varphi\right] \\[3mm] \tau_{yz} = 2G\left[\dfrac{\partial}{\partial y}\left((1-\nu)\nabla^2 - \dfrac{\partial^2}{\partial z^2}\right)F + \dfrac{1}{2}\dfrac{\partial^2 \varphi}{\partial x \partial z}\right] \\[3mm] \tau_{zx} = 2G\left[\dfrac{\partial}{\partial x}\left((1-\nu)\nabla^2 - \dfrac{\partial^2}{\partial z^2}\right)F - \dfrac{1}{2}\dfrac{\partial^2 \varphi}{\partial y \partial z}\right] \end{cases} \tag{6-9}$$

6.2　空间球对称

此前，在直角坐标系中建立了弹性力学的基本方程，但是在求解具体问题时，有时采用其他坐标系可能更方便些。除了直角坐标，在弹性力学中还会遇到用球坐标和柱坐标求解的问题。本节和 6.3 节将介绍两类特殊的空间问题——球对称和轴对称问题。

6.2.1　球坐标形式的基本方程

1.　球坐标

由图 6-1 可见，空间任意一点 p 在球坐标系中由球坐标 r,θ,φ 确定，在笛卡儿坐标系中由直角坐标 (x,y,z) 确定。将直角坐标系 $Ox_1x_2x_3$ 作为旧坐标系，球坐标系 $Ox_{1'}x_{2'}x_{3'}$ 作为新坐标系，即 $(x_1,x_2,x_3)=(x,y,z)$，$(x_{1'},x_{2'},x_{3'})=(r,\theta,\varphi)$。球坐标系的坐标曲面是由 $r=$ 常数（以坐标原点为中心的圆球面）、$\theta=$ 常数（以 z 为轴通过坐标原点的圆锥面）和 $\varphi=$ 常数（通过 z 轴的辐

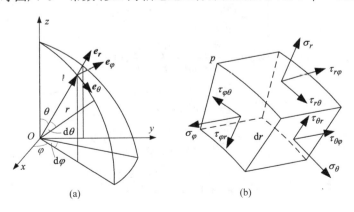

(a)　　　　　　　　　　　　　(b)

图 6-1

射平面)的曲面(含平面)的交线——径向射线、经线和纬线构成空间坐标网。坐标 θ 从 z 轴算起，φ 从 x 轴算起。设坐标点直角坐标系的单位基向量为 $(\boldsymbol{e}_1, \boldsymbol{e}_2, \boldsymbol{e}_3)$，其大小和方向不随坐标点位置而变化；球坐标系中坐标点的基向量由 $(\boldsymbol{e}_r, \boldsymbol{e}_\theta, \boldsymbol{e}_\varphi)$ 表示，分别为坐标点径向、经线切线、纬线切线的单位向量，指向坐标增加方向，它们构成正交活动标架，其方向随坐标点位置而变化。直角坐标系和球坐标系之间坐标分量的变换关系可以直接由图 6-1(a) 求出。由新坐标表示旧坐标的变换为

$$x = r\sin\theta\cos\varphi, \ y = r\sin\theta\sin\varphi, \ z = r\cos\theta \tag{6-10}$$

逆变换为

$$r = \sqrt{x^2 + y^2 + z^2}, \ \theta = \arctan\frac{\sqrt{x^2 + y^2}}{z}, \ \varphi = \arctan\frac{y}{x} \tag{6-11}$$

在球坐标系中，应力分量为 $\sigma_r, \sigma_\theta, \sigma_\varphi, \tau_{r\theta} = \tau_{\theta r}, \tau_{\theta\varphi} = \tau_{\varphi\theta}, \tau_{\varphi r} = \tau_{r\varphi}$，见图 6-1(b)；相应的应变分量为 $\varepsilon_r, \varepsilon_\theta, \varepsilon_\varphi, \gamma_{r\theta} = \gamma_{\theta r}, \gamma_{\theta\varphi} = \gamma_{\varphi\theta}, \gamma_{\varphi r} = \gamma_{r\varphi}$，位移 u_r, u_θ, u_φ 和体力 F_r, F_θ, F_φ 分别表示径向线方向、纬线切线方向和经线切线方向的分量。

2. 基本方程

建立球坐标的基本方程需要普遍张量知识。

(1)平衡方程。

$$\begin{cases} \dfrac{\partial\sigma_r}{\partial r} + \dfrac{\partial\tau_{\theta r}}{r\partial\theta} + \dfrac{\partial\tau_{\varphi r}}{r\sin\theta\,\partial\varphi} + \dfrac{1}{r}(2\sigma_r - \sigma_\theta - \sigma_\varphi + \tau_{r\theta}\cot\theta) + F_r = 0 \\[2mm] \dfrac{\partial\tau_{r\theta}}{\partial r} + \dfrac{\partial\sigma_\theta}{r\partial\theta} + \dfrac{\partial\tau_{\varphi\theta}}{r\sin\theta\,\partial\varphi} + \dfrac{1}{r}[(\sigma_\theta - \sigma_\varphi)\cot\theta + 3\tau_{r\theta}] + F_\theta = 0 \\[2mm] \dfrac{\partial\tau_{r\varphi}}{\partial r} + \dfrac{\partial\tau_{\theta\varphi}}{r\partial\theta} + \dfrac{\partial\sigma_\varphi}{r\sin\theta\,\partial\varphi} + \dfrac{1}{r}(3\tau_{r\varphi} + 2\tau_{\theta\varphi}\cot\theta) + F_\varphi = 0 \end{cases} \tag{6-12}$$

(2)几何方程。

$$\begin{cases} \varepsilon_r = \dfrac{\partial u_r}{\partial r} \\[2mm] \varepsilon_\theta = \dfrac{\partial u_\theta}{r\partial\theta} + \dfrac{u_r}{r} \\[2mm] \varepsilon_\varphi = \dfrac{\partial u_\varphi}{r\sin\theta\,\partial\varphi} + \dfrac{u_r}{r} + \dfrac{u_\theta}{r}\cot\theta \\[2mm] \gamma_{r\theta} = \dfrac{\partial u_\theta}{\partial r} + \dfrac{\partial u_r}{r\partial\theta} - \dfrac{u_\theta}{r} \\[2mm] \gamma_{\theta\varphi} = \dfrac{\partial u_\varphi}{r\partial\theta} + \dfrac{\partial u_\theta}{r\sin\theta\,\partial\varphi} - \dfrac{u_\varphi}{r}\cot\theta \\[2mm] \gamma_{\varphi r} = \dfrac{\partial u_r}{r\sin\theta\,\partial\varphi} + \dfrac{\partial u_\varphi}{\partial r} - \dfrac{u_\varphi}{r} \end{cases} \tag{6-13}$$

(3)物理方程。球坐标系也是正交坐标系，其物理关系不变，仍为式(4-14)或式(4-15)的形式，式(4-18)、式(4-19)不变，式(4-17)应代以

$$[\varepsilon] = [\varepsilon_r \ \varepsilon_\theta \ \varepsilon_\varphi \ \gamma_{r\theta} \ \gamma_{\theta\varphi} \ \gamma_{\varphi r}]^{\mathrm{T}}, \quad [\sigma] = [\sigma_r \ \sigma_\theta \ \sigma_\varphi \ \tau_{r\theta} \ \tau_{\theta\varphi} \ \tau_{\varphi r}]^{\mathrm{T}} \qquad (6\text{-}14)$$

6.2.2　空间球对称问题

空间球对称是指物体的几何形状、约束情况以及荷载外部因素都与 θ 和 φ 无关而只与 r 有关，从而物体的变形也只与 r 有关，应力分量、应变分量、位移分量等都只是 r 的函数，而与 θ 和 φ 无关，这类问题称为空间球对称问题。对于球对称问题，有

$$F_\theta = F_\varphi = 0, \quad u_\theta = u_\varphi = 0, \quad \gamma_{r\theta} = \gamma_{\theta\varphi} = \gamma_{\varphi r} = 0, \quad \tau_{r\theta} = \tau_{\theta\varphi} = \tau_{\varphi r} = 0 \qquad (6\text{-}15)$$

而 σ_θ 与 σ_φ 相等，ε_θ 与 ε_φ 相等，分别用 σ_T 和 ε_T 表示，即

$$\sigma_\theta = \sigma_\varphi = \sigma_T, \ \varepsilon_\theta = \varepsilon_\varphi = \varepsilon_T \qquad (6\text{-}16)$$

这样一来，球对称问题的基本方程大为简化，可以由前述的一般球对称方程退化得到。

1.　空间球对称问题的基本方程

(1)平衡方程。式(6-12)的第一式(其余自动满足)退化为

$$\frac{\partial \sigma_r}{\partial r} + \frac{2}{r}(\sigma_r - \sigma_T) + F_r = 0 \qquad (6\text{-}17)$$

(2)几何方程。式(6-13)的前三式(其余自动满足)退化为

$$\varepsilon_r = \frac{\partial u_r}{\partial r}, \ \varepsilon_T = \frac{u_r}{r} \qquad (6\text{-}18)$$

(3)物理方程。简化为

$$\varepsilon_r = \frac{1}{E}(\sigma_r - 2\nu\sigma_T), \ \varepsilon_T = \frac{1}{E}[(1-\nu)\sigma_T - \nu\sigma_r] \qquad (6\text{-}19)$$

或反表示为

$$\sigma_r = \frac{E}{(1+\nu)(1-2\nu)}[(1-2\nu)\varepsilon_r + 2\nu\varepsilon_T], \ \sigma_T = \frac{E}{(1+\nu)(1-2\nu)}(\varepsilon_T + \nu\varepsilon_r) \qquad (6\text{-}20)$$

(4)拉梅方程(位移方程)。将式(6-18)代入式(6-20)得到

$$\begin{cases} \sigma_t = \dfrac{E}{(1+\nu)(1-2\nu)}\left[(1-\nu)\dfrac{\mathrm{d}u_r}{\mathrm{d}r} + 2\nu\dfrac{u_r}{r}\right] \\[3mm] \sigma_T = \dfrac{E}{(1+\nu)(1-2\nu)}\left(\nu\dfrac{\mathrm{d}u_r}{\mathrm{d}r} + \dfrac{u_r}{r}\right) \end{cases} \qquad (6\text{-}21)$$

再将式(6-21)代入式(6-17)即得到空间球对称问题的拉梅方程：

$$\frac{E(1-\nu)}{(1+\nu)(1-2\nu)}\left(\frac{\mathrm{d}^2 u_r}{\mathrm{d}r^2} + \frac{2}{r}\frac{\mathrm{d}u_r}{\mathrm{d}r} - \frac{2}{r^2}u_r\right) + F_r = 0 \qquad (6\text{-}22)$$

2.　空间球对称问题的通解(一般解)

式(6-22)的齐次方程为

$$\frac{\mathrm{d}^2 u_r}{\mathrm{d}r^2} + \frac{2}{r}\frac{\mathrm{d}u_r}{\mathrm{d}r} - \frac{2}{r}u_r = 0 \tag{6-23}$$

方程(6-23)是欧拉型二阶线性变系数常微分方程。引入代换$r = \mathrm{e}^t\,(t = \ln r)$，则式(6-23)化为常系数方程：

$$\frac{\mathrm{d}^2 u_r}{\mathrm{d}t^2} + \frac{\mathrm{d}u_r}{\mathrm{d}t} - 2u_r = 0$$

求解该方程即得到空间球对称问题的通解(一般解)：

$$u_r = \left(Ar + \frac{B}{r^2}\right) \tag{6-24}$$

将式(6-24)代入式(6-21)得到应力分量：

$$\begin{cases} \sigma_r = \dfrac{E}{(1-2\nu)}A - \dfrac{2E}{(1+\nu)}\dfrac{B}{r^3} \\[2mm] \sigma_T = \dfrac{E}{(1-2\nu)}A + \dfrac{E}{(1+\nu)}\dfrac{B}{r^3} \end{cases} \tag{6-25}$$

例6-1　试求一空心圆球的弹性力学解。设圆球的内、外半径为a和b，内、外表面受到均匀分布压力q_a和q_b作用(图6-2)。

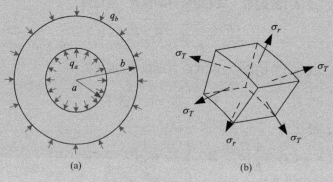

图6-2

因为球对称问题有显式通解，所以只须由边界条件确定待定常数即可。该例边界条件为

$$(\sigma_r)_{r=a} = -q_a,\quad (\sigma_r)_{r=b} = -q_b$$

由式(6-25)第一式，上面的边界条件可以具体写为

$$\frac{E}{(1-2\nu)}A - \frac{2E}{(1+\nu)}\frac{B}{a^3} = -q_a,\quad \frac{E}{(1-2\nu)}A - \frac{2E}{(1+\nu)}\frac{B}{b^3} = -q_b$$

由此解出常数：

$$A = \frac{(1-2\nu)}{E}\frac{(a^3 q_a - b^3 q_b)}{(b^3 - a^3)},\quad B = \frac{(1+\nu)}{2E}\frac{a^3 b^3(q_a - q_b)}{(b^3 - a^3)}$$

将其代入式(6-25)、式(6-24)得到

$$\sigma_r = \frac{(a^3 q_a - b^3 q_b)}{(b^3 - a^3)} - \frac{a^3 b^3(q_a - q_b)}{(b^3 - a^3)}\frac{1}{r^3},\quad \sigma_T = \frac{(a^3 q_a - b^3 q_b)}{(b^3 - a^3)} + \frac{a^3 b^3(q_a - q_b)}{2(b^3 - a^3)}\frac{1}{r^3}$$

$$u_r = \frac{(1-2v)}{E}\frac{(a^3q_a - b^3q_b)}{(b^3-a^3)}r + \frac{(1+v)}{2E}\frac{a^3b^3(q_a-q_b)}{(b^3-a^3)}\frac{1}{r^2}$$

该例对于高压容器类结构物有实际意义。

例 6-2 试求无限空间域内开一圆球腔问题的解，设球腔内受均匀压力 q 作用，球腔半径为 a（图 6-3）。

关于边界条件，在球腔内表面作用均布压力 q，在无限远处认为位移为零，表示为

$$(u_r)_{r\to\infty} = 0, \quad (\sigma_r)_{r=a} = -q$$

将式(6-24)代入其中，当 $r\to\infty$ 时，要求

$$(u_r)_{r\to\infty} = \left(Ar + \frac{B}{r^2}\right)_{r\to\infty} = 0$$

因此必须有

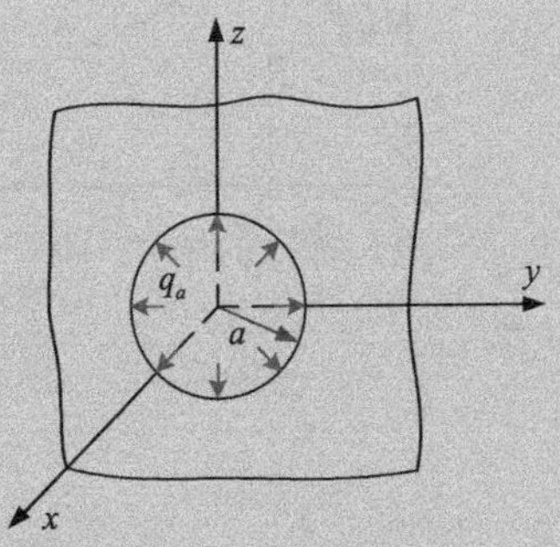

$$A = 0$$

再将式(6-25)的第一式代入其中，并注意到 $A=0$，求得

$$B = \frac{(1+v)a^3q}{2E}$$

图 6-3

最后，将常数 A、B 代回式(6-25)、式(6-24)，则得到空间域圆球腔问题的解：

$$\sigma_r = -\frac{a^3q}{r^3}, \quad \sigma_T = \frac{a^3q}{2r^3}, \quad u_r = \frac{(1+v)}{2E}\frac{a^3q}{r^2}$$

当然，该例更为简单的方法是直接利用例 6-1 的结果，使外半径 $b\to\infty$ 得到解。球腔问题在地下工程中有实际意义。

6.3 空间轴对称

6.3.1 柱坐标形式的基本方程

1. 柱坐标及坐标变换

本书中的柱坐标均指圆柱坐标。这里用坐标变换直接建立柱坐标基本方程(此法不适用于球坐标)。由图 6-4(a)可见，空间任一点 P 在笛卡儿坐标系中由直角坐标 (x,y,z) 确定，在柱坐标系中由柱坐标 (r,θ,z) 确定。仍将直角坐标系 $Ox_1x_2x_3$ 作为旧坐标系，柱坐标系 $Ox_{1'}x_{2'}x_{3'}$ 作为新坐标系，即 $(x_1,x_2,x_3) = (x,y,z)$，$(x_{1'},x_{2'},x_{3'}) = (r,\theta,z)$。柱坐标系的坐标面由 $r =$ 常数(以 z 轴为中心线的圆柱面)、$\theta =$ 常数(极角 θ 从 x 轴起算的通过 z 轴的辐射平面)和 $z =$ 常数(垂直 z 轴的平行平面)的面组成，它们的交线(坐标曲线)构成无限密集的空间坐标网。每一个坐标点都对应两组单位基向量 (e_1,e_2,e_3) 和 (e_r,e_θ,e_z)，前者是直角坐标系的基向量，其大小和方向不随坐标点位置而变化，后者是柱坐标系的基向量，分别指向 r、θ (坐标点圆周线切线方向)和 z 增加方向，它是正交活动标架，方向随坐标点位置而变化。由图 6-4 可求出新、旧坐标分量之间的正、反表示式为

$$x = r\cos\theta, \quad y = r\sin\theta, \quad z = z \tag{6-26a}$$

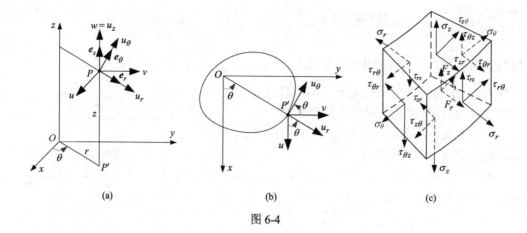

图 6-4

$$r^2 = x^2 + y^2, \ \theta = \arctan\frac{y}{x}, \ z = z \tag{6-26b}$$

图 6-4(c)表示柱坐标系的体元图，在体元的每个微分面上都标出了柱坐标的应力分量，与应力分量对应的是应变分量，以及位移分量、体力分量和面力分量，分别记为

$$\sigma_r, \ \sigma_\theta, \ \sigma_z, \ \tau_{r\theta} = \tau_{\theta r}, \ \tau_{\theta z} = \tau_{z\theta}, \ \tau_{zr} = \tau_{rz} \tag{6-27a}$$

$$\varepsilon_r, \ \varepsilon_\theta, \ \varepsilon_z, \ \gamma_{r\theta} = \gamma_{\theta r}, \ \gamma_{\theta z} = \gamma_{z\theta}, \ \gamma_{zr} = \gamma_{rz} \tag{6-27b}$$

$$u_r, \ u_\theta, \ u_z; \ F_r, \ F_\theta, \ F_z; \ \tilde{F}_r, \ \tilde{F}_\theta, \ \tilde{F}_z \tag{6-27c}$$

下面以位移为例推导向量转轴公式。设柱体中任一点 P 的位移向量在直角和柱坐标系的分量分别表示为 (u, v, w) 和 (u_r, u_θ, u_z)，这两组位移分量之间的关系可直接由图 6-4(a)、(c)求出，其正、反表示式为

$$u = u_r \cos\theta - u_\theta \sin\theta, \ v = u_r \sin\theta + u_\theta \cos\theta, \ w = u_z \tag{6-28a}$$

$$u_r = u \cos\theta + v \sin\theta, \ u_\theta = -u \sin\theta + v \cos\theta, \ u_z = w \tag{6-28b}$$

式(6-28a)和式(6-28b)即位移转轴公式。同理可写出体力转轴公式：

$$F_x = F_r \cos\theta - F_\theta \sin\theta, \ F_y = F_r \sin\theta + F_\theta \cos\theta, \ F_z = F_z \tag{6-29a}$$

$$F_r = F_x \cos\theta + F_y \sin\theta, \ F_\theta = -F_x \sin\theta + F_y \cos\theta, \ F_z = F_z \tag{6-29b}$$

上面的转轴公式适用于任何向量，适用于直角坐标和柱坐标之间的向量变换。从形式上看这与直角坐标系内的向量转轴公式相同，只是这里的旋转角就是极角 θ。应力张量是二阶张量，二阶张量实际是由三个向量构成的，因此这一概念可以引申到关于柱坐标的二阶张量转轴公式。也就是说，将应力张量或应变张量转轴公式中的旋转角 α 代以极角 θ，即可作为直角坐标和柱坐标间的转轴公式。为此直接从第 2 章已经导出的转轴公式(2-7b)开始，首先确定两组坐标轴间的九个夹角方向余弦：

$$\begin{cases} l_1 = \cos\theta, \ m_1 = \sin\theta, \ n_1 = 0 \\ l_2 = -\sin\theta, \ m_2 = \cos\theta, \ n_2 = 0 \\ l_3 = 0, \ m_3 = 0, \ n_3 = 1 \end{cases} \tag{6-30}$$

代入式(2-7b)得

$$
\begin{cases}
\sigma_r = \sigma_x \cos^2\theta + \sigma_y \sin^2\theta + 2\tau_{xy}\cos\theta\sin\theta \\
\sigma_\theta = \sigma_x \sin\ \theta + \sigma_y \cos^2\theta - 2\tau_{xy}\cos\theta\sin\theta \\
\sigma_z = \sigma_z \\
\tau_{r\theta} = \tau_{\theta r} = -\sigma_x \cos\theta\sin\theta + \sigma_y \cos\theta\sin\theta + \tau_{xy}(\cos^2\theta - \sin^2\theta) \\
\tau_{\theta z} = \tau_{z\theta} = \tau_{yz}\cos\theta - \tau_{zx}\sin\theta \\
\tau_{zr} = \tau_{rz} = \tau_{yz}\sin\theta + \tau_{zx}\cos\theta
\end{cases}
\tag{6-31a}
$$

式(6-31a)即直角坐标和柱坐标间应力张量的转轴公式。现在需要求出其反表示式,即用柱坐标分量表示直角坐标分量。这只需将极角 θ 变为 $-\theta$ 即可,相当于把柱坐标作为旧坐标系,把直角坐标作为新坐标系。当然,应力分量的下标记号也要进行相应的改变。如果将应力分量对应地换成应变分量,则立即得到应变张量的转轴公式,一并表示如下。

$$
\begin{cases}
\sigma_x = \sigma_r \cos^2\theta + \sigma_\theta \sin^2\theta - 2\tau_{r\theta}\cos\theta\sin\theta \\
\sigma_y = \sigma_r \sin^2\theta + \sigma_\theta \cos^2\theta + 2\tau_{r\theta}\cos\theta\sin\theta \\
\sigma_z = \sigma_z \\
\tau_{xy} = \tau_{yx} = \sigma_r \cos\theta\sin\theta - \sigma_\theta \cos\theta\sin\theta + \tau_{r\theta}(\cos^2\theta - \sin^2\theta) \\
\tau_{yz} = \tau_{zy} = \tau_{\theta z}\cos\theta + \tau_{zr}\sin\theta \\
\tau_{zx} = \tau_{xz} = -\tau_{\theta z}\sin\theta + \tau_{zr}\cos\theta
\end{cases}
\tag{6-31b}
$$

$$
\begin{cases}
\varepsilon_x = \varepsilon_r \cos^2\theta + \varepsilon_\theta \sin^2\theta - \gamma_{r\theta}\cos\theta\sin\theta \\
\varepsilon_y = \varepsilon_r \sin^2\theta + \varepsilon_\theta \cos^2\theta + \gamma_{r\theta}\cos\theta\sin\theta \\
\varepsilon_z = \varepsilon_z \\
\gamma_{xy} = \gamma_{yx} = 2\varepsilon_r \cos\theta\sin\theta - 2\varepsilon_\theta \cos\theta\sin\theta + \gamma_{r\theta}(\cos^2\theta - \sin^2\theta) \\
\gamma_{yz} = \gamma_{zy} = \gamma_{\theta z}\cos\theta + \gamma_{zr}\sin\theta \\
\gamma_{zx} = \gamma_{xz} = -\gamma_{\theta z}\sin\theta + \gamma_{zr}\cos\theta
\end{cases}
\tag{6-32}
$$

2. 微分算子变换关系

由式(6-26b)可得

$$
\frac{\partial r}{\partial x} = \cos\theta, \ \frac{\partial r}{\partial y} = \sin\theta, \ \frac{\partial r}{\partial z} = 0; \ \frac{\partial \theta}{\partial x} = -\frac{\sin\theta}{r}, \ \frac{\partial \theta}{\partial y} = \frac{\cos\theta}{r}, \ \frac{\partial \theta}{\partial z} = 0; \ \frac{\partial z}{\partial x} = \frac{\partial z}{\partial y} = 0, \ \frac{\partial z}{\partial z} = 1 \tag{6-33}
$$

由此有

$$
\begin{cases}
\dfrac{\partial}{\partial x} = \dfrac{\partial}{\partial r}\dfrac{\partial r}{\partial x} + \dfrac{\partial}{\partial \theta}\dfrac{\partial \theta}{\partial x} + \dfrac{\partial}{\partial z}\dfrac{\partial z}{\partial x} = \cos\theta\dfrac{\partial}{\partial r} - \sin\theta\dfrac{\partial}{r\partial \theta} \\
\dfrac{\partial}{\partial y} = \dfrac{\partial}{\partial r}\dfrac{\partial r}{\partial y} + \dfrac{\partial}{\partial \theta}\dfrac{\partial \theta}{\partial y} + \dfrac{\partial}{\partial z}\dfrac{\partial z}{\partial y} = \sin\theta\dfrac{\partial}{\partial r} + \cos\theta\dfrac{\partial}{r\partial \theta} \\
\dfrac{\partial}{\partial z} = \dfrac{\partial}{\partial z}
\end{cases}
\tag{6-34}
$$

式(6-34)即直角坐标与柱坐标微分算子的变换公式。

3. 建立柱坐标弹性力学基本方程

(1) 平衡方程。将式(6-34)、式(6-29a)和式(6-31b)代入直角坐标平衡方程(2-2a)的第一、三式即可得到柱坐标的平衡方程:

$$
\begin{cases}
\dfrac{\partial \sigma_r}{\partial r} + \dfrac{\partial \tau_{r\theta}}{r\partial \theta} + \dfrac{\partial \tau_{rz}}{\partial z} + \dfrac{\sigma_r - \sigma_\theta}{r} + F_r = 0 \\[2mm]
\dfrac{\partial \tau_{r\theta}}{\partial r} + \dfrac{\partial \sigma_\theta}{r\partial \theta} + \dfrac{\partial \tau_{\theta z}}{\partial z} + \dfrac{2\tau_{r\theta}}{r} + F_\theta = 0 \\[2mm]
\dfrac{\partial \tau_{rz}}{\partial r} + \dfrac{\partial \tau_{\theta z}}{r\partial \theta} + \dfrac{\partial \sigma_z}{\partial z} + \dfrac{\tau_{rz}}{r} + F_z = 0
\end{cases}
\tag{6-35}
$$

(2) 几何方程。将式(6-34)、式(6-28a)和式(6-32)代入直角坐标几何方程(3-2)即得到柱坐标的几何方程:

$$
\begin{cases}
\varepsilon_r = \dfrac{\partial u_r}{\partial r} \;,\;\; \gamma_{r\theta} = \dfrac{\partial u_\theta}{\partial r} + \dfrac{\partial u_r}{r\partial \theta} - \dfrac{u_\theta}{r} \\[2mm]
\varepsilon_\theta = \dfrac{\partial u_\theta}{r\partial \theta} + \dfrac{u_r}{r} \;,\;\; \gamma_{zr} = \dfrac{\partial u_r}{\partial z} + \dfrac{\partial u_z}{\partial r} \\[2mm]
\varepsilon_z = \dfrac{\partial u_z}{\partial z} \;,\;\; \gamma_{\theta z} = \dfrac{\partial u_\theta}{\partial z} + \dfrac{\partial u_z}{r\partial \theta}
\end{cases}
\tag{6-36}
$$

(3) 物理方程。因为柱坐标系也是正交坐标系,所以物理关系的形式为

$$
\begin{bmatrix} \varepsilon_r \\ \varepsilon_\theta \\ \varepsilon_z \\ \gamma_{r\theta} \\ \gamma_{\theta z} \\ \gamma_{zr} \end{bmatrix}
= \frac{1}{E}
\begin{bmatrix}
1 & -\nu & -\nu & 0 & 0 & 0 \\
-\nu & 1 & -\nu & 0 & 0 & 0 \\
-\nu & -\nu & 1 & 0 & 0 & 0 \\
0 & 0 & 0 & 2(1+\nu) & 0 & 0 \\
0 & 0 & 0 & 0 & 2(1+\nu) & 0 \\
0 & 0 & 0 & 0 & 0 & 2(1+\nu)
\end{bmatrix}
\begin{bmatrix} \sigma_r \\ \sigma_\theta \\ \sigma_z \\ \tau_{r\theta} \\ \tau_{\theta z} \\ \tau_{zr} \end{bmatrix}
\tag{6-37}
$$

$$
\begin{bmatrix} \sigma_r \\ \sigma_\theta \\ \sigma_z \\ \tau_{r\theta} \\ \tau_{\theta z} \\ \tau_{zr} \end{bmatrix}
= E^{*}
\begin{bmatrix}
1 & \dfrac{\nu}{1-\nu} & \dfrac{\nu}{1-\nu} & 0 & 0 & 0 \\[2mm]
\dfrac{\nu}{1-\nu} & 1 & \dfrac{\nu}{1-\nu} & 0 & 0 & 0 \\[2mm]
\dfrac{\nu}{1-\nu} & \dfrac{\nu}{1-\nu} & 1 & 0 & 0 & 0 \\[2mm]
0 & 0 & 0 & \dfrac{1-2\nu}{2(1-\nu)} & 0 & 0 \\[2mm]
0 & 0 & 0 & 0 & \dfrac{1-2\nu}{2(1-\nu)} & 0 \\[2mm]
0 & 0 & 0 & 0 & 0 & \dfrac{1-2\nu}{2(1-\nu)}
\end{bmatrix}
\begin{bmatrix} \varepsilon_r \\ \varepsilon_\theta \\ \varepsilon_z \\ \gamma_{r\theta} \\ \gamma_{\theta z} \\ \gamma_{zr} \end{bmatrix}
\tag{6-38}
$$

式中，

$$E^* = \frac{E(1-\nu)}{(1+\nu)(1-2\nu)}$$

$$[\varepsilon] = [\varepsilon_r \ \varepsilon_\theta \ \varepsilon_z \ \gamma_{r\theta} \ \gamma_{\theta z} \ \gamma_{zr}]^{\mathrm{T}} \tag{6-39}$$

$$[\sigma] = [\sigma_r \ \sigma_\theta \ \sigma_z \ \tau_{r\theta} \ \tau_{\theta z} \ \tau_{zr}]^{\mathrm{T}} \tag{6-40}$$

6.3.2　空间轴对称问题

假如在上述的柱坐标系中，弹性体的变形关于 z 轴对称，则应力分量、应变分量、位移分量与极角 θ 无关，只是 r 和 z 的函数，这类问题称为空间轴对称问题。对于轴对称问题，显然有

$$u_\theta = 0 \ , \quad \gamma_{r\theta} = \gamma_{\theta z} = 0 \ , \quad \tau_{r\theta} = \tau_{\theta z} = 0 \tag{6-41}$$

而且位移分量 u_r、应变分量 $\varepsilon_r, \varepsilon_\theta, \varepsilon_z, \gamma_{zr}$ 和应力分量 $\sigma_r, \sigma_\theta, \sigma_z, \tau_{zr}$ 与极角 θ 无关。一般情形下，它要求弹性体的几何形状、约束情况、体力 F_r, F_z（环向体力 $F_\theta = 0$）和表面荷载以及其他外界因素都对称于 z 轴，与极角 θ 无关，只是 r 和 z 的函数。例如，厚壁筒、回转圆盘、无限体或半无限体受集中力作用的问题等都属于空间轴对称问题。

1. 空间轴对称问题基本方程

根据前面的定义和分析，空间轴对称问题的基本方程可由非轴对称的方程简化得到。

（1）平衡方程。

$$\begin{cases} \dfrac{\partial \sigma_r}{\partial r} + \dfrac{\partial \tau_{rz}}{\partial z} + \dfrac{\sigma_r - \sigma_\theta}{r} + F_r = 0 \\[3mm] \dfrac{\partial \tau_{rz}}{\partial r} + \dfrac{\partial \sigma_z}{\partial z} + \dfrac{\tau_{rz}}{r} + F_z = 0 \end{cases} \tag{6-42}$$

（2）几何方程

$$\begin{cases} \varepsilon_r = \dfrac{\partial u_r}{\partial r}, \ \varepsilon_\theta = \dfrac{u_r}{r}, \ \varepsilon_z = \dfrac{\partial u_z}{\partial z} \\[3mm] \gamma_{zr} = \dfrac{\partial u_r}{\partial z} + \dfrac{\partial u_z}{\partial r} \end{cases} \tag{6-43}$$

（3）物理方程。将式（6-38）展开并取轴对称形式，稍加整理便得到

$$\begin{cases} \sigma_r = \lambda\theta + 2G\varepsilon_r \\ \sigma_\theta = \lambda\theta + 2G\varepsilon_\theta \\ \sigma_z = \lambda\theta + 2G\varepsilon_z \\ \tau_{rz} = G\gamma_{zr} \end{cases} \tag{6-44}$$

（4）拉梅方程。将式（6-43）代入式（6-44），然后代入式（6-42），归并整理后即得

$$\begin{cases} G\left(\nabla^2 u_r - \dfrac{u_r}{r^2}\right) + (G+\lambda)\dfrac{\partial \theta}{\partial r} + F_r = 0 \\[3mm] G\nabla^2 u_z + (G+\lambda)\dfrac{\partial \theta}{\partial z} + F_z = 0 \end{cases} \tag{6-45}$$

式中,

$$\theta = \varepsilon_r + \varepsilon_\theta + \varepsilon_z = \frac{\partial u_r}{\partial r} + \frac{u_r}{r} + \frac{\partial u_z}{\partial z} \tag{6-46}$$

$$\nabla^2 = \frac{\partial^2}{\partial r^2} + \frac{\partial}{r \partial r} + \frac{\partial^2}{\partial z^2} \tag{6-47}$$

分别为柱坐标轴对称的体积应变和调和算子。

(5)贝尔特拉米方程。用与前面相同的方法,略去烦琐的推导直接给出公式:

$$\begin{cases} \nabla^2 \sigma_r + \frac{1}{1+\nu}\frac{\partial^2 \Theta}{\partial r^2} - \frac{2}{r^2}(\sigma_r - \sigma_\theta) = -\frac{\nu}{1-\nu}\left(\frac{\partial F_r}{\partial r} + \frac{\partial F_z}{\partial z} + \frac{F_r}{r}\right) - 2\frac{\partial F_r}{\partial r} \\ \nabla^2 \sigma_\theta + \frac{1}{1+\nu}\frac{\partial^2 \Theta}{r \partial r} + \frac{2}{r^2}(\sigma_r - \sigma_\theta) = -\frac{\nu}{1-\nu}\left(\frac{\partial F_r}{\partial r} + \frac{\partial F_z}{\partial z} + \frac{F_r}{r}\right) - 2\frac{F_r}{r} \\ \nabla^2 \sigma_z + \frac{1}{1+\nu}\frac{\partial^2 \Theta}{\partial z^2} = -\frac{\nu}{1-\nu}\left(\frac{\partial F_r}{\partial r} + \frac{\partial F_z}{\partial z} + \frac{F_r}{r}\right) - 2\frac{\partial F_z}{\partial z} \\ \nabla^2 \tau_{zr} + \frac{1}{1+\nu}\frac{\partial^2 \Theta}{\partial z \partial r} - \frac{\tau_{zr}}{r^2} = -\left(\frac{\partial F_z}{\partial r} + \frac{\partial F_r}{\partial z}\right) \end{cases} \tag{6-48}$$

式中,

$$\Theta = \sigma_r + \sigma_\theta + \sigma_z \tag{6-49}$$

关于边界条件的具体写法见例 6-3。

例6-3 设厚圆板周边受沿环向均匀分布、z 向线性分布的表面应力作用(图6-5),不计体力,试求厚圆板内的应力。约束条件为:厚板中面圆周线($r=a$,$z=0$)为水平可动铰支边界,在 $r=0$ 和 $z=0$ 处,z 方向线素不发生偏转。试用应力法求解,并求出位移表达式。

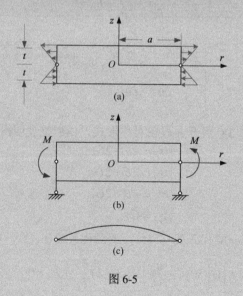

图 6-5

(1)边界条件。在上、下表面没有外力作用,于是有

$$(\sigma_z)_{z=\pm t/2} = 0, \quad (\tau_{zr})_{z=\pm t/2} = 0 \tag{6-50a}$$

以题意侧面给定表面应力 $\tilde{F}_r = 2\sigma z/t$，$\tilde{F}_z = 0$。因此有

$$(\sigma_r)_{\substack{r=a \\ -t/2 \leqslant z \leqslant t/2}} = 2\sigma z/t, \quad (\tau_{zr})_{\substack{r=a \\ -t/2 \leqslant z \leqslant t/2}} = 0 \tag{6-50b}$$

（2）选择应力分量的函数形式。根据 $F_r = F_z = 0$（不计体力）及边界条件（6-50a）与条件（6-50b），可试选应力分量的函数形式为（式中 σ 为常数）

$$\sigma_r = 2\sigma z/t, \quad \tau_{zr} = 0, \quad \sigma_z = 0 \tag{6-50c}$$

该函数满足平衡方程（6-42）第二式，若令

$$\sigma_\theta = \sigma_r = 2\sigma z/t \tag{6-50d}$$

则式（6-42）第一式亦满足，并且满足式（6-48）的贝尔特拉米方程，故它就是厚圆板问题的解。

（3）求应变分量。将式（6-50c）和式（6-50d）代入式（6-48）得

$$\varepsilon_r = \varepsilon_\theta = \frac{2\sigma(1-\nu)}{Et}z, \quad \varepsilon_z = \gamma_{zr} = 0 \tag{6-50e}$$

（4）求位移分量。将式（6-50e）代入式（6-43）得

$$\begin{cases} \dfrac{\partial u_r}{\partial r} = \varepsilon_r = \dfrac{2\sigma(1-\nu)}{Et}z \\[2mm] \dfrac{u_r}{r} = \varepsilon_\theta = \dfrac{2\sigma(1-\nu)}{Et}z \\[2mm] \dfrac{\partial u_z}{\partial z} = \varepsilon_z = 0 \\[2mm] \dfrac{\partial u_r}{\partial z} + \dfrac{\partial u_z}{\partial r} = \gamma_{zr} = 0 \end{cases} \tag{6-50f}$$

由式（6-50f）的第二式直接求出

$$u_r = \frac{2\sigma(1-\nu)}{Et}rz \tag{6-50g}$$

积分式（6-50f）第一式也得到同样结果。积分式（6-50f）第三式得到

$$u_z = f(r) \tag{6-50h}$$

由式（6-50f）第四式有

$$\frac{\partial f(r)}{\partial r} = -\frac{\partial u_r}{\partial z} = -\frac{2\sigma(1-\nu)}{Et}r \tag{6-50i}$$

积分式（6-50i）得到

$$u_z = f(r) = -\frac{\sigma(1-\nu)}{Et}r^2 + c_1 r + c_2 \tag{6-50j}$$

式中，常数 c_1 和 c_2 由约束条件确定。根据题设，约束条件可写为

$$(u_z)_{r=a, z=0} = 0, \quad \left(\frac{\partial u_z}{\partial r}\right)_{r=0, z=0} = 0 \tag{6-50k}$$

由式(6-50k)第二式得到 $c_1 = 0$，由其第一式得到 $c_2 = \dfrac{\sigma(1-\nu)}{Et}a^2$。故最后的位移分量为

$$u_r = \frac{2\sigma(1-\nu)}{Et}rz \ , \quad u_z = \frac{\sigma(1-\nu)a^2}{Et}\left(1 - \frac{r^2}{a^2}\right) \tag{6-50l}$$

(5)结果分析。一般来说，在侧表面按线性分布的表面应力在工程上有时难以实现，这时可以用沿周边均匀分布的力偶矩来代替。其大小为

$$M = \int_{-t/2}^{t/2} \tilde{F}_r z \mathrm{d}z = \int_{-t/2}^{t/2} \frac{2\sigma}{t} z^2 \mathrm{d}z = \frac{\sigma t^3}{6t} \tag{6-50m}$$

这样一来，若以 $\sigma = \dfrac{6M}{t^2}$ 代入式(6-50c)、式(6-50d)、式(6-50k)，则可得到用 M 表示的结果：

$$\sigma_r = \sigma_\theta = \frac{12M}{t^3}z, \ \sigma_z = 0, \ \tau_{zr} = 0 \tag{6-50n}$$

$$u_r = \frac{12M(1-\nu)}{Et^3}rz \ , \quad u_z = \frac{6M(1-\nu)a^2}{Et^3}\left(1 - \frac{r^2}{a^2}\right) \tag{6-50o}$$

分析位移结果可以看出厚圆板的变形情况：①中性层没有产生径向位移；②中性层垂直板面方向的位移是 r^2 的二次函数，形状为开口向下的抛物面；③厚板中心点的位移最大，侧表面产生了绕中间周线的旋转角。上述变形情况可综合为

$$(u_r)_{r=0,z=0} = 0 \ , \quad (u_z)_{r=0,z=0} = \frac{6M(1-\nu)a^2}{Et^3} \ , \quad \left(\frac{\partial u_z}{\partial r}\right)_{r=a,z=0} = -\frac{12Ma(1-\nu)}{Et^3} \tag{6-50p}$$

式(6-50p)中第二式是中面的最大位移，为沿 z 轴正方向移动的距离。

2. 空间轴对称问题的通解(一般解)

空间轴对称方程(6-45a)的齐次方程为

$$\begin{cases} \left(\nabla^2 u_r - \dfrac{u_r}{r^2}\right) + \dfrac{1}{1-2\nu}\dfrac{\partial \theta}{\partial r} = 0 \\[2mm] \nabla^2 u_z + \dfrac{1}{1-2\nu}\dfrac{\partial \theta}{\partial z} = 0 \end{cases} \tag{6-51}$$

将位移表示为空间轴对称形式的胡海昌一般解，即

$$\begin{cases} u_r = -\dfrac{\partial}{\partial r \partial z}F \\[2mm] u_z = 2(1-\nu)\nabla^2 F - \dfrac{\partial^2 F}{\partial z^2} \end{cases} \tag{6-52}$$

式中，

$$\nabla^4 F = 0 \tag{6-53}$$

将式(6-52)代入几何方程(6-43)求出应变：

$$\begin{cases} \varepsilon_r = \dfrac{\partial u_r}{\partial r} = -\dfrac{\partial^3 F}{\partial r^2 \partial z} \\[2ex] \varepsilon_\theta = \dfrac{u_r}{r} = -\dfrac{\partial^2 F}{r \partial r \partial z} \\[2ex] \varepsilon_z = \dfrac{\partial u_z}{\partial z} = \left[2(1-\nu)\dfrac{\partial}{\partial z}\nabla^2 F - \dfrac{\partial^3 F}{\partial z^3} \right] \\[2ex] \gamma_{zr} = \gamma_{rz} = 2\dfrac{\partial}{\partial r}\left[(1-\nu)\nabla^2 - \dfrac{\partial^2}{\partial z^2} \right] F \end{cases} \tag{6-54}$$

再由物理方程(6-44)求出应力分量：

$$\begin{cases} \sigma_r = 2G\dfrac{\partial}{\partial z}\left(\nu\nabla^2 - \dfrac{\partial^2}{\partial r^2} \right) F \\[2ex] \sigma_\theta = 2G\dfrac{\partial}{\partial z}\left(\nu\nabla^2 - \dfrac{1}{r}\dfrac{\partial}{\partial r} \right) F \\[2ex] \sigma_z = 2G\dfrac{\partial}{\partial z}\left[(2-\nu)\nabla^2 - \dfrac{\partial^2}{\partial z^2} \right] F \\[2ex] \tau_{zr} = \tau_{rz} = 2G\dfrac{\partial}{\partial r}\left[(1-\nu)\nabla^2 - \dfrac{\partial^2}{\partial z^2} \right] F \end{cases} \tag{6-55}$$

通过直接验证可知，式(6-55)满足平衡方程和贝尔特拉米方程(这里研究齐次解，体力等于零)。这样，可以根据给定的轴对称物体的几何形状和边界情况，或选择位移解法，或选择应力解法，使问题都归结为选择一个重调和函数 F 的问题。最后只须满足边界条件便可求出问题的解答。重调和函数是数学中研究比较清楚的一部分。例如：zR^{-1}，$\ln r$，$(R+r)\ln r$，R，$z\ln r$，$z\ln(R+z)$，$z^2\ln r$，$r^2 z$，z^3，$z^3\ln r$，R^{-1}，zR^{-3}，$(r^2-2z^2)R^{-5}$ 等(上面各式中 $R = \sqrt{r^2+z^2}$)都是三维空间轴对称的重调和函数。

6.4 几个著名的弹性空间问题

6.4.1 无限体内受集中力作用

无限体内受集中力作用的问题称为凯尔文问题(Kelvin problem)。如果选择力作用点为坐标原点 O 且 z 坐标轴与作用力 P 的方向重合，则受力空间具有两个特征，即关于 z 轴空间轴对称和关于通过原点垂直 z 平面的反称，这对选择求解方法很重要，当然求解方法不是唯一的。这里选择胡海昌一般解求解。胡海昌轴对称解只须寻求一个重调和函数 F，即可将位移、应力表示为式(6-52)、式(6-55)的形式。为了选择适合该问题的重调和函数，采用量纲分析法。应力量纲为[力][长度]$^{-2}$，集中力量纲为[力]。由式(6-55)可见，应力与集中力成正比 $(\sigma \propto P)$，在长度上 F 比应力高三次幂，因此要保持等式两端量纲相同，F 必须选择一次幂的轴对称函数。故求解该问题可试设重调和函数：

$$F = AR \tag{6-56a}$$

式中，A 为待定常数，而

$$R = \sqrt{r^2 + z^2} \tag{6-56b}$$

将式(6-56b)代入式(6-52)和式(6-55)分别得到

$$u_r = A\frac{rz}{R^3}, u_z = A\left(\frac{3-4v}{R} + \frac{z^2}{R^3}\right) \tag{6-56c}$$

$$
\begin{cases}
\sigma_r = 2GA\left[\frac{(1-2v)z}{R^3} - \frac{3r^2z}{R^5}\right] \\[2mm]
\sigma_\theta = 2GA\left[\frac{(1-2v)z}{R^3}\right] \\[2mm]
\sigma_z - 2GA\left[\frac{(1-2v)z}{R^3} + \frac{3z^3}{R^5}\right] \\[2mm]
\tau_{zr} = \tau_{rz} = -2GA\left[\frac{(1-2v)r}{R^3} + \frac{3rz^2}{R^5}\right]
\end{cases} \tag{6-56d}
$$

通常，待定常数由边界条件确定，但是对于该问题，应力场是无限域，需要另找一个定解条件。任何在外力作用下处于平衡状态下的物体，取其中任何部分都必然处于平衡状态，因此可以切取包括力 P 在内的以 z 为对称轴、半径 $r = a$、高度 $z = 2h$ 关于垂直 z 轴对称面对称的圆柱体作为隔离体。隔离体上 z 方向的应力按正方向绘于图6-6(b)上，其上、下表面上沿 z 向有分布应力 $(\sigma_z)_{z=-h}$ 和 $(\sigma_z)_{z=h}$，圆柱面上的剪应力为 $(\tau_{rz})_{r=a}$，列出其平衡条件便可求出 A。对于凯尔文问题，在力的作用点附近应力场具有奇异性，远离奇异点，应力将逐渐衰减，当 $a \to \infty$ 时柱面剪应力 $(\tau_{rz})_{r=a} \to 0$，可以忽略在平衡条件中的影响。因此在 z 方向的平衡条件为

$$\int_0^\infty 2\pi r dr(\sigma_z)_{z=-h} - \int_0^\infty 2\pi r dr(\sigma_z)_{z=h} = P \tag{6-56e}$$

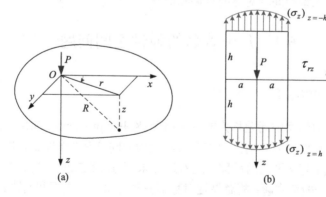

图 6-6

将式(6-56d)中的 σ_z 代入式(6-56e)，当 $z = $ 常数时，$rdr = RdR$，则得到

$$8\pi GA\left[(1-2v)h\int_0^\infty \frac{dR}{R^2} + 3h^3\int_0^\infty \frac{dR}{R_4}\right] = P \tag{6-56f}$$

积分后得到

$$A = \frac{P}{16\pi(1-\nu)G} \tag{6-56g}$$

将 A 代回式 (6-56c) 和式 (6-56d) 即得到凯尔文问题的位移和应力解答:

$$u_r = \frac{P}{16(1-\nu)\pi RG}\frac{rz}{R^2}, \quad u_z = \frac{P}{16(1-\nu)\pi RG}\left[(3-4\nu)+\frac{z^2}{R^2}\right] \tag{6-57}$$

$$\begin{cases} \sigma_r = \frac{P}{8\pi R^2(1-\nu)}\left[(1-2\nu)\frac{z}{R}-\frac{3r^2z}{R^3}\right] \\[2mm] \sigma_\theta = \frac{(1-2\nu)P}{8\pi R^2(1-\nu)}\frac{z}{R} \\[2mm] \sigma_z = -\frac{P}{8\pi R^2(1-\nu)}\left[(1-2\nu)\frac{z}{R}+\frac{3z^3}{R^3}\right] \\[2mm] \tau_{zr} = \tau_{rz} = -\frac{P}{8\pi R^2(1-\nu)}\left[(1-2\nu)\frac{r}{R}+\frac{3rz^2}{R^3}\right] \end{cases} \tag{6-58}$$

6.4.2　半空间体边界平面上受一法向集中力作用

　　半空间体边界平面上受一法向集中力作用问题称
为波西涅斯克问题 (Boussinesq problem),如图 6-7 所示。
显见,它具有空间轴对称特性。因此,可以选择与凯尔
文问题相同的方法按胡海昌一般解求解该问题。而与凯
尔文问题不同之处是有一个边界表面,必须满足此处的
应力边界条件,所以在选择重调和函数时应该增加新项。
现按如下步骤求解波西涅斯克问题。

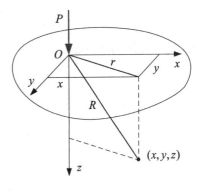

图 6-7

　　(1) 写出边界条件和定解条件。

$$(\sigma_z)_{\substack{z=0\\r=0}} = 0, \quad (\tau_{zr})_{\substack{z=0\\r=0}} = 0 \tag{6-59a}$$

$$\int_0^\infty 2\pi r\mathrm{d}r\sigma_z + P = 0 \tag{6-59b}$$

　　(2) 选择重调和函数。根据前面的分析和量纲分析,可以试选一次轴对称重调和函数:

$$F = A_1R + A_2[z\ln(R+z)-R] \tag{6-59c}$$

式中, A_1、A_2 为待定常数,而

$$R = \sqrt{r^2+z^2} \tag{6-59d}$$

　　(3) 求出位移、应力公式。将式 (6-59c) 代入式 (6-52) 和式 (6-55) 分别得到

$$\begin{cases} u_r = A_1\frac{rz}{R^3} - A_2\frac{r}{R(R+z)} \\[2mm] u_z = A_1\left[(3-4\nu)\frac{1}{R}+\frac{z^2}{R^3}\right] - A_2\frac{1}{R} \end{cases} \tag{6-59e}$$

$$\begin{cases} \sigma_r = 2G\left\{ A_1\left[(1-2\nu)\dfrac{z}{R^3} - 3\dfrac{r^2 z}{R^5} \right] + A_2\left[\dfrac{1}{R(R+z)} - \dfrac{z}{R^3} \right] \right\} \\[2mm] \sigma_\theta = 2G\left(A_1\left[(1-2\nu)\dfrac{z}{R^3} \right] - A_2\left[\dfrac{1}{R(R+z)} \right] \right) \\[2mm] \sigma_z = 2G\left(A_1\left[-(1-2\nu)\dfrac{z}{R^3} - \dfrac{3z^3}{R^5} \right] + A_2\left[\dfrac{z}{R^3} \right] \right) \\[2mm] \tau_{zr} = \tau_{rz} = 2G\left(A_1\left[-(1-2\nu)\dfrac{r}{R^3} - \dfrac{3z^2 r}{R^5} \right] + A_2\left[\dfrac{r}{R^3} \right] \right) \end{cases} \tag{6-59f}$$

(4) 确定待定常数。由 σ_z 可见，式 (6-59a) 的第一式自然满足，将 τ_{zr} 代入其第二式得出

$$A_2 = (1-2\nu)A_1 \tag{6-59g}$$

由式 (6-59b) 和 σ_z 并注意到 $r\mathrm{d}r = R\mathrm{d}R$，则有

$$4\pi G\int_0^\infty \left\{ A_1\left[-\dfrac{(1-2\nu)}{R^3} - \dfrac{3z^3}{R^5} \right] + A_2\left[\dfrac{z}{R^3} \right] \right\} R\mathrm{d}R = -P \tag{6-59h}$$

考虑到式 (6-59g)，在 z 值固定的平面上积分，式 (6-59h) 则得到

$$A_1 = \dfrac{P}{4\pi G}, \quad A_2 = \dfrac{(1-2\nu)}{4\pi}\dfrac{P}{G} \tag{6-59i}$$

将 A_1、A_2 代回式 (6-59e) 和式 (6-59f) 即得到位移和应力：

$$\begin{cases} u_r = -\dfrac{P}{4\pi RG}\left[(1-2\nu)\dfrac{r}{R+z} - \dfrac{rz}{R^2} \right] \\[3mm] u_z = \dfrac{P}{4\pi RG}\left[2(1-\nu) + \dfrac{z^2}{R^2} \right] \end{cases} \tag{6-60}$$

$$\begin{cases} \sigma_r = \dfrac{P}{2\pi R^2}\left[\dfrac{(1-2\nu)R}{(R+z)} - \dfrac{3r^2 z}{R^3} \right] \\[3mm] \sigma_\theta = -\dfrac{(1-2\nu)P}{2\pi R^2}\left[\dfrac{R}{(R+z)} - \dfrac{z}{R} \right] \\[3mm] \sigma_z = -\dfrac{3P}{2\pi R^2}\dfrac{z^3}{R^3} \\[3mm] \tau_{zr} = \tau_{rz} = -\dfrac{3P}{2\pi R^2}\dfrac{z^2 r}{R^3} \end{cases} \tag{6-61}$$

最后，考察边界平面的法向位移。由 u_z 的表达式可见，在表面上有

$$(u_z)_{\substack{z=0 \\ r\neq 0}} = \dfrac{(1-\nu^2)P}{E\pi r} \tag{6-62}$$

式 (6-62) 称为波西涅斯克公式，用来计算工程上的地基沉陷。另外它也用于分析接触问题，详见第 9 章。

6.4.3 半空间体边界平面上受一切向集中力作用

半空间体边界平面上受一切向集中力作用的问题称为塞路蒂问题（Cerruti problem），如图 6-8 所示。这里选择伽辽金一般解按直角坐标求解。其表面边界条件为

$$(\sigma_z)_{\substack{z=0 \\ r\neq 0}} = 0, \quad (\tau_{zx})_{z=0} = 0, \quad (\tau_{zy})_{\substack{z=0 \\ r\neq 0}} = 0 \tag{6-63a}$$

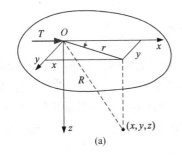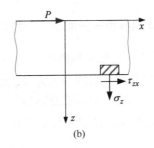

图 6-8

另外，根据平衡原理，切取由边界表面与其 $z=h$ 平行面构成的无限平面体必然处于平衡状态，平面整体平衡条件为

$$\int_{-\infty}^{\infty}\int_{-\infty}^{\infty}\tau_{zx}\mathrm{d}x\mathrm{d}y + T = 0 \tag{6-63b}$$

根据前面提到的量纲分析，伽辽金向量应选一次幂重调和函数。试选为

$$a_1 = AR + B[z\ln(R+z) - R], \quad a_2 = 0, \quad a_3 = Cx\ln(R+z) \tag{6-63c}$$

式中，A、B、C 为待定常数，$R = \sqrt{x^2+y^2+z^2}$。将式 (6-63c) 代入式 (6-2)、式 (6-3) 求出位移、应力公式，然后利用式 (6-63a)、式 (6-63b) 便可求出待定常数：

$$A = \frac{T(1+\nu)}{2\pi E}, \quad B = \frac{(1-\nu^2)(1-2\nu)T}{\pi E}, \quad C = \frac{(1+\nu)(1-2\nu)T}{2\pi E}$$

略去烦琐的计算过程给出最后的位移、应力表达式：

$$\begin{cases} u = \dfrac{T(1+\nu)}{2\pi RE}\left\{\left[1 + \dfrac{x^2}{R^2}\right] + (1-2\nu)\left[\dfrac{R}{(R+z)} - \dfrac{x^2}{(R+z)}\right]\right\} \\[3mm] v = \dfrac{T(1+\nu)}{2\pi RE}\left[\dfrac{xy}{R^2} - (1-2\nu)\dfrac{xy}{(R+z)^2}\right] \\[3mm] w = \dfrac{T(1+\nu)}{2\pi RE}\left[\dfrac{xz}{R^2} + (1-2\nu)\dfrac{x}{(R+z)}\right] \end{cases} \tag{6-64}$$

$$\left\{\begin{array}{l} \sigma_x = \dfrac{T}{2\pi R^2}\dfrac{x}{R}\left\{(1-2\nu)\left[\dfrac{R^2-y^2}{(R+z)^2}-\dfrac{2Ry^2}{(R+z)^3}\right]-\dfrac{3x^2}{R^2}\right\} \\[4mm] \sigma_y = \dfrac{T}{2\pi R^2}\dfrac{x}{R}\left\{(1-2\nu)\left[\dfrac{3R^2-x^2}{(R+z)^2}-\dfrac{2Rx^2}{(R+z)^3}\right]-\dfrac{3y^2}{R^2}\right\} \\[4mm] \sigma_z = -\dfrac{2T}{2\pi R^2}\dfrac{xz^2}{R^3}, \quad \tau_{yz}=\dfrac{3T}{2\pi R^2}\dfrac{xyz}{R^3}, \quad \tau_{zx}=-\dfrac{3T}{2\pi R^2}\dfrac{x^2z}{R^3} \\[4mm] \tau_{xy} = -\dfrac{T}{2\pi R^2}\dfrac{y}{R}\left\{(1-2\nu)\left[\dfrac{R^2-x^2}{(R+z)^2}-\dfrac{2Rx^2}{(R+z)^3}\right]+\dfrac{3x^2}{R^2}\right\} \end{array}\right. \qquad (6\text{-}65)$$

6.4.4　半空间体边界面一圆面积上受均布压力作用

设边界平面上，在以坐标原点 O 为中心、a 为半径的圆面积上作用均匀分布压力 q，求平面上任一点 M 的沉陷。波西涅斯克公式已经给出了受集中力作用的沉陷公式，显然最方便的是用叠加法求解该问题。在荷载圆内取一面元 $\mathrm{d}A$，见图 6-9(b) 的阴影部分，它是由以 M 为中心、半径为 s 和 $s+\mathrm{d}s$ 的两圆弧与夹角为 $\mathrm{d}\psi$ 的两半径围成的。下面分三种情况分别讨论。

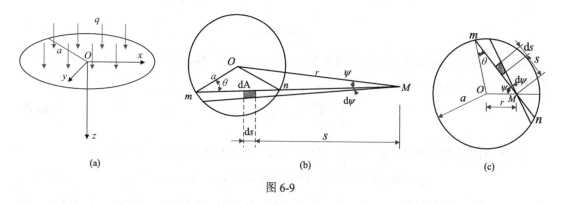

图 6-9

(1) M 在圆外 $(r>a)$。由图 6-9(b) 可见，沉陷点 M 与 O 的距离为 r，圆内某点微元面积 $\mathrm{d}A=s\mathrm{d}s\mathrm{d}\psi$，其上的荷载 $\mathrm{d}p=q\mathrm{d}A=qs\mathrm{d}s\mathrm{d}\psi$，它在点 M 引起的沉陷可由波西涅斯克公式表示为

$$\mathrm{d}u_z = \frac{(1-\nu^2)qs\mathrm{d}s\mathrm{d}\psi}{E\pi s} \qquad (6\text{-}66\mathrm{a})$$

因此，圆面积上全部荷载在点 M 引起的总沉陷化为

$$u_z = \frac{(1-\nu^2)q}{E\pi}\iint \mathrm{d}s\mathrm{d}\psi \qquad (6\text{-}66\mathrm{b})$$

所以，剩下的问题就是计算积分。注意到 $mn=2\sqrt{a^2-r^2\sin^2\psi}$，并在对 ψ 积分时考虑到对称性，则得到

$$u_z = \frac{4(1-\nu^2)q}{E\pi}\int_0^{\psi_1}\sqrt{a^2-r^2\sin^2\psi}\,\mathrm{d}\psi \qquad (6\text{-}66\mathrm{c})$$

又由图 6-9(b) 可见，$a\sin\theta = r\sin\psi$，故

$$\mathrm{d}\psi = \frac{a\cos\theta}{r\cos\psi}\mathrm{d}\theta, \quad \cos\psi = \sqrt{1-\sin^2\psi}$$

所以

$$\mathrm{d}\psi = \frac{a\cos\theta}{r\sqrt{1-\dfrac{a^2\sin^2\theta}{r^2}}}\mathrm{d}\theta$$

由图 6-9(b)得 $\sqrt{a^2-r^2\sin^2\psi}=a\cos\theta$，可以导出

$$\cos\theta = \sqrt{1-\frac{a^2}{r^2}\sin^2\theta}$$

由此将对 ψ 的积分转化为对 θ 的积分，而积分限由 $\psi(0\to\psi_1)$ 变换为 $\theta\left(0\to\dfrac{\pi}{2}\right)$。于是，最后得到在平面圆面积上作用平均荷载时在圆外任一点的沉陷公式：

$$
\begin{aligned}
u_z &= \frac{4(1-v^2)q}{E\pi}\int_0^{\frac{\pi}{2}} \frac{a^2\cos^2\theta\mathrm{d}\theta}{r\sqrt{1-\dfrac{a^2\sin^2\theta}{r^2}}} \\
&= \frac{4(1-v^2)qr}{E\pi}\left[\int_0^{\frac{\pi}{2}} r\sqrt{1-\frac{a^2\sin^2\theta}{r^2}}\,\mathrm{d}\theta - \left(1-\frac{a^2}{r^2}\right)\right]\int_0^{\frac{\pi}{2}}\frac{\cos^2\theta\mathrm{d}\theta}{r\sqrt{1-\dfrac{a^2\sin^2\theta}{r^2}}}
\end{aligned}
\tag{6-66d}
$$

(2) M 在圆周上 $(r=a)$。将 $r=a$ 代入式(6-66d)得到

$$(u_z)_{z=a} = \frac{4(1-v^2)qa}{E\pi}\int_0^{\frac{\pi}{2}}\cos\theta\mathrm{d}\theta = \frac{4(1-v^2)qa}{E\pi} \tag{6-66e}$$

(3) M 在圆周内 $(r<a)$。见图 6-9(c)。考虑由阴影面元上的荷载 $qs\mathrm{d}s\mathrm{d}\psi$ 所引起的总沉陷仍为式(6-66b)，只是对 s 积分时弦长改为 $mn=2a\cos\theta$，积分限为 $\psi(0\to\pi/2)$，所以此时积分式(6-66b)写为

$$u_z = \frac{4(1-v^2)q}{E\pi}\int_0^{\frac{\pi}{2}}a\cos\theta\mathrm{d}\psi \tag{6-66f}$$

又因为 $a\sin\theta = r\sin\psi$，所以

$$u_z = \frac{4(1-v^2)qa}{E\pi}\int_0^{\frac{\pi}{2}}\sqrt{1-\frac{a^2\sin^2\psi}{r^2}}\mathrm{d}\psi \tag{6-66g}$$

综合上面三种情况的结果可以看出，最大沉陷发生在圆心处，为

$$(u_z)_{\max} = (u_z)_{z=0} = \frac{2(1-v^2)qa}{E} \tag{6-67}$$

将式(6-67)与式(6-66f)对比可知，发生在荷载中心的最大沉陷是荷载圆边界沉陷的 $\pi/2$ 倍。而对于一定的荷载集度，最大沉陷与荷载圆半径成正比。

习　题

6-1　在无限空间域内置一金属空心圆球(内、外半径分别为 a、b)，空心球外面是无限

域，为另一种弹性材料。设内表面受均布压力 q 作用，试求空心圆球及其外域的应力分布。

6-2　内半径为 a、外半径为 b 的空心圆球，泊松比为 μ，外面被固定而内面受均布压力 q。试求最大的径向位移和最大的切向拉应力。

6-3　半空间体在边界平面的一个圆面积上受均布压力 q。设圆面积的半径为 a，泊松比为 μ，试求圆心下方距边界为 h 处的位移。

6-4　设有无限大弹性体(空间体)，泊松比为 μ，在体内的小洞中受集中载荷 F，如图 6-10 所示，使用勒夫位移函数 $\zeta = A_1 R$ 求解应力分量。

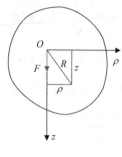

图 6-10

6-5　试验证伽辽金一般解满足拉梅方程。

6-6　试利用叠加法导出 A、B 两点作用集中力 P_A、P_B 时两点连线上的沉陷公式(A、B 之间的距离为 l)。

第 6 章部分参考答案

第7章 弹性平面问题

7.1 两种平面问题

弹性平面问题的数学描述如下：

(1) 已知的几何参数和载荷(表面力和体积力)只与两个坐标如 x 和 y 有关，而与 z 无关；

(2) 15 个未知函数中只存在 Oxy 平面内的分量，且只是 x、y 的函数，其余分量或不存在，或可以用 Oxy 平面内的分量表示；

(3) 基本方程是二维的。

在实际问题中，严格满足平面问题的要求是困难的，但是许多问题由于物体的几何形状和载荷的特殊性，可以简化为近似的平面问题。这样处理，可以使分析和计算的工作量大大减少，其结果的精度却是足够的。根据简化问题的情况，平面问题可以分为两类——平面应力问题和平面应变问题。

7.1.1 平面应力问题

(1) 几何形状特征：物体在一个坐标方向(如 z)的几何尺寸远远小于其他两个坐标方向的几何尺寸，如图 7-1 (a)所示的薄板。

(2) 载荷特征：在薄板的两个侧表面上无表面载荷，作用于边缘的表面力平行于板面，且沿厚度不发生变化，或虽沿厚度变化但对称于板的中间平面(图 7-1)，体积力亦平行于板面且沿厚度不变。

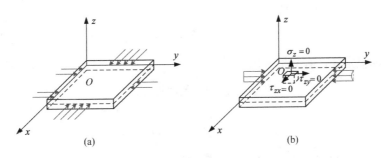

图 7-1

(3) 简化分析：如前述，一般的空间问题有 15 个待求的未知量，它们是：六个应力分量 $(\sigma_x$、σ_y、(σ_z)、τ_{xy}、$[\tau_{yz}]$、$[\tau_{zx}])$、六个应变分量 $(\varepsilon_x$、ε_y、(ε_z)、γ_{xy}、$[\gamma_{yz}]$、$[\gamma_{zx}])$、三个位移分量 $(u$、v、$(w))$。

现可根据已给特征分析判断，不经计算而预知 15 个未知量的一部分为零或接近零，或与其他分量相比小得可以忽略。

因为已知薄板两侧面无表面力作用，即

$$(\sigma_z)_{z=\pm t/2}=0, \quad (\tau_{zx})_{z=\pm t/2}=0, \quad (\tau_{zy})_{z=\pm t/2}=0$$

严格说来，在薄板内部这三个量是不为零的(图 7-2 (a))，但是由于板很薄，且在所给载荷情形下，薄板不受弯曲作用，可以认为在板内各点都有 $\sigma_z=0$，$\tau_{zx}=0$，$\tau_{zy}=0$，根据剪力互等定理，$\tau_{xz}=0$，$\tau_{yz}=0$。在应力分量里加一对方括号者，即表示它们可以忽略。于是在薄板内部就只剩下三个应力分量了，它们是 σ_x、σ_y、τ_{xy}，都属于 Oxy 平面内的应力，故称这类问题为平面应力问题。同时，由于板很薄，可以认为沿板的厚度这三个应力是均匀分布的，或虽认为沿厚度有很小的变化，但是该分析是计算其平均值，即

$$\hat{\sigma}_x=\frac{1}{t}\int_{-t/2}^{t/2}\sigma_x\mathrm{d}z, \quad \hat{\sigma}_y=\frac{1}{t}\int_{-t/2}^{t/2}\sigma_y\mathrm{d}z, \quad \hat{\tau}_{xy}=\frac{1}{t}\int_{-t/2}^{t/2}\tau_{xy}\mathrm{d}z$$

记号 $\hat{\sigma}_x$、$\hat{\sigma}_y$、$\hat{\tau}_{xy}$ 表示平均值，为书写方便，以后仍采用原来的记号(图 7-2(b))。这样一来，σ_x、σ_y、τ_{xy} 与 z 无关，即 $\sigma_x=\sigma_x(x, y)$，$\sigma_y=\sigma_y(x, y)$，$\tau_{xy}=\tau_{xy}(x, y)$。

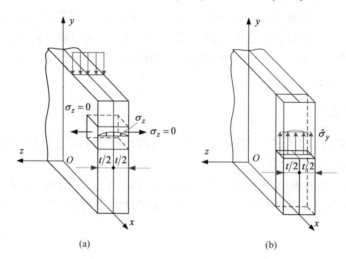

图 7-2

根据广义胡克定律，容易推导出

$$\gamma_{xz}=0, \quad \gamma_{yz}=0$$

和
$$\varepsilon_z=-\frac{\nu}{E}(\sigma_x+\sigma_y) \tag{7-1}$$

同样，在前边排列的 15 个分量中将 γ_{xz}、γ_{yz} 去掉。至于 ε_z，完全取决于 σ_x 和 σ_y，可以在求解出 σ_x、σ_y 后再计算，即 ε_z 和与它有直接关系的 z 方向位移 w 都不独立，在 15 个分量中加一对圆括号表示。

经过上述简化，具体问题抽象为平面应力问题之后，独立的未知量只有八个，且只是 x、y 的函数而与 z 无关，它们是 σ_x、σ_y、τ_{xy}、ε_x、ε_y、γ_{xy}、u、v；值得注意的是，$\varepsilon_z\neq0$，但可用式(7-1)表示。

　　实际工程中可以简化为平面应力问题的例子很多。例如，工程中的梁墙(图 7-3(a))、链条的平面链环(图 7-3(b))、被圆孔或圆槽削弱的薄板等。实际应用中，对于微度变厚度薄板、带有加强筋的薄板、平面刚架的节点区域等，只要符合前述载荷特征，也往往按平面问题计算。

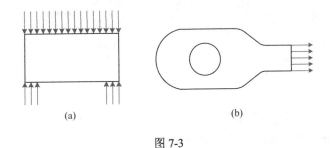

(a)　　　　　　　　　　(b)

图 7-3

7.1.2　平面应变问题

　　(1)几何形状特征：物体沿一个坐标(如 z)方向的长度很长，且所有垂直于 z 的横截面都相同，即为等直柱体；位移约束或支承条件沿 z 方向也是相同的。

　　(2)载荷特征：柱体侧表面承受的表面力以及体积力均垂直于 z，且分布规律不随 z 变化。

　　(3)简化分析：仍将一般空间问题的 15 个待求分量列出，其中加方括号者为零或可忽略的量，带圆括号者表示不独立的量。它们是：六个应力分量(σ_x、σ_y、(σ_z)、τ_{xy}、$[\tau_{yz}]$、$[\tau_{zx}]$)、六个应变分量(ε_x、ε_y、$[\varepsilon_z]$、γ_{xy}、$[\gamma_{yz}]$、$[\gamma_{zx}]$)、三个位移分量(u、v、$[w]$)。

　　现仍从已给特征上对其中一些量进行分析。在已给的特殊条件下，考察远离两端垂直于 z 的单位厚度的平面，它与相邻各层可以认为处于相同情况之下，因而近似左、右对称，不能发生沿 z 方向的位移，平面内的其他两个位移 u、v 也将与 z 无关，即

$$\begin{cases} w=0 \\ u=u(x,y) \\ v=v(x,\ y) \end{cases} \tag{7-2}$$

　　因而与 w 有直接关系的 ε_z 也因 z 方向的线素不伸长而为零，即 $\varepsilon_z=0$。由于对称性，$\tau_{zx}=0$，$\tau_{zy}=0$，因而由胡克定律得出 $\gamma_{zx}=0$，$\gamma_{zy}=0$。根据剪力互等定理和剪应变定义 $\tau_{xz}=0$，$\tau_{yz}=0$，$\gamma_{xz}=0$，$\gamma_{yz}=0$，实际上，这一结果可由几何方程(3-2)及式(7-2)得出。剩下的应变分量 ε_x、ε_y、γ_{xy} 及对应的应力分量 σ_x、σ_y、τ_{xy} 显然只与 x、y 有关。因为这类问题仅存在 Oxy 平面内的位移和应变，所以称为平面应变问题。

　　经过上述简化，具体问题抽象为平面应变问题之后，独立的只与 x、y 有关的未知分量也只有八个，且同平面应力问题的一样，不同的只是 $\sigma_z \neq 0$，由广义胡克定律，得

$$\sigma_z=\nu(\sigma_x+\sigma_y) \tag{7-3}$$

　　在实际问题中平面应变问题的例子很多，例如，挡土墙或重力坝(图 7-4(a))、炮筒(图 7-4(b))、氧气瓶、桥梁辊轴支座的柱形辊轴以及隧道等。

　　经过上述分析看出，两种平面问题并不相同，但是它们所具有的独立未知分量是相同的，都是 σ_x、σ_y、τ_{xy}、ε_x、ε_y、γ_{xy}、u、v，且只是 x、y 的函数。因此，在建立基本方程时可以用相同的方法，只是在推导过程中指明它们的差异即可。

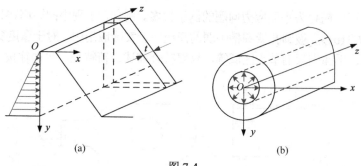

图 7-4

下面将根据第 2 章~第 5 章弹性力学空间问题的基本理论，从静力学、几何和物理三方面建立弹性力学平面问题的基本方程和边界条件。

7.2 平面问题基本方程和边界条件

1. 平衡微分方程

对于平面问题，独立的应力分量有三个 (σ_x、σ_y、τ_{xy})，且只是 x、y 的函数，因此，由空间问题的平衡微分方程简化得到平面问题的平衡微分方程：

$$\begin{cases} \dfrac{\partial \sigma_x}{\partial x} + \dfrac{\partial \tau_{xy}}{\partial y} + f_x = 0 \\ \dfrac{\partial \tau_{xy}}{\partial x} + \dfrac{\partial \sigma_y}{\partial y} + f_y = 0 \end{cases} \tag{7-4}$$

2. 几何方程

对于平面问题，应变分量有三个 (σ_x、σ_y、γ_{xy})，且只是 x、y 的函数，因此，由空间问题的几何方程简化得到平面问题的几何方程：

$$\begin{cases} \varepsilon_x = \dfrac{\partial u}{\partial x} \\ \varepsilon_y = \dfrac{\partial v}{\partial y} \\ \gamma_{yx} = \gamma_{xy} = \dfrac{\partial v}{\partial x} + \dfrac{\partial u}{\partial y} \end{cases} \tag{7-5}$$

空间问题的六个变形协调方程(相容方程和连续方程)中五个自动满足，只剩一个：

$$\frac{\partial^2 \varepsilon_x}{\partial y^2} + \frac{\partial^2 \varepsilon_y}{\partial x^2} = \frac{\partial^2 \gamma_{xy}}{\partial x \partial y} \tag{7-6}$$

3. 物理方程

1)平面应力问题(一)

根据 7.1 节的分析，对于平面应力问题，有 $\sigma_z = 0$，$\tau_{zx} = \tau_{xz} = 0$，$\tau_{zy} = \tau_{yz} = 0$，$\gamma_{zx} = \gamma_{xz} = 0$，

$\gamma_{zy} = \gamma_{yz} = 0$。对于完全弹性的均匀各向同性体，由空间问题的物理方程(本构关系)可以得到平面应力问题的物理方程，它给出了平面内的应力分量和应变分量之间的关系，它们与坐标 z 及平面外的各分量无关：

$$\begin{cases} \varepsilon_x = \dfrac{1}{E}(\sigma_x - \nu\sigma_y) \\[2mm] \varepsilon_y = \dfrac{1}{E}(\sigma_y - \nu\sigma_x) \\[2mm] \gamma_{xy} = \gamma_{yx} = \dfrac{\tau_{xy}}{G} \end{cases} \tag{7-7}$$

物理方程(7-7)与平衡方程、几何方程(或连续方程)一起组成平面应力问题的基本方程。求解基本方程后，可由式(7-1)求出 ε_z，并可由此求出薄板厚度(已知)的变化。

2) 平面应变问题(一)

根据 7.1 节的分析，对于平面应变问题，有 $\varepsilon_z = 0$，$\gamma_{zx} = \gamma_{xz} = 0$，$\gamma_{zy} = \gamma_{yz} = 0$；$\tau_{zx} = \tau_{xz} = 0$，$\tau_{zy} = \tau_{yz} = 0$。对于完全弹性的均匀各向同性体，由空间问题的物理方程(本构关系)可以得到平面应变问题的物理方程：

$$\begin{cases} \varepsilon_x = \dfrac{1-\nu^2}{E}\left(\sigma_x - \dfrac{\nu}{1-\nu}\sigma_y\right) \\[3mm] \varepsilon_y = \dfrac{1-\nu^2}{E}\left(\sigma_y - \dfrac{\nu}{1-\nu}\sigma_x\right) \\[3mm] \gamma_{xy} = \gamma_{yx} = \dfrac{\tau_{xy}}{G} \end{cases} \tag{7-8}$$

物理方程(7-8)与平衡方程、几何方程(或连续方程)一起组成平面应变问题的基本方程。如果需要求 σ_z，可在求解基本方程后由式(7-3)求得。

对比平面应力问题和平面应变问题的物理方程(7-7)和方程(7-8)，它们在形式上完全一致。若将平面应力问题物理方程(7-7)中的 E 和 ν 作如下代换：

$$E \to \frac{E}{1-\nu^2}, \quad \nu \to \frac{\nu}{1-\nu} \tag{7-9}$$

即得到平面应变问题的物理方程(7-8)，这对它的前两式是明显成立的，第三式也成立，因为在上述代换中常数 G 不变。

$$\frac{\dfrac{E}{1-\nu^2}}{2\left(1+\dfrac{\nu}{1-\nu}\right)} = \frac{E}{2(1+\nu)} = G$$

反之，若将物理方程(7-8)中的 E、ν 作如下代换：

$$E \to \frac{E(1+2\nu)}{(1+\nu)^2}, \quad \nu \to \frac{\nu}{1+\nu} \tag{7-10}$$

即得到式(7-7)。

这样，以后推导公式可按一种问题进行，由平面应力问题推得的结果可由代换式(7-9)变为平面应变问题的结果；反之，由平面应变问题推得的结果可由代换式(7-10)变为平面应力问题的结果。

在应用中，有时还需要用应变分量表示应力分量，这可直接由式(7-7)和式(7-8)得到。

3）平面应力问题(二)

$$
\begin{cases}
\sigma_x = \dfrac{E}{1-v^2}(\varepsilon_x + v\varepsilon_y) \\
\sigma_y = \dfrac{E}{1-v^2}(\varepsilon_y + v\varepsilon_x) \\
\tau_{xy} = G\gamma_{xy} = \dfrac{E}{2(1+v)}\gamma_{xy}
\end{cases}
\tag{7-11}
$$

4）平面应变问题(二)

$$
\begin{cases}
\sigma_x = \dfrac{E(1-v)}{(1+v)(1-2v)}\left(\varepsilon_x + \dfrac{v}{1-v}\varepsilon_y\right) \\
\sigma_y = \dfrac{E(1-v)}{(1+v)(1-2v)}\left(\varepsilon_y + \dfrac{v}{1-v}\varepsilon_x\right) \\
\tau_{xy} = G\gamma_{xy} = \dfrac{E}{2(1+v)}\gamma_{xy}
\end{cases}
\tag{7-12}
$$

4. 边界条件

1）位移边界条件

设平面弹性体在 S_u 边界上给定位移 $\tilde{u}$ 和 $\tilde{v}$ 是边界坐标的已知函数。作为基本方程解的位移分量 u、v 则是坐标的待求函数，当代入 S_u 边界坐标时，必须等于该点的给定位移，即要求

$$
\begin{cases}
u = \tilde{u}(\text{或}u - \tilde{u} = 0) \\
v = \tilde{v}(\text{或}v - \tilde{v} = 0)
\end{cases}
\quad (\text{在}S_u\text{上})
\tag{7-13}
$$

式(7-13)就称为弹性平面问题的位移边界条件。

2）应力边界条件

设平面弹性体在 S_σ 上给定表面力分量 $\tilde{f}_x$、$\tilde{f}_y$，它们是边界坐标的已知函数。作为基本方程解的应力分量 σ_x、σ_y、τ_{xy} 则是坐标的待求函数。在 S_σ 边界上，应力分量与给定表面力之间的关系——应力边界条件可由边界上微元体的平衡条件得

$$
\begin{cases}
l\sigma_x + m\tau_{yx} = \tilde{f}_x \\
l\tau_{xy} + m\sigma_y = \tilde{f}_y
\end{cases}
\quad (\text{在}S_\sigma\text{上})
\tag{7-14}
$$

式(7-14)称为弹性平面问题的应力边界条件。

考虑两种特殊情况下应力边界条件的表示方法。

(1) 当边界垂直 x 轴时，$l = \pm 1$，$m = 0$，式 (7-14) 变为

$$\sigma_x = \pm \tilde{f}_x, \quad \tau_{xy} = \pm \tilde{f}_y \quad (在 S_\sigma 上)$$

(2) 当边界垂直 y 轴时，$l = 0$，$m = \pm 1$，式 (7-14) 变为

$$\sigma_y = \pm \tilde{f}_y, \quad \tau_{yx} = \pm \tilde{f}_x \quad (在 S_\sigma 上)$$

由此可见，当边界线与某坐标轴垂直或平行时，应力边界条件变得十分简单，应力分量在边界上就等于相应的表面力分量，且当边界外法线与坐标轴正方向相同时，在等式右边取正号，否则取负号。注意：表面力本身还有正负号，规定与以前相同。

此外，在垂直于 x 轴的边界上，应力边界条件中不出现 σ_y，而在垂直于 y 轴的边界面上，应力边界条件中不出现 σ_x；当表面力不连续时，应分段或展为级数写出边界条件；在没有给定位移表面力为零的应力边界上，在写边界条件时不要遗漏。

例 7-1　试写出图 7-5 所示平面问题的应力边界条件。
在 $y = 0$ 的边界面上，有

$$\sigma_y = -\tilde{f}_y = -\frac{q}{L}x, \quad \tau_{xy} = 0$$

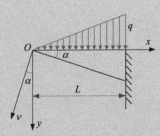

图 7-5

在 $y = x\tan\alpha$ 界面上，外法线 ν 的方向余弦为 $l = -\sin\alpha$，$m = \cos\alpha$，表面力为零，由式 (7-14) 得

$$-\sigma_x \sin\alpha + \tau_{yx}\cos\alpha = 0$$

$$-\tau_{yx} \sin\alpha + \sigma_y\cos\alpha = 0$$

注意：在应力分量中应代入边界坐标，$x = x$，$y = x\tan\alpha$。

按照边界情况，弹性力学问题一般分为三类。

(1) 位移边界问题，在边界面上全部给定位移，即全部 S_u 边界。

(2) 应力边界问题，在边界面上全部给定表面力，即全部 S_σ 边界。这时，外力（包括体力和面力）应是平衡力系。

(3) 混合边界问题，既有 S_u 边界，又有 S_σ 边界。二者可以分别给在边界表面不同的区域上，或同一区域不同方向上。

基本方程及相应的边界条件 (7-13) 和/或条件 (7-14) 构成弹性平面问题的定解问题。在求解具体问题时，寻求满足基本方程的未知函数往往并不困难；但是要使它们严格地满足边界条件很困难。对于这一点，圣维南原理有时可以提供很大的帮助。

7.3　平面问题直角坐标解

7.3.1　按应力求解

先考虑平面应力问题，前面提到的基本方程和边界条件（式 (7-4)、式 (7-6)、式 (7-7)、式 (7-13)、式 (7-14)）综合写为

$$\begin{cases} \dfrac{\partial \sigma_x}{\partial x} + \dfrac{\partial \tau_{xy}}{\partial y} + f_x = 0 \\[3mm] \dfrac{\partial \tau_{xy}}{\partial x} + \dfrac{\partial \sigma_y}{\partial y} + f_y = 0 \\[3mm] \dfrac{\partial^2 \varepsilon_x}{\partial y^2} + \dfrac{\partial^2 \varepsilon_y}{\partial x^2} = \dfrac{\partial^2 \gamma_{xy}}{\partial x \partial y} \\[3mm] \varepsilon_x = \dfrac{1}{E}(\sigma_x - \nu \sigma_y) \\[3mm] \varepsilon_y = \dfrac{1}{E}(\sigma_y - \nu \sigma_x) \\[3mm] \gamma_{xy} = \dfrac{2(1+\nu)}{E} \tau_{xy} \\[3mm] l\sigma_x + m\tau_{yx} = \tilde{f}_x \\[3mm] l\tau_{xy} + m\sigma_y = \tilde{f}_y \\[3mm] u = \tilde{u}, \quad v = \tilde{v} \\[3mm] u_i^+ = u_i^-, \quad v_i^+ = v_i^- \end{cases} \tag{7-15}$$

现在消去方程中的应变分量，保留应力分量。为此，将式(7-7)第三式代入式(7-6)，得

$$\left[\dfrac{\partial^2}{\partial y^2} \quad \dfrac{\partial^2}{\partial x^2} \quad -\dfrac{\partial^2}{\partial x \partial y} \right] \dfrac{1}{E} \begin{bmatrix} 1 & -\nu & 0 \\ -\nu & 1 & 0 \\ 0 & 0 & 2(1+\nu) \end{bmatrix} \begin{bmatrix} \sigma_x \\ \sigma_y \\ \tau_{xy} \end{bmatrix} = 0 \tag{7-16a}$$

实际上，式(7-16a)就是用应力表示的连续性方程，利用平衡方程还可以将其简化。为此，将算子行阵 $\left[\dfrac{\partial}{\partial x} \quad \dfrac{\partial}{\partial y} \right]$ 从左边乘式(7-4)的第一式，展开后两边同乘常数 $1+\nu$，得

$$(1+\nu)\dfrac{\partial^2 \sigma_x}{\partial x^2} + (1+\nu)\dfrac{\partial^2 \sigma_y}{\partial y^2} + 2(1+\nu)\dfrac{\partial^2 \tau_{xy}}{\partial x \partial y} = -(1+\nu)\left(\dfrac{\partial f_x}{\partial x} + \dfrac{\partial f_y}{\partial y} \right) \tag{7-16b}$$

将式(7-16a)、式(7-16b)相加，并注意调和算子式(5-7c)，得

$$\nabla^2 (\sigma_x + \sigma_y) = -(1+\nu)\left(\dfrac{\partial f_x}{\partial x} + \dfrac{\partial f_y}{\partial y} \right) \tag{7-16c}$$

这就是平面应力问题用应力表示的连续方程。虽然推导式(7-16c)时应用了平衡方程，但用的是求导后的平衡方程，它不能代替平衡条件，所以用应力表示的平面问题基本方程和边界条件为

$$\begin{cases} \dfrac{\partial \sigma_x}{\partial x} + \dfrac{\partial \tau_{xy}}{\partial y} + f_x = 0 \\[2mm] \dfrac{\partial \tau_{xy}}{\partial x} + \dfrac{\partial \sigma_y}{\partial y} + f_x = 0 \\[2mm] \nabla^2(\sigma_x + \sigma_y) = -(1+\nu)\left(\dfrac{\partial f_x}{\partial x} + \dfrac{\partial f_y}{\partial y}\right) \\[2mm] \sigma_x l + \tau_{xy} m = \tilde{f}_x \\[1mm] \tau_{xy} l + \sigma_y m = \tilde{f}_y \\[1mm] u = \tilde{u}, \ v = \tilde{v} \\[1mm] u_i^+ = u_i^-, \ v_i^+ = v_i^- \end{cases} \tag{7-17}$$

对平面应变问题，只须将 ν 按式(7-9)代换，因此除应力表示的连续方程变为

$$\nabla^2(\sigma_x + \sigma_y) = -\frac{1}{1-\nu}\left(\frac{\partial f_x}{\partial x} + \frac{\partial f_y}{\partial y}\right) \tag{7-18}$$

其余方程与平面应力问题在形式上完全一致。

如果体积力为零、常数或有势力，式(7-18)变为

$$\nabla^2(\sigma_x + \sigma_y) = 0 \tag{7-19}$$

这时，平面应力和平面应变问题的泛定方程和定解条件具有完全相同的形式。

在体积力为零、常数或有势力情形下，若同时物体是单连域且全部给定 S_σ 边界，没有 S_u 边界(只限定整体刚性位移的约束条件除外)，则两种平面问题的平衡方程、连续方程和应力边界条件具有完全相同的形式，而且这些方程与弹性常数无关。因此，应力解答 σ_x、σ_y 和 τ_{xy} 与弹性常数无关。这样一来，如果两个(或多个)弹性体具有完全相同的边界形状，承受相同的外力作用，那么，就不管它是哪种平面问题，也不管这些弹性体的材料是否相同，应力分量 σ_x、σ_y、τ_{xy} 的分布规律和相应点的数值完全相同；但 σ_z、应变分量和位移分量却不一定相同，一般是不相同的。

根据上述的结论，对某平面弹性体求出的应力分量 σ_x、σ_y、τ_{xy}，也适用于具有同样边界、承受同样外力其他材料的弹性体；对平面应力问题求出的 σ_x、σ_y、τ_{xy}，也适用于同样边界、同样外力的平面应变问题，反之亦然。这些结论，对于利用弹性力学解决工程问题，特别是利用数值计算时，提供了极大的方便。

此外，上述结论对于实验应力分析也是有实际意义的。在模型实验时，往往选用易于制造和易于测量的材料代替实物材料，也往往用平面应力问题的薄板代替平面应变问题的长柱体，上述结论为这些提供了极大的方便，大大地减少了对实测结果的数字转换工作。

对于多连域，尽管体积力为零、常数或有势力且只有 S_σ 边界，由于位移单值条件中往往含有 ν，一般来说应力解答将与 ν 有关。但是，若作用于每一边界上的载荷主向量为零，应力解答也将与 ν 无关，见例7-11。

如果存在 S_u 边界(包括单连域和多连域)，尽管是体积力为零、常数或有势力，其应力解

答 σ_x、σ_y、τ_{xy} 将与弹性常数(E 和/或 ν)有关。这是因为在满足 S_u 边界条件时，需要通过胡克定律由应力求出应变，在对几何方程积分求出位移，将其代入 S_u 边界条件并由此确定未定系数时出现 E、ν，见例 7-10、例 7-12。

在体积力不为零、常数或有势力的一般情形下，由于在基本方程(7-16c)中含有 ν，应力解答总是与 ν 有关的。

后面将着重研究体积力为常数或零的平面问题。平面问题的偏微分方程为

$$\begin{cases} \dfrac{\partial \sigma_x}{\partial x} + \dfrac{\partial \tau_{xy}}{\partial y} = -f_x \\[2mm] \dfrac{\partial \tau_{xy}}{\partial x} + \dfrac{\partial \sigma_y}{\partial y} = -f_y \\[2mm] \nabla^2(\sigma_x + \sigma_y) = 0 \end{cases} \tag{7-20}$$

方程(7-20)对平面应力问题和平面应变问题都适用。下面将研究其通解及在所给的定解条件下的确定解答。本节将举简单例题用逆解法或半逆解法求解。

方程(7-20)是非齐次方程，所对应的齐次方程是体积力为零的方程：

$$\begin{cases} \dfrac{\partial \sigma_x}{\partial x} + \dfrac{\partial \tau_{xy}}{\partial y} = 0 \\[2mm] \dfrac{\partial \tau_{xy}}{\partial x} + \dfrac{\partial \sigma_y}{\partial y} = 0 \\[2mm] \nabla^2(\sigma_x + \sigma_y) = 0 \end{cases} \tag{7-21}$$

根据微分方程的理论，非齐次方程的通解等于任一组特解加上对应齐次方程的通解。设方程(7-20)的一组特解为 σ_x^*、σ_y^*、τ_{xy}^*，方程(7-21)的通解为 σ_x^0、σ_y^0、τ_{xy}^0，则方程(7-20)的通解为

$$\sigma_x = \sigma_x^0 + \sigma_x^*, \quad \sigma_y = \sigma_y^0 + \sigma_y^*, \quad \tau_{xy} = \tau_{xy}^0 + \tau_{xy}^* \tag{7-22}$$

式中，特解很容易用视察法求得，如下面几组分量均可作为方程(7-20)的特解：

(1) $\sigma_x^* = -f_x \cdot x$, $\sigma_y^* = -f_y \cdot y$, $\tau_{xy}^* = 0$；

(2) $\sigma_x^* = 0$, $\sigma_y^* = 0$, $\tau_{xy}^* = -f_x \cdot y - f_y \cdot x$；

(3) $\sigma_x^* = -f_x \cdot x - f_y \cdot y$, $\sigma_y^* = -f_x \cdot x - f_y \cdot y$, $\tau_{xy}^* = 0$。

在代入已经替换式(7-19)的式(7-17)的定解条件确定系数时要用式(7-22)表示的全应力。利用式(7-22)后，基本方程和应力边界条件可以由齐次通解的应力分量表示为

$$\begin{cases} \dfrac{\partial \sigma_x}{\partial x} + \dfrac{\partial \tau_{xy}}{\partial y} = 0 \\[2mm] \dfrac{\partial \tau_{xy}}{\partial x} + \dfrac{\partial \sigma_y}{\partial y} = 0 \\[2mm] \nabla^2(\sigma_x + \sigma_y) = 0 \end{cases}$$

$$\begin{cases} \sigma_x^0 l + \tau_{xy}^0 m = \tilde{f}_x - \sigma_x^* l - \tau_{xy}^* m \\ \tau_{xy}^0 l + \sigma_y^0 m = \tilde{f}_y - \tau_{xy}^* l - \sigma_y^* m \end{cases} \tag{7-23}$$

式(7-23)的右端全为已知。这样，对于全部给定 S_σ 边界的单连域问题，就把原来求解非齐次方程(7-20)、满足应力边界条件(7-14)的问题化为求解方程(7-21)、满足应力边界条件 (7-23)的问题。这样求得的解答是齐次方程通解，代入式(7-22)得非齐次通解。对于多连域和/或具有 S_u 边界问题，基本方程和应力边界条件也可以化为式(7-21)、式(7-23)，但是不能由它们得出确定解答，必含有未知系数。这时须将求得应力代入式(7-22)，由全应力求出位移表达式，然后利用式(7-13)、式(7-14)确定未知系数。

从式(7-23)可以看出数学问题特解的力学意义，它把作为特解的体积力转化为边界力，把原来求解带体积力的问题转化为只求解边界力的问题，有时称这样的变换为"化体积力为边界力"。设由体积力转化的边界力为 $\tilde{f}_x^*$、$\tilde{f}_y^*$，由式(7-23)，有

$$\begin{cases} \tilde{f}_x^* = -\sigma_x^* l - \tau_{xy}^* m \\ \tilde{f}_y^* = -\tau_{xy}^* l - \sigma_y^* m \end{cases} \tag{7-24}$$

"化体积力为边界力"有时也会给解答具体问题及实验应力分析提供方便。例如，求解图 7-6 所示墙梁在自重作用下的应力分布。这时，体积力 $f_x = 0$，$f_y = \rho g$（ρ 为物体密度）。例如，选取第一组特解，$\sigma_x^* = -f_x \cdot x = 0$，$\sigma_y^* = -f_y \cdot y = -\rho g$，$\tau_{xy}^* = 0$。由式(7-24)，有

$$\tilde{f}_x^* = 0，\quad \tilde{f}_y^* = m\rho g h$$

在 AB 边，$y = 0$，因而 $\tilde{f}_y^* = 0$；在 AD 和 BC 边，$m = 0$，因而 $\tilde{f}_y^* = 0$；在 CD 边，$m = -1$，$y = -h$，因此 $\tilde{f}_y^* = \rho g h$，见图 7-6(b)。在利用数值法计算时，图 7-6(b)比图 7-6(a)方便；在用实验方法分析应力时，模拟图 7-6(a)的载荷比模拟图 7-6(b)的载荷麻烦得多，所以用求解图 7-6(b)代替求解图 7-6(a)是方便的。图 7-6(a)的应力分量等于图 7-6(b)的应力分量加上特解。

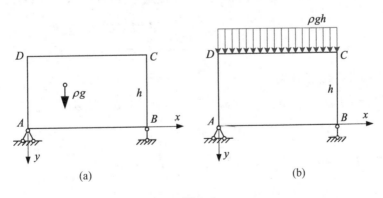

图 7-6

应当指出，选用不同的特解和不同的坐标系，所得到的替代表面力 $\tilde{f}_x^*$、$\tilde{f}_y^*$ 也不同，但这都不影响原问题的最后解答。

例 7-2　试检查图 7-7 所示简支梁的材料力学解答可否作为弹性力学解答(不计体积力)。

$$\begin{cases} \sigma_x = \dfrac{M(x)y}{I_z} = -\dfrac{q}{2I_z}\left(\dfrac{l^2}{4} - x^2\right)y \\[2mm] \tau_{xy} = \dfrac{F(x)S(y)}{tI_z} = \dfrac{q}{2I_z}\left(\dfrac{h^2}{4} - y^2\right)x \\[2mm] \sigma_y = 0 \end{cases} \tag{7-25a}$$

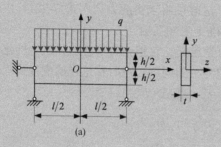
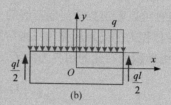

图 7-7

首先，检查平衡方程，将式(7-25a)代入式(7-4)，其中第一式满足，第二式不满足。其次，检查连续方程(7-19)，也是不满足的。边界条件也不是全部满足的，所以得出结论，简支梁的材料力学解答不满足弹性力学基本方程和边界条件，因而不能作为弹性力学解答，详细的比较见例 7-8。

例 7-3　设一三角坝，如图 7-8 所示，承受静水压力和自重作用，试确定坝体的应力分布(假定水的比重为 γ_0，坝体的比重为 γ)。

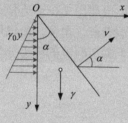

图 7-8

根据体积力 $f_x = 0$，$f_y = \gamma$，选取一组特解：

$$\sigma_x^* = 0，\quad \sigma_y^* = 0，\quad \tau_{xy}^* = -\gamma x$$

于是问题变为寻求满足方程(7-21)和边界条件：

$$\begin{cases} \sigma_x^0 l + \tau_{xy}^0 m = \tilde{f}_x + \gamma xm \\[2mm] \tau_{xy}^0 l + \sigma_y^0 m = \tilde{f}_y + \gamma xl \end{cases} \tag{7-25b}$$

的应力分量 σ_x^0、σ_y^0、τ_{xy}^0 的问题。

由式(7-25b)，在 $x=0$ 边，$m=0$，$l=-1$，$\tilde{f}_x = \gamma_0 y$，$\tilde{f}_y = 0$，所以

$$-\sigma_x^0 = \gamma_0 y，\quad \tau_{xy}^0 = 0 \tag{7-25c}$$

在 $x = y\tan\alpha$ 边，$l = \cos\alpha$，$m = -\sin\alpha$，$\tilde{f}_x = 0$，$\tilde{f}_y = 0$，所以

$$\begin{cases} \sigma_x^0 \cos\alpha - \tau_{xy}^0 \sin\alpha = -\gamma y\tan\alpha\sin\alpha \\[2mm] \tau_{xy}^0 \cos\alpha - \sigma_y^0 \sin\alpha = \gamma y\tan\alpha\cos\alpha \end{cases} \tag{7-25d}$$

在选择应力分量的具体函数形式时，对于水坝这类物体可以借助量纲分析。很容易知道，应力分量与外力成正比，题中外力由 γ_0 和 γ 给出，它们的量纲都是[力][长度]$^{-3}$，而应力分量的量纲是[力][长度]$^{-2}$，坐标 x 和 y 的量纲是[长度]，角及三角函数是无量纲，所以应力分量

应由 γx、γy、$\gamma_0 x$、$\gamma_0 y$ 组成的一次多项式表示，故可设

$$\begin{cases} \sigma_x^0 = a_1 x + b_1 y \\ \sigma_y^0 = a_2 x + b_2 y \\ \tau_{xy}^0 = a_3 x + b_3 y \end{cases} \tag{7-25e}$$

显然，这组分量是恒满足连续方程即式(7-21)第三式的，将式(7-25e)代入式(7-21)的两个平衡方程，得

$$\begin{cases} a_1 + b_3 = 0 \\ a_3 + b_2 = 0 \end{cases} \tag{7-25f}$$

再将式(7-25e)代入式(7-25c)、式(7-25d)，并注意应力分量要代入 x 在边界上的坐标，然后对比系数得到

$$\begin{cases} b_1 = -\gamma_0, \ b_3 = 0 \\ a_1 \tan\alpha\cos\alpha + b_1\cos\alpha - a_3 - \tan\alpha - b_3 - \sin\alpha = -\gamma\tan\alpha - \sin\alpha \\ a_3 \tan\alpha\cos\alpha + b_3\cos\alpha - a_2\tan\alpha\sin\alpha - b_2\sin\alpha = \gamma\tan\alpha = \cos\alpha \end{cases} \tag{7-25g}$$

联立求解方程(7-25f)、方程(7-25g)，得

$$a_1 = 0, \quad b_1 = -\gamma_0, \quad a_2 = \frac{\gamma}{\tan\alpha} - \frac{2\gamma_0}{\tan^3\alpha}$$

$$b_2 = \frac{\gamma_0}{\tan^2\alpha} - \gamma, \quad a_3 = \gamma - \frac{\gamma_0}{\tan^2\alpha}, \quad b_3 = 0$$

将求得系数代入式(7-25e)，并由式(7-22)，得

$$\begin{cases} \sigma_x = \sigma_x^0 + \sigma_x^* = -\gamma_0 y \\ \sigma_y = \sigma_y^0 + \sigma_y^* = \left(\dfrac{\gamma}{\tan\alpha} - \dfrac{2\gamma_0}{\tan^3\alpha}\right)x + \left(\dfrac{\gamma_0}{\tan^2\alpha} - \gamma\right)y \\ \tau_{xy} = \tau_{xy}^0 + \tau_{xy}^* = -\dfrac{\gamma_0}{\tan^2\alpha}x \end{cases} \tag{7-26}$$

应当指出，这是理想坝体的解答，对于坝顶有限宽度、坝身有限长度的坝体不适用，这时，可采用有限元得到可靠的数值解。另外，例中用到的量纲分析法，对具有有限几何尺寸的弹性体一般是不适用的。

7.3.2　按应力函数求解

本节将根据 7.3.1 节得到的用应力分量表示的弹性平面问题基本方程(7-17)，继续研究它的求解问题。式(7-17)是包含两个一阶、一个二阶的两个自变量、三个未知函数的常系数线性偏微分方程组，属于椭圆形，总阶次是四阶，每一边恰好对应两个边界条件。现在的目标是继续减少未知函数的数目，以利于求解。为此，从齐次方程(7-21)开始，首先求出它的一般解。为简便，设

$$\begin{cases} \dfrac{\partial}{\partial x} = A, \ \dfrac{\partial}{\partial y} = B \\ \dfrac{\partial^2}{\partial x^2} = A^2, \ \dfrac{\partial^2}{\partial y^2} = B^2, \ \dfrac{\partial^2}{\partial x\partial y} = AB \end{cases} \tag{7-27a}$$

这时，式(7-21)中的平衡方程可写为

$$\begin{cases} A\sigma_x^0 + B\tau_{xy}^0 = 0 \\ A\tau_{xy}^0 + B\sigma_y^0 = 0 \end{cases} \tag{7-27b}$$

于是

$$\sigma_x^0 = -\frac{B}{A}\tau_{xy}^0, \quad \sigma_y^0 = -\frac{A}{B}\tau_{xy}^0 \tag{7-27c}$$

但是，算子不能施行除法，故必有某函数 φ 存在，使

$$\tau_{xy}^0 = -AB\varphi \tag{7-27d}$$

成立，φ 是任意函数。将式(7-27d)代回式(7-27c)，得

$$\sigma_x^0 = B^2\varphi, \quad \sigma_y^0 = A^2\varphi$$

于是有

$$\sigma_x^0 = \frac{\partial^2\varphi}{\partial y^2}, \quad \sigma_y^0 = \frac{\partial^2\varphi}{\partial x^2}, \quad \tau_{xy}^0 = -\frac{\partial^2\varphi}{\partial x\partial y} \tag{7-27e}$$

对于不熟悉算子运算的读者，可直接按式(7-27e)设定应力分量，它使得平衡方程恒被满足。将式(7-27e)代入式(7-21)的连续方程，就得到函数 φ 的控制方程：

$$\left(\frac{\partial^2}{\partial x^2} + \frac{\partial^2}{\partial y^2}\right)\left(\frac{\partial^2\varphi}{\partial x^2} + \frac{\partial^2\varphi}{\partial y^2}\right) = 0 \text{ 或 } \frac{\partial^4\varphi}{\partial x^4} + \frac{\partial^4\varphi}{\partial x^2\partial y^2} + \frac{\partial^4\varphi}{\partial y^4} = 0 \tag{7-28}$$

简写为

$$\nabla^2\nabla^2\varphi = 0 \text{ 或 } \nabla^4\varphi = 0 \tag{7-29}$$

这就是 φ 表示的连续方程。按式(7-27e)表征应力分量的函数 φ 称为平面问题的应力函数或艾里函数。式(7-28)指明，若将艾里函数作为应力分量的一般解，它必须满足重调和方程。

若将式(7-27e)代入式(7-22)，就得到常体积力或体积力有势时应力分量一般解表达式：

$$\sigma_x = \frac{\partial^2\varphi}{\partial y^2} + \sigma_x^*, \quad \sigma_y = \frac{\partial^2\varphi}{\partial x^2} + \sigma_y^*, \quad \tau_{xy} = -\frac{\partial^2\varphi}{\partial x\partial y} + \tau_{xy}^* \tag{7-30}$$

当体积力为零时，式(7-30)变为

$$\sigma_x = \frac{\partial^2\varphi}{\partial y^2}, \quad \sigma_y = \frac{\partial^2\varphi}{\partial x^2}, \quad \tau_{xy} = -\frac{\partial^2\varphi}{\partial x\partial y} \tag{7-31}$$

式(7-30)满足非齐次方程(7-20)，只要 φ 是重调和函数。于是把问题归结为寻求一重调和函数 φ，使之满足边界条件 (7-13)和条件(7-14)的问题，多连域还应满足式(7-15)。

应力边界条件也可用应力函数表示，为此，将式(7-30)代入式(7-14)，得

$$\begin{cases} l\dfrac{\partial^2\varphi}{\partial y^2} - m\dfrac{\partial^2\varphi}{\partial x\partial y} = \tilde{f}_x - \sigma_x^* l - \tau_{xy}^* m \\ -l\dfrac{\partial^2\varphi}{\partial x\partial y} + m\dfrac{\partial^2\varphi}{\partial x^2} = \tilde{f}_y - \tau_{xy}^* l - \sigma_y^* m \end{cases} \tag{7-32}$$

令

$$\begin{cases} \tilde{f}_{xs} = \tilde{f}_x - \sigma_x^* l - \tau_{xy}^* m \\ \tilde{f}_{ys} = \tilde{f}_y - \tau_{xy}^* l - \sigma_y^* m \end{cases}$$

则式(7-32)变为

$$\begin{cases} l\dfrac{\partial^2 \varphi}{\partial y^2} - m\dfrac{\partial^2 \varphi}{\partial x \partial y} = \tilde{f}_{xs} \\ -l\dfrac{\partial^2 \varphi}{\partial x \partial y} + m\dfrac{\partial^2 \varphi}{\partial x^2} = \tilde{f}_{ys}^{*} \end{cases} \tag{7-33}$$

综合上述分析，若应力分量用应力函数 φ 按式(7-30)给出，则 φ 的泛定方程和定解条件归结为

$$\begin{cases} \nabla^4 \varphi = 0 \\ l\dfrac{\partial^2 \varphi}{\partial y^2} - m\dfrac{\partial^2 \varphi}{\partial x \partial y} = \tilde{f}_{xs} \\ -l\dfrac{\partial^2 \varphi}{\partial x \partial y} + m\dfrac{\partial^2 \varphi}{\partial x^2} = \tilde{f}_{ys} \\ u = \tilde{u}, \quad v = \tilde{v} \\ u_i^+ = u_i^-, \quad v_i^+ = v_i^- \end{cases} \tag{7-34}$$

应力函数有以下主要性质。

(1)应力函数中的线性项不影响应力，若 φ_1 是某问题的应力函数，则

$$\varphi = \varphi_1 + ax + by + c$$

同样可以作为该问题的应力函数，任意常数 a、b、c 可以这样来选定，使得在某给定点 $A_0(x_0, y_0)$ 有

$$(\varphi)_{A0} = 0, \quad \left(\frac{\partial \varphi}{\partial x}\right)_{A0} = 0, \quad \left(\frac{\partial \varphi}{\partial y}\right)_{A0} = 0$$

(2)应力函数导数的力学意义。

将上述的 $A_0(x_0, y_0)$ 取于弹性体的边界上，并从 A_0 起计算边界的弧长 s。s 的正方向是这样规定的，即按正向环绕边界时使物体总在左边。由图 7-9 知，边界外法线 ν 的方向余弦为

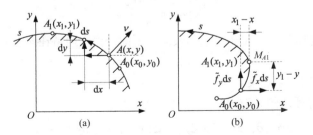

图 7-9

$$\begin{cases} l = \cos(\nu,x) = \dfrac{dy}{ds} = \dfrac{dx}{dn} = \cos(s,y) \\[3mm] m = \cos(\nu,y) = -\dfrac{dx}{ds} = \dfrac{dy}{dn} = -\cos(s,x) \end{cases} \tag{7-35}$$

式中，$\dfrac{d}{ds}$ 表示沿 s 的导数，$\dfrac{d}{dn}$ 表示沿法向 ν 的导数。于是，边界条件式(7-33)可以写为

$$\begin{cases} \dfrac{\partial}{\partial y}\left(\dfrac{\partial \varphi}{\partial y}\right)\dfrac{dy}{ds} + \dfrac{\partial}{\partial y}\left(\dfrac{\partial \varphi}{\partial x}\right)\dfrac{dx}{ds} = \dfrac{d}{ds}\left(\dfrac{\partial \varphi}{\partial y}\right) = \tilde{f}_{xs} \\[4mm] -\dfrac{\partial}{\partial y}\left(\dfrac{\partial \varphi}{\partial x}\right)\dfrac{dy}{ds} - \dfrac{\partial}{\partial x}\left(\dfrac{\partial \varphi}{\partial x}\right)\dfrac{dx}{ds} = -\dfrac{d}{ds}\left(\dfrac{\partial \varphi}{\partial x}\right) = \tilde{f}_{ys} \end{cases}$$

将上式沿 s 积分，得

$$\begin{cases} \left(\dfrac{\partial \varphi}{\partial y}\right)_{A1} = \displaystyle\int_0^{s1} \tilde{f}_{xs}\,ds = F_{Rx}^{(s)} \\[4mm] \left(\dfrac{\partial \varphi}{\partial x}\right)_{A1} = -\displaystyle\int_0^{s1} \tilde{f}_{ys}\,ds = -F_{Ry}^{(s)} \end{cases} \tag{7-36}$$

积分的上限 s_1 是边界弧 A_0A_1 的长。等式右端的 $F_{Rx}^{(s)}$、$F_{Ry}^{(s)}$ 是加在边界 A_0A_1 段上表面应力合力主向量在 x 轴和 y 轴上的投影。

因此，应力函数 φ 对 y 和 x 的偏导数 $\partial\varphi/\partial y$ 及 $-\partial\varphi/\partial x$ 在周界上 A_1 点的值分别等于表面应力在弧段 A_0A_1 上的合力主向量在 x 轴和 y 轴上的投影。

有时，利用 φ 对边界线法向和切向导数更为方便。根据式(3-12)，有

$$\begin{bmatrix} \dfrac{\partial}{\partial n} \\[3mm] \dfrac{\partial}{\partial s} \end{bmatrix} = \begin{bmatrix} l_1 & m_1 \\ l_2 & m_2 \end{bmatrix} \begin{bmatrix} \dfrac{\partial}{\partial x} \\[3mm] \dfrac{\partial}{\partial y} \end{bmatrix}$$

力向量 $F_{Rx}^{(s)}$、$F_{Ry}^{(s)}$ 也按同样关系转换，因此由式(7-36)，得

$$\begin{cases} \left(\dfrac{\partial \varphi}{\partial s}\right)_{A1} = F_{Rn}^{(s)} \\[4mm] \left(\dfrac{\partial \varphi}{\partial n}\right)_{A1} = -F_{Rs}^{(s)} \end{cases} \tag{7-37}$$

式中，$F_{Rn}^{(s)}$ 和 $F_{Rs}^{(s)}$ 为加在边界 A_0A_1 段上的表面应力的合力主向量在 A_1 点的法向 ν 和切向 s 方向上的投影。

(3)应力函数 φ 的力学意义。

应力函数对边界弧线的导数为

$$\frac{d\varphi}{ds} = \frac{\partial \varphi}{\partial x}\frac{dx}{ds} + \frac{\partial \varphi}{\partial y}\frac{dy}{ds} = -\frac{dx}{ds}\int_0^s \tilde{f}_{ys}\,ds + \frac{dy}{ds}\int_0^s \tilde{f}_{xs}\,ds \tag{7-38}$$

由此求得 φ 在 A_1 点的值。积分式(7-38)并利用分部积分法，得

$$
\begin{aligned}
(\varphi)_{A1} &= \int_0^{s_1}\left[-\frac{\mathrm{d}x}{\mathrm{d}s}\int_0^s \tilde{f}_{ys}\mathrm{d}s + \frac{\mathrm{d}y}{\mathrm{d}s}\int_0^s \tilde{f}_{xs}\mathrm{d}s\right]\mathrm{d}s \\
&= \left[-x\int_0^s \tilde{f}_{ys}\mathrm{d}s + y\int_0^s \tilde{f}_{xs}\mathrm{d}s\right]_{s=0}^{s_1} - \int_0^{s_1}(-x\tilde{f}_{ys}+y\tilde{f}_{xs})\mathrm{d}s \\
&= -\int_0^{s_1}[(x_1-x)\tilde{f}_{ys}-(y_1-y)\tilde{f}_{xs}]\mathrm{d}s = M_{A1}
\end{aligned}
\tag{7-39}
$$

式中，M_{A1} 为 A_0 至 A_1 点间边界表面应力的合力对 A_1 点的力矩，见图 7-9(b)。

因此，边界某点应力函数 φ 的值等于加上某一起点(A_0 点)至该点间边界弧长上的表面力对此点的力矩。应当指出，应力分量与起始点 A_0 的选择无关。在多连域中，A_0 一经选定，在求解过程中就不能任意改变。还须注意，应力函数 φ 的量纲是[力矩][长度]$^{-1}$=[力]，φ 的一阶导数的量纲是[力][长度]$^{-1}$，二阶导数的量纲与应力相同，是[力][长度]$^{-2}$。

(4)用应力函数 φ 表示的边界条件。

式(7-37)、式(7-39)实际上给出了 φ 的边界条件，三个条件中有两个是独立的，因为式(7-37)第一式可由 φ 在边界上的值求得。由于 A_1 具有任意性，边界的 $(\varphi)_{A1}$、$(\partial\varphi/\partial n)_{A1}$、$(\partial\varphi/\partial s)_{A1}$ 可以记为 $(\varphi)_s$、$(\partial\varphi/\partial n)_s$、$(\partial\varphi/\partial s)_s$。

因此，可用

$$
\begin{cases}
(\varphi)_s = M_s \\
\left(\dfrac{\partial\varphi}{\partial n}\right)_s = -F_{Rs}^{(s)}
\end{cases}
\tag{7-40}
$$

或

$$
\begin{cases}
\left(\dfrac{\partial\varphi}{\partial s}\right)_s = F_{Rn}^{(s)} \\
\left(\dfrac{\partial\varphi}{\partial n}\right)_s = -F_{Rs}^{(s)}
\end{cases}
\tag{7-41}
$$

代替与其等价的边界条件(7-32)，而式(7-40)、式(7-41)更与数学上对边界条件的提法一致。这时基本方程(7-17)可以写为

$$
\begin{cases}
\nabla^4\varphi = 0 \\
(\varphi)_s = M_s \\
\left(\dfrac{\partial\varphi}{\partial n}\right)_s = -F_{Rs}^{(s)} \\
u = \tilde{u}, \quad v = \tilde{v} \\
u_i^+ = u_i^-, \quad v_i^+ = v_i^-
\end{cases}
\quad 或 \quad
\begin{cases}
\left(\dfrac{\partial\varphi}{\partial s}\right)_s = F_{Rn}^{(s)} \\
\left(\dfrac{\partial\varphi}{\partial n}\right)_s = -F_{Rs}^{(s)}
\end{cases}
$$

(5)φ 的单值性与多值性问题。

由式(7-40)可知，若绕封闭周界一周，则与起点相重合的终点，其 φ 值和 $\partial\varphi/\partial n$ 值分别

等于闭周界上的全部外载荷对该点的力矩，和全部外载荷的主向量在该点周界切线方向所取的负投影。

这样，若所研究的是单连域物体且不计体积力，则加在周界上的载荷主向量和主矩必须等于零。因此 φ 和 $\partial\varphi / \partial n$ 在环绕边界一周后，回到原始的零值，即应力函数是单值的。

若所研究的是复连域，但每一周界上所加载荷的主向量和主矩都等于零，则 φ 和 $\partial\varphi / \partial n$ 的值在绕其任意周界后都与原始值重合，应力函数仍必须单值。否则，只要有一个周界上所加载荷的主向量和主矩不等于零，φ 就必须是多值的，绕一周后它有一个增量。若在图 7-10 的 s_i 边界上有不平衡力，则有

$$\oint_{si} \frac{\partial\varphi}{\partial y}\,\mathrm{d}s = F_{Rxi}, \quad \oint_{si} \frac{\partial\varphi}{\partial x}\,\mathrm{d}s = -F_{Ryi}, \quad \oint_{si} \mathrm{d}\varphi = M_i \tag{7-42}$$

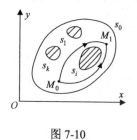

图 7-10

但是在无体积力时，所有边界上的合外力应当平衡，所以

$$\sum_{i=0}^{k} F_{Rxi} = 0, \quad \sum_{i=0}^{k} F_{Ryi} = 0, \quad \sum_{i=0}^{k} M_i = 0 \tag{7-43}$$

需说明，在有体积力时，只要在边界表面力中包含原载荷和由体积力特解转化的表面力，上述分析也是对的，即视这时闭合边界上全部表面力的主向量和主矩是否为零来确定 φ 的单值或多值。

上述分析为给定域选择应力函数提供了依据。但尚须注意两点：一是 φ 为多值函数时，用以表示应力的 φ 的二阶导数仍必须保持单值；二是多连域中应力函数的多值性与位移的多值性毫无共同之处。多值的应力函数也可能有相应的单值位移，单值的应力函数并不能保证位移的单值性。因此，不管怎样选择应力函数都必须使最后求出的位移满足边界条件的位移单值条件。

关于平面问题的求解，在历史上，由于那时没有重调和函数 φ 的一般解表达形式，就针对具体问题凑合 φ 使之满足方程和边界条件，称为逆解法、半逆解法。

(1)逆解法：一种是指先设定各种形式的满足式(7-28)的 φ，然后按式(7-30)求出应力分量，再根据应力边界条件求出它们在各种形状弹性平面的边界上对应着的表面力，从而得知所设定的应力函数可以解决什么样的具体问题。另一种是指通过材料力学或某种分析得出某问题的可能解答，然后检查是否满足全部方程和边界条件。

(2)半逆解法：根据具体问题边界的几何形状和受力特征或某些问题的解答，或通过某种分析，凑合一部分或全部应力分量的函数形式或 φ 的形式，然后检查全部方程和定解条件以最后确定这些函数，若不满足或出现矛盾则需修改原设函数，重新检查直至满足。

当然，逆解法或半逆解法有很大的局限性，只对于梁、坝、楔体、无限体或半无限体受集中力等简单问题比较有效，它们在许多教材中均有介绍，这里就不详述了。下面仅举几例说明它的用法。

现将应力函数选为多项式形式，它的低次项可以表示为

$$\varphi = a_0 + a_1 x + b_1 y + \cdots \text{不影响应力项}$$

$$\left.\begin{array}{l} + (a_2 x^2 + b_2 xy + c_2 y^2) \\ + (a_3 x^3 + b_3 x^2 y + c_3 xy^2 + d_3 y^3) \end{array}\right\} + \cdots \text{满足} \nabla^4 \varphi = 0 \text{项}$$

$$+ (a_4 x^4 + b_4 x^3 y + c_4 x^2 y^2 + d_4 xy^3 + e_4 y^4) \qquad (7\text{-}44)$$

$$+ (a_5 x^5 + b_5 x^4 y + c_5 x^3 y^2 + d_5 x^2 y^3 + e_5 xy^4 + f_5 y^5)$$

$$+ \cdots$$

式中，一次项不影响应力，二次和三次项恒满足连续方程，若用四次以上的多项式必须代入方程 $\nabla^4 \varphi = 0$，由此建立若干关于系数的代数方程。

例 7-4　设 $\varphi = a_2 x^2$，不计体积力，求在矩形域边界上对应的表面力(图 7-11)。

由式(7-31)求得应力分量：$\sigma_x = 0$，$\sigma_y = 2a_2$，$\tau_{xy} = 0$。因此，$\varphi = a_2 x^2$ 可解矩形域在 y 方向受均匀拉伸($a_2 > 0$)和压缩($a_2 < 0$)的问题(图 7-11(a))。同理，$\varphi = c_2 y^2$ 可解矩形域在 x 方向的均匀拉伸或压缩的问题(图 7-11(c))，解答都是精确的。对于长矩形板，在端部受通过截面形心的集中力作用时，可根据圣维南原理，按均匀分布求解。

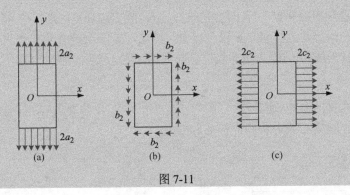

图 7-11

例 7-5　设 $\varphi = b_2 xy$，由式(7-31)求得：$\sigma_x = 0$，$\sigma_y = 0$，$\tau_{xy} = b_2$。因此，可以解决矩形域周边受均布剪力的问题(图 7-11(b))。

例 7-6　利用 $\varphi = d_3 y^3$ 求解长矩形截面梁两端承受力偶 M 作用的解(不计体积力)。

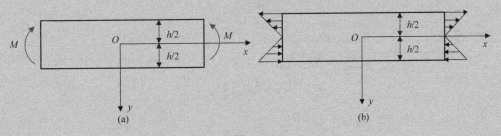

图 7-12

由式(7-31)得到

$$\sigma_x = 6 d_3 y, \quad \sigma_y = 0, \quad \tau_{xy} = 0 \qquad (7\text{-}45\text{a})$$

显然，这组应力分量恒满足平衡方程和连续方程，在边界上对应的表面力如图 7-12(a)

所示。由于在 x 为常数的两边边界上表面力呈线性分布，可以合成力偶。根据圣维南原理，当梁较长时可以用给定函数 $\varphi = d_3 y^3$ 来求解纯弯曲问题。系数由边界条件确定。

边界条件为

$$(\sigma_y)_{y=\pm h/2} = 0, \quad (\tau_{xy})_{y=\pm h/2} = 0, \quad (\tau_{xy})_{y=\pm L/2} = 0 \tag{7-45b}$$

$$\int_{-h/2}^{h/2} (\sigma_x)_{x=\pm L/2} \mathrm{d}y = 0, \quad \int_{-h/2}^{h/2} (\sigma_x)_{x=\pm L/2} y \mathrm{d}y = M \tag{7-45c}$$

式(7-45b)是逐点满足的精确边界条件，式(7-45c)是静力等效边界条件。式(7-45b)和式(7-45c)的第一式能被式(7-45a)满足，将式(7-45a)代入式(7-45c)的第二式，得

$$d_3 = \frac{2M}{h^3} \tag{7-45d}$$

将式(7-45d)代入式(7-45a)，并注意 $I = \dfrac{1 \times h^3}{12}$，得

$$\sigma_x = \frac{M}{I} y, \quad \sigma_y = 0, \quad \tau_{xy} = 0 \tag{7-45e}$$

应当指出，若形成力偶 M 的表面力呈线性分布(图7-12(b))，则式(7-45e)是精确的弹性力学解答，否则在端部附近将有显著误差。由此可见，式(7-45e)在梁长远大于梁高时有实用价值，对于高梁且形成 M 的面力是非线性分布的情况则无实用价值，这时不能用简单的多项式求解。

例 7-7 悬臂梁的弯曲(逆解法)。图 7-13(a)所示梁(单位厚度)的右端受一集中力 F 作用，不计体积力，试确定应力场和位移场。

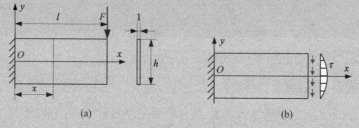

图 7-13

为清楚起见，求解可按如下步骤进行。

(1)凑合解答，已知材料力学解答为

$$\begin{cases} \sigma_x = \dfrac{M}{I} y = \dfrac{F(l-x)}{I} y \\ \sigma_y = 0 \\ \tau_{xy} = \dfrac{FS}{It} = -\dfrac{F}{2I} \times \left(\dfrac{h^2}{4} - y^2 \right) \end{cases} \tag{7-46a}$$

式中，S 为静矩。

(2)检查式(7-46a)是否满足弹性平面问题的全部方程和边界条件。将式(7-46a)代入平衡方程和连续方程(7-21),恒满足。下面检查边界条件。

在上、下表面,$y=\pm h/2$,$\sigma_v=0$,$\tau_{xv}=0$,这一条件是满足的。

在自由端 $x=l$ 面,$\sigma_x=0$,也是满足的,F 在端面上的分布规律未知,所以按静力等效边界条件满足,即

$$\int_{-h/2}^{h/2}\tau_{xy}\mathrm{d}y=\int_{-h/2}^{h/2}-\frac{F\left(\dfrac{h^2}{4}-y^2\right)}{2I}\mathrm{d}y=-F$$

这样,材料力学解答式(7-46a)也满足了全部边界条件,所以也是弹性力学的解答。但是在端部是根据圣维南原理按静力等效的边界条件满足的,若在端面上 F 按抛物线分布,如图 7-13(b)所示,则式(7-46a)就是严格满足边界条件的解答。

如果不直接用材料力学的结果,也可以试设应力函数

$$\varphi=x(ay^3+by^2+cy)+a_1y^3+b_1y^2 \tag{7-46b}$$

进行求解,会得到相同的结果。

(3)求位移分量 u、v。

由已求得的应力分量表达式(7-46a),根据平面应力问题的胡克定律求出应变分量,并由几何方程求出位移偏导数表达式。

$$\begin{cases}\dfrac{\partial u}{\partial x}=\varepsilon_x=\dfrac{1}{E}(\sigma_x-\nu\sigma_y)=\dfrac{F}{EI}(ly-xy)\\[2mm]\dfrac{\partial v}{\partial y}=\varepsilon_y=\dfrac{1}{E}(\sigma_y-\nu\sigma_x)=-\dfrac{\nu F}{EI}(ly-xy)\\[2mm]\dfrac{\partial v}{\partial x}+\dfrac{\partial u}{\partial y}=\gamma_{xy}=\dfrac{\tau_{xy}}{G}=-\dfrac{(1+\nu)}{EI}F\left(\dfrac{h^2}{4}-y^2\right)\end{cases} \tag{7-46c}$$

积分式(7-46c)前两式,得

$$\begin{cases}u=\dfrac{F}{EI}\left(lxy-\dfrac{1}{2}x^2y\right)+\dfrac{F}{EI}f_1(y)\\[2mm]v=-\dfrac{\nu F}{EI}\left(\dfrac{1}{2}ly^2-\dfrac{1}{2}xy^2\right)+\dfrac{F}{EI}f_2(x)\end{cases} \tag{7-46d}$$

将式(7-46d)代入式(7-46c)第三式,整理得

$$\left[f_2'(x)+\left(lx-\dfrac{1}{2}x^2\right)\right]+\left[f_1'(y)-\left(1+\dfrac{\nu}{2}\right)y^2\right]=-(1+\nu)\dfrac{h^2}{4} \tag{7-46e}$$

式(7-46e)左端第一个方括号是 x 的函数,第二个方括号是 y 的函数,而等式右端为常数。由于 x 和 y 具有独立性和任意性,为保证等式成立,必须使每个方括号的函数为常数,分别设为 m 和 n,于是有

$$m+n=-(1+\nu)\dfrac{h^2}{4} \tag{7-46f}$$

及

$$\begin{cases} f_2'(x) = \dfrac{1}{2}x^2 - lx + m \\ f_1'(y) = \left(1 + \dfrac{\nu}{2}\right)y^2 + n \end{cases} \tag{7-46g}$$

由式(7-46g)积分，得

$$\begin{cases} f_2(x) = \dfrac{1}{6}x^3 - \dfrac{l}{2}x^2 + mx + \beta \\ f_1(y) = \dfrac{2+\nu}{6}y^3 + ny + \alpha \end{cases} \tag{7-46h}$$

将式(7-46h)代入式(7-46d)，得

$$\begin{cases} u = \dfrac{F}{EI}\left[\left(l - \dfrac{1}{2}x\right)xy + \dfrac{2+\nu}{6}y^3 + ny + \alpha\right] \\ v = \dfrac{F}{EI}\left[-\dfrac{\nu}{2}(l-x)y^2 - \dfrac{l}{2}x^2 + \dfrac{1}{6}x^3 + mx + \beta\right] \end{cases} \tag{7-46i}$$

下面对位移作详细的分析。首先，在式(7-46i)中包含线性位移项，即包含整体刚性平移、刚性转动和整体的均匀变形，整体刚性位移项的系数必须由三个独立的整体位移约束条件确定。为此，先讨论梁的固定端，实际在前面求解时把它作为应力边界，相当于加了支反力(图 7-14(b))，应力分量显然满足该端静力等效条件。没有把它作为位移边界，这是因为按力边界比较符合实际(图 7-14(a))，而且可以求得简易闭合的多项式解。端部约束常以两种情形给出，如果安装情况可以简化为图 7-14(b)，梁中线的 OO_1 段可以认为没有转动，相当于在 O 点有一水平微元线素 $\mathrm{d}x$ 被固定，不移动也不转动，如图 7-15(a)所示。

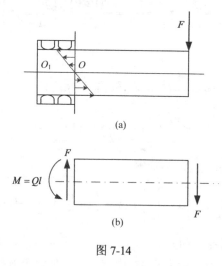

图 7-14

这个约束条件的数学提法是

$$(u)_{\substack{x=0 \\ y=0}} = 0 ， \quad (v)_{\substack{x=0 \\ y=0}} = 0 ， \quad \left(\frac{\partial v}{\partial x}\right)_{\substack{x=0 \\ y=0}} = 0 \tag{7-47}$$

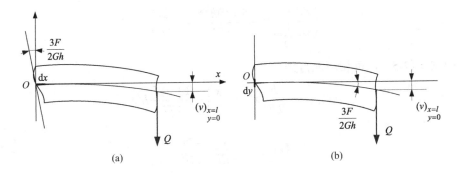

图 7-15

如果在 O 点铅直方向微元线素 $\mathrm{d}y$ 被固定，如图 7-15(b)所示，约束条件可以写为

$$(u)_{\substack{x=0\\y=0}}=0 , \quad (v)_{\substack{x=0\\y=0}}=0 , \quad \left(\frac{\partial u}{\partial y}\right)_{\substack{x=0\\y=0}}=0 \tag{7-48}$$

根据式(7-47)，由式(7-46i)，得

$$\alpha=0 , \quad \beta=0 , \quad m=0 \tag{7-49}$$

于是，由式(7-46f)得

$$n=-(1+\nu)\frac{h^2}{4} \tag{7-50}$$

将式(7-49)和式(7-50)代入式(7-46i)，得

$$\begin{cases} u=\dfrac{F}{EI}\left[\left(l-\dfrac{1}{2}x\right)xy+\dfrac{2+\nu}{6}y^3-(1+\nu)\dfrac{h^2}{4}y\right] \\ v=\dfrac{F}{EI}\left[-\dfrac{\nu}{2}(l-x)y^2-\dfrac{l}{2}x^2+\dfrac{1}{6}x^3\right] \end{cases} \tag{7-51}$$

若根据式(7-48)，确定系数，则得

$$\begin{cases} u=\dfrac{F}{EI}\left[\left(l-\dfrac{1}{2}x\right)xy+\dfrac{2+\nu}{6}y^3\right] \\ v=\dfrac{F}{EI}\left[-\dfrac{\nu}{2}(l-x)y^2-\dfrac{l}{2}x^2+\dfrac{1}{6}x^3-\dfrac{1+\nu}{4}h^2x\right] \end{cases} \tag{7-52}$$

由式(7-51)得到梁的中间平面——轴线的挠曲方程：

$$(v)_{y=0}=-\frac{F}{2EI}x^2\left(l-\frac{x}{3}\right)$$

而

$$(v)_{\substack{y=0\\x=l}}=-\frac{Fl^3}{3EI}$$

这与材料力学的结果是完全一致的。在 O 点 y 方向线素的转角为

$$\left(\frac{\partial u}{\partial y}\right)_{\substack{x=0 \\ y=0}} = -\frac{(1+\nu)h^2 F}{4EI} = -\frac{3F}{2Gh}$$

若根据式(7-52)，可相应地得到

$$(v)_{y=0} = -\frac{F}{2EI}x^2\left(l - \frac{x}{3}\right) - \frac{(1+\nu)F}{4EI}h^2 x$$

$$(v)_{\substack{y=0 \\ x=l}} = -\frac{Fl^3}{3EI} - \frac{3Fl}{2Gh}$$

$$\left(\frac{\partial v}{\partial x}\right)_{\substack{x=0 \\ y=0}} = -\frac{(1+\nu)h^2 F}{4EI} = -\frac{3F}{2Gh}$$

对比两种约束条件位移，两者只差一个整体刚性转动：

$$\begin{bmatrix} \Delta u \\ \Delta v \end{bmatrix} = \begin{bmatrix} 0 & -\dfrac{3F}{2Gh} \\ \dfrac{3F}{2Gh} & 0 \end{bmatrix} \begin{bmatrix} x \\ y \end{bmatrix}$$

式中，Δu 和 Δv 是式(7-51)与式(7-52)的相应位移差。

由式(3-22a)、式(7-51)求得每一点的转动分量，为

$$\omega_z = \frac{1}{2}\left(\frac{\partial v}{\partial x} - \frac{\partial u}{\partial y}\right) = \frac{F}{2EI}\left(x^2 - 2lx - y^2 + \frac{1+\nu}{4}h^2\right)$$

例 7-8　均布简支梁如图 7-7 所示。设板厚 $t=1$，上表面受到均布载荷 q 的作用，若不计体积力，试求弹性力学解。

求出支反力为 $ql/2$，作用于梁的两端部。于是，全部边界为力边界，上、下边界严格满足应力边界条件，两端按静力等效边界条件满足。采用半逆解法，步骤如下。

(1)写出边界条件。

$$\begin{cases} (\sigma_y)_{y=h/2} = -q, \ (\sigma_y)_{y=-h/2} = 0, \ (\tau_{xy})_{y=\pm h/2} = 0 \\ \int_{-h/2}^{h/2}(\sigma_x)_{x=\pm l/2}\mathrm{d}y = 0, \ \int_{-h/2}^{h/2}(\sigma_x)_{x=\pm l/2}y\mathrm{d}y = 0 \\ \int_{-h/2}^{h/2}(\tau_{xy})_{x=\pm l/2}\mathrm{d}y = \pm\frac{1}{2}ql(校核条件) \end{cases} \qquad (7\text{-}53\text{a})$$

(2)选取应力函数 φ。在例 7-2 中已经判定，均布简支梁的材料力学解答不能作为弹性力学解答，但是，可以把它作为选取应力函数形式的参考，根据 φ 比应力高两次方的关系和材料力学解的形式：

$$\sigma_x = Ay + Bx^2 y, \quad \tau_{xy} = -Cx - Dxy^2, \quad \sigma_y = 0 \qquad (7\text{-}53\text{b})$$

由式(7-53b)前两式推断，φ 含有 x^2y^3；由式(7-53b)后一式推断 φ 应含 $xf(y)$ 项，y 的幂次尚不清。综上分析，可试设 φ 为五次函数：

$$\varphi = \frac{x^2}{2}(ay^3 + by^2 + cy + d) + x(ey^3 + fy^2 + gy)$$
$$+ a_1 y^5 + b_1 y^4 + c_1 y^3 + d_1 y^2 \tag{7-53c}$$

若所设不正确必在求解中出现矛盾，再修改式(7-53c)。

(3) 将式(7-53c)代入 $\nabla^4 \varphi = 0$，得

$$(120a_1 + 12a)y + 24b_1 + 4b = 0$$

由于 y 具有任意性，必有

$$\begin{cases} 120a_1 + 12a = 0 \\ 24b_1 + 4b = 0 \end{cases} \tag{7-53d}$$

由此得到

$$a_1 = -\frac{a}{10}, \quad b_1 = -\frac{b}{6} \tag{7-53e}$$

(4) 将式(7-53e)代入式(7-53c)，并求得应力分量：

$$\begin{cases} \sigma_x = \dfrac{\partial^2 \varphi}{\partial y^2} = \dfrac{x^2}{2}(6ay + 2b) + x(6ey + 2f) \\ \qquad - 2ay^3 - 2by^2 + 6c_1 y + 2d_1 \\ \sigma_y = \dfrac{\partial^2 \varphi}{\partial x^2} = ay^3 + by^2 + cy + d \\ \tau_{xy} = -\dfrac{\partial^2 \varphi}{\partial x \partial y} = -x(3ay^2 + 2by + c) - (3ey^2 + 2fy + g) \end{cases} \tag{7-53f}$$

这组应力分量显然是满足平衡方程和连续方程的。其中的未定系数由边界条件确定。但是，为了减少运算，可以通过"对称分析"确定一部分系数。对称分析是指结构和载荷对于某个面、轴或点都对称，这时在对称位置上的微元体应当具有对称的变形状态和应力状态，于是，对于不能描述这一状态的函数部分必须去掉。本例在给定坐标系中关于 y 轴对称(把对称轴选为 y 轴)，因此，在对称位置上应力状态对称，如图 7-16 所示。根据应力分量的正负号规定可知，对称的应力状态的正应力具有相同的符号，剪应力具有相反的符号，即

$$\begin{cases} \sigma_x(x, y) = \sigma_x(-x, y), \sigma_y(x, y) = \sigma_y(-x, y) \\ \tau_{xy}(x, y) = -\tau_{xy}(-x, y) \end{cases}$$

由此可知，σ_x、σ_y 应是 x 的偶函数，τ_{xy} 应是 x 的奇函数。由式(7-31)可知，应力函数 φ 应为 x 的偶函数。根据这一分析，式(7-53f)中必有

$$e = f = g = 0$$

实际上，开始选择应力函数 φ 时，就可以去掉 x 的奇次项，这样计算可以简单些。

(5) 利用边界条件确定系数。将式(7-53f)代入式(7-53a)的前四式，得

$$\begin{cases} \dfrac{h^3}{8}a + \dfrac{h^2}{4}b + \dfrac{h}{2}c + d = -q \\[2mm] -\dfrac{h^3}{8}a + \dfrac{h^2}{4}b - \dfrac{h}{2}c + d = 0 \\[2mm] \dfrac{3h^2}{4}a + hb + c = 0 \\[2mm] \dfrac{3h^2}{4}a - hb + c = 0 \end{cases}$$

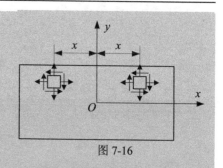

图 7-16

求解该方程组，得

$$a = \frac{2q}{h^3}, \quad b = 0, \quad c = -\frac{3q}{2h}, \quad d = -\frac{q}{2}$$

将已求得的系数代入式 (7-53f)，然后代入式 (7-53a) 中的积分条件。由于已利用对称分析，只利用一端的三个条件即可。由 $\displaystyle\int_{-h/2}^{h/2}(\sigma_x)_{x=l/2}\,\mathrm{d}y = 0$，得 $d_1 = 0$。

由 $\displaystyle\int_{-h/2}^{h/2}(\sigma_x)_{x=l/2}\,y\mathrm{d}y = 0$，得

$$c_1 = \frac{q}{10h} - \frac{ql^2}{4h^3}$$

而式 $\displaystyle\int_{-h/2}^{h/2}(\tau_{xy})_{x=l/2}\,\mathrm{d}y = \frac{1}{2}ql$ 作为校核条件也是满足的。这样，就求得了所有的系数，将它们代入式 (7-53a)，得

$$\begin{cases} \sigma_x = \dfrac{6q}{h^3}\left[x^2 - \left(\dfrac{l}{2}\right)^2\right]y + q\dfrac{y}{h}\left[\dfrac{3}{5} - 4\left(\dfrac{y}{h}\right)^2\right] \\[3mm] \sigma_y = -\dfrac{q}{2}\left(1 - \dfrac{y}{h}\right)\left(1 + \dfrac{2y}{h}\right)^2 \\[3mm] \tau_{xy} = \dfrac{6q}{h^3}\left[\left(\dfrac{h}{2}\right)^2 - y^2\right]x \end{cases} \tag{7-54}$$

(6) 通过物理方程、几何方程求位移，用例 7-7 中的方法，求得结果为

$$\begin{cases} u = -\dfrac{q}{2EI}\left[\left(\dfrac{l^2}{4}x - \dfrac{x^3}{3}\right)y + \left(\dfrac{2}{3}y^3 - \dfrac{h^2}{10}y\right)x + \nu x\left(\dfrac{1}{3}y^3 - \dfrac{h^2}{4}y - \dfrac{h^3}{12}\right) - \nu\dfrac{lh^3}{24}\right] \\[3mm] v = \dfrac{q}{2EI}\left\{\dfrac{y^4}{12} - \dfrac{h^2}{8}y^2 - \dfrac{h^3}{12}y + \nu\left[\left(\dfrac{l^2}{4} - x^2\right)\dfrac{y^2}{2} + \dfrac{y^4}{6} - \dfrac{h^2}{20}y^2\right]\right\} \\[3mm] \qquad + \dfrac{q}{2EI}\left[\dfrac{l^2x^2}{8} - \dfrac{x^4}{12} - \dfrac{h^2}{20}x^2 + \left(1 + \dfrac{\nu}{2}\right)\dfrac{h^2}{4}x^2\right] \\[3mm] \qquad - \dfrac{5}{384}\dfrac{ql^4}{EI}\left[1 + \dfrac{12}{5}\dfrac{h^2}{l^2}\left(\dfrac{4}{5} + \dfrac{\nu}{2}\right)\right] \end{cases} \tag{7-55}$$

式中，$I = th^3/12$ 为截面惯性矩。在求上述位移时，位移约束条件为：$(u)_{\substack{x=\pm l/2 \\ y=0}} = 0$，$(v)_{\substack{x=-l/2 \\ y=0}} = 0$。

由式 (7-55) 求得中性轴的挠度曲线方程为

$$(v)_{y=0} = -\frac{5}{384}\frac{ql^4}{EI}\left[1 + \frac{12}{5}\frac{h^2}{l^2}\left(\frac{4}{5} + \frac{v}{2}\right)\right]$$

$$+ \frac{q}{2EI}\left[\frac{l^2 x^2}{8} - \frac{x^4}{12} - \frac{h^2}{20}x^2 + \left(1 + \frac{v}{2}\right)\frac{h^2}{4}x^2\right]$$

至此，问题已全部求解完毕。下面分析结果并与材料力学比较。注意到静矩 $S = \frac{1}{2}\left(\frac{h}{2}+y\right)\left(\frac{h}{2}-y\right)$，弯矩 $M = \frac{q}{2}\left(x^2 - \frac{l^2}{4}\right)$，剪力 $F = qx$，则有

$$\begin{cases} \sigma_x = \dfrac{My}{I} & +q\dfrac{y}{h}\left[\dfrac{3}{5} - 4\left(\dfrac{y}{h}\right)^2\right] \\[2mm] \sigma_y = 0 & -\dfrac{q}{2}\left(1 - \dfrac{y}{h}\right)\left(1 + \dfrac{2y}{h}\right)^2 \\[2mm] \tau_{xy} = \dfrac{FS}{I} & \\[2mm] (v)_{\substack{y=0 \\ x=0}} = -\dfrac{5}{384}\dfrac{ql^4}{EI} & -\dfrac{5}{384}\dfrac{ql^4}{EI}\cdot\dfrac{12}{5}\left(\dfrac{h^2}{l}\right)\left(\dfrac{4}{5} + \dfrac{v}{2}\right) \\[2mm] (u)_{\substack{x=l/2 \\ y=0}} = 0 & +\dfrac{vql}{2E} \end{cases} \tag{7-56}$$

式 (7-56) 中左边一列是材料力学解，右边一列是弹性力学解所给出的附加项。在表 7-1 中给出数字比较（v 取 0.3）。

从表 7-1 中看出，当 $h/l \leqslant 0.2$ 时，材料力学解答是足够精确的；当 $h/l = 0.3$ 时，σ_y 和 $v_\text{附}$（位移附加项）已不可忽视，这时，为了得到精确解答，可由弹性力学按多项式求解；当 h/l 超过 0.4 时，不仅材料力学解有很大误差，弹性力学的多项式也已不准确（因为两端应用了静力等效条件），这时可应用差分法、变分法或有限元法求解。

表 7-1

$\dfrac{h}{l}$	$\left(\dfrac{\sigma_{x\text{附}}}{\sigma_{x\text{主}}}\right)_{\substack{x=0 \\ y=-h/2}} = \dfrac{4}{15}\left(\dfrac{h}{l}\right)^2$	$\left\|\dfrac{(\sigma_y)_{y=h/2}}{(\sigma_x)_{x=0,\,y=h/2}}\right\| = \dfrac{\dfrac{4}{3}\left(\dfrac{h}{l}\right)^2}{1 + \dfrac{4}{15}(h/l)^2}$
0.1	0.267%	1.330%
0.2	1.067%	5.227%
0.3	2.4%	11.719%
0.4	4.267%	20.460%
0.5	6.667%	31.249%
$\dfrac{h}{l}$	$\left(\dfrac{v_\text{附}}{v_\text{主}}\right)_{\substack{x=0 \\ y=0}} = \dfrac{12}{5}\left(\dfrac{h}{l}\right)^2\left(\dfrac{4}{5} + \dfrac{v}{2}\right)\times 100$	$\left\|\dfrac{(u)_{x=l/2,\,y=0}}{(v_\text{主})_{x=0,\,y=0}}\right\| = \dfrac{16v}{5}\left(\dfrac{h}{l}\right)^3$

			续表
0.1	2.28%		0.096%
0.2	9.12%		0.768%
0.3	20.52%		2.592%
0.4	36.48%		6.144%
0.5	57%		12%

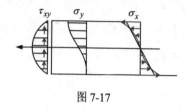

图 7-17

将应力分量沿截面的分布表示于图 7-17。显然，σ_x 和 σ_y 都是三次抛物线，所以材料力学中的直法线假设和纵向纤维互不挤压假设都是不成立的(只有剪应力分布规律是对的)。但对于较长的梁，它反映了问题的主要方面，忽略的是次要因素，而求解简单迅速又具有足够的精度是它的优点。

7.4　平面问题极坐标解

在求解偏微分方程的边值问题时，对于某些区域如圆域、圆环及无限域开圆孔等问题，采用极坐标是方便的。这就必须把全部平面问题的基本方程都用极坐标表示，在数学上就是坐标变换的问题。

7.4.1　基本方程的极坐标形式

在极坐标中，用径向 r 和极角 θ 表示任一点 P 的坐标位置，由 $r =$ 常数的线(同心圆)和 $\theta =$ 常数 的线(通过原点的射线)组成坐标网，θ 由 x 轴起算，如图 7-18 所示。

直角坐标系和极坐标系之间的转换关系为

$$x = r\cos\theta, \quad y = r\sin\theta \tag{7-57}$$

反表示为

$$r^2 = x^2 + y^2, \quad \theta = \arctan\frac{y}{x} \tag{7-58}$$

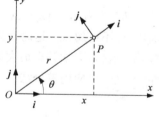

图 7-18

由任一点 P 的径向和切向组成一流动的直角坐标系。对于给定坐标为 (r,θ) 的点，根据 2.3 节转轴公式，可以得到位移分量、应力分量、相对位移分量以及应变分量在流动的直角坐标系和 Oxy 坐标系之间的转换关系为

$$\begin{bmatrix} u \\ v \end{bmatrix} = \begin{bmatrix} \cos\theta & -\sin\theta \\ \sin\theta & \cos\theta \end{bmatrix} \begin{bmatrix} u_r \\ v_\theta \end{bmatrix} \tag{7-59}$$

$$\begin{bmatrix} \sigma_x & \tau_{xy} \\ \tau_{xy} & \sigma_y \end{bmatrix} = \begin{bmatrix} \cos\theta & -\sin\theta \\ \sin\theta & \cos\theta \end{bmatrix} \begin{bmatrix} \sigma_r & \tau_{r\theta} \\ \tau_{r\theta} & \sigma_\theta \end{bmatrix} \begin{bmatrix} \cos\theta & \sin\theta \\ -\sin\theta & \cos\theta \end{bmatrix} \tag{7-60}$$

$$\begin{bmatrix} \varepsilon_x & \dfrac{1}{2}\gamma_{xy} \\ \dfrac{1}{2}\gamma_{xy} & \varepsilon_y \end{bmatrix} = \begin{bmatrix} \cos\theta & -\sin\theta \\ \sin\theta & \cos\theta \end{bmatrix} \begin{bmatrix} \varepsilon_r & \dfrac{1}{2}\gamma_{r\theta} \\ \dfrac{1}{2}\gamma_{r\theta} & \varepsilon_\theta \end{bmatrix} \begin{bmatrix} \cos\theta & \sin\theta \\ -\sin\theta & \cos\theta \end{bmatrix} \tag{7-61}$$

式中，各记号带有下标 r、θ 的量表示在极坐标中的量，如图 7-19(a)所示。

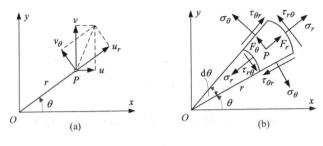

图 7-19

下面推导微分算子之间的转换关系，由式(7-58)得

$$\frac{\partial r}{\partial x} = \cos\theta, \quad \frac{\partial r}{\partial y} = \sin\theta, \quad \frac{\partial \theta}{\partial x} = -\frac{\sin\theta}{r}, \quad \frac{\partial \theta}{\partial y} = \frac{\cos\theta}{r} \tag{7-62}$$

于是，有

$$\begin{cases} \dfrac{\partial}{\partial x} = \dfrac{\partial}{\partial r}\dfrac{\partial r}{\partial x} + \dfrac{\partial}{\partial \theta}\dfrac{\partial \theta}{\partial x} = \cos\theta\dfrac{\partial}{\partial r} - \dfrac{\sin\theta}{r}\dfrac{\partial}{\partial \theta} \\[3mm] \dfrac{\partial}{\partial y} = \dfrac{\partial}{\partial r}\dfrac{\partial r}{\partial y} + \dfrac{\partial}{\partial \theta}\dfrac{\partial \theta}{\partial y} = \sin\theta\dfrac{\partial}{\partial r} + \dfrac{\cos\theta}{r}\dfrac{\partial}{\partial \theta} \end{cases} \tag{7-63}$$

或

$$\begin{bmatrix} \dfrac{\partial}{\partial x} \\[3mm] \dfrac{\partial}{\partial y} \end{bmatrix} = \begin{bmatrix} \cos\theta & -\sin\theta \\ \sin\theta & \cos\theta \end{bmatrix} \begin{bmatrix} \dfrac{\partial}{\partial r} \\[3mm] \dfrac{\partial}{r\partial \theta} \end{bmatrix} \tag{7-64}$$

体积力分量的转换关系同式(7-59)，为

$$\begin{bmatrix} f_x \\ f_y \end{bmatrix} = \begin{bmatrix} \cos\theta & -\sin\theta \\ \sin\theta & \cos\theta \end{bmatrix} \begin{bmatrix} F_r \\ F_\theta \end{bmatrix} \tag{7-65}$$

式中，F_r 为径向体积力，以与 r 同向者为正；F_θ 为环向体积力，以与从 r 按右手法则旋转 90° 的切线方向一致者为正。

7.4.2　基本方程的综合

1. **极坐标表示的平衡微分方程**

用一对 r 坐标线和一对 θ 坐标线切取一微元体，如图 7-19(b)所示，周围介质对它的作用以力代替，σ_r 为垂直于 r 面上的正应力，称径向正应力；σ_θ 为平行于 r 面上的正应力，称环向正应力；$\tau_{r\theta}$、$\tau_{\theta r}$ 分别为该两面上的剪应力，且 $\tau_{r\theta}=\tau_{\theta r}$。极坐标中应力正、负号规定与直角坐标同。下面通过坐标变换来推导极坐标中的平衡微分方程。已知在直角坐标系中的平衡方程为

$$
\begin{bmatrix}
\dfrac{\partial}{\partial x} & 0 & \dfrac{\partial}{\partial y} \\[2mm]
0 & \dfrac{\partial}{\partial y} & \dfrac{\partial}{\partial x}
\end{bmatrix}
\begin{bmatrix}
\sigma_x \\ \sigma_y \\ \tau_{xy}
\end{bmatrix}
= -\begin{bmatrix}
f_x \\ f_y
\end{bmatrix}
\tag{7-66}
$$

根据式(7-60)，并用三角代换式

$$
\cos^2\alpha = \frac{1+\cos(2\alpha)}{2}, \quad \sin^2\alpha = \frac{1-\cos(2\alpha)}{2}
$$

$$
\sin\alpha\cos\alpha = \frac{1}{2}\sin(2\alpha), \quad \cos^2\alpha - \sin^2\alpha = \cos(2\alpha)
$$

将其中的 α 代以 $-\theta$，oxy 为新坐标系，$o'r\theta$ 为旧坐标系。于是得

$$
\begin{cases}
\sigma_x = \cos^2\theta\,\sigma_r + \sin^2\theta\,\sigma_\theta - 2\sin\theta\cos\theta\,\tau_{r\theta} \\
\sigma_y = \sin^2\theta\,\sigma_r + \cos^2\theta\,\sigma_\theta + 2\sin\theta\cos\theta\,\tau_{r\theta} \\
\tau_{xy} = \sin\theta\cos\theta\,\sigma_r - \sin\theta\cos\theta\,\sigma_\theta + (\cos^2\theta - \sin^2\theta)\tau_{r\theta}
\end{cases}
\tag{7-67}
$$

或

$$
\begin{cases}
\sigma_x = \dfrac{1}{2}(\sigma_r + \sigma_\theta) + \dfrac{1}{2}(\sigma_r - \sigma_\theta)\cos(2\theta) - \tau_{r\theta}\sin(2\theta) \\[2mm]
\sigma_y = \dfrac{1}{2}(\sigma_r + \sigma_\theta) - \dfrac{1}{2}(\sigma_r - \sigma_\theta)\cos(2\theta) + \tau_{r\theta}\sin(2\theta) \\[2mm]
\tau_{xy} = \dfrac{1}{2}(\sigma_r - \sigma_\theta)\sin(2\theta) + \tau_{r\theta}\cos(2\theta)
\end{cases}
\tag{7-68}
$$

将式(7-63)、式(7-65)、式(7-67)同时代入式(7-66)，然后展开，经过微分运算并合并同类项之后，由第一个方程得到

$$
\cos\theta\left[\frac{\partial\sigma_r}{\partial r} + \frac{\partial\tau_{r\theta}}{r\partial\theta} + \frac{\sigma_r - \sigma_\theta}{r}\right] - \sin\theta\left[\frac{\partial\tau_{r\theta}}{\partial r} + \frac{\partial\sigma_\theta}{r\partial\theta} + \frac{2\tau_{r\theta}}{r}\right]
$$

$$
= -(F_r\cos\theta - F_\theta\sin\theta)
\tag{7-69}
$$

由于 θ 具有任意性，必有

$$
\begin{cases}
\dfrac{\partial\sigma_r}{\partial r} + \dfrac{\partial\tau_{r\theta}}{r\partial\theta} + \dfrac{\sigma_r - \sigma_\theta}{r} = -F_r \\[2mm]
\dfrac{\partial\tau_{r\theta}}{\partial r} + \dfrac{\partial\sigma_\theta}{r\partial\theta} + \dfrac{2\tau_{r\theta}}{r} = -F_\theta
\end{cases}
\tag{7-70}
$$

这就是极坐标表示的平面问题平衡微分方程。毫无疑问，直接由极坐标微元体的平衡条件也可以得到式(7-70)。根据图 7-20，对极坐标微元体有两点需要注意，$PA \neq BC$（不平行），$PB \neq AC$（不相等），因而在列平衡方程时会出现附加项，即式(7-70)等号左边第三项。注意

到， $PB = r\mathrm{d}\theta$ ， $AC = (r + \mathrm{d}r)\mathrm{d}\theta$ ，以及 $\sin\dfrac{\mathrm{d}\theta}{2} \approx \dfrac{\mathrm{d}\theta}{2}$ ， $\cos\dfrac{\mathrm{d}\theta}{2} \approx 1$ ；设微元体厚度为 t ，通过体心的径向平衡方程为

$$
\begin{aligned}
&\left(\sigma_r + \frac{\partial \sigma_r}{\partial r}\mathrm{d}r\right)(r + \mathrm{d}r)t\mathrm{d}\theta - \sigma_r t r\mathrm{d}\theta \\
&-\left(\sigma_\theta + \frac{\partial \sigma_\theta}{\partial \theta}\mathrm{d}\theta\right)\frac{\mathrm{d}\theta}{2}t\mathrm{d}r - \sigma_\theta t\mathrm{d}r\frac{\mathrm{d}\theta}{2} \\
&+\left(\tau_\theta + \frac{\partial \tau_{\theta r}}{\partial \theta}\mathrm{d}\theta\right)t\mathrm{d}r - \tau_{\theta r}t\mathrm{d}r + F_r t r\mathrm{d}r\mathrm{d}\theta = 0
\end{aligned}
$$

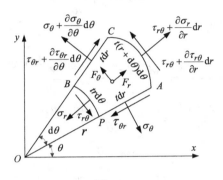

图 7-20

整理后略去高阶小量即得到式(7-70)第一式，再通过切向平衡条件可得到式(7-70)第二式，由力矩平衡得到 $\tau_{r\theta} = \tau_{\theta r}$ 。

2. 极坐标中的几何方程

根据直角坐标系中的几何方程(7-5)，通过坐标变换可以得到极坐标的几何方程。由式(7-59)、式(7-63)、式(7-5)，有

$$
\begin{aligned}
\varepsilon_x = \frac{\partial u}{\partial x} &= \cos^2\theta\frac{\partial u_r}{\partial r} + \sin^2\theta\left(\frac{\partial v_\theta}{r\partial\theta} + \frac{u_r}{r}\right) \\
&- \sin\theta\cos\theta\left(\frac{\partial v_\theta}{\partial r} + \frac{\partial u_r}{r\partial\theta} - \frac{v_\theta}{r}\right)
\end{aligned} \tag{7-71a}
$$

又由式(7-61)，展开后得

$$
\varepsilon_x = \cos^2\theta\varepsilon_r + \sin^2\theta\varepsilon_\theta - \sin\theta\cos\theta\gamma_{r\theta} \tag{7-71b}
$$

对比式(7-71a)和式(7-71b)得到

$$
\begin{cases}
\varepsilon_r = \dfrac{\partial u_r}{\partial r} \\[2mm]
\varepsilon_\theta = \dfrac{\partial v_\theta}{r\partial\theta} + \dfrac{u_r}{r} \\[2mm]
\gamma_{r\theta} = \dfrac{\partial v_\theta}{\partial r} + \dfrac{\partial u_r}{r\partial\theta} - \dfrac{v_\theta}{r}
\end{cases} \tag{7-72}
$$

这就是极坐标表示的平面问题几何方程。毫无疑问，直接研究极坐标中相互垂直两微元坐标线素的变形也可以得到式(7-72)。变形过程可分解为两步。

首先，径向线素 PA 和环向线素 PB 都只有径向位移，如图 7-21(a)所示，这时

$$PA \to P'A', \quad PB \to P'B'$$

各点位移为

$$
\begin{cases}
P: & PP' = u_r \\
A: & AA' = u_r + \dfrac{\partial u_r}{\partial r} \mathrm{d}r \\
B: & BB' = u_r + \dfrac{\partial u_r}{\partial \theta} \mathrm{d}\theta
\end{cases}
$$

由径向位移产生的应变分量为

$$
\begin{cases}
\varepsilon_r' = \dfrac{P'A' - PA}{PA} = \dfrac{AA' - PP'}{PA} = \dfrac{\left(u_r + \dfrac{\partial u_r}{\partial r}\mathrm{d}r\right) - u_r}{\mathrm{d}r} = \dfrac{\partial u_r}{\partial r} \\
\varepsilon_\theta' = \dfrac{P'B' - PB}{PB} = \dfrac{(r+u_r)\mathrm{d}\theta - r\mathrm{d}\theta}{r\mathrm{d}\theta} = \dfrac{u_r}{r}
\end{cases}
$$

PA 的转角为

$$\alpha_{\theta r}' = 0$$

PB 的转角为

$$
\begin{cases}
\alpha_{r\theta}' = \dfrac{BB' - PP'}{PB} = \dfrac{\left(u_r + \dfrac{\partial u_r}{\partial \theta}\right)\mathrm{d}\theta}{r\mathrm{d}\theta} = \dfrac{\partial u_r}{r\partial \theta} \\
\gamma_{r\theta}' = \alpha_{\theta r}' + \alpha_{r\theta}' = \dfrac{\partial u_r}{r\partial \theta}
\end{cases}
$$

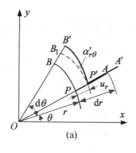
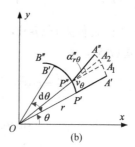

(a)   (b)

图 7-21

其次，线素发生环向位移，如图 7-21(b)所示，这时

$$P'A' \to P''A'', \quad P'B' \to P''B''$$

各点位移为

$$
\begin{cases}
P': & PP'' = v_\theta \\
A': & A'A'' = v_\theta + \dfrac{\partial v_\theta}{\partial r} \mathrm{d}r \\
B': & B'B'' = v_\theta + \dfrac{\partial v_\theta}{\partial \theta} \mathrm{d}\theta
\end{cases}
$$

由环向位移产生的应变分量为

$$
\begin{cases}
\varepsilon_\theta'' = \dfrac{P''A'' - P'A'}{P'A'} = 0(略去高阶小量有 P''A'' = P'A') \\[4mm]
\varepsilon_\theta'' = \dfrac{P''B'' - P'B'}{P'B'} = \dfrac{B'B'' - P'P''}{P'B'} = \dfrac{\left(v_\theta + \dfrac{\partial v_\theta}{\partial \theta}\mathrm{d}\theta\right) - v_\theta}{r\mathrm{d}\theta} = \dfrac{\partial v_\theta}{r\partial \theta}
\end{cases}
$$

$P'A'$ 的转角为

$$
\alpha_{\theta r}'' = \frac{A'A'' - PP''}{P'A'} = \frac{\left(v_\theta + \dfrac{\partial v_\theta}{\partial r}\mathrm{d}r\right) - v_\theta}{\mathrm{d}r} = \frac{\partial v_\theta}{\partial r}
$$

$P'B'$ 的转角为

$$
\begin{cases}
\alpha_{r\theta}'' = -\angle P'OP'' = \dfrac{-P'P''}{OP'} = -\dfrac{v_\theta}{r} \\[4mm]
\gamma_{r\theta}'' = \dfrac{\partial v_\theta}{\partial r} - \dfrac{v_\theta}{r}
\end{cases}
$$

　　将径向位移产生的应变与环向位移产生的应变相加即得到几何方程(7-72)，式中，u_r / r 是由径向位移产生的环向应变，v_θ / r 是环向位移引起的附加转角，这些都是曲线坐标带来的。

3. 极坐标中的物理方程

　　由于极坐标也是正交坐标系，物理方程与直角坐标系的相应方程具有相同的形式，平面应力问题的物理方程为方程(7-7)或方程(7-11)，平面应变问题的物理方程为方程(7-8)或方程(7-12)。

　　在极坐标中有

$$
[\sigma] = [\sigma_r \quad \sigma_\theta \quad \tau_{r\theta}]^{\mathrm{T}}
$$
$$
[\varepsilon] = [\varepsilon_r \quad \varepsilon_\theta \quad \gamma_{r\theta}]^{\mathrm{T}}
$$

4. 极坐标中的应力函数和连续方程

　　平面问题直角坐标系中，无体积力、体积力为常数或有势力时，用应力或应力函数表示的连续方程分别为式(7-19)和式(7-29)，为了把它们转换为极坐标形式，首先把相应的二阶微分算子转换为极坐标形式，由式(7-63)有

$$
\begin{aligned}
\frac{\partial^2}{\partial x^2} &= \frac{\partial}{\partial x}\left(\frac{\partial}{\partial x}\right) = \left(\cos\theta\frac{\partial}{\partial r} - \sin\theta\frac{\partial}{r\partial\theta}\right)\left(\cos\theta\frac{\partial}{\partial r} - \sin\theta\frac{\partial}{r\partial\theta}\right) \\
&= \cos^2\theta\frac{\partial^2}{\partial r^2} - 2\sin\theta\cos\theta\frac{\partial^2}{r\partial\theta\partial r} + \sin^2\theta\frac{\partial^2}{r^2\partial\theta^2} \\
&\quad + 2\sin\theta\cos\theta\frac{\partial}{r^2\partial\theta} + \sin^2\theta\frac{\partial}{r\partial r}
\end{aligned} \tag{7-73}
$$

$$\frac{\partial^2}{\partial y^2} = \frac{\partial}{\partial y}\left(\frac{\partial}{\partial y}\right) = \left(\sin\theta\frac{\partial}{\partial r} + \cos\theta\frac{\partial}{r\partial\theta}\right)\left(\sin\theta\frac{\partial}{\partial r} + \cos\theta\frac{\partial}{r\partial\theta}\right)$$

$$= \sin^2\theta\frac{\partial^2}{\partial r^2} + 2\sin\theta\cos\theta\frac{\partial^2}{r\partial\theta\partial r} + \cos^2\theta\frac{\partial^2}{r^2\partial\theta^2} \tag{7-74}$$

$$- 2\sin\theta\cos\theta\frac{\partial}{r^2\partial\theta} + \cos^2\theta\frac{\partial}{r\partial r}$$

$$\frac{\partial^2}{\partial x\partial y} = \frac{\partial}{\partial x}\left(\frac{\partial}{\partial y}\right) = \frac{\partial}{\partial y}\left(\frac{\partial}{\partial x}\right) = \left(\cos\theta\frac{\partial}{\partial r} - \sin\theta\frac{\partial}{r\partial\theta}\right)\left(\sin\theta\frac{\partial}{\partial r} + \cos\theta\frac{\partial}{r\partial\theta}\right)$$

$$= \sin\theta\cos\theta\frac{\partial^2}{\partial r^2} + (\cos^2\theta - \sin^2\theta)\frac{\partial^2}{r\partial\theta\partial r} - \sin\theta\cos\theta\frac{\partial^2}{r^2\partial\theta^2} \tag{7-75}$$

$$- \sin\theta\cos\theta\frac{\partial}{r\partial r} - (\cos^2\theta - \sin^2\theta)\frac{\partial}{r^2\partial\theta}$$

于是式(7-19)和式(7-29)可以转换为

$$\nabla^2 = \frac{\partial^2}{\partial x^2} + \frac{\partial^2}{\partial y^2} = \frac{\partial^2}{\partial r^2} + \frac{\partial^2}{r\partial r} + \frac{\partial^2}{r^2\partial\theta^2} \tag{7-76}$$

$$\nabla^4 = \nabla^2\nabla^2 = \left(\frac{\partial^2}{\partial r^2} + \frac{\partial^2}{r\partial r} + \frac{\partial^2}{r^2\partial\theta^2}\right)\left(\frac{\partial^2}{\partial r^2} + \frac{\partial^2}{r\partial r} + \frac{\partial^2}{r^2\partial\theta^2}\right) \tag{7-77}$$

或展开为

$$\nabla^4 = \frac{\partial^4}{\partial r^4} + \frac{2}{r^2}\frac{\partial^4}{\partial\theta^2\partial r^2} + \frac{1}{r^4}\frac{\partial^4}{\partial\theta^4} + \frac{2}{r}\frac{\partial^3}{\partial r^3}$$

$$- \frac{2}{r^3}\frac{\partial^3}{\partial\theta^2\partial r} - \frac{1}{r^2}\frac{\partial^2}{\partial r^2} + \frac{4}{r^4}\frac{\partial^2}{\partial\theta^2} + \frac{1}{r^3}\frac{\partial}{\partial r} \tag{7-78}$$

根据应力不变量原理，有

$$\sigma_x + \sigma_y = \sigma_r + \sigma_\theta$$

所以，式(7-19)在极坐标时变为

$$\nabla^2(\sigma_r + \sigma_\theta) = 0 \tag{7-79}$$

式中，调和算子 ∇^2 由式(7-76)表示，应力是极坐标(r,θ)的函数。在极坐标时，式(7-29)中的重调和算子 ∇^4 由式(7-77)表示，φ 是 (r,θ) 的函数。

要求得在极坐标中用应力函数表示的应力分量，只要注意到

$$\sigma_x = \frac{\partial^2\varphi}{\partial y^2}, \quad \sigma_y = \frac{\partial^2\varphi}{\partial x^2}, \quad \tau_{xy} = -\frac{\partial^2\varphi}{\partial y\partial x}$$

应用式(7-73)～式(7-75)，然后将所得结果与式(7-67)比较。由于 θ 具有任意性，则得

$$\begin{cases} \sigma_r = \frac{1}{r}\frac{\partial\varphi}{\partial r} + \frac{\partial^2\varphi}{r^2\partial\theta^2} \\[2mm] \sigma_\theta = \frac{\partial^2\varphi}{\partial r^2} \\[2mm] \tau_{r\theta} = -\frac{\partial^2\varphi}{r\partial\theta\partial r} + \frac{\partial^2\varphi}{r^2\partial\theta} = -\frac{\partial}{\partial r}\left(\frac{\partial\varphi}{r\partial\theta}\right) \end{cases} \tag{7-80}$$

在有体积力时，设 σ_r''、σ_θ''、$\tau_{r\theta}''$ 是满足体积力的特解，则

$$\begin{cases} \sigma_r = \dfrac{1}{r}\dfrac{\partial \varphi}{\partial r} + \dfrac{\partial^2 \varphi}{r^2 \partial \theta^2} + \sigma_r'' \\[2mm] \sigma_\theta = \dfrac{\partial^2 \varphi}{\partial r^2} + \sigma_\theta'' \\[2mm] \tau_{r\theta} = -\dfrac{\partial^2 \varphi}{r\partial\theta\partial r} + \dfrac{\partial^2 \varphi}{r^2 \partial \theta} = -\dfrac{\partial}{\partial r}\left(\dfrac{\partial \varphi}{r\partial\theta}\right) + \tau_{r\theta}'' \end{cases} \tag{7-81}$$

7.4.3 极坐标中的边界条件

位移边界条件可以表示为

$$\begin{cases} u_r = \tilde{u}_r \\ v_\theta = \tilde{v}_\theta \end{cases} \quad (在 S_u 上) \tag{7-82}$$

对于应力边界条件，当边界线与坐标线不一致时，用极坐标的分量来表示边界条件无多大意义，所以只研究边界线与坐标线一致的面上的应力边界条件，如图 7-22 所示。

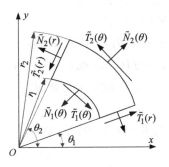

图 7-22

首先规定极坐标时表面力的记号和正、负号。边界上的法向表面力用记号 $\tilde{N}$ 表示，切向表面力用记号 $\tilde{T}$ 表示。在 r = 常数的面上，表面力是 θ 的函数，即 $\tilde{N}(\theta)$, $\tilde{T}(\theta)$；在 θ = 常数的面上，表面力是 r 的函数，即 $\tilde{N}(r)$, $\tilde{T}(r)$。为了规定表面力的正、负，建立流动坐标。把法线方向和由此按右手法则旋转 90° 的切线方向组成正的流动坐标。规定与流动坐标一致的表面力为正，反之为负。$\tilde{N}$ 和 $\tilde{T}$ 的正方向见图 7-22。与内应力的正、负号规定对比(图 7-19(b))，很容易写出边界条件：

$$\begin{cases} (\sigma_r)_{r=r_1} = \tilde{N}_1(\theta), \ (\tau_{r\theta})_{r=r_1} = \tilde{T}_1(\theta) \\ (\sigma_r)_{r=r_2} = \tilde{N}_2(\theta), \ (\tau_{r\theta})_{r=r_2} = \tilde{T}_2(\theta) \\ (\sigma_\theta)_{\theta=\theta_1} = \tilde{N}_1(r), \ (\tau_{r\theta})_{\theta=\theta_1} = -\tilde{T}_1(r) \\ (\sigma_\theta)_{\theta=\theta_2} = \tilde{N}_2(r), \ (\tau_{r\theta})_{\theta=\theta_2} = -\tilde{T}_2(r) \end{cases} \tag{7-83}$$

多连域中的位移单值条件可以表示为

$$(u_r^+)_i = (u_r^-)_i, \quad (v_\theta^+)_i = (v_\theta^-)_i \quad (i=1,2,\cdots,n) 在 \Omega 内$$

式中，下标 i 表示第 i 个内孔；n 为内孔数。

在极坐标中写应力边界条件时，由于简单，有时可直接由应力写出，这与直角坐标系中边界线与坐标线一致时的情形相同。

在极坐标中，平面问题用应力函数 φ 求解时可以明确地表示为如下的方程和定解条件：

$$\begin{cases} \nabla^4 \varphi = 0 \\ \sigma_r = \tilde{N}(\theta)\,和/或\,\sigma_r = \tilde{N}(r) \\ \tau_{r\theta} = \tilde{T}(\theta)\,和/或\,\tau_{r\theta} = -\tilde{T}(r) \\ (r=常数面)(\theta=常数面) \\ u_r = \tilde{u}_r, \quad v_\theta = \tilde{v}_\theta \\ (u_r^+)_i = (u_r^-)_i, \ (v_\theta^+)_i = (v_\theta^-)_i \end{cases} \tag{7-84}$$

用应力表示的基本方程和定解条件如下：

$$\begin{cases} \dfrac{\partial \sigma_r}{\partial r} + \dfrac{\partial \tau_{r\theta}}{r\partial \theta} + \dfrac{\sigma_r - \sigma_\theta}{r} = -F_r \\ \dfrac{\partial \tau_{r\theta}}{\partial r} + \dfrac{\partial \sigma_\theta}{r\partial \theta} + \dfrac{2\tau_{r\theta}}{r} = -F_\theta \\ \nabla^2(\sigma_r + \sigma_\theta) = 0 \\ \sigma_r = \tilde{N}(\theta)\,和/或\,\sigma_r = \tilde{N}(r) \\ \tau_{r\theta} = \tilde{T}(\theta)\,和/或\,\tau_{r\theta} = -\tilde{T}(r) \\ (r=常数面)(\theta=常数面) \\ u_r = \tilde{u}_r, \quad v_\theta = \tilde{v}_\theta \\ (u_r^+)_i = (u_r^-)_i, \ (v_\theta^+)_i = (v_\theta^-)_i \end{cases} \tag{7-85}$$

7.4.4 轴对称问题

若应力函数 φ 与 θ 无关，即

$$\varphi = \varphi(r) \tag{7-86}$$

由式(7-80)，若无体积力，则应力分量为

$$\sigma_r = \frac{1}{r}\frac{\partial \varphi}{\partial r}, \ \sigma_\theta = \frac{\partial^2 \varphi}{\partial r^2}, \ \tau_{r\theta} = 0 \tag{7-87}$$

显然，正应力 σ_r、σ_θ 也与 θ 无关，且剪应力为零。这种应力分量与 θ 无关的问题称为轴对称问题。许多工程实际问题，如炮筒、汽缸等几何形状是轴对称的，载荷也是轴对称的且与 θ 无关，即在 r =常数时，$\tilde{N}(\theta) = \tilde{N}$ =常数，$\tilde{T}(\theta) = 0$，这时应力分量必然与 θ 无关，所以都是轴对称问题。内、外边界为圆弧的曲杆的纯弯曲问题虽然几何上非轴对称，但是由于载荷的特殊性，也是轴对称问题。

1. 轴对称问题的基本方程

(1)平衡微分方程。由式(7-70)，设体积力为零(若有轴对称的体积力可先求特解)，则得

$$\frac{\partial \sigma_r}{\partial r} + \frac{\sigma_r - \sigma_\theta}{r} = 0 \tag{7-88}$$

(2) 几何方程。由式 (7-70) 及 $\gamma_{r\theta} = \tau_{r\theta}/G = 0$，得

$$\begin{cases} \varepsilon_r = \dfrac{\partial u_r}{\partial r} \\[2mm] \varepsilon_\theta = \dfrac{u_r}{r} + \dfrac{\partial v_\theta}{r\partial \theta} \\[2mm] \gamma_{r\theta} = \dfrac{\partial v_\theta}{\partial r} + \dfrac{\partial u_r}{r\partial \theta} - \dfrac{v_\theta}{r} = 0 \end{cases} \tag{7-89}$$

(3) 物理方程。仍为式 (7-7)、式 (7-8)，但第三式两边恒为零，应力分量列阵和应变分量列阵为

$$[\sigma] = [\sigma_r \ \ \sigma_\theta \ \ 0]^T \tag{7-90}$$

$$[\varepsilon] = [\varepsilon_r \ \ \varepsilon_\theta \ \ 0]^T \tag{7-91}$$

(4) 用应力函数表示的连续方程。由式 (7-76)、式 (7-77)，得微分算子：

$$\nabla^2 = \frac{\partial^2}{\partial r^2} + \frac{\partial}{r\partial r} \tag{7-92}$$

$$\nabla^4 = \left(\frac{\partial^2}{\partial r^2} + \frac{\partial}{r\partial r}\right)\left(\frac{\partial^2}{\partial r^2} + \frac{\partial}{r\partial r}\right) = \frac{d^4}{dr^4} + \frac{2}{r}\frac{d}{dr^3} - \frac{1}{r^2}\frac{d^2}{dr^2} + \frac{1}{r^3}\frac{d}{dr} \tag{7-93}$$

所以，连续方程为

$$\frac{d^4\varphi}{dr^4} + \frac{2}{r}\frac{d^3\varphi}{dr^3} - \frac{1}{r^2}\frac{d^2\varphi}{dr^2} + \frac{1}{r^3}\frac{d\varphi}{dr} = 0 \tag{7-94}$$

若应力分量用式 (7-87) 表示，则平衡方程 (7-88) 恒满足。因此，轴对称问题一般可以归结为

$$\begin{cases} \dfrac{d^4\varphi}{dr^4} + \dfrac{2}{r}\dfrac{d^3\varphi}{dr^3} - \dfrac{1}{r^2}\dfrac{d^2\varphi}{dr^2} + \dfrac{1}{r^3}\dfrac{d\varphi}{dr} = 0 \\[2mm] \sigma_r = \tilde{N}(\theta) \\[2mm] (r = \text{常数}) \\[2mm] u_r = \tilde{u}_r \\[2mm] (u_r^+)_i = (u_r^-)_i \end{cases} \tag{7-95}$$

2. 应力函数 φ 的一般解

轴对称问题应力函数 φ 所满足的方程 (7-94) 是四阶欧拉型变系数常微分方程，引入代换：

$$r = e^t \quad (t = \ln r) \tag{7-96}$$

则式 (7-94) 变为四阶齐次常系数常微分方程：

$$\frac{\mathrm{d}^4\varphi}{\mathrm{d}t^4} - 4\frac{\mathrm{d}^3\varphi}{\mathrm{d}t^3} + 4\frac{\mathrm{d}^2\varphi}{\mathrm{d}t^2} = 0$$

对应特征方程 $p^4 - 4p^3 + 4p^2 = 0$ 的根为 $p_1 = 0$, $p_2 = 0$, $p_3 = 2$, $p_4 = 2$。因此

$$\varphi = At + Bt\mathrm{e}^{2t} + C\mathrm{e}^{2t} + D$$

利用式(7-96)还原，得

$$\varphi = A\ln r + Br^2\ln r + Cr^2 + D \tag{7-97}$$

这就是平面轴对称问题应力函数 φ 一般解的极坐标表达式。

3. 应力分量和应变分量表达式

将式(7-97)代入式(7-87)，得

$$\begin{cases} \sigma_r = \frac{1}{r}\frac{\partial\varphi}{\partial r} = \frac{A}{r^2} + B(1+2\ln r) + 2C \\ \sigma_\theta = \frac{\partial^2\varphi}{\partial r^2} = -\frac{A}{r^2} + B(3+2\ln r) + 2C \\ \tau_{r\theta} = 0 \end{cases} \tag{7-98}$$

这就是平面轴对称问题应力分量极坐标表达式。利用式(7-7)，得到极坐标轴对称的应变分量，对于平面应力问题，为

$$\begin{cases} \varepsilon_r = \frac{1}{E}(\sigma_r - \nu\sigma_\theta) = \frac{1}{E}\left\{(1+\nu)\frac{A}{r^2} + B[(1-3\nu) + 2(1-\nu)\ln r] + 2(1-\nu)C\right\} \\ \varepsilon_\theta = \frac{1}{E}(\sigma_\theta - \nu\sigma_r) = \frac{1}{E}\left\{-(1+\nu)\frac{A}{r^2} + B[(3-\nu) + 2(1-\nu)\ln r] + 2(1-\nu)C\right\} \\ \gamma_{r\theta} = \gamma_{\theta r} = 0 \end{cases} \tag{7-99}$$

4. 位移分量表达式

将式(7-99)代入式(7-89)，有

$$\begin{cases} \frac{\partial u_r}{\partial r} = \frac{1}{E}\left\{(1+\nu)\frac{A}{r^2} + B[(1-3\nu) + 2(1-\nu)\ln r] + 2(1-\nu)C\right\} \\ \frac{u_r}{r} + \frac{\partial v_\theta}{r\partial\theta} = \frac{1}{E}\left\{-(1+\nu)\frac{A}{r^2} + B[(3-\nu) + 2(1-\nu)\ln r] + 2(1-\nu)C\right\} \\ \frac{\partial u_r}{r\partial\theta} + \frac{\partial v_\theta}{\partial r} - \frac{v_\theta}{r} = 0 \end{cases} \tag{7-100}$$

积分式(7-100)第一式，得

$$u_r = \frac{1}{E}\left\{-(1+\nu)\frac{A}{r} + B[(1-3\nu)r + 2(1-\nu)r(\ln r - 1)] + 2(1-\nu)Cr\right\} + f_1(\theta) \tag{7-101}$$

式中，$f_1(\theta)$ 为 θ 的任意函数。依据式(7-100)第二式，并将式(7-101)代入，得

$$\frac{\partial v_\theta}{\partial \theta} = \frac{4Br}{E} - f_1(\theta) \tag{7-102}$$

积分式(7-102)，得

$$v_\theta = \frac{4Br\theta}{E} - \int f_1(\theta)\mathrm{d}\theta + f_2(r) \tag{7-103}$$

式中，$f_2(r)$ 为 r 的任意函数，将式(7-101)、式(7-103)代入式(7-100)第三式，得

$$\frac{1}{r}\frac{\mathrm{d}f_1(\theta)}{\mathrm{d}\theta} + \frac{\mathrm{d}f_2(r)}{\mathrm{d}r} + \frac{1}{r}\int f_1(\theta)\mathrm{d}\theta - \frac{1}{r}f_2(r) = 0$$

分离变量：

$$\left[\frac{\mathrm{d}f_1(\theta)}{\mathrm{d}\theta} + \int f_1(\theta)\mathrm{d}\theta\right] - \left[f_2(r) - r\frac{\mathrm{d}f_2(r)}{\mathrm{d}r}\right] = 0$$

由于 θ 和 r 具有任意性，必有

$$f_2(r) - r\frac{\mathrm{d}f_2(r)}{\mathrm{d}r} = F \tag{7-104}$$

$$\frac{\mathrm{d}f_1(\theta)}{\mathrm{d}\theta} + \int f_1(\theta)\mathrm{d}\theta = F \tag{7-105}$$

式中，F 为任意常数。由式(7-104)，得

$$f_2(r) = Nr + F \tag{7-106}$$

式中，N 为任意常数。作代换：

$$\int f_1(\theta)\mathrm{d}\theta = f(\theta) \tag{7-107}$$

则式(7-105)变为

$$\frac{\mathrm{d}^2 f(\theta)}{\mathrm{d}\theta^2} + f(\theta) = F \tag{7-108}$$

式(7-108)的解答为

$$f(\theta) = K\cos\theta + H\sin\theta + F \tag{7-109}$$

由式(7-107)，有

$$f_1(\theta) = -K\sin\theta + H\cos\theta \tag{7-110}$$

将式(7-106)、式(7-109)、式(7-110)代回式(7-101)、式(7-103)，得

$$\begin{cases} u_r = \dfrac{1}{E}\left\{-(1+v)\dfrac{A}{r} + B[(1-3v)r + 2(1-v)r(\ln r - 1)] + 2(1-v)Cr\right\} - K\sin\theta + H\cos\theta \\ v_\theta = \dfrac{4Br\theta}{E}tNr - K\cos\theta - H\sin\theta \end{cases} \tag{7-111}$$

式(7-111)即平面轴对称问题位移分量的极坐标表达式。根据以上分析应当注意以下几点。

(1) 应力表达式(7-98)中的待定常数 A 、 B 、 C 也出现在位移表达式(7-111)中，它们由式(7-95)中的定解——应力边界条件、位移边界条件和位移单值条件确定。对于环域 B ，取决于单值条件。

(2) 位移表达式(7-111)中的常数 N 、 K 、 H 在应力分量表达式中不出现，因而不影响应力，为了看清它的物理意义，取

$$\begin{cases} u_{r1} = -K\sin\theta + H\cos\theta \\ v_{\theta 1} = Nr - K\cos\theta - H\sin\theta \end{cases}$$

利用式(7-59)，求得在直角坐标系 Oxy 中的位移分量为

$$\begin{bmatrix} u_1 \\ v_1 \end{bmatrix} = \begin{bmatrix} \cos\theta & -\sin\theta \\ \sin\theta & \cos\theta \end{bmatrix}\begin{bmatrix} u_{r1} \\ v_{\theta 1} \end{bmatrix} = \begin{bmatrix} \cos\theta & -\sin\theta \\ \sin\theta & \cos\theta \end{bmatrix}\begin{bmatrix} -K\sin\theta + H\cos\theta \\ Nr - K\cos\theta - H\sin\theta \end{bmatrix} = \begin{bmatrix} 0 & -N \\ N & 0 \end{bmatrix}\begin{bmatrix} x \\ y \end{bmatrix} + \begin{bmatrix} H \\ -K \end{bmatrix}$$

据此可以推断出 H 、 K 表示物体刚性平移， N 表示整体刚性转动角。对于具有 S_u 边界的物体，这三个系数一般可由位移边界条件定出；对于只有 S_σ 边界的物体，则需要由整体的位移约束条件确定。

(3) 在轴对称位问题中，应力分量与 θ 无关，但是一般情形下，位移分量与 θ 有关，对于特殊的具体问题，可以与 θ 无关。

例 7-9　曲梁纯弯曲问题的弹性力学解答。

曲梁的区域由两对坐标线围成，几何尺寸和受力情况如图 7-23 所示。
边界条件为

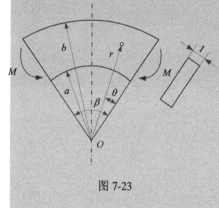

图 7-23

$$(\tau_{r\theta})_{r=a} = 0, \quad (\tau_{r\theta})_{r=b} = 0, \quad (\tau_{r\theta})_{\theta=0} = 0, \quad (\tau_{r\theta})_{\theta=\beta} = 0$$

$$(\sigma_r)_{r=a} = 0, \quad (\sigma_r)_{r=b} = 0, \quad \int_a^b (\sigma_\theta)_{\theta=0}\mathrm{d}r = 0$$

$$\int_a^b (\sigma_\theta)_{\theta=\beta}\mathrm{d}r = 0, \quad \int_a^b (\sigma_\theta)_{\theta=0}r\mathrm{d}r = M, \int_a^b (\sigma_\theta)_{\theta=\beta}r\mathrm{d}r = M$$

应力分量表达式(7-98)显然能满足前四个边界条件，由第五、六个边界条件得

$$\frac{A}{a^2} + B(1 + 2\ln a) + 2C = 0 \tag{7-112a}$$

$$\frac{A}{b^2} + B(1 + 2\ln b) + 2C = 0 \tag{7-112b}$$

由第七(或八)、第九(或十)个边界条件得

$$\left[r\left\{ \frac{A}{r^2} + B(1 + 2\ln r) + 2C \right\} \right]_a^b = 0 \tag{7-112c}$$

$$-A\ln\frac{b}{a} + B[(b^2 - a^2) + (b^2\ln b - a^2\ln a)] + C(b^2 - a^2) = M \tag{7-112d}$$

从以上各式看出，式(7-112c)不独立，由式(7-112a)、式(7-112b)、式(7-112d)解出。

$$\begin{cases} A = \dfrac{4Ma^2b^2\ln\dfrac{b}{a}}{s} \\[4mm] B = \dfrac{2M(b^2-a^2)}{s} \\[4mm] C = -\dfrac{M}{s}[b^2-a^2+2(b^2\ln b - a^2\ln a)] \end{cases} \tag{7-112e}$$

式中,

$$s = (b^2-a^2)^2 - 4a^2b^2\left(\ln\dfrac{b}{a}\right)^2 \tag{7-112f}$$

将式 (7-112e) 代入式 (7-98), 得

$$\begin{cases} \sigma_r = \dfrac{4M}{s}\left(\dfrac{a^2b^2}{r^2}\ln\dfrac{b}{a}+b^2\ln\dfrac{r}{b}+a^2\ln\dfrac{a}{r}\right) \\[4mm] \sigma_\theta = \dfrac{4M}{s}\left(-\dfrac{a^2b^2}{r^2}\ln\dfrac{b}{a}+b^2\ln\dfrac{r}{b}+a^2\ln\dfrac{a}{r}+b^2-a^2\right) \\[4mm] \tau_{r\theta} = 0 \end{cases} \tag{7-112g}$$

为了确定位移分量, 给出位移约束条件: 在 $r=r_0=(a+b)/2$ 和 $\theta=0$ 处, $u_r=0$, $v_\theta=0$, $\partial v_\theta/\partial r = 0$。由此, 根据式 (7-111), 得

$$\begin{cases} N=0,\ K=0 \\[2mm] H = \dfrac{1}{E}\left[(1+\nu)\dfrac{A}{r_0}+B(1+\nu)r_0-2(1-\nu)Br_0\ln r_0-2(1-\nu)Cr_0\right] \end{cases} \tag{7-112h}$$

将式 (7-112h)、式 (7-112e) 回代到式 (7-111) 即得到曲梁弯曲的位移表达式。

　　例 7-10　求缺口圆环(内半径 a、外半径 b)在端部力偶 M 作用下使之刚好闭合时的应力场, 如图 7-24 所示, 假设角 α 是一个很小的角度。

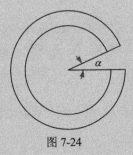

图 7-24

　　写出应力和位移边界条件:

$$(\tau_{r\theta})_{r=a}=0, \quad (\tau_{r\theta})_{r=b}=0, \quad (\tau_{r\theta})_{\theta=0}=0, \quad (\tau_{r\theta})_{\theta=2\pi-\alpha}=0$$

$$(\sigma_r)_{r=a}=0, \quad (\sigma_r)_{r=b}=0, \quad (v_\theta)_{\theta=0}=0, \quad (v_\theta)_{\theta=2\pi-\alpha}=0$$

例 7-10 与例 7-9 中的前六个边界条件完全相同,前四个边界条件自然满足,由第五、六个边界条件同样得

$$\frac{A}{a^2} + B(1 + 2\ln a) + 2C = 0$$

$$\frac{A}{b^2} + B(1 + 2\ln b) + 2C = 0$$

由第七、八个边界条件(因为 α 很小,以 2π 代 $2\pi - \alpha$)得

$$Nr - K = 0 \tag{7-113a}$$

$$\frac{8\pi Br}{E} + Nr - K = ar \tag{7-113b}$$

根据式(7-113a),由 r 的任意性,必有 $N = 0, K = 0$,故

$$\frac{8\pi}{E}B = \alpha \tag{7-113c}$$

由式(7-112a)、式(7-112b)、式(7-113c)联立解得

$$\begin{cases} A = \dfrac{E\alpha a^2 b^2 \ln \dfrac{b}{a}}{4\pi(b^2 - a^2)} \\ B = \dfrac{E\alpha}{8\pi} \\ C = -\dfrac{E\alpha}{8\pi}\left[\dfrac{(b^2 - a^2) + 2(b^2 \ln b - a^2 \ln a)}{2(b^2 - a^2)}\right] \end{cases} \tag{7-113d}$$

还有一个常数 H 未定,这说明所给位移边界条件还不足以完全确定整体刚性位移,还必须补充一个约束条件,由 $r = r_0 = \dfrac{a+b}{2}$ 时,$u_r = 0$ 的条件可以确定 H,为

$$H = \frac{1}{E}\left\{(1+\nu)\frac{A}{r_0} + B(1+\nu)r_0 - 2(1-\nu)Br_0\ln r_0 - 2(1-\nu)Cr_0\right\} \tag{7-113e}$$

式中,A、B、C 见式(7-113d)。

将式(7-113d)、式(7-113e)代入式(7-98)、式(7-111)便得到应力分量和位移分量的表达式。

从例 7-10 中可以看到常数 B 的意义,它使位移 v_θ 成为多值函数,这在圆环中是不合理的,那时 B 必须为零;但是在残缺圆环(单连域)中它可以存在,这时多值的位移函数不会引起域内任何点的位移多值。

将例 7-10 中的常数 A(或 B、C)与例 7-9 中常数比较,得到在端部所要加的力偶:

$$M = \frac{E\alpha}{8\pi} \cdot \frac{(b^2 - a^2)^2 - 4a^2 b^2 \left(\ln \dfrac{b}{a}\right)^2}{2(b^2 - a^2)}$$

例 7-11 平面圆环的轴对称问题。设圆环内径为 a,外径为 b;环内承受均匀压力 q_a,环外边界承受均匀压力 q_b;板厚 $t = 1$,如图 7-25(a)所示。

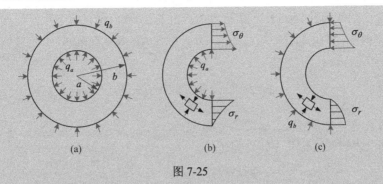

图 7-25

边界条件为

$$(\tau_{r\theta})_{r=a} = 0, \ (\tau_{r\theta})_{r=b} = 0 \tag{7-114a}$$

$$(\sigma_r)_{r=a} = -q_a, \ (\sigma_r)_{r=b} = -q_b \tag{7-114b}$$

位移单值条件为

$$u_r^+ = u_r^- \ \text{或} (u_r)_\theta = (u_r)_{\theta+2\pi} \tag{7-114c}$$

$$v_\theta^+ = v_\theta^- \ \text{或} (v_\theta)_\theta = (v_\theta)_{\theta+2\pi} \tag{7-114d}$$

由式(7-98)表示的应力分量一般解显然满足式(7-114a)，由式(7-114b)得

$$\frac{A}{a^2} + B(1+2\ln a) + 2C = -q_a \tag{7-114e}$$

$$\frac{A}{b^2} + B(1+2\ln b) + 2C = -q_b \tag{7-114f}$$

将式(7-111)代入式(7-114c)和式(7-114d)，前一个条件由于 u_r 中不含多值项是恒能满足的，后一个条件为

$$(v_\theta)_{\theta+2\pi} - (v_\theta)_\theta = \frac{4Br \cdot 2\pi}{E} = 0$$

于是

$$B = 0 \tag{7-114g}$$

代入式(7-114e)、式(7-114f)后联立求解，得

$$A = \frac{a^2 b^2 (q_b - q_a)}{b^2 - a^2}, \quad C = \frac{q_a a^2 - q_b b^2}{2(b^2 - a^2)} \tag{7-114h}$$

将 A、B、C 回代到式(7-98)，得

$$\begin{cases} \sigma_r = -\dfrac{\left(\dfrac{b}{r}\right)^2 - 1}{\left(\dfrac{b}{a}\right)^2 - 1} q_a - \dfrac{1 - \left(\dfrac{a}{r}\right)^2}{1 - \left(\dfrac{a}{b}\right)^2} q_b \\[6mm] \sigma_\theta = \dfrac{\left(\dfrac{b}{r}\right)^2 + 1}{\left(\dfrac{b}{a}\right)^2 - 1} q_a - \dfrac{1 + \left(\dfrac{a}{r}\right)^2}{1 - \left(\dfrac{a}{b}\right)^2} q_b \\[6mm] \tau_{r\theta} = 0 \end{cases} \tag{7-114i}$$

将 A、B、C 回代到式(7-111)，其第二式，由于 $B=0$，就只剩下刚性位移了，这时，适当地给定约束条件，如 $(v_\theta)_\theta=0$，$(v_\theta)_{\theta=\pi/2}=0$，可使 $N=K=H=0$，于是只剩下圆环变形产生的径向位移：

$$u_r=-\frac{A}{E}(1+\nu)\frac{1}{r}+\frac{2C}{E}(1-\nu)r \qquad (7\text{-}114\text{j})$$

对于平面应变问题须将 E、ν 按式(7-9)代换。

下面根据上述解答讨论几个特殊问题。

(1) $q_b=0$，只受到 q_a 作用，这时有

$$\sigma_r=-\frac{\left(\frac{b}{r}\right)^2-1}{\left(\frac{b}{a}\right)^2-1}q_a,\quad \sigma_\theta=\frac{\left(\frac{b}{r}\right)^2+1}{\left(\frac{b}{a}\right)^2-1}q_a \qquad (7\text{-}114\text{k})$$

显然，环向受拉，径向受压，最大的环向应力发生在内壁，为

$$(\sigma_\theta)_{\max}=\frac{\left(\frac{b}{a}\right)^2+1}{\left(\frac{b}{a}\right)^2-1}q_a \qquad (7\text{-}114\text{l})$$

而内壁的径向应力为

$$(\sigma_r)_{r=a}=-q_a \qquad (7\text{-}114\text{m})$$

沿半径方向环向应力和径向应力的分布见图 7-25(b)。

(2) $q_a=0$，只受到 q_b 作用，这时有

$$\sigma_r=-\frac{1-\left(\frac{a}{r}\right)^2}{1-\left(\frac{a}{b}\right)^2}q_b,\quad \sigma_\theta=-\frac{1+\left(\frac{a}{r}\right)^2}{1-\left(\frac{a}{b}\right)^2}q_b \qquad (7\text{-}114\text{n})$$

显然，无论是径向还是环向都是受压，最大的压应力仍然发生在内壁的环向，为

$$(\sigma_\theta)_{r=a}=-\frac{2}{1-\left(\frac{a}{b}\right)^2}q_b \qquad (7\text{-}114\text{o})$$

当 $b\gg a$ 时，$|\sigma_\theta/q_b|_{r=a}\approx 2$，而在外壁该比值为1。径向应力内壁为零，外壁为 $-q_b$。沿径向的应力分布见图 7-25(c)。

(3) 针孔问题。在受外压的圆环中，内径 $a\to 0$，即非常小的孔。由式(7-114o)，有

$$(\sigma_\theta)_{r=a}\approx -2q_b \qquad (7\text{-}114\text{p})$$

由此可见，虽然孔很小，但是孔边应力提高了两倍。

(4) 无限域开圆孔，孔边受均匀压力 q_a，这时，由式(7-114e)、式(7-114f)以及 $B=0$，有

$$\frac{A}{a^2} + 2C = -q_a$$

$$\frac{A}{b^2} + 2C = 0$$

令 $b \to \infty$，则由 $C = 0$，$A = -a^2 q_a$。于是，由式(7-98)，得

$$\sigma_r = -a^2 q_a / r^2, \quad \sigma_\theta = a^2 q_a / r^2$$

应力分布见图 7-26。

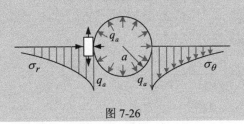

图 7-26

例 7-12　内径为 a、外径为 b 的圆环，孔内受均匀压力 q_a，外表面给定均匀的径向位移 $-\Delta$，环向剪应力为零，试确定环内的应力分量和位移分量。

这是一个二连域的混合边值问题，下面按平面应力问题求解。应力分量和位移分量的一般表达式为式(7-98)和式(7-111)，其中的未知函数由式(7-95)中的定解条件确定。

应力边界条件为

$$(\tau_{r\theta})_{r=a} = 0, \quad (\tau_{r\theta})_{r=b} = 0(自然满足)$$

$$(\sigma_r)_{r=a} = -q_a \tag{7-115a}$$

位移边界条件为

$$(u_r)_{r=b} = -\Delta \tag{7-115b}$$

位移单值条件为

$$(v_\theta)_{\theta+2\pi} - (v_\theta)_\theta = 0 \tag{7-115c}$$

由式(7-115c)，同例 7-11，得到

$$B = 0 \tag{7-115d}$$

由式(7-115b)，以及 θ 的任意性，得

$$K = H = 0 \tag{7-115e}$$

及

$$\frac{1}{E}\left[-(1+\nu)\frac{A}{b} + 2(1-\nu)Cb\right] = -\Delta \tag{7-115f}$$

又由于给定的位移边界条件不能约束圆环整体转动，要消除这一转动必须置

$$N = 0 \tag{7-115g}$$

最后由式(7-115a)建立系数 A、C 的另一个代数方程：

$$\frac{A}{a^2}+2C=-q_a \tag{7-115h}$$

联立式(7-115f)、式(7-115h)求解，得

$$\begin{cases} A=\dfrac{[\Delta bE-(1-\nu)b^2q_a]a^2}{(1+\nu)a^2+(1-\nu)b^2} \\[3mm] C=-\dfrac{1}{2}\cdot\dfrac{\Delta bE+(1+\nu)a^2q_a}{(1+\nu)a^2+(1-\nu)b^2} \end{cases} \tag{7-115i}$$

将系数 A、B、C 代入式(7-98)，得

$$\begin{cases} \sigma_r=\dfrac{\Delta bE-(1-\nu)b^2q_a}{(1+\nu)a^2+(1-\nu)b^2}\cdot\dfrac{a^2}{r^2}-\dfrac{\Delta bE+(1+\nu)a^2q_a}{(1+\nu)a^2+(1-\nu)b^2} \\[3mm] \sigma_\theta=-\dfrac{\Delta bE-(1-\nu)b^2q_a}{(1+\nu)a^2+(1-\nu)b^2}\cdot\dfrac{a^2}{r^2}-\dfrac{\Delta bE+(1+\nu)a^2q_a}{(1+\nu)a^2+(1-\nu)b^2} \\[3mm] \tau_{r\theta}=0 \end{cases}$$

σ_r 和 σ_θ 还可以改写为

$$\begin{cases} \sigma_r=-\dfrac{\Delta bE}{P}\left(1-\dfrac{a^2}{r^2}\right)-\dfrac{a^2q_a}{P}\left[1+\nu+(1-\nu)\dfrac{b^2}{r^2}\right] \\[3mm] \sigma_\theta=-\dfrac{\Delta bE}{P}\left(1+\dfrac{a^2}{r^2}\right)-\dfrac{a^2q_a}{P}\left[1+\nu-(1-\nu)\dfrac{b^2}{r^2}\right] \end{cases} \tag{7-115j}$$

式中，

$$P=(1+\nu)a^2+(1-\nu)b^2n$$

将 A、B、C 及 N、H、K 代入式(7-98)，得

$$u_r=-\dfrac{\Delta}{P}\left[(1+\nu)a^2\left(\dfrac{b}{r}\right)+(1-\nu)br\right]+\dfrac{(1-\nu^2)a^2}{P}\left(\dfrac{q_a}{E}\right)\left[\left(\dfrac{b}{r}\right)^2-1\right]r \tag{7-115k}$$

式(7-115j)和式(7-115k)就是问题的最终解答，它分为两部分：一部分是由 Δ 引起的；另一部分是由 q_a 引起的。下面讨论两种特殊情况。

(1) $\Delta=0$，即 $r=b$ 时，圆周上各点径向不动，这时由式(7-115j)、式(7-115k)，有

$$\begin{cases} \sigma_r=-\dfrac{a^2q_a}{P}\left[1+\nu+(1-\nu)\dfrac{b^2}{r^2}\right] \\[3mm] \sigma_\theta=-\dfrac{a^2q_a}{P}\left[1+\nu-(1-\nu)\dfrac{b^2}{r^2}\right] \\[3mm] u_r=\dfrac{(1-\nu^2)a^2}{P}\left\{\dfrac{q_a}{E}\left[\left(\dfrac{b}{r}\right)^2-1\right]r\right\} \end{cases} \tag{7-115l}$$

(2) $q_a=0$，即孔内无外力作用，这时，由式(7-115j)、式(7-115k)，有

$$\begin{cases} \sigma_r = -\dfrac{\Delta bE}{P}\left(1-\dfrac{a^2}{r^2}\right) \\[3mm] \sigma_\theta = -\dfrac{\Delta bE}{P}\left(1+\dfrac{a^2}{r^2}\right) \\[3mm] u_r = -\dfrac{\Delta}{P}\left[(1+\nu)a^2\left(\dfrac{b}{r}\right)+(1-\nu)br\right] \end{cases} \tag{7-115m}$$

用同样的方法可以求解上述圆环在外部均匀压应力 q_b、内边界各点给定均匀径向位移 Δ 时环内的应力场和位移场。结果为

$$\begin{cases} \sigma_r = -\dfrac{\Delta aE}{P'}\left[\left(\dfrac{b}{r}\right)^2-1\right]-\dfrac{b^2 q_b}{P'}\left[1+\nu+(1-\nu)\left(\dfrac{a}{r}\right)^2\right] \\[3mm] \sigma_\theta = \dfrac{\Delta aE}{P'}\left[\left(\dfrac{b}{r}\right)^2+1\right]-\dfrac{b^2 q_b}{P'}\left[1+\nu-(1-\nu)\left(\dfrac{a}{r}\right)^2\right] \\[3mm] u_r = \dfrac{\Delta}{P'}\left[(1+\nu)b^2\left(\dfrac{a}{r}\right)+(1-\nu)ar\right]-\dfrac{(1-\nu^2)b^2}{P'}\left(\dfrac{q_b}{E}\right)\left[1-\left(\dfrac{a}{r}\right)^2\right]r \end{cases} \tag{7-115n}$$

式中，
$$P' = (1-\nu)a^2 + (1+\nu)b^2$$

例 7-13　配合圆环。有 1、2 两个圆环，内外半径分别为 a_1、b_1 和 a_2、b_2；1 环是小环，2 环是大环，但是 $a_2 < b_1$，假设两个圆环的材料相同，且令

$$2(b_1 - a_2) = \delta \tag{7-116a}$$

称为配合公盈。圆环不受外力作用，试求配合后两环中的应力分量和位移分量(图 7-27)。

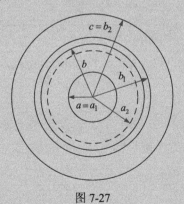

图 7-27

这是一个有实际意义的问题。根据例 7-11 的分析可知，受内压或外压的圆环，材料并没有被充分地利用，采用配合圆环可以改善受力特性。求解这一问题可将两个圆环分别利用例 7-11 的结果。第一个圆环受外压，第二个圆环受内压，但是压力和交界面的位移都是未知的。由下面两个连接条件作为补充的定解条件，即

$$q_{a_2} = q_{b_1} = q \tag{7-116b}$$

$$2[(u_r)_{r=a_2} - (u_r)_{r=b_1}] = \delta \qquad (7\text{-}116\text{c})$$

式中，q_{a_2} 为圆环 2 的内压力；q_{b_1} 为圆环 1 的外压力。

对于圆环 1，应用式(7-114h)，这时，

$$a = a_1, \quad b = b_1, \quad q_a = 0, \quad a_b = q$$

于是

$$A = \frac{a_1^2 b_1^2 q}{b_1^2 - a_1^2}, \quad 2C = -\frac{q b_1^2}{b_1^2 - a_1^2}$$

利用式(7-114j)，得

$$(u_r)_{r=b_1} = -\left(\frac{q}{E}\right) \frac{1}{b_1\left[1 - \left(\dfrac{a_1}{b_1}\right)^2\right]} \left[(1+\nu)a_1^2 + (1-\nu)b_1^2\right] \qquad (7\text{-}116\text{d})$$

对于第二个圆环，应用式(7-114h)，这时，

$$a = a_2, \quad b = b_2, \quad q_a = q, \quad a_b = 0$$

于是

$$A = -\frac{a_2^2 b_2^2 q}{b_2^2 - a_2^2}, \quad 2C = \frac{q a_2^2}{b_2^2 - a_2^2}$$

利用式(7-114i)，得

$$(u_r)_{r=a_2} = \left(\frac{q}{E}\right) \frac{1}{a_2\left[\left(\dfrac{b_2}{a_2}\right) - 1\right]} \left[(1+\nu)b_2^2 + (1-\nu)a_2^2\right] \qquad (7\text{-}116\text{e})$$

将式(7-116d)、式(7-116e)代入式(7-116c)，得

$$\delta = 2\left(\frac{q}{E}\right) \left\{ \frac{b_1\left[(1+\nu)\left(\dfrac{a_1}{b_1}\right)^2 + (1-\nu)\right]}{1 - \left(\dfrac{a_1}{b_1}\right)^2} + \frac{a_2\left[(1+\nu)\left(\dfrac{b_2}{a_2}\right)^2 + (1-\nu)\right]}{\left(\dfrac{a_2}{b_2}\right)^2 - 1} \right\} \qquad (7\text{-}116\text{f})$$

在实际计算等式右边花括号中的值时，可以置 $b_1 = a_2 = b$（名义尺寸），这时令 $a_1 = a$，$b_2 = c$，可由式(7-116f)通分得到简化式：

$$\delta = \frac{4b^3(c^2 - a^2)}{(c^2 - b^2)(b^2 - a^2)}\left(\frac{q}{E}\right) \qquad (7\text{-}116\text{g})$$

由式(7-116g)可以求出 q，然后利用例 7-11 的公式求出每个环中的应力分量和位移分量。读者也可以直接利用例 7-12 的结果求解。

例 7-14　在均匀应力场中由小圆孔引起的应力集中问题。设圆孔半径为 a，在远离孔的边界受到 x 和 y 方向的均匀拉伸作用，应力强度为 q，如图 7-28(a)所示。

这一问题可以通过圆环受外压的结果求得解答。以 b（$b \gg a$）为半径画孔的同心圆，假想取出圆环（图 7-28(b)），在半径为 b 的圆周上，各点的受力状态都是两向等拉状态，即

$\sigma_x = q$，$\sigma_y = q$，$\tau_{xy} = 0$，利用转轴公式求出 $\sigma_r = q$，$\tau_{r\theta} = 0$，这样就把原来的问题化为内半径为 a、外半径为 b、在外边界上受均匀拉力 q 作用的圆环问题。由式 (7-114n)，置 $q_b = -q$，得

$$\sigma_r = \frac{1 - \left(\dfrac{a}{r}\right)^2}{1 - \left(\dfrac{a}{b}\right)^2} q, \quad \sigma_\theta = \frac{1 + \left(\dfrac{a}{r}\right)^2}{1 - \left(\dfrac{a}{b}\right)^2} q \tag{7-117a}$$

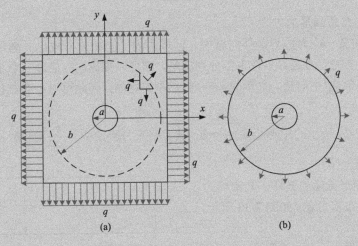

(a)　　　　　　　　　(b)

图 7-28

因为 $b \gg a$，所以 $a/b \approx 0$，于是

$$\sigma_r = q \left[1 - \left(\frac{a}{r}\right)^2 \right], \quad \sigma_\theta = q \left[1 + \left(\frac{a}{r}\right)^2 \right] \tag{7-117b}$$

在周边 $r = a$ 上，有

$$\sigma_r = 0, \quad \sigma_\theta = 2q$$

这种在孔边处应力远大于距孔稍远处应力的现象称为应力集中。它是局部现象，其特点是应力绝对值高，但衰减得很快，例如，在 $r = 2a$ 时，$\sigma_\theta = 1.25q$；在 $r = 3a$ 时，$\sigma_\theta = 1.1q$。

因为在应力集中区域有上述特点，所以利用有限元法作数值计算时，对于几何上有内凹及孔洞或物理(材料性质)发生突变的区域加密网格或进行第二次局部区域的密网格计算，才能保证精度。

习　题

7-1　试比较平面应变问题和平面应力问题的异同点。

7-2　试证明：若体力不是常量，而是有势力，即

$$F_x = -\frac{\partial V}{\partial x}, \quad F_y = -\frac{\partial V}{\partial y}$$

式中，V 为势函数，则应力分量可用应力函数表示为

$$\begin{cases} \sigma_x = \dfrac{\partial^2 U}{\partial y^2} + V \\[2mm] \sigma_y = \dfrac{\partial^2 U}{\partial x^2} + V \\[2mm] \tau_{xy} = -\dfrac{\partial^2 U}{\partial xy} \end{cases}$$

并导出应力函数 U 所满足的方程。

7-3 如果在某一应力边界条件问题中，区域内的平衡微分方程已经满足，且除了最后一个小边界，其余的应力边界条件也都分别满足，则可以推论出，最后一个小边界上的三个积分的应力边界条件(主向量、主矩的条件)必然是满足的，因此可以不必进行校核。试对此结论加以说明。

7-4 设图 7-29 所示的矩形长梁，$l \gg h$，试考察应力函数 $\varPhi = \dfrac{F}{2h^3}xy(3h^2 - 4y^2)$ 能解决什么样的受力问题。

7-5 设有矩形截面的竖柱，其密度为 ρ，在一侧面上受均布剪力 q，如图 7-30 所示，试求应力分量。

提示：可假设 $\sigma_x = 0$，或假设 $\tau_{xy} = f(x)$，或假设 σ_y 如材料力学中偏心受压公式所示。上端的边界条件若不能精确满足，可应用圣维南原理，求出近似的解答。

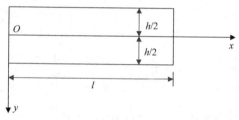

图 7-29

7-6 设图 7-31 中的三角形悬臂梁只受重力的作用，而梁的密度为 ρ，试用纯三次式的应力函数求解。

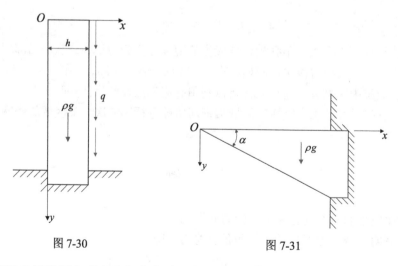

图 7-30   图 7-31

7-7 试导出极坐标和直角坐标中位移分量的坐标变换式：

$$u_\rho = u\cos\varphi + v\sin\varphi, \quad u_\varphi = -u\sin\varphi + v\cos\varphi$$

$$u = u_\rho\cos\varphi - u_\varphi\sin\varphi, \quad v = u_\rho\sin\varphi + u_\varphi\cos\varphi$$

7-8 设有内半径为 a 而外半径为 b 的圆筒受内压力 q，试求内半径及外半径的改变，并求圆筒厚度的改变。

7-9 设一刚体具有半径为 b 的圆柱形孔道，孔内放置外半径为 b 而内半径为 a 的圆筒，受内压为 q，试求筒壁的应力。

7-10 矩形薄板受纯剪切，剪力的集度为 q，如图 7-32 所示。如果离板边较远处有一小圆孔，试求孔边的最大和最小的正应力。

7-11 楔形体在两侧面上受均布剪力 q，如图 7-33 所示，试求应力分量。

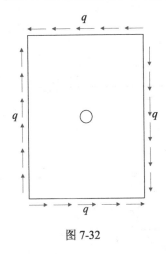

图 7-32

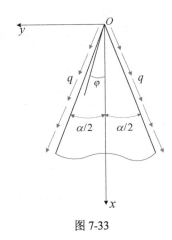

图 7-33

7-12 曲梁在两端受相反的两个力 F，如图 7-34 所示，试求应力分量。

7-13 半平面体在其一端边界上受均布法向荷载 q_0，如图 7-35 所示，试证半平面体中的直角坐标应力分量为

$$\begin{cases} \sigma_x = -\dfrac{q_0}{2\pi}\{2(\theta_2 - \theta_1) + [\sin(2\theta_2) - \sin(2\theta_1)]\} \\[2mm] \sigma_y = -\dfrac{q_0}{2\pi}\{2(\theta_2 - \theta_1) - [\sin(2\theta_2) - \sin(2\theta_1)]\} \\[2mm] \tau_{yx} = \tau_{xy} = -\dfrac{q_0}{2\pi}[\cos(2\theta_1) - \cos(2\theta_2)] \end{cases}$$

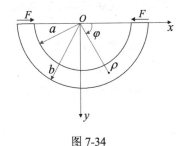

图 7-34

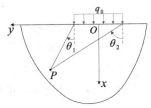

图 7-35

第 7 章部分参考答案

第8章 扭 转 问 题

工程结构中的部分构件(如搅拌机轴、传动轴、钻杆等,如图8-1(a)所示)的力学模型可以简化为图8-1(b)或图8-2。在该模型中垂直于杆轴线平面内受到一对大小相等、方向相反的力偶作用,在力偶作用下杆件两横截面之间产生绕轴线转动的相对扭转角。这种以横截面绕轴线做相对旋转为主要特征的变形形式称为扭转,以扭转变形为主的杆件称为轴。图8-2中 α_{BA} 表示 B 截面对 A 截面的相对扭转角。

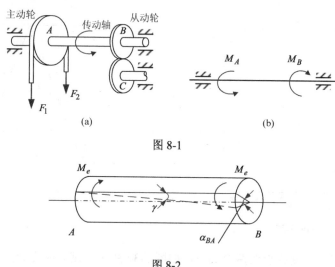

图 8-1

图 8-2

圆截面等直杆的扭转问题在材料力学里已经解决了,但是非圆截面的扭转问题不能用材料力学方法解决,必须从弹性空间问题的基本方程出发,根据扭转问题的几何和力学特征建立扭转问题的基本方程和定解条件,然后求解偏微分方程的定解问题。

8.1 基于位移建立扭转方程扭转函数

设有一等截面直杆,在两个端面上作用大小相等、转向相反的扭矩 M_t ,不计体积力。取杆的纵轴线为 z 轴,一端面为 Oxy 面,如图8-3所示。下面用半逆解法基于位移建立扭转问题的基本方程。

应用半逆解法,首先对扭转杆的位移分量作出某些假定,然后使之满足基本方程和边界条件。如果在满足方程和边界条件中发生矛盾,则需要重新假定位移使之符合。

分析圆截面等直杆的扭转可知,杆件受扭后每个界面都在原来位置上发生刚性转动而不改变截面形状,相邻两截面都有相对位移。位移分量为

$$u = -\alpha zy, \qquad v = \alpha zx, \qquad w = 0 \tag{8-1}$$

式中, α 为单位扭转角。

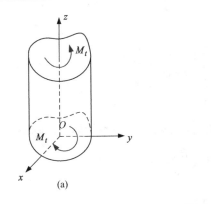 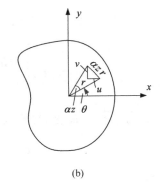

图 8-3

根据非圆截面等直杆扭转实验，观察到有翘曲现象发生，即截面变形后不再保持平面，故

$$w \neq 0$$

所以，对于非圆截面等直杆，必须修正(式(8-1))但保留在 Oxy 平面内刚性转动的特点，设位移分量为

$$u = -\alpha z y, \qquad v = \alpha z x, \qquad w = \alpha \varphi(x, y) \tag{8-2}$$

式中，$\varphi(x, y)$ 为圣维南扭转函数，简称扭转函数。

8.1.1 基本方程

为得到应变分量，可将位移分量(式(8-2))代入空间几何方程(3-2)，则

$$\varepsilon_x = 0, \qquad \varepsilon_y = 0, \qquad \varepsilon_z = 0, \qquad \gamma_{xy} = 0 \tag{8-3}$$

及

$$\begin{cases} \gamma_{xz} = \dfrac{\partial w}{\partial x} + \dfrac{\partial u}{\partial z} = \alpha \left(\dfrac{\partial \varphi}{\partial x} - y \right) \\[3mm] \gamma_{yz} = \dfrac{\partial w}{\partial y} + \dfrac{\partial v}{\partial z} = \alpha \left(\dfrac{\partial \varphi}{\partial y} + x \right) \end{cases} \tag{8-4}$$

或写为

$$\begin{bmatrix} \gamma_{xz} \\ \gamma_{yz} \end{bmatrix} = \alpha \begin{bmatrix} \dfrac{\partial}{\partial x} \\[2mm] \dfrac{\partial}{\partial y} \end{bmatrix} \varphi + \alpha \begin{bmatrix} -y \\ x \end{bmatrix} \tag{8-5}$$

为得到应力分量，可将式(8-3)、式(8-4)代入空间物理方程式(4-4)，则

$$\sigma_x = 0, \qquad \sigma_y = 0, \qquad \sigma_z = 0, \qquad \tau_{xy} = 0 \tag{8-6}$$

及

$$\begin{cases} \tau_{xz} = G\alpha \left(\dfrac{\partial \varphi}{\partial x} - y \right) \\[3mm] \tau_{yz} = G\alpha \left(\dfrac{\partial \varphi}{\partial y} + x \right) \end{cases} \tag{8-7}$$

或写为

$$\begin{bmatrix} \tau_{xz} \\ \tau_{yz} \end{bmatrix} = G\alpha \begin{bmatrix} \dfrac{\partial}{\partial x} \\ \dfrac{\partial}{\partial y} \end{bmatrix} \varphi + G\alpha \begin{bmatrix} -y \\ x \end{bmatrix} \tag{8-8}$$

将应力分量(式(8-6)、式(8-7))代入平衡方程(2-2a),并不计体力,则得

$$\nabla^2 \varphi = \frac{\partial^2 \varphi}{\partial x^2} + \frac{\partial^2 \varphi}{\partial y^2} = 0 \tag{8-9}$$

由式(8-9)可见,扭转函数必须是二维调和函数。

8.1.2　边界条件

在柱体侧表面,有

$$\tilde{f}_x = 0, \qquad \tilde{f}_y = 0, \qquad \tilde{f}_z = 0, \qquad n = 0$$

将式(8-6)、式(8-7)代入式(2-2a),其中前两式恒满足,由第三式得

$$\left(\frac{\partial \varphi}{\partial x} - y\right)l + \left(\frac{\partial \varphi}{\partial y} + x\right)m = 0 \quad (在s上) \tag{8-10}$$

式中,l、m、n 为柱体侧表面边界 s 的外法线方向余弦。其中

$$\begin{cases} l = \cos(\nu, x) = \dfrac{\mathrm{d}y}{\mathrm{d}s} = \dfrac{\mathrm{d}x}{\mathrm{d}n} \\ m = \cos(\nu, y) = -\dfrac{\mathrm{d}x}{\mathrm{d}s} = \dfrac{\mathrm{d}y}{\mathrm{d}n} \end{cases} \tag{8-11}$$

将式(8-10)代入式(8-9)得

$$\frac{\partial \varphi}{\partial n} = yl - xm \qquad (在s上) \tag{8-12}$$

方程(8-9)和相应的边界条件(8-11)在数学上称为纽曼第二边值问题。

在端面上,根据圣维南原理,按静力等效边界条件满足,于是有

$$\begin{cases} \sum X = \iint_R \tau_{xz}\mathrm{d}x\mathrm{d}y = 0 \\ \sum Y = \iint_R \tau_{yz}\mathrm{d}x\mathrm{d}y = 0 \\ \sum M_z = \iint_R (\tau_{yz}x - \tau_{xz}y)\mathrm{d}x\mathrm{d}y = 0 \end{cases} \tag{8-13}$$

将式(8-7)的 τ_{xz} 代入式(8-13)第一式左边,有

$$\iint_A \tau_{xz}\mathrm{d}x\mathrm{d}y = G\alpha\iint_R \left(\frac{\partial \varphi}{\partial x} - y\right)\mathrm{d}x\mathrm{d}y = G\alpha\iint_R \left\{\frac{\partial}{\partial x}\left[x\left(\frac{\partial \varphi}{\partial x} - y\right)\right] + \frac{\partial}{\partial y}\left[x\left(\frac{\partial \varphi}{\partial y} + x\right)\right]\right\}\mathrm{d}x\mathrm{d}y$$

$$= G\alpha\oint_s x\left[\left(\frac{\partial \varphi}{\partial x} - y\right)l + \left(\frac{\partial \varphi}{\partial y} + x\right)m\right]\mathrm{d}s = 0$$

即式 (8-13) 第一式恒满足。在推导上式时第二步应用了关系式 $\nabla^2\varphi=0$，第三步应用了格林定理，第四步应用了边界条件 (8-11)。同理可证式 (8-13) 第二式也是满足的。现将式 (8-7) 代入式 (8-13) 第三式，得

$$G\alpha\iint_R\left(x^2+y^2+x\frac{\partial\varphi}{\partial y}-y\frac{\partial\varphi}{\partial x}\right)\mathrm{d}x\,\mathrm{d}y=M_t \tag{8-14}$$

令

$$I_k=\iint_R\left(x^2+y^2+x\frac{\partial\varphi}{\partial y}-y\frac{\partial\varphi}{\partial x}\right)\mathrm{d}x\,\mathrm{d}y \tag{8-15}$$

及

$$D_t=GI_k \tag{8-16}$$

则

$$\alpha=\frac{M_t}{GI_k}=\frac{M_t}{D_t} \tag{8-17}$$

式中，I_k 为抗扭截面惯性矩；D_t 为抗扭刚度。

综上所述，从位移出发建立扭转方程，最后归结为寻求扭转函数 φ，其所满足的方程和边界条件为式 (8-9)、式 (8-10)、式 (8-12)，汇总如下

$$\begin{cases}\nabla^2\varphi=0\\\left(\dfrac{\partial\varphi}{\partial x}-y\right)l+\left(\dfrac{\partial\varphi}{\partial y}+x\right)m=0 \text{ 或 } \dfrac{\partial\varphi}{\partial n}=yl-xm\end{cases} \tag{8-18}$$

根据式 (8-18) 求出 φ 后，分别由式 (8-14)、式 (8-16)、式 (8-7)、式 (8-3) 求 I_k、α 以及应力和位移分量。抗扭截面惯性矩 I_k 与坐标系的选择无关，但 Oz 轴须平行于柱面；应力解答与坐标原点的位置无关，而位移分量差刚性位移项。

8.2　基于应力建立扭转方程应力函数

8.1 节从位移出发建立扭转方程，本节讨论用半逆解法基于应力建立扭转方程。

8.2.1　基本方程

根据圆截面扭转只有 τ_{xz}、τ_{yz} 的性质，在非圆截面的扭转中，也假定

$$\sigma_x=\sigma_y=\sigma_z=\tau_{xy}=0 \tag{8-19}$$

代入平衡方程 (2-2a)，并注意到

$$F_x=F_y=F_z=0$$

得

$$\begin{cases} \dfrac{\partial \tau_{xz}}{\partial z} = 0 \\[2mm] \dfrac{\partial \tau_{yz}}{\partial z} = 0 \\[2mm] \dfrac{\partial \tau_{xz}}{\partial x} + \dfrac{\partial \tau_{yz}}{\partial y} = 0 \end{cases} \tag{8-20}$$

代入连续方程(5-18)得

$$\nabla^2 \tau_{xz} = 0, \qquad \nabla^2 \tau_{yz} = 0 \tag{8-21}$$

由式(8-20)前两式得出，τ_{xz}、τ_{yz} 只是 x、y 的函数，与 z 无关。为减少未知数，引入一个与 z 无关的应力函数 ψ，通常称为普朗特应力函数，使

$$\tau_{xz} = \frac{\partial \psi}{\partial y}, \qquad \tau_{yz} = -\frac{\partial \psi}{\partial x} \tag{8-22}$$

则平衡方程(8-20)恒被满足，而连续方程(8-21)变为

$$\frac{\partial}{\partial x} \nabla^2 \psi = 0, \qquad \frac{\partial}{\partial y} \nabla^2 \psi = 0$$

由此得到

$$\nabla^2 \psi = C \tag{8-23}$$

式中，C 为待定常数。

8.2.2 边界条件

在柱体侧表面，将式(8-19)、式(8-22)代入式(5-2a)得

$$l \frac{\partial \psi}{\partial y} - m \frac{\partial \psi}{\partial x} = 0 \qquad (在 s 上) \tag{8-24}$$

在边界上有式(8-12)，于是有

$$\frac{\partial \psi}{\partial y} \frac{\mathrm{d}y}{\mathrm{d}s} + \frac{\partial \psi}{\partial x} \frac{\mathrm{d}x}{\mathrm{d}s} = \frac{\mathrm{d}\psi}{\mathrm{d}s} = 0 \qquad (在 s 上) \tag{8-25}$$

式(8-25)指明，在柱的侧表面，即横截面的边线 s 上，应力函数 ψ 应当是常量。由式(8-22)知，在 ψ 上增加一个常数并不影响应力的值，为简便计，在单连域问题中取

$$\psi = 0 \qquad (在 s 上) \tag{8-26}$$

但是，对于空心柱体的扭转，横截面是多连通的，如图 8-4 所示，在最外面的边界 s_0 里面还有边界 $s_1, s_2, \cdots, s_k$，在每一个边界上 ψ 都是常数，彼此不一定相等，只能取一个为零，如

$$\begin{cases} \psi = 0 & (在 s_0 上) \\ \psi = C_i \quad (i = 1, 2, \cdots, k) & (在 s_i 上) \end{cases} \tag{8-27}$$

式中，常数 C_i 一般需要求出位移后才能确定。

在端面上，应当满足静力等效边界条件(式(8-13))，将式(8-22)代入式(8-13)，前两式

都是恒满足的，例如，第一式

$$\iint_R \tau_{xz} \mathrm{d}x\mathrm{d}y = \iint_R \frac{\partial \psi}{\partial y}\mathrm{d}x\mathrm{d}y = \oint_{s_0,s_1,\cdots,s_k} \psi m\mathrm{d}s = \sum_{i=1}^{k} C_i \oint_{s_i} m\mathrm{d}s = 0$$

同理可证

$$\iint_R \tau_{yz} \mathrm{d}x\mathrm{d}y = 0$$

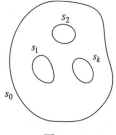

图 8-4

而第三式为

$$\iint_R (\tau_{yz} x - \tau_{xz} y)\mathrm{d}x\mathrm{d}y = -\iint_R \left(x\frac{\partial \psi}{\partial x} + y\frac{\partial \psi}{\partial y} \right)\mathrm{d}x\mathrm{d}y = M_t \tag{8-28}$$

注意：

$$-\iint_R \left(x\frac{\partial \psi}{\partial x} + y\frac{\partial \psi}{\partial y} \right)\mathrm{d}x\mathrm{d}y = -\iint_R \left[\frac{\partial}{\partial x}(x\psi) + \frac{\partial}{\partial y}(y\psi) \right]\mathrm{d}x\mathrm{d}y + 2\iint_R \psi \mathrm{d}x\mathrm{d}y$$

应用格林定理及式(8-27)得

$$\iint_R \left[\frac{\partial}{\partial x}(x\psi) + \frac{\partial}{\partial y}(y\psi) \right]\mathrm{d}x\mathrm{d}y = C_0 \oint_{s_0} (xl+ym)\mathrm{d}s - \sum_{i=1}^{k} C_i \oint_{s_i} (xl+ym)\mathrm{d}s$$

$$= C_0 \iint_{R_0} 2\mathrm{d}x\mathrm{d}y - \sum_{i=1}^{k} C_i \iint_{R_i} 2\mathrm{d}x\mathrm{d}y$$

$$= 2C_0 A_0 - 2\sum_{i=1}^{k} C_i A_i$$

因此，若取

$$C_0 = 0$$

则式(8-28)变为

$$2\iint_R \psi \mathrm{d}x\mathrm{d}y + 2\sum_{i=1}^{k} C_i A_i = M_t \tag{8-29}$$

对于单连域，有

$$2\iint_R \psi \mathrm{d}x\mathrm{d}y = M_t \tag{8-30}$$

式中，A_i 为 s_i 边界包围的面积。

综上所述，从应力出发建立扭转方程，最终归结为寻求扭转应力函数 ψ，其满足的方程和边界条件是式(8-23)、式(8-26)、式(8-27)、式(8-29)、式(8-30)，汇总如下。

$$单连域 \quad \begin{cases} \nabla^2 \psi = C & (在\Omega内) \\ \psi = 0 & (在s上) \\ 2\iint_R \psi \mathrm{d}x\mathrm{d}y = M_t & (在端面上) \end{cases} \tag{8-31a}$$

$$
多连域 \begin{cases} \nabla^2\psi = C & (在 \Omega 内) \\ \psi = C_i & (在 s_i 上) \\ \psi = 0 & (在 s_0 上) \\ 2\iint_R \psi\,\mathrm{d}x\,\mathrm{d}y + 2\sum_{i=1}^{k} C_i A_i = M_t & (在端面上) \end{cases} \tag{8-31b}
$$

待定常数 C 可由式(8-31a)和式(8-31b)中的最后一式确定。求出 ψ 之后，由式(8-22)求应力分量。

　　下面推导位移分量表达式。首先，将式(8-19)、式(8-22)代入物理方程(4-14)求出应变分量：

$$
\begin{cases} \varepsilon_x = 0, & \varepsilon_y = 0, & \varepsilon_z = 0, \\ \gamma_{xy} = 0, & \gamma_{xz} = \dfrac{1}{G}\dfrac{\partial\psi}{\partial y}, & \gamma_{yz} = -\dfrac{1}{G}\dfrac{\partial\psi}{\partial x} \end{cases} \tag{8-32a}
$$

将式(8-32a)代入几何方程(3-2)，得

$$
\begin{cases} \dfrac{\partial u}{\partial x} = 0 \\[6pt] \dfrac{\partial v}{\partial y} = 0 \\[6pt] \dfrac{\partial w}{\partial z} = 0 \\[6pt] \dfrac{\partial v}{\partial x} + \dfrac{\partial u}{\partial y} = 0 \\[6pt] \dfrac{\partial u}{\partial z} + \dfrac{\partial w}{\partial x} = \dfrac{1}{G}\dfrac{\partial\psi}{\partial y} \\[6pt] \dfrac{\partial w}{\partial y} + \dfrac{\partial v}{\partial z} = -\dfrac{1}{G}\dfrac{\partial\psi}{\partial x} \end{cases} \tag{8-32b}
$$

由式(8-32b)第一、二、四式积分得

$$
\begin{cases} u = -\alpha yz - \omega_z y + \omega_y z + u_0 \\ v = \alpha xz + \omega_z x - \omega_x z + v_0 \end{cases} \tag{8-32c}
$$

由式(8-32b)第三式可知 w 与 z 无关，于是将式(8-32c)代入式(8-32b)第五、六式并积分。注意：积分与路径无关。可求得 w，与式(8-32c)综合，去掉刚性位移部分，得

$$
\begin{cases} u = -\alpha yz \\ v = \alpha xz \\ w = \int\left(\dfrac{1}{G}\dfrac{\partial\psi}{\partial y} + \alpha y\right)\mathrm{d}x - \left(\dfrac{1}{G}\dfrac{\partial\psi}{\partial x} + \alpha x\right)\mathrm{d}y \end{cases} \tag{8-32d}
$$

根据式(8-32d)可用应力函数 ψ 求位移分量。由位移单值条件：

$$
\oint_s \mathrm{d}w = 0
$$

及式(8-32d)并利用格林公式得

$$\oint_s \left(\frac{1}{G}\frac{\partial \psi}{\partial y} + \alpha y \right) \mathrm{d}x - \left(\frac{1}{G}\frac{\partial \psi}{\partial x} + \alpha x \right) \mathrm{d}y = -\iint_R \left(\frac{1}{G}\nabla^2\psi + 2\alpha \right) \mathrm{d}x\,\mathrm{d}y = 0$$

因此，必有

$$\nabla^2\psi = -2G\alpha \tag{8-33}$$

为厘清 α 的意义，由式(8-32d)的前两式及式(3-14b)、(3-17)，有

$$\begin{cases} \omega_z = \dfrac{1}{2}\left(\dfrac{\partial v}{\partial x} - \dfrac{\partial u}{\partial y} \right) = \alpha z \\[3mm] \dfrac{\partial \omega_z}{\partial z} = \alpha \end{cases} \tag{8-34}$$

从式(8-34)的第一式看出，在同一个横截面上的点具有相同的转角，即在 Oxy 平面内保持刚性转动；由第二式看出，α 为单位扭转角，这些结果与从位移出发建立方程时对位移提出的假设一致，两处的含义相同。

对比式(8-23)和式(8-33)，得

$$C = -2G\alpha$$

于是，方程组(8-31b)又可以写为

$$\text{多连域}\quad \begin{cases} \nabla^2\psi = -2G\alpha & (\text{在}\Omega\text{内}) \\[2mm] \psi = C_i & (\text{在}s_i\text{上}) \\[2mm] \psi = 0 & (\text{在}s_0\text{上}) \\[2mm] 2\iint_R \psi\,\mathrm{d}x\,\mathrm{d}y + 2\sum_{i=1}^{k} C_i A_i = M_t & (\text{在端面上}) \end{cases} \tag{8-35}$$

单位扭转角 α 可由最后一式确定。

8.3 扭转函数和应力函数的关系

讨论扭转函数 φ 和应力函数 ψ 的关系。对比式(8-1)和式(8-32d)，有

$$\varphi = \int \left(\frac{1}{G\alpha}\frac{\partial \psi}{\partial y} + y \right) \mathrm{d}x - \left(\frac{1}{G\alpha}\frac{\partial \psi}{\partial x} + x \right) \mathrm{d}y$$

于是

$$\mathrm{d}\varphi = \left(\frac{1}{G\alpha}\frac{\partial \psi}{\partial y} + y \right) \mathrm{d}x - \left(\frac{1}{G\alpha}\frac{\partial \psi}{\partial x} + x \right) \mathrm{d}y$$

另外

$$\mathrm{d}\varphi = \frac{\partial \varphi}{\partial x}\mathrm{d}x + \frac{\partial \varphi}{\partial y}\mathrm{d}y$$

所以

$$\begin{cases} \dfrac{\partial \varphi}{\partial x} = \dfrac{1}{G\alpha}\dfrac{\partial \psi}{\partial y} + y \\[3mm] \dfrac{\partial \varphi}{\partial y} = -\left(\dfrac{1}{G\alpha}\dfrac{\partial \psi}{\partial x} + x \right) \end{cases}$$

若引用

$$\phi = \frac{\psi}{G\alpha} + \frac{x^2 + y^2}{2} \tag{8-36}$$

则有

$$\begin{cases} \dfrac{\partial \varphi}{\partial x} = \dfrac{\partial \phi}{\partial y} \\[3mm] \dfrac{\partial \varphi}{\partial y} = -\dfrac{\partial \phi}{\partial x} \end{cases} \tag{8-37}$$

因此，φ 和 ϕ 是一对共轭的调和函数。

根据上述关系，也可以建立用 ϕ 求解扭转问题的基本方程和边界条件：

$$\text{多连域}\quad \begin{cases} \nabla^2 \phi = 0 & \text{(在}\Omega\text{内)} \\[2mm] \phi = \begin{cases} \dfrac{x^2 + y^2}{2} & \text{(在}s_0\text{上)} \\[3mm] \dfrac{x^2 + y^2}{2} + C_i \quad (i = 1, 2, \cdots, k) & \text{(在}s_i\text{上)} \end{cases} \end{cases} \tag{8-38}$$

式(8-38)可由式(8-27)和式(8-36)得到。由式(8-15)和式(8-37)得

$$I_k = \iint_R \left(x^2 + y^2 - x\frac{\partial \phi}{\partial x} - y\frac{\partial \phi}{\partial y} \right) \mathrm{d}x\,\mathrm{d}y \tag{8-39}$$

由式(8-39)和式(8-17)可求出单位扭转角 α。

若引用

$$\psi_1 = \frac{\psi}{G\alpha}$$

方程组(8-35)变为

$$\text{多连域}\quad \begin{cases} \nabla^2 \psi = -2 & \text{(在}\Omega\text{内)} \\[1mm] \psi = C_i & \text{(在}s_i\text{上)} \\[1mm] \psi = 0 & \text{(在}s_0\text{上)} \\[1mm] 2G\alpha \iint_R \psi_1\,\mathrm{d}x\,\mathrm{d}y + 2G\alpha\sum_{i=1}^{k} C_i A_i = M_t & \text{(在端面上)} \end{cases} \tag{8-40}$$

这也是求解扭转问题时常用的基本方程和相应的边界条件。应力分量和位移分量仍由式(8-22)和式(8-32d)求出，但应将 ψ 代以 $G\alpha\psi_1$。将方程组(8-40)第三式与式(8-17)对比可见，在引

用函数 ψ_1 时，抗扭截面惯性矩为

$$I_k = 2\iint_R \psi_1 \mathrm{d}x\mathrm{d}y + 2\sum_{i=1}^{k} C_i A_i$$

上述常用求解扭转问题的四组基本方程和边界条件(式(8-18)、式(8-31b)或式(8-35)、式(8-40)和式(8-38))适用于多连域。但必须建立 k 个位移单值条件，作为补充的定解条件，并由此确定系数 $C_1, C_2, \cdots, C_k$。u、v 的单值性是保证的。根据

$$\oint_{s_i} \mathrm{d}w = 0 \quad (i = 1, 2, \cdots, k)$$

得到用 φ、ϕ、ψ、ψ_1 表示的多连域位移边界条件，分别为

$$\oint_{s_i} \mathrm{d}\varphi = \oint_{s_i} \frac{\partial\varphi}{\partial s}\mathrm{d}s = 0 \quad (i = 1, 2, \cdots, k) \tag{8-41}$$

$$\oint_{s_i} \frac{\partial\phi}{\partial n}\mathrm{d}s = 0 \quad (i = 1, 2, \cdots, k) \tag{8-42}$$

$$\oint_{s_i} \frac{\partial\psi_1}{\partial n}\mathrm{d}s = -\oint_{s_i} (xl + ym)\mathrm{d}s = -2\iint_A \mathrm{d}x\mathrm{d}y = -2A_i \quad (i = 1, 2, \cdots, k) \tag{8-43}$$

$$\oint_{s_i} \frac{\partial\psi}{\partial n}\mathrm{d}s = -2G\alpha A_i \quad (i = 1, 2, \cdots, k) \tag{8-44}$$

式中，A_i 为围线 s_i 包围的孔洞面积。

式(8-41)是由条件

$$\oint_{s_i} \mathrm{d}w = 0 \quad (i = 1, 2, \cdots, k)$$

及式(8-2)直接得到的。式(8-42)由式(8-41)根据

$$\frac{\partial\varphi}{\partial s} = -\frac{\partial\phi}{\partial n}$$

得到。在推导式(8-43)时，用到

$$\phi = \psi_1 + \frac{x^2 + y^2}{2}$$

及

$$\frac{\partial\phi}{\partial n} = \frac{\partial\psi_1}{\partial n} + x\frac{\partial x}{\partial n} + y\frac{\partial y}{\partial n} = \frac{\partial\psi_1}{\partial n} + xl + ym$$

8.4　椭圆截面等直杆的扭转

椭圆截面等直杆承受扭矩 M_t 作用，其横截面长半轴为 a、短半轴为 b，如图 8-5 所示。

应用方程组(8-34)求解。首先选择应力函数 ψ_1，如果使之先满足方程或一部分边界条件将会给求解带来方便。为此，根据 ψ_1 在边界上为零的性质以及椭圆方程表达式：

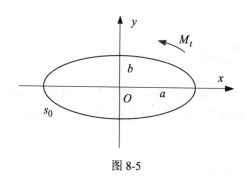

图 8-5

$$\frac{x^2}{a^2}+\frac{y^2}{b^2}=1 \qquad (8\text{-}45a)$$

设

$$\psi_1 = A\left(\frac{x^2}{a^2}+\frac{y^2}{b^2}-1\right) \qquad (8\text{-}45b)$$

式中，A 为待定系数。这样选择的 ψ_1 满足侧面边界条件，但还必须满足方程和端面边界条件。将式(8-45b)代入方程组(8-40)第一式，得

$$A\left(\frac{1}{a^2}+\frac{1}{b^2}\right)=-1$$

由此

$$A=-\frac{a^2 b^2}{a^2+b^2} \qquad (8\text{-}45c)$$

将式(8-45c)代回式(8-45b)，得

$$\psi_1 = -\frac{a^2 b^2}{a^2+b^2}\left(\frac{x^2}{a^2}+\frac{y^2}{b^2}-1\right) \qquad (8\text{-}45d)$$

式(8-45b)满足方程组(8-40)前两式，由其第三式得

$$-\frac{2G\alpha a^2 b^2}{a^2+b^2}\left(\frac{1}{a^2}\iint x^2\,\mathrm{d}x\,\mathrm{d}y+\frac{1}{b^2}\iint y^2\,\mathrm{d}x\,\mathrm{d}y-\iint \mathrm{d}x\,\mathrm{d}y\right)=M_t$$

而

$$\iint x^2\,\mathrm{d}x\,\mathrm{d}y=\frac{\pi a^3 b}{4}$$

$$\iint y^2\,\mathrm{d}x\,\mathrm{d}y=\frac{\pi a b^3}{4}$$

$$\iint \mathrm{d}x\,\mathrm{d}y=\pi a b$$

于是

$$\alpha=\frac{(a^2+b^2)}{\pi a^3 b^3}\frac{M_t}{G} \qquad (8\text{-}45e)$$

注意：

$$\psi = G\alpha\psi_1$$

及式(8-22)、式(8-32d)，并将式(8-45d)、式(8-45e)代入，得

$$
\begin{cases}
\tau_{xz} = G\alpha \dfrac{\partial \psi_1}{\partial y} = -\dfrac{2M_t}{\pi ab^3}y \\[3mm]
\tau_{yz} = -G\alpha \dfrac{\partial \psi_1}{\partial x} = \dfrac{2M_t}{\pi a^3 b}x \\[3mm]
u = -\alpha yz = -\dfrac{(a^2+b^2)}{\pi a^3 b^3}\dfrac{M_t}{G}yz \\[3mm]
v = \alpha xz = \dfrac{(a^2+b^2)}{\pi a^3 b^3}\dfrac{M_t}{G}xz \\[3mm]
w = \alpha \displaystyle\int\left[\left(\dfrac{\partial \psi_1}{\partial y}+y\right)\mathrm{d}x - \left(\dfrac{\partial \psi_1}{\partial x}+x\right)\mathrm{d}y\right] \\[3mm]
\quad = \alpha \displaystyle\int\left[\left(1-\dfrac{2a^2}{a^2+b^2}\right)y\,\mathrm{d}x - \left(1-\dfrac{2b^2}{a^2+b^2}\right)x\,\mathrm{d}y\right] \\[3mm]
\quad = -\alpha\dfrac{a^2-b^2}{a^2+b^2}\displaystyle\int_{0,0}^{x,y}(y\,\mathrm{d}x + x\,\mathrm{d}y) \\[3mm]
\quad = -\dfrac{a^2-b^2}{\pi a^3 b^3}\dfrac{M_t}{G}xy
\end{cases} \tag{8-45f}
$$

而

$$
|\tau| = \sqrt{\tau_{xz}^2 + \tau_{yz}^2} = \frac{2M_t}{\pi ab}\sqrt{\frac{x^2}{a^4}+\frac{y^2}{b^4}}
$$

$$
(\tau_{\max})_{\substack{x=0 \\ y=\pm b}} = \frac{2M_t}{\pi ab^2}
$$

从计算结果可见，截面发生了翘曲，有 w 产生，只是在 $a=b$ 的圆截面时 $w=0$。

另外，不加证明地指出，棱柱杆扭转最大剪应力发生在边界上；合剪应力的方向与等 ψ 线相切。等 ψ 线或等 ψ_1 线是等值点的连线，边界线是一条等 ψ 线。

8.5 同心圆管两端承受扭矩作用的扭转

同心圆管两端承受扭矩 M_t 作用，其内半径为 R_1、外半径为 R_0、内边界为 s_1、外边界为 s_0，如图 8-6 所示。

仍然应用方程组 (8-40) 求解。首先根据外圆方程选择应力函数 ψ_1，设

$$
\psi_1 = A(x^2 + y^2 - R_0^2) = A(r^2 - R_0^2) \tag{8-46a}
$$

将式 (8-46a) 代入 ψ_1 的基本方程：

$$
\nabla^2 \psi_1 = -2
$$

得

$$
A = -\frac{1}{2} \tag{8-46b}
$$

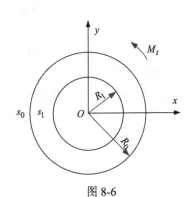

图 8-6

利用在 $s_1(r=R_1)$ 上的边界条件，得

$$(\psi_1)_{r=R_1} = A(R_1^2 - R_0^2) = C_1$$

于是

$$C_1 = -(1-K)R_0^2 A = \frac{1}{2}(1-K)R_0^2 \tag{8-46c}$$

式中，$K = \dfrac{R_1}{R_0}$。

由于问题简单，很方便地确定了 C_1，但必须检查位移单值条件。将 ψ_1 代入式 (8-43)，得

$$\oint_{s_1} \frac{\partial \psi_1}{\partial n} \mathrm{d}s = \oint_{s_1} \frac{\partial \psi}{\partial r} R_1 \mathrm{d}\theta = \oint_{s_1} 2Ar R_1 \mathrm{d}\theta = 4\pi A R_1^2 = -2\pi R_1^2$$

这说明位移单值条件是满足的。因此，求得

$$\psi_1 = -\frac{1}{2}(r^2 - R_0^2) \tag{8-46d}$$

进而可以求得

$$\begin{cases}
I_k = 2C_1 A_1 + 2\iint \psi_1 \mathrm{d}x\mathrm{d}y = \dfrac{\pi}{2}(1-K^4)R_0^4 \\[2mm]
\alpha = \dfrac{M_t}{GI_k} = \dfrac{2M_t}{\pi G(1-K^4)R_0^4} \\[2mm]
\tau_{xz} = G\alpha \dfrac{\partial \psi_1}{\partial y} = -\dfrac{2M_t}{\pi(1-K^4)R_0^4} y \\[2mm]
\tau_{yz} = -G\alpha \dfrac{\partial \psi_1}{\partial x} = \dfrac{2M_t}{\pi(1-K^4)R_0^4} x \\[2mm]
u = -\alpha yz \\[2mm]
v = \alpha xz \\[2mm]
w = \text{const} \quad \text{或} \quad 0
\end{cases} \tag{8-46e}$$

8.6　矩形截面等直杆的扭转

椭圆截面等直杆的扭转和同心圆管两端承受扭矩的扭转问题实际上都是用逆解法求解的。逆解法可以解决部分较为简单的问题，上述选择应力函数的办法也不总是有效的。本节讨论应用分离变量法求解扭转问题。

矩形截面等直杆承受扭矩 M_t 作用，其横截面短边长为 $2a$、长边长为 $2b$，如图 8-7 所示。

对于矩形截面等直杆的扭转问题，应用分离变量法寻求调和函数 φ，按方程组 (8-18) 求解。设

$$\varphi = xy + \sum_{n=0}^{\infty} X_n(x)Y_n(y) \tag{8-47a}$$

式中，第一项 xy 为调和函数，这是由于满足边界条件的需要；第二项级数中的每一项都必须是特解，级数如果能收敛，φ 就是解答。将式 (8-47a) 代入方程：

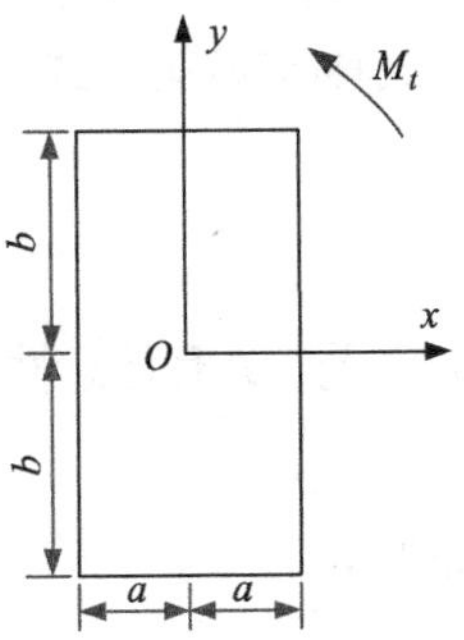

$$\nabla^2\varphi = 0$$

得

$$X_n''(x)Y_n(y) + X_n(x)Y_n''(y) = 0$$

或

$$\frac{X_n''(x)}{X_n(x)} = \frac{Y_n''(y)}{Y_n(y)} \tag{8-47b}$$

图 8-7

因式 (8-47b) 左端是 x 的函数，右端是 y 的函数，故只能为常数，设其为 $-k_n^2$，于是得到常微分方程组：

$$\begin{cases} \dfrac{\mathrm{d}^2 X_n(x)}{\mathrm{d}x^2} + k_n^2 X_n(x) = 0 \\ \dfrac{\mathrm{d}^2 Y_n(y)}{\mathrm{d}y^2} - k_n^2 Y_n(x) = 0 \end{cases} \tag{8-47c}$$

其解答为

$$\begin{cases} X_n(x) = C_n\sin(k_n x) + C_n'\cos(k_n x) \\ Y_n(y) = D_n\,\mathrm{sh}(k_n y) + D_n'\,\mathrm{ch}(k_n y) \end{cases} \tag{8-47d}$$

将式 (8-47d) 代回式 (8-47a) 便得到带有 $4n$ 个待定系数 C_n、C_n'、D_n、D_n' 的表达式 φ，常数将由边界条件确定。

对于矩形截面，边界条件为

$$x = \pm a, \qquad l = \pm 1, \qquad m = 0$$
$$y = \pm b, \qquad l = 0, \qquad m = \pm 1$$

这样，边界条件 (8-10) 可具体写为

$$\left(\frac{\partial\varphi}{\partial x}\right)_{x=\pm a} = y, \qquad \left(\frac{\partial\varphi}{\partial y}\right)_{y=\pm b} = -x \tag{8-47e}$$

将式 (8-47a) 代入式 (8-47e) 第二式，得

$$\sum_{n=0}^{\infty} X_n(x)Y_n'(\pm b) = -2x \tag{8-47f}$$

由式 (8-47f) 得知，$Y_n'(y)$ 必须是 y 的偶函数，因而 $Y_n(y)$ 是 y 的奇函数，$X_n(x)$ 也应是 x 的奇函数，故在式 (8-47d) 中可取

$$C_n' = D_n' = 0$$

然后代入式 (8-47a)，并将 C_n 和 D_n 结合为一个常数，用 A_n 表示，则

$$\varphi = xy + \sum_{n=0}^{\infty} A_n\sin(k_n x)\,\mathrm{sh}(k_n y) \tag{8-47g}$$

上面由对 φ 的定性分析得到式(8-47g)，下面由边界条件确定系数 A_n、k_n，将式(8-47g)代入式(8-47e)第一式，得

$$\left(\frac{\partial \varphi}{\partial x}\right)_{x=\pm a} = y + \sum_{n=0}^{\infty} A_n k_n \cos(k_n a)\cdot \mathrm{sh}(k_n y) = y$$

由于 y 具有任意性，必须

$$\cos(k_n a)=0$$

由此得出

$$k_n = \frac{(2n+1)\pi}{2a} \qquad (n=0,1,\cdots) \tag{8-47h}$$

再将式(8-47g)代入式(8-47e)第二式，得

$$\left(\frac{\partial \varphi}{\partial y}\right)_{y=\pm b} = x + \sum_{n=0}^{\infty} A_n k_n \sin(k_n x) \mathrm{ch}(k_n b) = -x$$

或

$$\sum_{n=0}^{\infty} B_n \sin(k_n x) = -2x \tag{8-47i}$$

式中，

$$B_n = A_n k_n\, \mathrm{ch}(k_n b) \tag{8-47j}$$

由此可见，按上述分离变量法所得结果，就是在 $y=\pm b$ 的边界上用三角级数：

$$\sum_{n=0}^{\infty} B_n \sin(k_n x)$$

来逼近 $-2x$，如果当 $n\to\infty$ 时，级数收敛于 $-2x$，就证明用式(8-47g)表示的 φ 可以作为这一问题的解答。结论是明显的，根据三角级数的理论，$-2x$ 可以展为正弦级数，其系数确定如下。

根据三角级数的正交性质，有

$$\int_{-a}^{a} \sin(k_n x)\sin(k_m x)\mathrm{d}x = \begin{cases} 0 & (m\neq n)\\ a & (m=n) \end{cases}$$

对式(8-47i)积分

$$\sum_{n=0}^{\infty}\int_{-a}^{a} B_n \sin(k_n x)\sin(k_m x)\mathrm{d}x = -\int_{-a}^{a} 2x\sin(k_m x)\mathrm{d}x \qquad (m=0,1,\cdots)$$

当 $m=n$ 时，得

$$B_n a = -\frac{4}{k_n^2}(-1)^n \tag{8-47k}$$

将式(8-47h)代入式(8-47k)，得

$$B_n = -\frac{16a(-1)^n}{\pi^2(2n+1)^2} \tag{8-47l}$$

将式(8-47l)代入式(8-47j)，得

$$A_n = -\frac{32a^2(-1)^n}{\pi^3(2n+1)^3 \mathrm{ch}(k_n b)} \tag{8-47m}$$

这样，就求得了确定的 φ，即式(8-47g)。然后，就可以利用式(8-15)、式(8-17)、式(8-2)、式(8-4)求 J、α 以及位移分量和应力分量。下面给出部分结果。

$$\begin{cases} I_k = \beta_1 a^3 b \\ \alpha = \dfrac{M_t}{GI_k} = \dfrac{M_t}{G\beta_1 a^3 b} \\ \tau_{\max} = \dfrac{M_t}{\beta_2 a^2 b} \end{cases} \tag{8-47n}$$

式中，

$$\begin{cases} \beta_1 = 16\left[\dfrac{1}{3} - \dfrac{64a}{\pi^5 b}\sum_{n=0}^{\infty}\dfrac{\mathrm{th}\dfrac{(2n+1)\pi b}{2a}}{(2n+1)^5}\right] \\ \beta_2 = \dfrac{\beta_1}{2}\left[1 - \dfrac{8}{\pi^2}\sum_{n=0}^{\infty}\dfrac{1}{(2n+1)^2 \mathrm{ch}\dfrac{(2n+1)\pi b}{2a}}\right] \end{cases} \tag{8-47o}$$

且最大剪应力发生在长边中点，即在 $x = \pm a$, $y = 0$ 处。

对于狭长条矩形截面，设长度为 l，厚度为 t，$l \gg t$，则由式(8-47o)得

$$\beta_1 \approx \frac{16}{3}, \qquad \beta_2 \approx \frac{8}{3}$$

于是，由式(8-47n)得

$$\begin{cases} I_k = \dfrac{16}{3}a^3 b = \dfrac{(2a)^3(2b)}{3} = \dfrac{\delta^3 l}{3} \\ \tau_{\max} = \dfrac{3M_t}{8a^2 b} = \dfrac{3M_t}{(2a)^2(2b)} = \dfrac{3M_t}{\delta^2 l} \end{cases} \tag{8-47p}$$

常用狭长条矩形截面扭转的结果来分析开口薄壁组合构件的扭转问题。

8.7 薄壁杆件的扭转

8.7.1 薄壁杆件

工程结构中常见薄壁杆件，其几何特征是某一方向的几何尺寸 l 远大于垂直于该方向横截面上的特征尺寸 d，即横截面上的最大尺寸，如直径、高度、宽度等，同时横截面上的最

大厚度 $\delta \ll d$ ，一般

$$\frac{\delta}{d} \leqslant 0.1, \qquad \frac{d}{l} \leqslant 0.1$$

　　薄壁杆件通常分为开口和闭口两类。图 8-8(a) 为开口薄壁杆件，图 8-8(b) 为闭口薄壁杆件，尽管两者在几何特征、问题性质和解法步骤上有类似之处，但应力分布和变形特点是不同的。横截面沿长度方向不变且轴线保持为直线的薄壁杆件称为等直截面薄壁杆件。

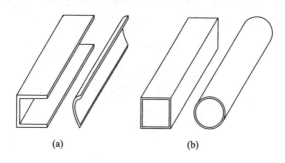

(a)　　　　　　　(b)

图 8-8

　　平分壁厚的面称为薄壁杆件的中面，中面可以是开口或闭口的柱形面或棱柱面。中面与横截面的交线称为横截面的中线，中线一般为开口或闭口的曲线或折线，中线描述了横截面的形状，常用中线表示横截面。工程中常见的薄壁杆件的横截面如图 8-9 所示。图 8-9(a) 为开口薄壁杆件的横截面，图 8-9(b) 为闭口薄壁杆件的横截面。垂直于中线的截面称为法截面，法截面是狭矩形，宽度为壁厚，长度为杆长。

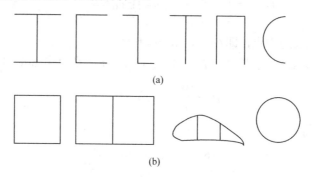

(a)

(b)

图 8-9

　　薄壁杆件的受力复杂，常承受拉压、弯曲及扭转的联合作用，其中拉压和弯曲在材料力学已详尽分析，本节着重研究薄壁杆件的扭转。扭转分为两类：自由扭转(纯扭转)和约束扭转，本节只讨论自由扭转，选择笛卡儿直角坐标系，且将轴线方向取为 z 方向。

8.7.2　薄壁杆件扭转的薄膜比拟

　　用扭转应力函数表示的扭转方程和受均匀压力的薄膜方程具有相同的形式，因此可以建立物理量之间的对应关系，称为比拟，并可以通过求解薄膜方程或测量薄膜问题物理量的方法确定扭转问题中的应力，称为薄膜比拟。

1. 薄膜方程

均匀拉紧很薄的完全不能抵抗弯曲的膜称为薄膜，如具有很大表面张力的肥皂泡沫等。

设均匀薄膜张在与所研究扭转杆截面形状完全相同的平面边界上，如图 8-10(a)所示，当薄膜承受微小的均匀法向压力 p 时，其上各点将发生微小挠度，取边界所在平面为 Oxy 面，挠度用 w 表示。从膜上取一曲面微元，如图 8-10(b)所示，其在 Oxy 面上的投影为矩形，边长为 $\mathrm{d}x$ 和 $\mathrm{d}y$。在均匀法向压力 p 作用下，在微元边界上将产生均匀的张力与之平衡，设单位宽度上的张力为 T，在整个膜上其为常量，方向与膜相切。微元处于平衡，在 z 方向的平衡条件为

$$\sum Z = T\mathrm{d}y \frac{\partial}{\partial x}\left(w + \frac{\partial w}{\partial x}\mathrm{d}x\right) - T\mathrm{d}y\frac{\partial w}{\partial x} + T\mathrm{d}x\frac{\partial}{\partial y}\left(w + \frac{\partial w}{\partial y}\mathrm{d}y\right) - T\mathrm{d}x\frac{\partial w}{\partial y} + p\mathrm{d}x\mathrm{d}y = 0 \quad (8\text{-}48)$$

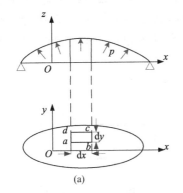
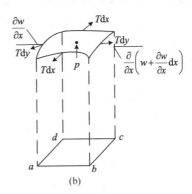

(a)　　　　　　　　　　　　　(b)

图 8-10

化简式(8-48)，并考虑薄膜边界挠度 w 为零、薄膜所包围的体积为 V，可得

$$\begin{cases} \nabla^2 w = -\dfrac{p}{T} & \text{(在膜内)} \\[2mm] w = 0 & \text{(在单连域，边界} s \text{上)} \\[2mm] 2\iint_A w\,\mathrm{d}x\,\mathrm{d}y = 2V \end{cases} \quad (8\text{-}49)$$

将式(8-49)与基于应力建立的扭转方程(8-35)对比可见，两者具有形式相同的方程。

2. 扭转与薄膜物理量的对应关系

对比式(8-49)与方程(8-35)、扭转应力函数 ψ 满足的方程和边界条件，得到扭转与薄膜的比拟关系，见表 8-1。

表 8-1 扭转与薄膜的比拟关系

分项	扭转	薄膜	比拟关系
偏微分方程	$\nabla^2\psi = -2G\alpha$	$\nabla^2 w = -\dfrac{p}{T}$	$2G\alpha = \dfrac{p}{T}$
函数	ψ （应力函数）	w （挠度）	$\psi = w$

续表

分项	扭转	薄膜	比拟关系
函数的导数	$-\dfrac{\partial \psi}{\partial x}=\tau_{yz},$ $\dfrac{\partial \psi}{\partial y}=\tau_{xz}$	$-\dfrac{\partial w}{\partial x},\quad \dfrac{\partial w}{\partial y}$ （斜率）	$\tau_{yz}=-\dfrac{\partial w}{\partial x},$ $\tau_{xz}=\dfrac{\partial w}{\partial y}$
函数的积分	$2\iint_A \psi \,\mathrm{d}x\,\mathrm{d}y = M_t$	$2\iint_A w \,\mathrm{d}x\,\mathrm{d}y = 2V$	$M_t = 2V$

3. 薄膜比拟的应用

一种应用是用直接测量薄膜挠度的实验方法来确定扭转问题中的应力等物理量；另一种应用是从薄膜的直观几何形象来判别剪应力的分布特性，以给出计算扭转剪应力的近似公式。

工程中通常使用的薄壁杆件的横截面是由等宽度的狭矩形组成的。设狭矩形截面的长度为 l，厚度（宽度）为 δ，$l \gg \delta$，如图 8-11(a) 所示，根据薄膜比拟求 w。考虑到狭矩形的特点，可以认为 w 与 x 无关，与 y 的关系是抛物线，相当于自重作用下的弦。如此，用 Δ 表示抛物线中点的挠度，如图 8-11(b) 所示。

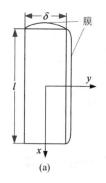 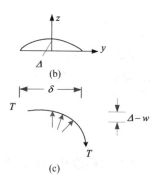

图 8-11

因为挠度很小，由图 8-11(c) 建立对 A 点取矩的平衡条件，得

$$T(\Delta - w) - py\frac{y}{2} = 0 \tag{8-50a}$$

由此

$$w = \Delta - \frac{py^2}{2T} \tag{8-50b}$$

由边界条件：

$$y = \pm\frac{\delta}{2}, \qquad w = 0$$

得

$$\Delta = \frac{p\delta^2}{8T} \tag{8-50c}$$

所以

$$w = \frac{p\delta^2}{8T} - \frac{py^2}{2T} \qquad (8\text{-}50d)$$

由比拟关系:

$$2G\alpha = \frac{p}{T}, \ \tau_{xz} = \frac{\partial w}{\partial y}$$

有

$$\tau_{xz} = \frac{\partial w}{\partial y} = -\frac{p}{T}y = -2G\alpha y \qquad (8\text{-}50e)$$

可求出最大剪力:

$$\tau_{max} = \delta G\alpha, \qquad y = \frac{\delta}{2} \qquad (8\text{-}50f)$$

为确定 α,须求出薄膜体积:

$$V = \frac{2}{3}\delta l\varDelta = \frac{l\delta^3}{12}\frac{p}{T} = \frac{l\delta^3}{6}G\alpha \qquad (8\text{-}50g)$$

将比拟关系:

$$M_t = 2V$$

代入式(8-50g),求出

$$\alpha = \frac{3M_t}{Gl\delta^3} \qquad (8\text{-}50h)$$

将式(8-50h)代入式(8-50f),求得最大剪应力,其在边界上与边界相切:

$$\tau_{max} = \frac{3M_t}{l\delta^2} \qquad (8\text{-}50i)$$

将式(8-50i)与式(8-47p)比较,结果完全相同。

8.7.3 开口薄壁杆件的自由扭转

1. 狭矩形和狭曲形截面杆件的扭转

1)狭矩形截面杆件的扭转
扭转方程为

$$\nabla^2\psi = -2G\alpha$$

对于图 8-11 所示狭矩形,根据薄膜比拟,可形象地看到 ψ 主要与 y 有关,只是在 $x=\pm l/2$ 的边界处才与 x 有关,所以可近似地认为 ψ 只是 y 的函数,与 x 无关,方程变为

$$\frac{\partial^2\psi}{\partial y^2} = -2G\alpha \qquad (8\text{-}51)$$

边界条件为

$$y = \pm\frac{\delta}{2}, \qquad \psi = 0 \tag{8-52}$$

积分式(8-51)，得

$$\psi = -G\alpha y^2 + c_1 y + c_2 \tag{8-53}$$

由边界条件(8-52)可得

$$c_1 = 0, \qquad c_2 = \frac{1}{4}G\alpha\delta^2$$

于是式(8-53)变为

$$\psi = G\alpha\left(\frac{\delta^2}{4} - y^2\right) \tag{8-54}$$

将式(8-54)代入式(8-22)得

$$\tau_{xz} = \frac{\partial\psi}{\partial y} = -2G\alpha y$$

$$\tau_{yz} = 0$$

将式(8-54)代入式(8-30)得

$$2\iint G\alpha\left(\frac{\delta^2}{4} - y^2\right)\mathrm{d}x\,\mathrm{d}y = \frac{1}{3}G\alpha l\delta^3 = M_t$$

所以

$$\begin{cases} \alpha = \dfrac{3M_t}{Gl\delta^3} \\ \tau_{\max} = \dfrac{3M_t}{l\delta^2} \end{cases} \tag{8-55}$$

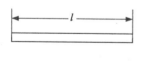

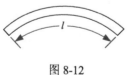

图 8-12

这与薄膜比拟计算的结果是一致的。由此得到，狭矩形截面杆件扭转最大剪应力发生在长边并与边界线相切。精确求解矩形截面杆扭转问题已经在 8.6 节论及。

2)狭曲形截面杆件的扭转

狭曲形截面杆件见图 8-12。根据薄膜比拟可见，狭曲形截面的薄膜垂曲形式或所包体积与拉直的狭矩形截面无太大差别，故可将狭曲形截面杆件按拉直的狭矩形截面杆件计算。

2. 开口组合薄壁杆件的扭转

工程中许多开口薄壁杆件可视为由 n 个狭矩形截面杆组成，如图 8-13 所示，假设总的扭矩由 n 个狭矩形截面杆承担，每个分担扭矩为 $M_i(i=1,2,\cdots,n)$，可写出如下条件：

$$\begin{cases} M = \sum_{i=1}^{n} M_i \\ \alpha_1 = \alpha_2 = \cdots = \alpha_i = \cdots = \alpha_n = \alpha \\ \tau_i = \dfrac{3M_i}{l_i \delta_i^2} = G\alpha\delta_i \qquad (i = 1, 2, \cdots, n) \\ \alpha_i = \dfrac{3M_i}{Gl_i \delta_i^3} = \alpha \qquad (i = 1, 2, \cdots, n) \end{cases} \tag{8-56}$$

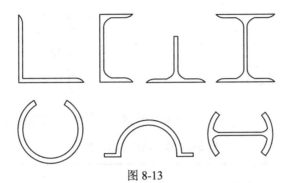

图 8-13

式 (8-56) 分别表示：力的平衡条件；变形的连续条件，即各狭矩形与整体的变形应协调一致，应具有相同的扭转角；每个狭矩形的最大剪应力发生在长边中点；单位扭转角。

由式 (8-56) 第四式求出 M_i 并代入式 (8-56) 第一式，可解出扭转角：

$$\alpha = \frac{3M}{G\sum_{i=1}^{n} l_i \delta_i^3} \tag{8-57}$$

将式 (8-57) 代入式 (8-56) 第三式得

$$\tau_i = \frac{3M\delta_i}{\sum_{i=1}^{n} l_i \delta_i^3} \qquad (i = 1, 2, \cdots, n) \tag{8-58}$$

因为

$$I_k = \frac{1}{3} \sum_{i=1}^{n} l_i \delta_i^3 \qquad (i = 1, 2, \cdots, n) \tag{8-59}$$

所以式 (8-58) 可表示为

$$\tau_i = \frac{M\delta_i}{I_k} \qquad (i = 1, 2, \cdots, n) \tag{8-60}$$

由式 (8-60) 可见，在组合截面上壁厚越大剪应力越大，设 δ_{max} 为截面上最大的狭矩形厚度，则整个截面上的最大剪应力为

$$\tau_{max} = \frac{M\delta_{max}}{I_k} \tag{8-61}$$

对于拐角处的应力，可以利用有限元等数值方法进行分析。此外，对于图 8-14 所示角钢

拐角连接处的局部应力可按式(8-62)计算：

$$\tau_{max} = 1.74\tau_1\sqrt[3]{\delta/\rho}$$

(8-62)

式中，τ_1 为按式(8-58)计算的剪应力；δ 为肢宽；ρ 为拐角处的曲率半径。当$1<\delta/\rho<2$时，式(8-62)计算值与实验符合较好。

由于在推导狭矩形及其组合截面的公式时忽略了两端和连接处的影响，有研究给出修正公式，引入修正系数η，此时式(8-57)、式(8-58)变为

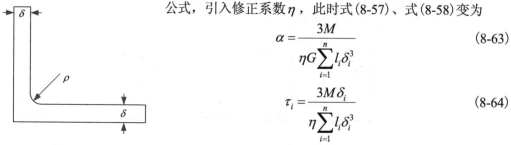

图 8-14

$$\alpha = \frac{3M}{\eta G\sum_{i=1}^{n}l_i\delta_i^3}$$

(8-63)

$$\tau_i = \frac{3M\delta_i}{\eta\sum_{i=1}^{n}l_i\delta_i^3}$$

(8-64)

式中，系数η根据实验给出选用范围，见表8-2。

表 8-2 修正系数η选用范围

分项	η
角钢	0.86～1.03
槽钢	0.98～1.25
丁字钢	0.92～1.25
工字钢	1.16～1.44

综上分析，对于开口薄壁杆件，如果简化为自由扭转问题，可按式(8-57)～式(8-59)进行计算。

8.7.4 闭口薄壁杆件的自由扭转

1. 单室薄壁管的扭转

设单室薄壁管的壁厚为δ，δ可以是变化的，薄壁管承受扭矩作用，如图8-15所示。为简化分析，根据薄壁管的特点和薄膜比拟的性质，可作如下计算假定：

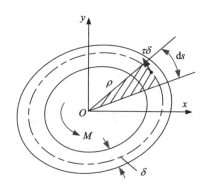

图 8-15

(1) 剪应力的方向与管壁中线相切；

(2) 剪应力沿着管壁厚度均匀分布；

(3) 剪力流是常数。

与定义弯曲的剪力流一样，扭转的剪力流仍定义为

$$q = \tau\delta \tag{8-65}$$

于是假定 (3) 可表示为

$$q = \tau\delta = \text{const} \tag{8-66}$$

见图 8-15，由平衡条件得

$$\sum M_z = 0, \qquad M = \oint_s \rho q \, \mathrm{d}s = q \oint_s \rho \mathrm{d}s = 2qA \tag{8-67}$$

式中，A 为管壁中线所围面积。

由式 (8-67) 得

$$q = \frac{M}{2A} \quad \text{或} \quad \tau = \frac{M}{2A\delta} \tag{8-68}$$

于是可以得出重要结论，即薄壁管受扭转时的最大剪应力发生在管壁最薄之处，为

$$\tau_{\max} = \frac{M}{2A\delta_{\min}} \tag{8-69}$$

为求出单位扭转角 α，借助薄膜比拟较为方便。对于薄壁管 (属二连域问题) 或多连域的薄膜比拟应当注意只能在一个边界上取 $z=0$，在其他边界上分别等于不同的常数，如图 8-16 (a) 所示，在外边界取零，内边界由只能沿铅直方向移动的刚性板控制保持水平高度，因此这时计算的体积应包括孔上方的体积。

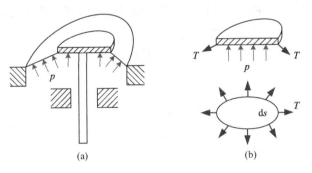

图 8-16

根据图 8-16 (b)，考虑其刚性板 z 方向的平衡条件，在板边缘 $\mathrm{d}s$ 微段上，薄膜对板所施加的拉力为 $T\mathrm{d}s$，其在 z 方向的分量为 $\sin\gamma\, T\mathrm{d}s$，其中，$\gamma$ 是膜的切线与水平面的夹角，实际上 γ 很小，因此可取 $\sin\gamma = \tan\gamma = h/\delta$，其中，$h$ 是刚性板与水平面的高度，应用剪应力沿厚度均布的假定，因而斜率沿厚度是常数。

于是，由平衡条件可得

$$\sum Z = 0, \qquad \oint_s T \mathrm{d}s \cdot \frac{h}{\delta} = pA$$

式中，T 和 h 都是常量，所以可写为

$$\frac{h}{A} \oint \frac{1}{\delta} \mathrm{d}s = \frac{p}{T} \qquad (8\text{-}70)$$

根据薄膜比拟的对应关系：

$$M = 2V, \quad 2G\alpha = \frac{p}{T}$$

有

$$M = 2V = 2Ah$$

由此得

$$h = \frac{M}{2A}$$

于是式(8-70)变为

$$\frac{M}{2A^2} \oint \frac{1}{\delta} \mathrm{d}s = 2G\alpha$$

所以

$$\alpha = \frac{M}{4GA^2} \oint \frac{1}{\delta} \mathrm{d}s \qquad (8\text{-}71)$$

对于等厚度闭口薄壁管，δ 是常数，式(8-71)变为

$$\alpha = \frac{Ml}{4GA^2\delta} \qquad (8\text{-}72)$$

式中，l 为薄壁管中线长度。由式(8-17)可得等厚度及变厚度闭口薄壁管的抗扭截面惯性矩分别为

$$I_k = \frac{4A^2\delta}{l} \qquad (8\text{-}73)$$

$$I_k = \frac{4A^2}{\oint \frac{1}{\delta} \mathrm{d}s} \qquad (8\text{-}74)$$

2. 多室薄壁管的扭转

扭转理论的剪应力环流定理数学方程为

$$\oint \tau_{zs} \mathrm{d}s = 2G\alpha A \qquad (8\text{-}75)$$

式中，τ_{zs} 为沿某封闭曲线 s 切线方向上的剪应力分量；等号左边的围线积分表示剪应力沿某曲线 s 的环量。剪应力环流定理意指剪应力沿 s 的环量应等于 s 所包围面积 A 的 $2G\alpha$ 倍。薄壁管的 s 可以取为中线，τ_{zs} 就是管中的剪应力。这时剪应力环流定理可以利用薄膜比拟给予证明。根据式(8-70)并注意到比拟关系：

$$2G\alpha = \frac{p}{T}, \quad \frac{h}{\delta} = \tau_{zs}$$

即得式(8-75)。

扭转方程还与流体力学中流函数所满足的方程相同,因此也可以建立比拟关系,称为流体比拟,剪应力对应流速,剪力流对应流量。对于不可压缩流体,在某个区域应保持流入与流出流量的平衡,以保证流体的连续性条件。因此,剪力流也应满足流入与流出的平衡条件,称为剪力流平衡条件。

以图 8-17 所示二室薄壁管为例,给出求解多室薄壁管扭转问题的方法与步骤。

(1)建立剪应力环量方程。根据剪应力环流定理建立剪应力环量方程,在图 8-17 中的每一室都可以假定一剪力流方向,求得的剪应力为负表示与所设方向相反,然后对两个环路写出剪应力环量方程:

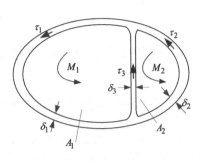

图 8-17

$$\begin{cases} \tau_1 l_1 + \tau_3 l_3 = 2G\alpha A_1 \\ \tau_2 l_2 - \tau_3 l_3 = 2G\alpha A_2 \end{cases} \tag{8-76a}$$

(2)建立剪力流平衡方程。对于交叉节点,写出剪力流平衡条件:

$$q_1 = q_2 + q_3$$

或

$$\tau_1 \delta_1 = \tau_2 \delta_2 + \tau_3 \delta_3 \tag{8-76b}$$

(3)建立扭矩平衡方程。设总扭矩 M 由两个室承担,分别为 M_1 和 M_2,根据扭矩平衡条件,有

$$M = M_1 + M_2$$

由式(8-68)得

$$M_1 = 2\tau_1 \delta_1 A_1$$
$$M_2 = 2\tau_2 \delta_2 A_2$$

所以

$$M = 2\tau_1 \delta_1 A_1 + 2\tau_2 \delta_2 A_2 \tag{8-76c}$$

联立求解式(8-76a)~式(8-76c),得

$$\begin{cases} \tau_1 = \dfrac{M}{B}[\delta_3 l_2 A_1 + \delta_2 l_2 (A_1 + A_2)] \\[2mm] \tau_2 = \dfrac{M}{B}[\delta_3 l_1 A_2 + \delta_1 l_3 (A_1 + A_2)] \\[2mm] \tau_3 = \dfrac{M}{B}[\delta_1 l_2 A_1 - \delta_2 l_1 A_2] \\[2mm] \alpha = \dfrac{M}{B} \cdot \dfrac{1}{2G}[\delta_1 l_2 l_3 + \delta_2 l_3 l_1 + \delta_3 l_1 l_2] \end{cases} \tag{8-76d}$$

式中，

$$B = 2[\delta_1\delta_2 l_2 A_1^2 + \delta_2\delta_3 l_1 A_2^2 + \delta_1\delta_2 l_3 (A_1 + A_2)^2] \tag{8-76e}$$

对于多室情况，求解线性代数方程组可由计算程序完成，将方程写成矩阵形式：

$$\begin{bmatrix} l_1 & 0 & l_3 & -2GA_1 \\ 0 & l_2 & -l_3 & -2GA_2 \\ \delta_1 & -\delta_2 & -\delta_3 & 0 \\ 2\delta_1 A_1 & 2\delta_2 A_2 & 0 & 0 \end{bmatrix} \begin{bmatrix} \tau_1 \\ \tau_2 \\ \tau_3 \\ \alpha \end{bmatrix} = \begin{bmatrix} 0 \\ 0 \\ 0 \\ M \end{bmatrix} \tag{8-76f}$$

截面抗扭惯性矩也可求出

$$I_k = \frac{M}{G\alpha} = \frac{2B}{\delta_1 l_2 l_3 + \delta_2 l_3 l_1 + \delta_3 l_1 l_2} \tag{8-76g}$$

综上所述，分析闭口薄壁杆件的扭转问题时，最好是应用薄膜比拟，以避免应用位移单值条件的麻烦。

8.7.5　开口与闭口薄壁杆件自由扭转的比较

图 8-18 是两个正方形薄壁构件，尺寸和材料完全相同，厚度为 δ，边长为 l，图 8-18(a) 是开口的，图 8-18(b) 是闭口的，均承受扭矩 M。试比较两者的抗扭性能。

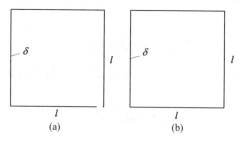

图 8-18

先依据式(8-57)、式(8-58)计算开口薄壁杆件，再应用式(8-68)、式(8-69)计算闭口薄壁杆件，计算结果见表 8-3。

表 8-3　开口与闭口薄壁杆件扭转角和最大剪应力

分项	开口薄壁杆件	闭口薄壁杆件
扭转角 α	$\dfrac{3M}{4Gl\delta^3}$	$\dfrac{M}{Gl^3\delta}$
最大剪应力 τ_{max}	$\dfrac{3M}{4l\delta^2}$	$\dfrac{M}{2l^2\delta}$

因此有

$$\frac{\alpha_{闭}}{\alpha_{开}} = \frac{4}{3}\left(\frac{\delta}{l}\right)^2$$

$$\frac{\tau_{max闭}}{\tau_{max开}} = \frac{2}{3}\left(\frac{\delta}{l}\right)$$

计算结果表明，薄壁杆件在材料、截面形状、承受扭矩相同时，闭口薄壁杆件远比开口薄壁杆件抗扭刚度大，而剪应力则小得多。

8.7.6　开口与闭口组合薄壁杆件的自由扭转

图 8-19 为箱形截面带开口挑出部分的薄壁杆件，假设它在扭矩 M 作用下发生自由扭转，试确定单位扭转角和剪应力。

假设箱形部分承受扭矩 M_1，单位扭转角为 α_1，最大剪应力为 τ_1；每一挑出部分承受扭矩 M_2，单位扭转角为 α_2，最大剪应力为 τ_2。

根据平衡条件、连续条件、闭口与开口杆件的单位扭转角公式和最大剪应力公式，可以建立如下的方程：

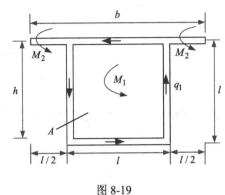

图 8-19

$$M = M_1 + 2M_2 \tag{8-77a}$$

$$\alpha_1 = \alpha_2 = \alpha \tag{8-77b}$$

$$\tau_1 = \frac{M_1}{2l^2\delta} \tag{8-77c}$$

$$\tau_2 = \frac{3M_2}{\frac{1}{2}l\delta^2} \tag{8-77d}$$

$$\alpha_1 = \frac{4lM_1}{4Gl^4\delta} = \frac{M_1}{Gl^3\delta} \tag{8-77e}$$

$$\alpha_2 = \frac{3M_2}{\frac{1}{2}Gl\delta^3} = \frac{6M_2}{Gl\delta^3} \tag{8-77f}$$

将式(8-77e)、式(8-77f)代入式(8-77b)得

$$\frac{M_1}{M_2} = 6\left(\frac{l}{\delta}\right)^2 \tag{8-77g}$$

由式(8-77a)、式(8-77g)得

$$M_1 = \frac{M}{\left[1 + \frac{1}{6}\left(\frac{\delta}{l}\right)^2\right]} \tag{8-77h}$$

$$M_2 = \frac{M}{\left[1 + 6\left(\frac{l}{\delta}\right)^2\right]} \tag{8-77i}$$

将式(8-77h)、式(8-77i)代入式(8-77c)、式(8-77d)得

$$\tau_1 = \frac{M}{2l^2\delta\left[1+\frac{1}{6}\left(\frac{\delta}{l}\right)^2\right]} \tag{8-77j}$$

$$\tau_2 = \frac{6M}{l\delta^2\left[1+6\left(\frac{l}{\delta}\right)^2\right]} = \frac{6M}{l^3\left[1+\frac{1}{6}\left(\frac{\delta}{l}\right)^2\right]} \tag{8-77k}$$

将式(8-77h)、式(8-77i)代入式(8-77e)或式(8-77f)得

$$\alpha = \alpha_1 = \alpha_2 = \frac{M}{Gl^3\delta\left[1+\frac{1}{6}\left(\frac{\delta}{l}\right)^2\right]} \tag{8-77l}$$

因为

$$\left(\frac{\delta}{l}\right)^2 \ll 1$$

忽略后得

$$\tau_1 = \frac{M}{2l^2\delta}, \qquad \tau_2 = \frac{M}{l^3}, \qquad \alpha = \frac{M}{Gl^3\delta} \tag{8-77m}$$

其剪应力比为

$$\frac{\tau_2}{\tau_1} = 2\left(\frac{\delta}{l}\right) \tag{8-77n}$$

由此可见，由开口和闭口组合的薄壁杆件的闭口部分的剪应力远比开口部分大得多，由式(8-77h)、式(8-77i)易见，扭矩部分主要由闭口部分承担，即按刚度分配。因此，为简便计，在计算组合的薄壁杆件时，可首先由闭口部分按全部扭矩计算出单位扭转角 α，然后由转角公式求出 M_2，最后求出 τ_2 和 τ_1。具体步骤如下：

(1) $$\alpha = \alpha_1 = \frac{M_1}{Gl^3\delta} = \frac{M}{Gl^3\delta}$$

(2) $$\alpha = \alpha_2 = \frac{6M_2}{Gl\delta^3}, \qquad M_2 = \frac{Gl\delta^3}{6}\alpha = \frac{M\delta^2}{6l^2}$$

(3) $$\tau_1 = \frac{M_1}{2l^2\delta} = \frac{M}{2l^2\delta}, \qquad \tau_2 = \frac{3M_2}{\frac{1}{2}l\delta^2} = \frac{M}{l^3}$$

所得结果与前述一致，且计算很简单。

习 题

8-1 图 8-20 所示承受扭矩 M_t 作用的扭杆(剪切弹性模量为 G)横截面为等边三角形 OAB，高度为 a。建立坐标系如图 8-20 所示，则 AB、OA、OB 三边的方程分别为

$$x - a = 0, \quad x - \sqrt{3}y = 0, \quad x + \sqrt{3}y = 0$$

试证应力函数

$$\psi = m(x - a)(x - \sqrt{3}y)(x + \sqrt{3}y)$$

满足一切条件，并求最大剪应力及扭转角。

8-2　设有闭合薄壁杆，杆壁具有均匀厚度δ，杆壁中线的长度为l，中线所包围的面积为A，剪切弹性模量为G。另有开口薄壁杆，它由上述薄壁杆沿纵向切开而成。设两杆承受同样的扭矩M_t，试求两杆的最大剪应力之比，并求两杆的扭转角之比。

8-3　闭合薄壁杆承受扭矩M_t作用，其横截面均匀厚度为δ，剪切弹性模量为G，如图8-21所示，试求最大剪应力及扭转角。

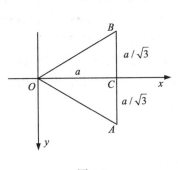

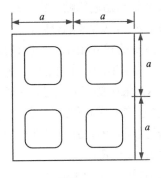

图 8-20　　　　　　　　　　　　　图 8-21

8-4　扭杆承受扭矩M_t作用，其半径为a的圆截面上有半径为b的圆弧槽，剪切弹性模量为G，建立坐标系如图8-22所示，则圆截面边界的方程及圆弧槽的方程分别为

$$x^2 + y^2 - 2ax = 0$$
$$x^2 + y^2 - b^2 = 0$$

试证应力函数

$$\psi = -G\alpha \frac{(x^2 + y^2 - b^2)(x^2 + y^2 - 2ax)}{2(x^2 + y^2)}$$

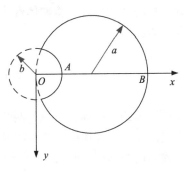

满足方程(8-26)及方程(8-33)，应力函数ψ中的α是单位扭转角。试求最大剪应力及边界上离圆弧槽较远处B点的剪应力。

图 8-22

第 8 章部分参考答案

第 9 章　接 触 问 题

接触力学是着重研究相互接触物体之间受力和变形问题的一门学科，是工程实际中经常遇到的课题。1882 年，德国著名物理学家 Hertz 首先开展了接触力学的先驱性工作，做出了杰出贡献，解决了两个弹性椭圆体的无摩擦接触问题。该成果至今仍然是工程实际接触问题的理论基础，尤其对机械工程学和摩擦学的发展产生了深远影响。

接触问题可大致分为协调接触问题与非协调接触问题。当无变形地接触时，两个固体的表面精确地或者相当贴近地贴合在一起，称这种接触是协调接触；而当相互接触的物体表面不能精确地或者相当贴近地贴合时，它们首先将在一个点或一条线相碰，这种接触即非协调接触。与物体本身的尺寸相比，非协调接触的面积通常是很小的。这一点给理论分析带来了极大的方便。据此，Hertz 首先给出了弹性体接触处应力的分布状态。Hertz 理论中所作的假设如下：a 表示接触区的有效尺寸，R 表示接触体的相对曲率半径，R_1 和 R_2 表示每个物体的有效半径，l 表示物体横向和深度两方向的有效尺寸，则

(1) 表面都是连续的，并且是非协调的；

(2) 小应变：$a \ll R$；

(3) 每个物体可看作一个弹性半空间：$a \ll R_{1,2}$，$a \ll l$；

(4) 表面无摩擦：$q_x = q_y = 0$。

在 Hertz 理论中，假设每一个接触体都可视作弹性半空间。只要物体本身的尺寸与接触面尺寸相比很大，在此区域中的应力就不 (或弱) 依赖于物体远离接触区的形状，也不依赖于物体支撑的确切方式。将物体看作以表面为界的半无限弹性固体即弹性半空间，就能近似地计算应力。

9.1　两球体的接触问题

两球体的接触问题可视为两个半空间体的受力问题。本节利用 6.4 节半空间体在边界平面上受法向集中力作用的波西涅斯克问题的解，通过叠加法来处理两个球体互相接触的情况。

设有两个球体，如图 9-1 所示，半径分别为 R_1 及 R_2，材料弹性常数分别为 G_1、ν_1 与 G_2、ν_2。如果两球体间没有压力，则它们只在其切平面上的 O 点处接触。过 O 点作与切平面垂直的 z_1 轴和 z_2 轴，分别指向两球体内部。在切平面上距 O 为 s 处作切平面的垂线，分别交两球体于 M_1 和 M_2 点处，则它们与切平面的距离近似为

$$z_1 = \frac{s^2}{2R_1}, \quad z_2 = \frac{s^2}{2R_2} \tag{9-1}$$

M_1 和 M_2 之间的距离为

$$z_1 + z_2 = s^2 \left(\frac{1}{2R_1} + \frac{1}{2R_2} \right) = \beta s^2 \tag{9-2}$$

如果两球体以过 O 点的对心力 P 相压，则在接触点附近将发生局部变形，两球体将由点接触变为面接触。由于轴对称性，所形成的接触面将会是以 O 为圆心的圆，其半径 a 为尚待确定的变形几何量。这里假定两球半径 R_1 及 R_2 比接触面半径 a 大得多，则可利用波西涅斯克解来分析。

设变形后 M_1 和 M_2 位于接触面内，以 w_1 和 w_2 分别表示 M_1 和 M_2 相对于各自球心 O_1 和 O_2 的轴向（O_1O_2 连线方向）位移，α 表示两球体球心 O_1、O_2 间距离的缩短。接触面上各点位移同一平面，球体因接触而产生变形，因此

$$\alpha = (z_1 + z_2) + (w_1 + w_2) \tag{9-3}$$

故

$$w_1 + w_2 = \alpha - \beta s^2 \tag{9-4}$$

这就是接触面上各点应满足的变形几何关系，其中 α 尚待确定。

根据波西涅斯克解（式 6-62），假设半空间边界上受任意分布载荷 q，面积为 A，考虑微元 $\mathrm{d}S = r\mathrm{d}\varphi\mathrm{d}r$ 引起的半无限平面上一点的竖向位移为

$$\frac{1-\nu}{2\pi G} q \mathrm{d}\varphi \mathrm{d}r \tag{9-5}$$

面积 A 上全部载荷所引起的位移为

$$w = \int_A \frac{1-\nu}{2\pi G} q \mathrm{d}\varphi \mathrm{d}r \tag{9-6}$$

根据式(9-6)，可知接触面上分布压力 q 与接触变形 w 之间的关系如下：

$$w_1 = \frac{1-\nu_1}{2\pi G_1}\int_A q\mathrm{d}r\mathrm{d}\varphi, \qquad w_2 = \frac{1-\nu_2}{2\pi G_2}\int_A q\mathrm{d}r\mathrm{d}\varphi \tag{9-7}$$

式中，积分域即圆形接触面。变形前两球体向上的 M_1 和 M_2 在变形后互相接触，用 M 来表示。式中，r 与 φ 为以 M 为中心的平面极坐标。积分结果是 s 的函数，故用 q 表示变形几何关系，可得

$$(K_1 + K_2)\int_A q\mathrm{d}r\mathrm{d}\varphi = \alpha - \beta s^2 \tag{9-8}$$

式中，

$$K_1 = \frac{1-\nu_1}{2\pi G_1}, \quad K_2 = \frac{1-\nu_2}{2\pi G_2} \tag{9-9}$$

现在，如果能确定压力 q 的分布规律，使式(9-8)得到满足，该问题即得解。可以证明，若以接触面的圆为底作一个半球面，假定接触面上各点的压力与此半球面在该点的高度成正比，则式(9-8)满足。此外，对于接触面为圆形的情况，这种压力分布是唯一的，Hertz 做出的这种假定恰好是正确的。对应的压力分布形式为

$$q = q_0\left(1 - \frac{r_1^2}{a^2}\right)^{\frac{1}{2}} \tag{9-10}$$

式中，q_0 为中心处的最大压力；r_1 为与中心的距离。将式(9-10)在接触圆上做积分，令积分

结果等于外加压力 P，可得

$$q_0 = \frac{3P}{2\pi a^2} \tag{9-11}$$

即最大压力 q_0 为平均压力 $\frac{P}{\pi a^2}$ 的 1.5 倍。

　　基于以上压力分布假设，式(9-10)可改写为

$$q = \frac{q_0}{a}[a^2 - (r^2 + s^2 - 2rs\cos\varphi)]^{\frac{1}{2}} \tag{9-12}$$

　　将式(9-12)代入式(9-8)，可得一个含参数 s 的积分。一种简单的积分办法是，将接触圆划分为过 M 点的一系列 "窄条" PQ，使 PQ 与 OM 夹角为 φ（图 9-2）；先对 r 沿弦 PQ 积分，然后对 φ 由 0 至 $\pi/2$ 积分。由于压力分布与积分域具有对称性，总的积分值为上述结果的 2 倍。弦 PQ 的长度为

$$PQ = 2a\cos\theta = 2\sqrt{a^2 - s^2\sin^2\varphi} \tag{9-13}$$

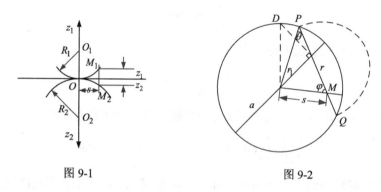

图 9-1　　　　　　　　　　　　　　图 9-2

　　根据 Hertz 提出的压力分布假设，可知压力沿弦 PQ 的积分等于以 PQ 为直径的半圆形面积的 q_0/a 倍，即

$$\int_{PQ} q\mathrm{d}r = \pi(a^2 - s^2\sin^2\varphi)\frac{q_0}{2a} \tag{9-14}$$

因此

$$\int_A q\mathrm{d}r\mathrm{d}\varphi = 2\int \pi(a^2 - s^2\sin^2\varphi)\frac{q_0}{2a}\mathrm{d}\varphi = \frac{\pi^2 q_0}{4a}(2a^2 - s^2) \tag{9-15}$$

将式(9-15)代入式(9-8)得

$$(K_1 + K_2)\frac{\pi^2 q_0}{4a}(2a^2 - s^2) = \alpha - \beta s^2 \tag{9-16}$$

该结果对于任意 s 均成立，故常数项与 s^2 项的系数对应相等，有

$$(K_1 + K_2)\frac{\pi^2 q_0}{2}a = \alpha \tag{9-17}$$

$$(K_1 + K_2)\frac{\pi^2 q_0}{4a} = \beta \tag{9-18}$$

将式(9-18)与式(9-16)联立，并将 $\beta = \dfrac{1}{2R_1} + \dfrac{1}{2R_2}$ 代入可得

$$q_0 = \frac{3P}{2\pi}\left[\frac{4(R_1 + R_2)}{3\pi P(K_1 + K_2)R_1 R_2}\right]^{\frac{2}{3}} \tag{9-19}$$

$$a = \left[\frac{3\pi P(K_1 + K_2)R_1 R_2}{4(R_1 + R_2)}\right]^{\frac{1}{3}} \tag{9-20}$$

$$\alpha = \left[\frac{9\pi^2 P^2(K_1 + K_2)^2(R_1 + R_2)}{16R_1 R_2}\right]^{\frac{1}{3}} \tag{9-21}$$

当两球体为同一种材料时，$G_1 = G_2 = \dfrac{E}{2(1+\nu)}$，取 $\nu=0.3$，可得

$$q_0 = 0.388\left[\frac{PE^2(R_1 + R_2)^2}{R_1^2 R_2^2}\right]^{\frac{1}{3}} \tag{9-22}$$

$$a = 1.11\left[\frac{PR_1 R_2}{E(R_1 + R_2)}\right]^{\frac{1}{3}} \tag{9-23}$$

$$\alpha = 1.23\left[\frac{P^2(R_1 + R_2)}{E^2 R_1 R_2}\right]^{\frac{1}{3}} \tag{9-24}$$

以上结果也适用于球体与平面($R_2 \to \infty$)和球体与球座相接触的情况(图9-3)。

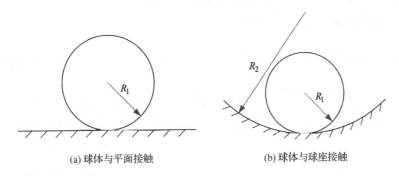

(a) 球体与平面接触　　　　　　　(b) 球体与球座接触

图 9-3

其中，球体与平面接触的情况：

$$q_0 = \frac{3P}{2\pi}\left[\frac{4}{3\pi P(K_1 + K_2)R_1}\right]^{\frac{2}{3}} \tag{9-25}$$

$$a = \left[\frac{3\pi P(K_1 + K_2)R_1}{4} \right]^{\frac{1}{3}} \tag{9-26}$$

$$\alpha = \left[\frac{9\pi^2 P^2 (K_1 + K_2)^2}{16R_1} \right]^{\frac{1}{3}} \tag{9-27}$$

球体与球座接触的情况：

$$q_0 = \frac{3P}{2\pi} \left[\frac{-4(R_1 - R_2)}{3\pi P(K_1 + K_2)R_1 R_2} \right]^{\frac{2}{3}} \tag{9-28}$$

$$a = \left[\frac{-3\pi P(K_1 + K_2)R_1 R_2}{4(R_1 - R_2)} \right]^{\frac{1}{3}} \tag{9-29}$$

$$\alpha = \left[\frac{-9\pi^2 P^2 (K_1 + K_2)^2 (R_1 - R_2)}{16R_1 R_2} \right]^{\frac{1}{3}} \tag{9-30}$$

9.2　圆柱体的接触问题

　　对球体的接触问题求解过程中利用了半空间体边界上受集中力作用的波西涅斯克解。而当两圆柱体接触时，接触面将是沿圆柱轴线方向的狭长矩形。此时应将接触问题简化为平面问题，波西涅斯克解失效。可采用类似的局部变形分析，并假定分布压力沿接触面宽度 $2a$ 按半椭圆分布。

　　在位移解法中，引进三个单值连续的位移函数，使协调方程自动满足，问题被归结为求解三个用位移表示的平衡方程。应变分量可以用位移偏导数的组合来确定。与此类似，在应力解法中也可引进某些自动满足平衡方程的应力函数，把问题归结为求解用应力函数表示的协调方程。应力分量可由应力函数偏导数的组合来确定。

9.2.1　半无限弹性线载荷与均布力作用

　　在此问题中，研究沿 y 轴分布的、每单位长度强度为 P 的集中力垂直于表面作用所产生的应力。

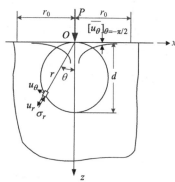

图 9-4

　　普朗特首先解决了这个问题。这里选用较为方便的极坐标(图 9-4)。由下面的应力函数给出解：

$$\varphi(r,\theta) = Ar\theta\sin\theta \tag{9-31}$$

式中，A 为任意的常数。根据应力函数可得应力分量为

$$\begin{cases} \sigma_r = 2A\dfrac{\cos\theta}{r} \\ \sigma_\theta = \tau_{r\theta} = 0 \end{cases} \tag{9-32}$$

应力的强度按 $\dfrac{1}{r}$ 减小。在 O 点处，理论上应力为无限

大，这显然是假定载荷沿一条线集中的结果。令在半径为 r 的半圆上的应力竖直分量等于所作用的力 P，即可得到常数 A。于是，

$$-P = \int_{-\frac{\pi}{2}}^{\frac{\pi}{2}} \sigma_r \cos\theta r \mathrm{d}\theta = A\pi \tag{9-33}$$

因此

$$\sigma_r = -\frac{2P}{\pi}\frac{\cos\theta}{r} \tag{9-34}$$

转换到直角坐标系，就得到相应的应力分量：

$$\sigma_x = \sigma_r \sin^2\theta = -\frac{2P}{\pi}\frac{x^2 z}{(x^2 + z^2)^2} \tag{9-35}$$

$$\sigma_z = \sigma_r \cos^2\theta = -\frac{2P}{\pi}\frac{z^3}{(x^2 + z^2)^2} \tag{9-36}$$

$$\tau_{xz} = \sigma_r \sin\theta \cos\theta = -\frac{2P}{\pi}\frac{xz^2}{(x^2 + z^2)^2} \tag{9-37}$$

将式 (9-35)～式 (9-37) 代入胡克定律，便可得出应变；进一步积分便可得出位移：

$$u_r = \frac{(1-\nu^2)}{\pi E}2P\cos\theta \ln r - \frac{(1-2\nu)(1+\nu)}{\pi E}P\theta\sin\theta + C_1\sin\theta + C_2\cos\theta \tag{9-38}$$

$$\begin{aligned}u_\theta = &\frac{(1-\nu^2)}{\pi E}2P\sin\theta \ln r + \frac{\nu(1+\nu)}{\pi E}2P\sin\theta - \frac{(1-2\nu)(1+\nu)}{\pi E}P\theta\cos\theta \\ &+ \frac{(1-2\nu)(1+\nu)}{\pi E}P\sin\theta + C_1\cos\theta - C_2\sin\theta + C_3 r\end{aligned} \tag{9-39}$$

若固体不倾斜，则在 z 轴上的点只有沿 z 方向的位移，故 $C_1 = C_2 = 0$。常数 C_3 可通过选择在表面上距离为 r_0 处的点作为法向位移的基准点来确定。于是有

$$[\bar{u}_\theta]_{\theta=\frac{\pi}{2}} = -[\bar{u}_\theta]_{\theta=-\frac{\pi}{2}} = -\frac{(1-\nu^2)}{\pi E}2P\ln(r_0 / r) \tag{9-40}$$

由于应力在 O 点具有奇异性，可以预料在那点的位移为无限大。$\bar{u}_\theta$ 随 r 按对数变化，这给选择恰当的 r_0 值造成了一些困难，这是弹性半空间二维变形不可避免的特性。为了克服这一困难，必须考虑物体的实际形状与尺寸，以及其支撑方式。

假设在表面宽度为 $\mathrm{d}s$ 的元面积上作用了垂直于表面的、数值为 $p\mathrm{d}s$ 的集中力，根据上述推导，进一步积分可得

$$u_x = -\frac{(1-2\nu)(1+\nu)}{2E}\left(\int_{-b}^{x} p(s)\mathrm{d}s - \int_{x}^{a} p(s)\mathrm{d}s\right) + C_1 \tag{9-41}$$

$$u_z = -\frac{2(1-\nu^2)}{\pi E}\int_{-b}^{a} p(s)\ln|x-s|\mathrm{d}s + C_2 \tag{9-42}$$

如果已知 $p(x)$ 的分布，则即使封闭形式的积分很困难，变形也可以估算。

圆柱体接触的另一个重要特征是超出了 Hertz 理论的范围：实际的圆柱具有有限的长度，

虽然 Hertz 理论精确地预计了圆柱大部分长度上的接触应力，但是紧靠两端处出现了显著的偏差。

9.2.2 圆柱体的平面接触问题

平面接触问题的计算通常是困难的，结果形成多种近似公式来计算线接触物体的弹性压缩量，如线接触中的齿轮和滚柱轴承。然而一个圆柱体通过两条母线与另外两个表面非协调接触，母线位于圆柱体直径的相对两端，此时的压缩量可以得到满意的分析。

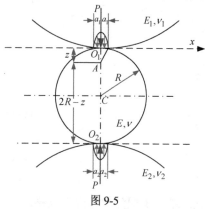

图 9-5

该-接触体的横截面如图 9-5 所示，作用在每单位轴向长度上的压缩载荷 P 在 O_1 点引起的 Hertz 压力分布为

$$p = \frac{2P}{\pi a_1}\left(1 - \frac{x^2}{a_1^2}\right)^{\frac{1}{2}} \tag{9-43}$$

式中，a_1 为板接触宽度，即

$$a_1^2 = \frac{4PR}{\pi E_1^*} \tag{9-44}$$

式中，E_1^* 为滚子与所接触物体的复合模量。

铁木辛柯和古迪尔给出了圆柱中沿直径相对的集中载荷产生的应力分布，它包括与圆柱相切于 O_1 和 O_2 的两个半空间体平面边界上作用的两个集中力 P 产生的应力场的叠加，以及均匀双轴拉应力：

$$\sigma_x = \sigma_z = \frac{P}{\pi R} \tag{9-45}$$

以满足圆柱的圆形边界应力为零。

由于 $a \ll R$，图 9-5 中的圆柱受到按照式(9-43)分布的径向相对力的组合作用。现在需要求的是，位于对称轴上 O_1 和 C 两点之间的 A 点处的应变 ε_z 的径向分量。A 点的应力状态由三部分组成：

(1) 由式(9-43)给出的 Hertz 压力分布引起的应力；

(2) 由 O_2 点的接触压力引起的应力，由于 A 点与 O_2 的距离很大，它可以看作由集中力 P 所引起的应力，由式(9-36)给出；

(3) 由式(9-45)给出的双轴拉应力。

将这三部分叠加可得 A 点的应力为

$$\begin{cases} \sigma_x = \frac{P}{\pi}\left[\frac{1}{R} - \frac{2(a_1^2 + 2z^2)}{a_1^2(a_1^2 + z^2)^{1/2}} + \frac{4z}{a_1^2}\right] \\ \sigma_z = \frac{P}{\pi}\left[\frac{1}{R} - \frac{2}{2R - z} - \frac{2}{(a_1^2 + z^2)^{1/2}}\right] \end{cases} \tag{9-46}$$

在平面应变情况下，应变为

$$\varepsilon_z = \frac{1-v^2}{E}\left(\sigma_z - \sigma_x \frac{v}{1-v}\right) \tag{9-47}$$

于是通过从 $z=0$ 到 $z=R$ 对 ε_z 积分得到圆柱体上半部 O_1C 的压缩量，这里 $a \ll R$，得出

$$\delta_1 = P\frac{(1-v^2)}{\pi E}\left(2\ln\frac{4R}{a_1}-1\right) \tag{9-48}$$

对于圆柱下半部 O_2C 的压缩量，可以得到类似的表达式，因此通过接触区中的直径 O_1O_2 的总压缩量为

$$\delta = 2P\frac{(1-v^2)}{\pi E}\left(\ln\frac{4R}{a_1}+\ln\frac{4R}{a_2}-1\right) \tag{9-49}$$

9.3 一般的接触问题

在 Hertz 接触中，每个表面在宏观和微观的尺度上都是外形光滑的。在微观尺度上，这意味着没有或者忽略表面的不规则性(尽管这些不规则性能导致不连续接触或接触压力的局部变化很大)。在宏观尺度上，表面外形函数及其各阶导数在接触区都是连续的。取未变形时的公切面为 xy 平面，z_1、z_2 轴通过接触点 O 分别指向物体内部。对于两个任意弹性体相接触的一般情况，两物体在接触点附近的曲面方程可以表达为

$$z_1 = f_1(x,y), \quad z_2 = f_2(x,y) \tag{9-50}$$

将函数 $f_1(x,y)$、$f_2(x,y)$ 按照泰勒级数展开来近似表示接触点附近的曲面：

$$z = A_1x^2 + B_1y^2 + C_1xy + \cdots \tag{9-51}$$

接下来，为了计算局部变形，Hertz 引入了一种简化：载荷作用在平表面的一个椭圆区域上。

9.3.1 Hertz 椭圆接触

假定接触区两表面都可以用二次多项式足够近似地表示。这种接触表面称为光滑的非协调接触表面，完全可以用最先接触点上的曲率半径来表示。故略去高阶项，可得 O 点附近相接触的弹性体的曲面方程的近似表达式为

$$z_1 = A_1x^2 + B_1y^2 + C_1xy, \quad z_2 = A_2x^2 + B_2y^2 + C_2xy \tag{9-52}$$

故

$$z_1 + z_2 = (A_1+A_2)x^2 + (B_1+B_2)y^2 + (C_1+C_2)xy \tag{9-53}$$

对二次曲面来说，接触区形状是椭圆形。通过适当的坐标旋转可使 xy 项的系数为零，于是与图 9-1 中 M_1、M_2 两点对应的距离为

$$z_1 + z_2 = A\xi^2 + B\eta^2 \tag{9-54}$$

式中，ξ、η 为 M_1、M_2 两点在新坐标系中的坐标。可以证明，若在接触点处物体 1 的主曲率半径为 R_1 及 R_1' (分别取这两个主曲率对应的主方向作为 x_1 轴与 y_1 轴的方向)，物体 2 的主曲率半径为 R_2 及 R_2'，且 R_1 所在平面与 R_2 所在平面的夹角为 φ，则有

$$A + B = \frac{1}{2}\left(\frac{1}{R_1} + \frac{1}{R_1'} + \frac{1}{R_2} + \frac{1}{R_2'}\right) \tag{9-55}$$

$$B - A = \frac{1}{2}\left[\left(\frac{1}{R_1} - \frac{1}{R_1'}\right)^2 + \left(\frac{1}{R_2} - \frac{1}{R_2'}\right)^2 + 2\left(\frac{1}{R_1} - \frac{1}{R_1'}\right)\left(\frac{1}{R_2} - \frac{1}{R_2'}\right)\cos(2\varphi)\right]^{\frac{1}{2}} \tag{9-56}$$

由此可根据两物体在接触点处的主曲率半径与主曲率平面间的夹角确定式(9-56)中的待定常数 A 与 B。

可见，$z_1 + z_2$ 值相同的点都位于同一椭圆上。因此，在沿接触面法线方向的力作用下两物体相互挤压后，接触面的周界将是一个椭圆。α、w_1、w_2 的含义与前述球体接触问题相同，仿照前面的分析可得接触面上任一点 $M(\xi, \eta)$ 处以分布压力 q 的积分表示的变形几何关系为

$$w_1 + w_2 = (K_1 + K_2)\int_A \frac{q(x, y)}{\sqrt{(x - \xi)^2 + (y - \eta)^2}}\, dxdy = \alpha - A\xi^2 - B\eta^2 \tag{9-57}$$

式中，K_1、K_2 同式(9-17)；A 为接触面。现需要确定压力 q 的分布规律使式(9-57)得到满足。Hertz 证明，若以接触面的椭圆为边界作一个半椭球面，令接触面上各点的压力与椭球面在该点处的高度成正比，则式(9-57)可以满足。q_0 表示接触面中心处的最大压力，a、b 表示接触面椭圆的长、短半轴，则该压力分布为

$$q = q_0\left(1 - \frac{x^2}{a^2} - \frac{y^2}{b^2}\right)^{\frac{1}{2}} \tag{9-58}$$

将式(9-58)在接触面内积分，令积分结果等于外加压力 P，可得

$$q_0 = \frac{3P}{2\pi ab} \tag{9-59}$$

与两球体接触的情况类似，此处最大压力仍等于平均压力的 1.5 倍。

将式(9-59)代入式(9-57)，最终可得关于 a、b、α 的如下关系式：

$$a = C_a\left[\frac{3\pi P(K_1 + K_2)}{4(A + B)}\right]^{\frac{1}{3}} \tag{9-60}$$

$$b = C_b\left[\frac{3\pi P(K_1 + K_2)}{4(A + B)}\right]^{\frac{1}{3}} \tag{9-61}$$

$$\alpha = C_\alpha\left[\frac{9\pi^2 P^2(K_1 + K_2)^2(A + B)}{128}\right]^{\frac{1}{3}} \tag{9-62}$$

式中，$A + B$ 见式(9-55)。系数 C_a、C_b、C_α 也与 A、B 的值有关。令

$$\cos\theta = \frac{B - A}{A + B} \tag{9-63}$$

则系数 C_a、C_b、C_α 与 θ 的关系见表 9-1。

若 $R_1 = R_1'$，$R_2 = R_2'$，此时由式(9-55)、式(9-56)有 $A = B = \frac{1}{2}\left(\frac{1}{R_1} + \frac{1}{R_2}\right)$，则为两球体接触的情况。对于圆柱接触问题，Hertz 把它视为椭圆接触的极限情况，此时 b 变得非常大。

表 9-1 系数 C_a、C_b、C_α 与 θ 的关系

$\theta/(°)$	C_a	C_b	C_α
30	2.731	0.493	1.453
35	2.397	0.530	1.550
40	2.136	0.567	1.637
45	1.926	0.604	1.709
50	1.754	0.641	1.772
55	1.611	0.678	1.828
60	1.486	0.717	1.875
65	1.378	0.759	1.912
70	1.284	0.802	1.944
75	1.202	0.846	1.967
80	1.128	0.893	1.985
85	1.061	0.944	1.996
90	1.000	1.000	2.000
95	0.944	1.061	1.996
100	0.893	1.128	1.985

9.3.2 非 Hertz 接触

此前已经概述了弹性接触 Hertz 理论中所作的假定和限制，即抛物线外形、无摩擦表面、弹性半空间理论。实际接触问题中，在考虑一些特殊情况时，很有可能需要放松其中一个或几个条件。

1. 协调接触

非协调接触表面完全可以用最先接触的曲率半径表示。然而，若未变形时两接触体相当密切地协调一致，对它们的初始接触面必须作不同的描述，这种接触称为协调表面接触，它常常不合乎 Hertz 理论应用的条件，如有棱角的刚性冲头在接触边界上引起无穷大的应力。

经典的方法是用已知函数的无穷级数来代替压力分布。一个典型的例子是斯泰尔曼 (Steuerman) 提出如下的函数来描述接触界面形状：

$$h = z_1 + z_2 = A_1 x^2 + A_2 x^4 + \cdots + A_n x^{2n} + \cdots \tag{9-64}$$

式中，h 为接触面的初始间隙。这种方法需要很小心地选择这些函数，否则可能导致很大的误差。

前述的圆柱体的接触问题也属于非 Hertz 接触问题。另一个显著的例子是孔中的销钉与圆孔的接触，其间具有很小的间隙，无论是销钉还是孔都不能视为弹性半空间。

2. 摩擦接触

两个互相不协调物体法向接触，只有当两种材料的弹性常数不同时，交界面的摩擦才起

作用。相互的接触压力不但引起法向压缩，而且引起界面的切向位移；如果两种物体的材料不同，那么切向位移也不同，因此会产生滑动。这种滑动受到摩擦的反抗，可能会在一定程度上被阻止。因此，这类接触问题中，接触面通常划分为黏连在一起的中心区和接触边缘滑动的区域。如果极限摩擦系数足够大，滑动也可能被完全阻止。

因此，在建立问题的边界条件时，可以一开始就假定在有滑动的区域，切向力和法向压力相关联。

$$|q| = \mu p \tag{9-65}$$

3. 弹性物体间的黏连

传统 Hertz 理论只考虑了接触物体间由于相互挤压而产生的排斥力，这在宏观接触问题中是适用的。然而当研究对象的特征尺度减小到一定范围时，在宏观尺度上被忽略的表面力或可成为影响系统力学行为的主导因素。这是由尺度效应引起的表面效应，该效应的本质是分子间作用力：电磁力。这种作用之所以通常不被察觉，是因为实际表面存在不可避免的不平度，它凹凸不平的高度比黏连力作用的范围更大。

在微纳米尺度下，两个表面靠近时，范德瓦耳斯力将会发生作用。布拉德利最先考虑两个刚性球体间的范德瓦耳斯力：

$$\sigma(h) = \frac{\Delta \gamma}{z_0} \left[\left(\frac{h}{z_0} \right)^{-3} - \left(\frac{h}{z_0} \right)^{-9} \right] \tag{9-66}$$

式中，h、z_0、$\Delta \gamma$ 分别为两表面间的间隔、平衡间隔和表面能。当 $h > z_0$ 时，范德瓦耳斯力表现为吸引力，反之则表现为排斥力。考虑弹性物体间黏连的接触问题也称为黏附接触。大量研究表明，接触体在微纳米量级下的黏附性质决定着物体表面黏着、变形和能量耗散等力学行为，并与滑动摩擦、滚动摩擦、磨损等问题密切相关。

4. 各向异性及非均质材料

如果接触体的材料为各向异性或非均质的，或者其厚度相比接触区尺寸不算太大，那么在接触压力作用下的依从关系就与经典理论中的假定关系不同了。

对于两个具有各向异性的一般物体的非协调接触，威利斯(Willis)指出：接触区仍为椭圆形，然而接触椭圆的椭圆轴的方向不仅取决于表观几何形状，还取决于弹性常数。

在土力学中，计算基础沉降时采用非均质材料。对于不可压缩的弹性半空间($\nu = 0.5$)，其弹性模量与深度成正比。这种材料的半空间体的特性与温克勒弹性基础相同。

5. 数值方法

许多非 Hertz 接触问题没有封闭形式的解析解，因此产生了许多数值计算方法。这类问题的实质是求法向力与切向力的分布，这些力在交界面上满足边界条件，如上述斯泰尔曼提出的等效无穷级数离散函数的数值方法。

现代计算机则更适合采用一组离散的单元力来取代连续的分布力，并在离散点上满足边界条件。为找到最适合边界条件的载荷单元的值，发展出了不同的方法。

习　　题

9-1　试根据两弹性球体接触问题的解，导出弹性球体与平面接触问题的解以及弹性球体与球座接触问题的解。

9-2　简要介绍 Hertz 对接触问题的假定的核心内容。

9-3　直径为 100mm 的钢制圆柱与直径为 20mm 的钢球相接触，压紧力为 10N。试求接触面椭圆的长、短半轴 a、b，两中心的接近距离 α 以及最大压应力 q。两接触体的材料常数如下：$E_1 = E_2 = 2.1 \times 10^5 \, \text{N/mm}^2$，$\nu_1 = \nu_2 = 0.3$。

第 9 章部分参考答案

第10章 热应力

随着近代工业、工程的发展，如航空、航天、原子工业、机械、化工、土木等各个领域都遇到大量的与热有关的结构问题需要解决，促使着热弹性理论以及相关学科的发展。当弹性体的温度变化时，其体积将会有改变的趋势，但是弹性体受外在约束及其本身各部分之间的相互约束，这种体积改变的趋势不能自由地发生，从而产生应力，称为温度应力。

通常，温度变化还将引起材料的力学性能改变。此外，当变形速率较大时，应力、应变及温度还以非常复杂的方式相互联系。例如，物体在变形时，一些部分被压缩，另一些部分发生膨胀。压缩部分温度升高，膨胀部分温度降低。这种温度梯度的出现将影响物体中热的传递。而温度场的变化又将反过来影响物体中的应力及应变。本章假定物体的温度变化不大，对材料性能的影响可以忽略。同时材料为均匀的各向同性弹性体，变形很小，变形速率很慢，因而惯性力可以忽略。这样的弹性体称为线性热弹性体，研究这种问题的理论称为线性热弹性理论。此时温度与变形不再相互耦合，可以独立地进行分析。

为了确定弹性体内的温度应力，须进行两方面的分析：①按照热传导理论，根据弹性体的热学性质、内部热源、初始条件和边界条件，计算弹性体内各点在各瞬时的温度，即确定温度场，前后两个时刻的温度场之差就是弹性体的温度改变；②按照热弹性力学，根据弹性体的温度改变来求出体内各点的温度应力，即确定应力场。

10.1 热传导方程

10.1.1 热传导问题

温度是一个标志热平衡水平的物理量。在任一瞬时，物体内所有各点的温度分布统称为温度场。温度场若随时间而变则称为不稳定温度场或非定常温度场，若不随时间而变则称为稳定温度场或定常温度场。在不稳定温度场中，温度是坐标位置和时间的函数，即

$$T = T(x, y, z, t) \tag{10-1}$$

在稳定温度场中，温度仅是坐标位置的函数，即

$$T = T(x, y, z) \tag{10-2}$$

如果稳定温度场只随着两个位置而变化，即平面稳定温度场：

$$T = T(x, y) \tag{10-3}$$

当两个温度不同的物体相接触时，热量会从高温物体向低温物体传递；对于同一物体，若每一点的温度不全一样，则温度较高的部位的热量就会向较低的部位传递，这种热量的传递现象称为热传导。

温度场中温度相同的所有各点所构成的曲面称为等温面，温度场的等温线可以表示为

$$T = (x, y) = C \tag{10-4}$$

式中，C 为常数。由于热量总是由温度高的地方向温度低的地方传递，沿着等温面的切线方向没有热量流动。等温面两侧的温度不同，因此通过等温面就有热量传递。在单位时间内通过等温面单位面积的热量称为热流密度。由于热流的传递具有方向性，热流密度是一个矢量，用 q 表示，它与等温面的法向一致。温度梯度 ∇T 沿着等温线的法向，指向温度升高的方向。在各向同性材料中，热流密度 q 与温度梯度 ∇T 成正比，而方向相反，即

$$q = -\lambda \nabla T \tag{10-5}$$

式中，λ 为导热系数，它是一个与温度无关的比例系数。式(10-5)为热传导基本定律，称为傅里叶(Fourier)热传导定律，它用分量的形式表示为

$$q_x = -\lambda \frac{\partial T}{\partial x}, \quad q_y = -\lambda \frac{\partial T}{\partial y}, \quad q_z = -\lambda \frac{\partial T}{\partial z} \tag{10-6}$$

10.1.2 热传导微分方程

为了得到弹性体的温度分布，即温度场 $T = T(x, y, z, t)$，通常采用两种方法：一种是通过实测获得弹性体变温时温度 T 的时空分布；另一种是最常用的方法，是理论分析。大多数材料都近似地服从傅里叶热传导定律，可根据该定律建立描述温度场的基本方程和定解条件，进而从中解出弹性体中的温度分布。

在物体内任取一闭合曲线 S，它所包围的区域记作 Ω。考察时间从 t 到 $t + \Delta t$ 内区域 Ω 的热平衡。通过区域 Ω 的边界 S 流入的热量为 Q_1，对于外法线单位矢量 n 的面积微元 $\mathrm{d}S$，根据热流密度 q 的定义，得到在 Δt 时刻从边界 S 流入的热量为

$$Q_1 = -\int_S q \cdot n \mathrm{d}S \Delta t \tag{10-7}$$

热源在区域 Ω 内供给的热量为

$$Q_2 = \int_\Omega W \mathrm{d}\Omega \Delta t \tag{10-8}$$

式中，W 为单位时间、单位体积热源的供热量，即热源强度，通常称为热源函数。

温度升高所需要的热量 Q_3 为

$$Q_3 = \int_\Omega \rho c \frac{\partial T}{\partial t} \mathrm{d}\Omega \Delta t \tag{10-9}$$

式中，ρ、c 分别为材料密度和比热容。根据区域 Ω 内的热平衡，有

$$Q_1 + Q_2 = Q_3 \tag{10-10}$$

即

$$-\int_S q \cdot n \mathrm{d}S \Delta t + \int_\Omega W \mathrm{d}\Omega \Delta t = \int_\Omega \rho c \frac{\partial T}{\partial t} \mathrm{d}\Omega \Delta t \tag{10-11}$$

对式(10-11)左边第一项进行积分，可根据散度定理转化为体积分，即有

$$\int_S q \cdot n \mathrm{d}S \Delta t = \int_\Omega \mathrm{div} q \mathrm{d}\Omega \Delta t = \int_\Omega \left(\frac{\partial q_x}{\partial x} + \frac{\partial q_y}{\partial y} + \frac{\partial q_z}{\partial z} \right) \mathrm{d}\Omega \Delta t \tag{10-12}$$

把式(10-12)和式(10-5)代入式(10-11)中，得

$$\int_{\Omega}\left(\frac{\partial T}{\partial t} - \frac{\lambda}{\rho c}\nabla^2 T - \frac{W}{\rho c}\right)d\Omega\Delta t = 0 \tag{10-13}$$

式中，∇^2 为 Laplace 算子。

由于区域 Ω 是任取的，式(10-13)成立的条件是

$$\frac{\partial T}{\partial t} = a\nabla^2 T + \frac{W}{\rho c} \tag{10-14}$$

式中，$a = \lambda/(\rho c)$ 为材料的导温系数，量纲为[长度]^2[时间]$^{-1}$，其大小表示热扰动通过物体的传播速率。式(10-14)称为热传导方程，是温度场的基本控制方程。

作为特例，若物体温度 T 只和 x、t 有关，即一维热传导问题，式(10-14)变成

$$\frac{\partial T}{\partial t} - \frac{\lambda}{\rho c}\frac{\partial^2 T}{\partial x^2} = \frac{W}{\rho c} \tag{10-15}$$

若为二维热传导问题，式(10-14)变成

$$\frac{\partial T}{\partial t} - \frac{\lambda}{\rho c}\left(\frac{\partial^2 T}{\partial x^2} + \frac{\partial^2 T}{\partial y^2}\right) = \frac{W}{\rho c} \tag{10-16}$$

若考虑稳定温度场，这时温度与时间无关，且物体内无热源，式(10-14)变成

$$\nabla^2 T = 0 \tag{10-17}$$

10.1.3　热传导的边界条件

为了完全确定物体内的温度场，除了需要方程(10-14)，必须已知物体在初始 $t = 0$ 时弹性体内的温度分布，即初始条件，可表示为

$$T(x,y,z,t)\big|_{t=0} = T_0(x,y,z) \tag{10-18}$$

同时还需要知道 $t > 0$ 以后物体表面与周围介质之间进行热交换的规律，即边界条件。初始条件和边界条件合称为边值条件。

常见的边界条件有如下四种形式。

(1)第一类边界条件：指定边界处的温度 T_S，即

$$T(x,y,z,t)\big|_S = T_S(x,y,z,t) \tag{10-19}$$

式中，(x,y,z) 为边界点的坐标。

(2)第二类边界条件：指定边界处的法向热流密度 q_{nS}，即

$$-\lambda\frac{\partial T}{\partial n}\bigg|_S = q_{nS}(x,y,z,t) \tag{10-20}$$

式中，$\dfrac{\partial T}{\partial n}\bigg|_S$ 为温度沿边界法向的方向导数，以流出的表面为正。

(3)第三类边界条件：对流换热边界条件。物体表面任一点在任意时刻 t 都与包围物体的周围介质进行热交换，已知物体表面的温度 $T_S = T(M,t)$ 及周围介质的温度 T_a，则依据热交换

定律，有

$$q_{ns} = \beta(T_S - T_a) \tag{10-21}$$

或

$$\left.\frac{\partial T}{\partial n}\right|_S = -\frac{\beta}{\lambda}(T_S - T_a) \tag{10-22}$$

式中，β 为放热系数，它表示热流通过边界表面传入周围介质的能力，其值越小，散热条件越差。

(4) 第四类边界条件：已知两物体热交换情况，两物体完全接触时，各接触点间在任何时刻 t 必须满足如下边界条件，即

$$T_1(M,t) = T_2(M,t), \quad \lambda_1\frac{\partial T_1}{\partial n_1} = -\lambda_2\frac{\partial T_2}{\partial n_2} \tag{10-23}$$

式中，下标 1、2 表示所附着的量分别属于 1 及 2 两个物体。

10.2　热弹性基本方程及求解

10.2.1　热弹性基本方程

热弹性基本方程同样包括平衡方程、几何方程和本构方程。平衡条件和应变位移的几何关系与温度无关，因此，同等温情况一样，不考虑外载荷作用，设体积力为零，平衡方程为

$$\begin{cases} \dfrac{\partial \sigma_x}{\partial x} + \dfrac{\partial \tau_{yx}}{\partial y} + \dfrac{\partial \tau_{zx}}{\partial z} = 0 \\[2mm] \dfrac{\partial \tau_{xy}}{\partial x} + \dfrac{\partial \sigma_y}{\partial y} + \dfrac{\partial \tau_{zy}}{\partial z} = 0 \\[2mm] \dfrac{\partial \tau_{xz}}{\partial x} + \dfrac{\partial \tau_{yz}}{\partial y} + \dfrac{\partial \sigma_z}{\partial z} = 0 \end{cases} \tag{10-24}$$

表示为张量形式，即

$$\sigma_{ij,j} = 0 \tag{10-25}$$

在小变形情况下，几何方程为

$$\begin{cases} \varepsilon_x = \dfrac{\partial u_x}{\partial x}, \ \gamma_{xy} = \dfrac{\partial u_x}{\partial y} + \dfrac{\partial u_y}{\partial x} \\[2mm] \varepsilon_y = \dfrac{\partial u_y}{\partial y}, \ \gamma_{yz} = \dfrac{\partial u_y}{\partial z} + \dfrac{\partial u_z}{\partial y} \\[2mm] \varepsilon_z = \dfrac{\partial u_z}{\partial z}, \ \gamma_{zx} = \dfrac{\partial u_z}{\partial x} + \dfrac{\partial u_x}{\partial z} \end{cases} \tag{10-26}$$

表示为张量形式，即

$$\varepsilon_{ij} = \frac{1}{2}(u_{i,j} + u_{j,i}) \tag{10-27}$$

热弹性的本构方程同等温情况有所不同。考虑热效应后，弹性体内的应变为两部分之和；一部分是因温度改变物体内各点自由膨胀（或收缩）所引起的应变 $\varepsilon_{ij}^{(T)}$；另一部分是由于弹性体内各部分之间的相互约束所引起的，即温度应力所引起的应变 $\varepsilon_{ij}^{(S)}$，因此有

$$\varepsilon_{ij} = \varepsilon_{ij}^{(T)} + \varepsilon_{ij}^{(S)} \tag{10-28}$$

当物体自由膨胀或收缩时，其形状不会发生变化，只有它的体积发生改变，这表明在变温作用下，物体中一点沿任意方向的正应变是相同的，任意两线元的夹角不变，即剪应变为零。若温度改变 ΔT，则弹性体的应变为

$$\varepsilon_x^{(T)} = \varepsilon_y^{(T)} = \varepsilon_z^{(T)} = \alpha\Delta T, \quad \gamma_{xy}^{(T)} = \gamma_{yz}^{(T)} = \gamma_{zx}^{(T)} = 0 \tag{10-29}$$

或简记为

$$\varepsilon_{ij}^{(T)} = \alpha\Delta T\delta_{ij} \tag{10-30}$$

式中，α 为线膨胀系数；δ_{ij} 为克罗内克符号。

应变 $\varepsilon_{ij}^{(S)}$ 和温度应力服从广义胡克定律，即

$$\begin{cases} \varepsilon_x^{(S)} = \dfrac{\sigma_x}{E} - \dfrac{\nu(\sigma_y + \sigma_z)}{E}, \quad \gamma_{xy}^{(S)} = \dfrac{1}{G}\tau_{xy} \\[2mm] \varepsilon_y^{(S)} = \dfrac{\sigma_y}{E} - \dfrac{\nu(\sigma_z + \sigma_x)}{E}, \quad \gamma_{yz}^{(S)} = \dfrac{1}{G}\tau_{yz} \\[2mm] \varepsilon_z^{(S)} = \dfrac{\sigma_z}{E} - \dfrac{\nu(\sigma_x + \sigma_y)}{E}, \quad \gamma_{zx}^{(S)} = \dfrac{1}{G}\tau_{zx} \end{cases} \tag{10-31}$$

可得到各向同性热弹性材料的本构关系，即

$$\sigma_{ij} = 2G\varepsilon_{ij} + \lambda\varepsilon_{kk}\delta_{ij} + \beta\Delta T\delta_{ij} \tag{10-32}$$

或

$$\varepsilon_{ij} = \dfrac{1}{2G}\left(\sigma_{ij} - \dfrac{\lambda}{2G+3\lambda}\sigma_{kk}\delta_{ij}\right) + \alpha\Delta T\delta_{ij} \tag{10-33}$$

式中，

$$\beta = -\dfrac{E\alpha}{1-2\nu} \tag{10-34}$$

式（10-32）和式（10-33）在直角坐标系中的展开式为

$$\begin{cases} \sigma_x = 2G\varepsilon_x + \lambda\theta - \dfrac{\alpha E\Delta T}{1-2\nu}, \quad \tau_{xy} = G\gamma_{xy} \\[2mm] \sigma_y = 2G\varepsilon_y + \lambda\theta - \dfrac{\alpha E\Delta T}{1-2\nu}, \quad \tau_{xz} = G\gamma_{xz} \\[2mm] \sigma_z = 2G\varepsilon_z + \lambda\theta - \dfrac{\alpha E\Delta T}{1-2\nu}, \quad \tau_{yz} = G\gamma_{yz} \end{cases} \tag{10-35}$$

和

$$\begin{cases} \varepsilon_x = \dfrac{1}{E}[\sigma_x - \nu(\sigma_y+\sigma_z)] + \alpha\Delta T, \quad \gamma_{xy} = \dfrac{1}{G}\tau_{xy} \\[2mm] \varepsilon_y = \dfrac{1}{E}[\sigma_y - \nu(\sigma_x+\sigma_z)] + \alpha\Delta T, \quad \gamma_{xz} = \dfrac{1}{G}\tau_{xz} \\[2mm] \varepsilon_z = \dfrac{1}{E}[\sigma_z - \nu(\sigma_x+\sigma_y)] + \alpha\Delta T, \quad \gamma_{yz} = \dfrac{1}{G}\tau_{yz} \end{cases} \tag{10-36}$$

不考虑外载荷作用，在力边界 S_σ 上，应满足表面力为零的条件：

$$\begin{cases} \sigma_x l + \tau_{yx} m + \tau_{zx} n = 0 \\ \tau_{xy} l + \sigma_y m + \tau_{zy} n = 0 \\ \tau_{xz} l + \tau_{yz} m + \sigma_z n = 0 \end{cases} \tag{10-37}$$

在位移边界 S_u 上，位移应满足给定位移约束：

$$u_i = \overline{u_i} \tag{10-38}$$

式中，$\overline{u_i}$ 为边界上的已知位移。

10.2.2 平面问题的热弹性方程

对于平面应力的变温问题，式(10-36)简化为(以下为了表达简洁，变温都用 T 表示)

$$\begin{cases} \varepsilon_x = \dfrac{1}{E}(\sigma_x - \nu\sigma_y) + \alpha T \\[2mm] \varepsilon_y = \dfrac{1}{E}(\sigma_y - \nu\sigma_x) + \alpha T \\[2mm] \gamma_{xy} = \dfrac{2}{E}(1+\nu)\tau_{xy} \end{cases} \tag{10-39}$$

这就是平面应力问题热弹性力学的物理方程。

由式(10-39)求解应力分量，得出用形变分量与变温 T 所表示的应力分量物理方程：

$$\begin{cases} \sigma_x = \dfrac{E}{1-\nu^2}(\varepsilon_x + \nu\varepsilon_y) - \dfrac{E\alpha T}{1-\nu} \\[2mm] \sigma_y = \dfrac{E}{1-\nu^2}(\varepsilon_y + \nu\varepsilon_x) - \dfrac{E\alpha T}{1-\nu} \\[2mm] \tau_{xy} = \dfrac{E\gamma_{xy}}{2(1+\nu)} \end{cases} \tag{10-40}$$

式中，

$$\varepsilon_{ij} = \dfrac{1}{2}\left(\dfrac{\partial u_i}{\partial x_j} + \dfrac{\partial u_j}{\partial x_i}\right) \tag{10-41}$$

将式(10-41)代入式(10-40)得

$$\begin{cases} \sigma_x = \dfrac{E}{1-\nu^2}\left(\dfrac{\partial u}{\partial x} + \nu\dfrac{\partial v}{\partial y}\right) - \dfrac{E\alpha T}{1-\nu} \\[2mm] \sigma_y = \dfrac{E}{1-\nu^2}\left(\dfrac{\partial v}{\partial y} + \nu\dfrac{\partial u}{\partial x}\right) - \dfrac{E\alpha T}{1-\nu} \\[2mm] \tau_{xy} = \dfrac{E}{2(1+\nu)}\left(\dfrac{\partial v}{\partial x} + \dfrac{\partial u}{\partial y}\right) \end{cases} \tag{10-42}$$

为用位移分量和变温 T 表示的应力分量公式。

平面平衡微分方程为

$$\sigma_{ji,j} + F_{bi} = 0 \tag{10-43}$$

此体力为零，将式(10-43)代入式(10-42)并化简得

$$\begin{cases} \dfrac{\partial^2 u}{\partial x^2} + \dfrac{1-\nu}{2}\dfrac{\partial^2 u}{\partial y^2} + \dfrac{1+\nu}{2}\dfrac{\partial^2 v}{\partial x \partial y} - (1+\nu)\alpha\dfrac{\partial T}{\partial x} = 0 \\[3mm] \dfrac{\partial^2 v}{\partial y^2} + \dfrac{1-\nu}{2}\dfrac{\partial^2 v}{\partial x^2} + \dfrac{1+\nu}{2}\dfrac{\partial^2 u}{\partial x \partial y} - (1+\nu)\alpha\dfrac{\partial T}{\partial y} = 0 \end{cases} \tag{10-44}$$

又根据平面问题的应力边界条件得

$$\begin{cases} l_1\left(\dfrac{\partial u}{\partial x} + \nu\dfrac{\partial v}{\partial y}\right)_s + l_2\dfrac{1-\nu}{2}\left(\dfrac{\partial u}{\partial y} + \dfrac{\partial v}{\partial x}\right)_s = l_1(1+\nu)\alpha T \\[3mm] l_2\left(\dfrac{\partial v}{\partial y} + \nu\dfrac{\partial u}{\partial x}\right)_s + l_1\dfrac{1-\nu}{2}\left(\dfrac{\partial u}{\partial y} + \dfrac{\partial v}{\partial x}\right)_s = l_2(1+\nu)\alpha T \end{cases} \tag{10-45}$$

将式(10-44)、式(10-45)与通常平面问题相比较可知：在温度应力的平面应力问题中，温度应力等于假想体力：

$$F_{bx} = -\dfrac{E\alpha}{1-\nu}\dfrac{\partial T}{\partial x}, \quad F_{by} = -\dfrac{E\alpha}{1-\nu}\dfrac{\partial T}{\partial y} \tag{10-46}$$

和假想面力：

$$p_x = l_1\dfrac{E\alpha T}{1-\nu}, \quad p_y = l_2\dfrac{E\alpha T}{1-\nu} \tag{10-47}$$

所引起的应力。

平面应变时假定 $\tau_{yz} = \tau_{zx} = \varepsilon_z = 0$，由式(10-36)可得物理方程为

$$\begin{cases} \varepsilon_x = \dfrac{1-\nu^2}{E}\left(\sigma_x - \dfrac{\nu}{1-\nu}\sigma_y\right) + (1+\nu)\alpha T \\[3mm] \varepsilon_y = \dfrac{1-\nu^2}{E}\left(\sigma_y - \dfrac{\nu}{1-\nu}\sigma_x\right) + (1+\nu)\alpha T \\[3mm] \gamma_{xy} = \dfrac{2(1+\nu)}{E}\tau_{xy} \end{cases} \tag{10-48}$$

将方程(10-39)中的 E 换成 $\dfrac{E}{1-\nu^2}$，ν 换成 $\dfrac{\nu}{1-\nu}$，α 换成 $\alpha(1+\nu)$，则得到在平面应变条件下的相应方程。

10.2.3　平面热弹性方程的求解

在求解微分方程(10-44)时，应分两步进行：①求出微分方程的任一组特解；②不计变温 T，求出微分方程的一组补充解，并使它和特解叠加以后满足边界条件。

为了求得微分方程的一组特解，引用一个函数 $\phi(x,y)$，使

$$u' = \frac{\partial \phi}{\partial x}, \quad v' = \frac{\partial \phi}{\partial y} \tag{10-49}$$

式中，u'、v' 为微分方程的特解。

代入微分方程(10-44)并化简得

$$\begin{cases} \dfrac{\partial^3 \phi}{\partial x^3} + \dfrac{\partial^3 \phi}{\partial x \partial y^2} = (1+v)\alpha \dfrac{\partial T}{\partial x} \\[3mm] \dfrac{\partial^3 \phi}{\partial y^3} + \dfrac{\partial^3 \phi}{\partial y \partial x^2} = (1+v)\alpha \dfrac{\partial T}{\partial y} \end{cases} \tag{10-50}$$

即

$$\begin{cases} \dfrac{\partial}{\partial x}\left(\dfrac{\partial^2 \phi}{\partial x^2} + \dfrac{\partial^2 \phi}{\partial y^2} \right) = (1+v)\alpha \dfrac{\partial T}{\partial x} \\[3mm] \dfrac{\partial}{\partial y}\left(\dfrac{\partial^2 \phi}{\partial x^2} + \dfrac{\partial^2 \phi}{\partial y^2} \right) = (1+v)\alpha \dfrac{\partial T}{\partial y} \end{cases} \tag{10-51}$$

由于 v、α 都是常量，所以取 $\dfrac{\partial^2 \phi}{\partial x^2} + \dfrac{\partial^2 \phi}{\partial y^2} = (1+v)\alpha T$ 时，$\phi(x,y)$ 满足式(10-44)，因此可以

作为微分方程(10-44)的一组特解。将

$$u' = \frac{\partial \phi}{\partial x}, \quad v' = \frac{\partial \phi}{\partial y}$$

代入式(10-42)得相应于位移特解的应力分量：

$$\begin{cases} \sigma'_x = -\dfrac{E}{1+v} \dfrac{\partial^2 \phi}{\partial y^2} \\[3mm] \sigma'_y = -\dfrac{E}{1+v} \dfrac{\partial^2 \phi}{\partial x^2} \\[3mm] \tau'_{xy} = \dfrac{E}{1+v} \dfrac{\partial^2 \phi}{\partial x \partial y} \end{cases} \tag{10-52}$$

位移的补充解 u''、v'' 满足式(10-44)的齐次方程：

$$\begin{cases} \dfrac{\partial^2 u''}{\partial x^2} + \dfrac{1-v}{2} \dfrac{\partial^2 u''}{\partial y^2} + \dfrac{1+v}{2} \dfrac{\partial^2 v''}{\partial x \partial y} = 0 \\[3mm] \dfrac{\partial^2 v''}{\partial y^2} + \dfrac{1-v}{2} \dfrac{\partial^2 v''}{\partial x^2} + \dfrac{1+v}{2} \dfrac{\partial^2 u''}{\partial x \partial y} = 0 \end{cases} \tag{10-53}$$

相应于位移补充解的应力分量可由式(10-42)并令 $T=0$ 得出

$$\begin{cases} \sigma''_x = \dfrac{E}{1-v^2}\left(\dfrac{\partial u''}{\partial x} + v \dfrac{\partial v''}{\partial y} \right) \\[3mm] \sigma''_y = \dfrac{E}{1-v^2}\left(v \dfrac{\partial u''}{\partial x} + \dfrac{\partial v''}{\partial y} \right) \\[3mm] \tau''_{xy} = \dfrac{E}{2(1+v)}\left(\dfrac{\partial v''}{\partial x} + \dfrac{\partial u''}{\partial y} \right) \end{cases} \tag{10-54}$$

从而得总的位移分量:

$$\begin{cases} u = u' + u'' \\ v = v' + v'' \end{cases}$$ (10-55)

满足位移边界条件。

总的应力分量为

$$\begin{cases} \sigma_x = \sigma_x' + \sigma_x'' \\ \sigma_y = \sigma_y' + \sigma_y'' \\ \tau_{xy} = \tau_{xy}' + \tau_{xy}'' \end{cases}$$ (10-56)

满足应力边界条件。

在平面应变条件下,将式(10-50)～式(10-54)中的 E 换成 $\dfrac{E}{1-v^2}$, v 换成 $\dfrac{v}{1-v}$, α 换成 $\alpha(1+v)$ 即可。

10.3 典型热应力问题

10.3.1 直角坐标下求解矩形板热应力

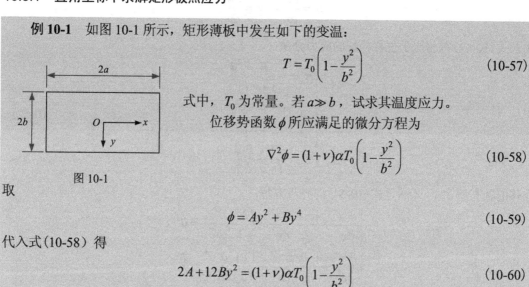

例 10-1 如图 10-1 所示,矩形薄板中发生如下的变温:

$$T = T_0\left(1 - \frac{y^2}{b^2}\right)$$ (10-57)

式中, T_0 为常量。若 $a \gg b$,试求其温度应力。

位移势函数 ϕ 所应满足的微分方程为

$$\nabla^2\phi = (1+v)\alpha T_0\left(1 - \frac{y^2}{b^2}\right)$$ (10-58)

图 10-1

取

$$\phi = Ay^2 + By^4$$ (10-59)

代入式(10-58)得

$$2A + 12By^2 = (1+v)\alpha T_0\left(1 - \frac{y^2}{b^2}\right)$$ (10-60)

比较两边系数,得

$$A = \frac{(1+v)\alpha T_0}{2}, \quad B = -\frac{(1+v)\alpha T_0}{12b^2}$$ (10-61)

将 A、B 回代,得位移势函数为

$$\phi = (1+v)\alpha T_0\left(\frac{y^2}{2} - \frac{y^4}{12b^2}\right)$$ (10-62)

于是相应于位移特解的应力分量为

$$\sigma'_x = -E\alpha T_0\left(1 - \frac{y^2}{b^2}\right), \quad \sigma'_y = 0, \quad \tau'_{xy} = 0 \tag{10-63}$$

为求补充解，取 $\phi = cy^2$ 可得所需要的相应于位移补充解的应力分量为

$$\sigma''_x = \frac{\partial^2 \phi}{\partial y^2} = 2c, \quad \sigma''_y = 0, \quad \tau''_{xy} = -\frac{\partial^2 \phi}{\partial x \partial y} = 0 \tag{10-64}$$

因此，总的应力分量为

$$\begin{cases} \sigma_x = \sigma'_x + \sigma''_x = 2c - E\alpha T_0\left(1 - \frac{y^2}{b^2}\right) \\ \sigma_y = \sigma'_y + \sigma''_y = 0 \\ \tau_{xy} = \tau'_{xy} + \tau''_{xy} = 0 \end{cases} \tag{10-65}$$

边界条件要求

$$\begin{cases} (\sigma_x)_{x=\pm a} = 0 \\ (\sigma_y)_{y=\pm b} = 0 \\ (\tau_{xy})_{x=\pm a} = 0 \\ (\tau_{yx})_{y=\pm b} = 0 \end{cases} \tag{10-66}$$

显然，后三个条件是满足的；而第一个条件不能满足，但由于 $a \gg b$，可应用圣维南原理，把第一个条件变换为静力等效条件，即在 $x = \pm a$ 的边界上，σ_x 的主矢量及主矩等于零

$$\int_{-b}^{b} (\sigma_x)_{x=\pm a} \, \mathrm{d}y = 0, \quad \int_{-b}^{b} (\sigma_x)_{x=\pm a} \, y \mathrm{d}y = 0 \tag{10-67}$$

将 $\sigma_x = 2c - E\alpha T_0\left(1 - \frac{y^2}{b^2}\right)$ 代入式 (10-66)，求得 $2c = \frac{2}{3}E\alpha T_0$。于是矩形板的温度应力为

$$\begin{cases} \sigma_x = E\alpha T_0\left(\frac{y^2}{b^2} - \frac{1}{3}\right) \\ \sigma_y = 0 \\ \tau_{xy} = 0 \end{cases} \tag{10-68}$$

10.3.2 极坐标下求解圆筒和楔形体热应力

1. 圆筒中热应力

对于圆形、圆环及圆筒等轴对称弹性体结构，若其变温也是轴对称的 $(T = T(r))$，则可简化为轴对称温度场平面热应力问题。轴对称温度场平面热应力问题宜采用极坐标求解。

不考虑体积力，平面应力问题平衡方程为

$$\begin{cases} \dfrac{\partial \sigma_r}{\partial r} + \dfrac{1}{r}\dfrac{\partial \tau_{r\theta}}{\partial \theta} + \dfrac{\sigma_r - \sigma_\theta}{r} = 0 \\ \dfrac{1}{r}\dfrac{\partial \sigma_\theta}{\partial \theta} + \dfrac{\partial \tau_{r\theta}}{\partial r} + \dfrac{2\tau_{r\theta}}{r} = 0 \end{cases} \tag{10-69}$$

在轴对称问题中得到简化，其第二式自然满足；而第一式成为

$$\frac{\partial \sigma_r}{\partial r} + \frac{\sigma_r - \sigma_\theta}{r} = 0 \tag{10-70}$$

几何方程简化为

$$\begin{cases} \varepsilon_r = \dfrac{\mathrm{d}u_r}{\mathrm{d}r} \\[2mm] \varepsilon_\theta = \dfrac{u_r}{r} \end{cases} \tag{10-71}$$

物理方程简化为

$$\begin{cases} \varepsilon_r = \dfrac{1}{E}(\sigma_r - \nu\sigma_\theta) + \alpha T \\[2mm] \varepsilon_\theta = \dfrac{1}{E}(\sigma_\theta - \nu\sigma_r) + \alpha T \end{cases} \tag{10-72}$$

将应力用应变表示为

$$\begin{cases} \sigma_r = \dfrac{E}{1-\nu^2}(\varepsilon_r + \nu\varepsilon_\theta) - \dfrac{E\alpha T}{1-\nu} \\[2mm] \sigma_\theta = \dfrac{E}{1-\nu^2}(\varepsilon_\theta + \nu\varepsilon_r) - \dfrac{E\alpha T}{1-\nu} \end{cases} \tag{10-73}$$

将几何方程代入式(10-73)，然后将其代入平衡方程，得按位移求解轴对称热应力的基本方程为

$$\frac{\mathrm{d}^2 u_r}{\mathrm{d}r^2} + \frac{1}{r}\frac{\mathrm{d}u_r}{\mathrm{d}r} - \frac{u_r}{r^2} = (1+\nu)\alpha\frac{\mathrm{d}T}{\mathrm{d}r} \tag{10-74}$$

或写成

$$\frac{\mathrm{d}}{\mathrm{d}r}\left[\frac{1}{r}\frac{\mathrm{d}}{\mathrm{d}r}(ru_r)\right] = (1+\nu)\alpha\frac{\mathrm{d}T}{\mathrm{d}r} \tag{10-75}$$

积分两次可得到轴对称问题位移分量为

$$u_r = \frac{(1+\nu)\alpha}{r}\int_a^r Tr\mathrm{d}r + Ar + \frac{B}{r} \tag{10-76}$$

式中，A、B 为任意常数，积分下限取 a。由式(10-76)可得应力分量为

$$\begin{cases} \sigma_\theta = \dfrac{E\alpha}{r^2}\displaystyle\int_a^r Tr\mathrm{d}r + \dfrac{E}{1-\nu^2}\left[(1+\nu)A + (1-\nu)\dfrac{B}{r^2}\right] - E\alpha T \\[3mm] \tau_{r\theta} = 0 \end{cases} \tag{10-77}$$

式中，常数 A、B 由边界条件确定。

设有一厚壁圆筒，内半径为 a，外半径为 b。从一均匀温度加热，内表面增温 T_a，外表面增温 T_b，如图 10-2 所示。试求筒内无热源时热流稳定后的热应力。

首先求温度场。由热传导微分方程：

$$\frac{\partial T}{\partial t} - \alpha\left(\frac{\partial^2 T}{\partial x^2} + \frac{\partial^2 T}{\partial y^2} + \frac{\partial^2 T}{\partial z^2}\right) = \frac{W}{c\rho} \tag{10-78}$$

得无热源，热流稳定后的热传导微分方程为

$$\nabla^2 T = 0$$

对于轴对称温度场，有

$$\left(\frac{\mathrm{d}^2}{\mathrm{d}r^2} + \frac{1}{r}\frac{\mathrm{d}}{\mathrm{d}r}\right)T = 0 \tag{10-79}$$

或

$$\frac{1}{r}\frac{\mathrm{d}}{\mathrm{d}r}\left(r\frac{\mathrm{d}T}{\mathrm{d}r}\right) = 0 \tag{10-80}$$

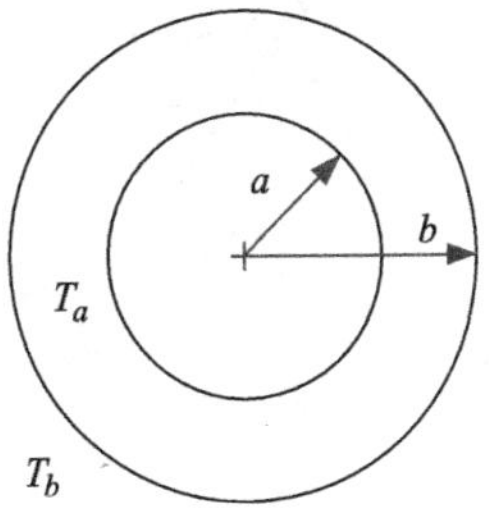

图 10-2

积分两次得

$$T = A\ln r + B \tag{10-81}$$

由边界条件

$$\begin{cases} (T)_{r=a} = T_a \\ (T)_{r=b} = T_b \end{cases} \tag{10-82}$$

求出 A、B 后回代，得温度场为

$$T = T_a \frac{\ln\dfrac{b}{r}}{\ln\dfrac{b}{a}} + T_b \frac{\ln\dfrac{a}{r}}{\ln\dfrac{a}{b}} \tag{10-83}$$

将 T 代入平面应变问题应力表达式：

$$\begin{cases} \sigma_r = \dfrac{E\alpha}{(1-\nu)} \dfrac{1}{r^2}\left(\dfrac{r^2-a^2}{b^2-a^2}\int_a^b Tr\mathrm{d}r - \int_a^r Tr\mathrm{d}r\right) \\[3mm] \sigma_\theta = \dfrac{E\alpha}{(1-\nu)} \dfrac{1}{r^2}\left(\dfrac{r^2+a^2}{b^2-a^2}\int_a^b Tr\mathrm{d}r + \int_a^r Tr\mathrm{d}r - Tr^2\right) \\[3mm] \sigma_z = \dfrac{E\alpha}{(1-\nu)}\left(\dfrac{2\nu}{b^2-a^2}\int_a^b Tr\mathrm{d}r - T\right) \end{cases} \tag{10-84}$$

积分后得

$$\begin{cases} \sigma_r = -\dfrac{E\alpha(T_a-T_b)}{2(1-\nu)}\left(\dfrac{\ln\dfrac{b}{r}}{\ln\dfrac{b}{a}} - \dfrac{\dfrac{b^2}{r^2}-1}{\dfrac{b^2}{a^2}-1}\right) \\[6mm] \sigma_\theta = -\dfrac{E\alpha(T_a-T_b)}{2(1-\nu)}\left(\dfrac{\ln\dfrac{b}{r}-1}{\ln\dfrac{b}{a}} + \dfrac{\dfrac{b^2}{r^2}+1}{\dfrac{b^2}{a^2}-1}\right) \\[6mm] \sigma_z = -\dfrac{E\alpha(T_a-T_b)}{2(1-\nu)}\left(\dfrac{2\ln\dfrac{b}{r}-1}{\ln\dfrac{b}{a}} + \dfrac{2}{\dfrac{b^2}{a^2}-1}\right) \end{cases} \tag{10-85}$$

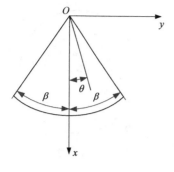

图 10-3

2. 楔形体中的热应力

考虑一楔形体,如图 10-3 所示。假设楔形体是无限长的,受到变温作用。

$$T = T_0 \frac{\cos\theta - \cos\beta}{1 - \cos\beta} \tag{10-86}$$

其中, T_0 为楔形体轴线上的温度, β 为半楔角。

在这种情况下,楔形体处于平面应变状态。使用极坐标,热弹性势方程变为

$$\left(\frac{\partial^2}{\partial r^2} + \frac{1}{r}\frac{\partial}{\partial r} + \frac{\partial^2}{r^2 \partial \theta^2}\right)\zeta = \alpha T_0 \frac{\cos\theta - \cos\beta}{1 - \cos\beta} \tag{10-87}$$

应用量纲分析方法,并注意到应力与热弹性势函数 ζ 之间的关系,可将 ζ 设为

$$\zeta = r^2(C_1 \cos\theta + C_2) \tag{10-88}$$

式中, C_1、C_2 为待定常数。把式(10-88)代入式(10-87),得

$$3C_1 \cos\theta + 4C_2 = \alpha T_0 \frac{\cos\theta - \cos\beta}{1 - \cos\beta} \tag{10-89}$$

式(10-89)成立的条件是等式两边 $\cos\theta$ 的系数及常数项相等,由此求得

$$C_1 = \frac{\alpha T_0}{3(1 - \cos\beta)}, \quad C_2 = -\frac{\alpha T_0 \cos\beta}{4(1 - \cos\beta)} \tag{10-90}$$

把式(10-90)代入式(10-88),得

$$\zeta = \frac{\alpha T_0}{1 - \cos\beta} r^2 \left(\frac{1}{3}\cos\theta - \frac{1}{4}\cos\beta\right) \tag{10-91}$$

可得

$$\begin{cases} \sigma_r = -\dfrac{E\alpha T_0}{(1-\nu)(1-\cos\beta)}\left(\dfrac{1}{3}\cos\theta - \dfrac{1}{2}\cos\beta\right) \\[3mm] \sigma_\theta = -\dfrac{E\alpha T_0}{(1-\nu)(1-\cos\beta)}\left(\dfrac{2}{3}\cos\theta - \dfrac{1}{2}\cos\beta\right) \\[3mm] \tau_{r\theta} = -\dfrac{E\alpha T_0}{(1-\nu)(1-\cos\beta)}\left(\dfrac{1}{3}\sin\theta\right) \end{cases} \tag{10-92}$$

式(10-92)是满足方程(10-87)右端项的特解所对应的应力。在楔形体的边界上,应力分量变为

$$\begin{cases} \sigma_\theta\big|_{\theta=\pm\beta} = -\dfrac{E\alpha T_0}{(1-\nu)(1-\cos\beta)}\left(\dfrac{1}{6}\cos\beta\right) = 常量 \\[3mm] \tau_{r\theta}\big|_{\theta=\pm\beta} = -\dfrac{E\alpha T_0}{(1-\nu)(1-\cos\beta)}\left(\dfrac{1}{3}\cos\beta\right) = 常量 \end{cases} \tag{10-93}$$

它们并不等于零。下面来考虑齐次解,即不计变温时,楔形体中的应力要求它们在楔形体的

边界上必须与特解形成的应力相互抵消，也就是说，齐次解的边界条件是楔形体边界上作用有常量应力分量的条件。于是应用量纲分析方法，艾里应力函数可设为

$$\phi = r^2 f(\theta) \tag{10-94}$$

式中，$f(\theta)$ 为 θ 的任意函数，由 $\nabla^4 \phi = 0$ 得

$$\frac{1}{r^2}\left[\frac{\mathrm{d}^4 f(\theta)}{\mathrm{d}\theta^4} + 4\frac{\mathrm{d}^2 f(\theta)}{\mathrm{d}\theta^2}\right] = 0 \tag{10-95}$$

解之得

$$f(\theta) = A\cos(2\theta) + B\sin(2\theta) + C\theta + D \tag{10-96}$$

式中，A、B、C、D 为任意常数。把式(10-96)代入式(10-94)，得

$$\phi = r^2(A\cos(2\theta) + B\sin(2\theta) + C\theta + D) \tag{10-97}$$

由此，应力可写为

$$\begin{cases} \sigma_r = -2A\cos(2\theta) - 2B\sin(2\theta) + 2C\theta + 2D \\ \sigma_\theta = 2A\cos(2\theta) + 2B\sin(2\theta) + 2C\theta + 2D \\ \tau_{r\theta} = 2A\sin(2\theta) - 2B\cos(2\theta) - C \end{cases} \tag{10-98}$$

把特解(10-92)与齐次解(10-98)相加，并注意到问题的对称性

$$\sigma_r(-\theta) = \sigma(\theta), \quad \sigma_\theta(-\theta) = \sigma_\theta(\theta), \quad \tau_{r\theta}(-\theta) = -\tau_{r\theta}(\theta) \tag{10-99}$$

导致 $B = C = 0$，有

$$\begin{cases} \sigma_r = -\dfrac{E\alpha T_0}{(1-\nu)(1-\cos\beta)}\left(\dfrac{1}{3}\cos\theta - \dfrac{1}{2}\cos\beta\right) - 2A\cos(2\theta) + 2D \\[3mm] \sigma_\theta = -\dfrac{E\alpha T_0}{(1-\nu)(1-\cos\beta)}\left(\dfrac{2}{3}\cos\theta - \dfrac{1}{2}\cos\beta\right) + 2A\cos(2\theta) + 2D \\[3mm] \tau_{r\theta} = -\dfrac{E\alpha T_0}{(1-\nu)(1-\cos\beta)}\left(\dfrac{1}{3}\sin\theta\right) + 2A\sin(2\theta) \end{cases} \tag{10-100}$$

把式(10-100)代入边界条件

$$\sigma_\theta\big|_{\theta=\pm\beta} = 0, \quad \tau_{r\theta}\big|_{\theta=\pm\beta} = 0 \tag{10-101}$$

可得

$$\begin{cases} -\dfrac{E\alpha T_0\cos\beta}{6(1-\nu)(1-\cos\beta)} + 2A\cos(2\beta) + 2D = 0 \\[3mm] -\dfrac{E\alpha T_0\sin\beta}{3(1-\nu)(1-\cos\beta)} + 2A\sin(2\beta) = 0 \end{cases} \tag{10-102}$$

解之得

$$\begin{cases} A = \dfrac{E\alpha T_0\sin\beta}{6(1-\nu)(1-\cos\beta)\sin(2\beta)} \\[3mm] D = \dfrac{E\alpha T_0(\cos\beta\sin(2\beta) - 2\sin\beta\cos(2\beta))}{12(1-\nu)(1-\cos\beta)\sin(2\beta)} \end{cases} \tag{10-103}$$

把式(10-103)代入式(10-100)，得

$$
\begin{cases}
\sigma_r = \dfrac{E\alpha T_0(\sin^2\theta - \cos\beta\cos\theta + \cos^2\beta)}{3(1-\nu)(1-\cos\beta)\cos\beta} \\[3mm]
\sigma_\theta = \dfrac{E\alpha T_0(\cos\theta - \cos\beta)^2}{3(1-\nu)(1-\cos\beta)\cos\beta} \\[3mm]
\tau_{r\theta} = \dfrac{E\alpha T_0(\cos\theta - \cos\beta)\sin\theta}{3(1-\nu)(1-\cos\beta)\cos\beta}
\end{cases}
\tag{10-104}
$$

最大拉应力发生在楔形体的边界，其值为

$$
\sigma_r\big|_{\theta=\pm\beta} = \frac{E\alpha T_0(1+\cos\beta)}{3(1-\nu)\cos\beta}
\tag{10-105}
$$

当楔形体不是无限长体而是一个薄板时，该问题应视为平面应力问题，式(10-104)和式(10-105)仍然适用，但须将材料常数组合 $E\alpha/(1-\nu)$ 变换为

$$
\frac{E\alpha}{1-\nu} \rightarrow \frac{1+2\nu}{(1+\nu)^2}E\frac{1+\nu}{1+2\nu}\alpha\frac{1}{1-\dfrac{\nu}{1+\nu}} = E\alpha
\tag{10-106}
$$

这时式(10-104)和式(10-105)变为

$$
\begin{cases}
\sigma_r = \dfrac{E\alpha T_0(\sin^2\theta - \cos\beta\cos\theta + \cos^2\beta)}{3(1-\cos\beta)\cos\beta} \\[3mm]
\sigma_\theta = \dfrac{E\alpha T_0(\cos\theta - \cos\beta)^2}{3(1-\cos\beta)\cos\beta} \\[3mm]
\tau_{r\theta} = \dfrac{E\alpha T_0(\cos\theta - \cos\beta)\sin\theta}{3(1-\cos\beta)\cos\beta} \\[3mm]
\sigma_r\big|_{\theta=\pm\beta} = \dfrac{E\alpha T_0(1+\cos\beta)}{3\cos\beta}
\end{cases}
\tag{10-107}
$$

10.3.3 球坐标下求解球体热应力

假设球体的温度只沿球体半径 R 方向变化(球对称问题)，在这种情况下，确定热弹性势 ζ 的方程，在球坐标系 (R,θ,φ) 下可以写为

$$
\frac{d^2\zeta}{dR^2} + \frac{2}{R}\frac{d\zeta}{dR} = T \ \text{或} \ \frac{d}{dR}\left(R^2\frac{d\zeta}{dR}\right) = R^2 T
\tag{10-108}
$$

积分式(10-108)得

$$
\zeta = \int_a^R\left(\frac{1}{R^2}\int_a^R R^2 T dR\right)dR
\tag{10-109}
$$

式中，a 为空心球的内半径；R 为变点位置。

$$\begin{cases} u_R = \dfrac{1+\nu}{1-\nu}\alpha\dfrac{1}{R^2}\int_a^R R^2 T\mathrm{d}R \\[3mm] \sigma_R = -\dfrac{E\alpha}{1-\nu}\dfrac{2}{R^3}\int_a^R R^2 T\mathrm{d}R \\[3mm] \sigma_\theta = \sigma_\varphi = \dfrac{E\alpha}{1-\nu}\left(\dfrac{1}{R^3}\int_a^R R^2 T\mathrm{d}R - T\right) \\[3mm] u_\theta = u_\varphi = 0, \quad \tau_{R\varphi} = \tau_{R\theta} = \tau_{\varphi\theta} = 0 \end{cases} \tag{10-110}$$

式(10-110)即空心球体因变温 T 在球体中引起位移与应力特解，在球体的边界，即球面上：

$$\begin{cases} \sigma_R\big|_{R=b} = -\dfrac{E\alpha}{1-\nu}\dfrac{2}{R^3}\int_a^b R^2 T\mathrm{d}R \neq 0 \\[3mm] \sigma_R\big|_{R=a} = -\dfrac{E\alpha}{1-\nu}\dfrac{2}{R^3}\int_a^a R^2 T\mathrm{d}R = 0 \\[3mm] \tau_{R\varphi}\big|_{R=a,b} \equiv 0 \end{cases} \tag{10-111}$$

式中，b 为空心球的外半径。从式(10-111)可以看出，特解不能满足空心球外球面边界面力为零的边界条件。对此需要作一个补充解或称齐次解，它可以抵消特解在球面上产生的应力。获得这样的补充解并不困难，只须将特解在球面上产生的应力反号，加于球面上，即求解一个受内均布面力 $-q_a = 0$ 及外均布面力

$$-q_b = \dfrac{E\alpha}{1-\nu}\dfrac{2}{b^3}\int_a^b R^2 T\mathrm{d}R \tag{10-112}$$

作用的空心球体问题即可。

$$\begin{cases} u_R = \dfrac{1+\nu}{1-\nu}\alpha R\dfrac{\dfrac{a^3}{R^3} - 2\dfrac{1-2\nu}{1+\nu}}{b^3 - a^3}\int_a^b R^2 T\mathrm{d}R \\[4mm] \sigma_R = \dfrac{2E\alpha}{1-\nu}\dfrac{1}{b^3-a^3}\left(1 - \dfrac{a^3}{R^3}\right)\int_a^b R^2 T\mathrm{d}R \\[4mm] \sigma_\theta = \dfrac{E\alpha}{1-\nu}\dfrac{1}{b^3-a^3}\left(2 + \dfrac{a^3}{R^3}\right)\int_a^b R^2 T\mathrm{d}R \end{cases} \tag{10-113}$$

将式(10-113)与式(10-110)相加，得

$$\begin{cases} u_R = \dfrac{1+\nu}{1-\nu}\alpha R\left(\dfrac{\dfrac{a^3}{R^3} - 2\dfrac{1-2\nu}{1+\nu}}{b^3 - a^3}\int_a^b R^2 T\mathrm{d}R + \dfrac{1}{R^3}\int_a^R R^2 T\mathrm{d}R\right) \\[5mm] \sigma_R = \dfrac{2E\alpha}{1-\nu}\left[\dfrac{1}{b^3-a^3}\left(1 - \dfrac{a^3}{R^3}\right)\int_a^b R^2 T\mathrm{d}R - \dfrac{1}{R^3}\int_a^R R^2 T\mathrm{d}R\right] \\[5mm] \sigma_\theta = \sigma_\varphi = \dfrac{E\alpha}{1-\nu}\left[\dfrac{1}{b^3-a^3}\left(2 + \dfrac{a^3}{R^3}\right)\int_a^b R^2 T\mathrm{d}R + \dfrac{1}{R^3}\int_a^R R^2 T\mathrm{d}R - T\right] \end{cases} \tag{10-114}$$

式(10-114)即空心球在径向变温作用下球体中位移及应力解答。若假定温度场是定常的，

空心球内表面的温度为 T_0，外表面的温度为 T_1，它们都是常量。这时，容易求得定常温度场问题

$$
\begin{cases}
\nabla^2 T = \dfrac{\mathrm{d}^2 T}{\mathrm{d} R^2} + \dfrac{2}{R}\dfrac{\mathrm{d} T}{\mathrm{d} R} = 0 \\
T\big|_{R=a} = T_0, \quad T\big|_{R=b} = T_1
\end{cases}
\tag{10-115}
$$

的解为

$$
T = \frac{b}{b-a}\left[(T_0 - T_1)\frac{a}{R} + T_1 - \frac{a}{b}T_0\right]
\tag{10-116}
$$

把式（10-116）代入式（10-114），得球体中的位移及应力为

$$
\begin{cases}
\dfrac{u_R}{aR} = \dfrac{bT_1 - aT_0}{b-a} + \dfrac{1+\nu}{1-\nu}\dfrac{ab(T_0-T_1)}{b^3-a^3}\left[\dfrac{1-2\nu}{1+\nu}(a+b) + \dfrac{1}{2R}(a^2+ab+b^2) + \dfrac{a^2b^2}{R^3}\right] \\
\sigma_R = \dfrac{E\alpha}{1-\nu}\dfrac{ab(T_0-T_1)}{b^3-a^3}\left[a+b - \dfrac{1}{R}(a^2+ab+b^2) + \dfrac{a^2b^2}{R^3}\right] \\
\sigma_\theta = \sigma_\varphi = \dfrac{E\alpha}{1-\nu}\dfrac{ab(T_0-T_1)}{b^3-a^3}\left[a+b - \dfrac{1}{2R}(a^2+ab+b^2) - \dfrac{a^2b^2}{2R^2}\right]
\end{cases}
\tag{10-117}
$$

特别是当球体为实心球体时，即 $a=0$，有

$$
u_R = aRT_1, \quad \text{应力} = 0
\tag{10-118}
$$

习　题

10-1　证明：在二维热弹性问题中，使面内应力 $\sigma_x = \sigma_y = \tau_{xy} = 0$ 的变温分布 T 一定满足拉普拉斯方程 $\nabla^2 T = 0$。

10-2　设坝体内有半径为 a 的圆形孔道，线膨胀系数为 α，弹性模量为 E，泊松比为 ν，而孔道附近的变温可以近似地表示为

$$
T = -T_a\left(\frac{a}{\rho}\right)
$$

式中，T_a 为孔边的变温；ρ 为与孔道中心线的距离，试求温度应力。

10-3　当圆球体变温为中心对称且无热源时，试推导其用位移表示的平衡方程，并给出应力表达式。

10-4　如图 10-4 所示，一两端固支的等截面杆，长度为 L，当杆内发生均匀变温 T_v（常数）时，求杆内因变温产生的温度应力。已知杆的弹性模量为 E，线膨胀系数为 α。

10-5　如图 10-5 所示，钢棒 A 和铝套筒 B 一端与墙 G 固接，另一端与刚性板 C 连接，C 的另一面连着一弹性系数为 k 的弹簧，弹簧的另一端与墙 E 相连。初始弹簧自由，温度为 $60\,℃$，当钢棒 A 和铝套筒 B 各点温度都均匀升为 $100\,℃$ 时，求钢棒和铝套筒中的应力 σ_x。坐标轴 x 沿着钢棒的中心线，钢棒和铝套筒的直径见图 10-5，钢与铝的弹性模量与线膨胀系数分别为：$E_A = 30.0\,\text{MPa}$，$\alpha_A = 6.5\times10^{-6}\,℃^{-1}$，$E_B = 15.0\,\text{MPa}$，$\alpha_B = 12.0\times10^{-6}\,℃^{-1}$。

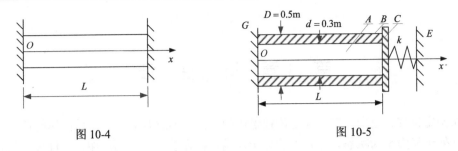

图 10-4   图 10-5

10-6 已知半径为 b 的均质圆盘置于等温刚性套箍内，圆盘和套箍由相同的材料制成，设圆盘按如下规律加热：

$$T = (T_1 - T_0)\left(1 - \frac{r^2}{b^2}\right)$$

套箍温度则保持为 T_0，而由此温度引起的应变可以忽略，试求圆盘中心 r 处的压应力。

第 10 章部分参考答案

第11章 弹 性 波

前面假定位移、应变、应力只是位置坐标的函数，不随时间变化，弹性体的任一微小部分都始终处于静力平衡状态，即弹性静力学问题。在弹性动力学问题中，弹性体的位移、应变、应力一般都随时间变化，不仅是位置坐标的函数，而且是时间的函数。当物体或介质的某一部分因受到爆炸、冲击、地壳断层运动等外力作用而发生扰动时，其引起的位移、应变和应力就将以波的形式向物体的其他部分传播。19世纪，柯西、泊松、瑞利、布辛尼斯克、圣维南等对弹性波研究做出了奠基性贡献，影响深远。目前，弹性波理论在地震学、波动力学、无损检测、土木工程、机械工程等领域得到了广泛应用。

11.1 弹性动力学基本方程

在弹性动力学中，仍然采用理想弹性体和微小位移的假定，以前针对空间静力学问题而建立的物理方程、几何方程以及弹性方程都将适用于弹性动力学问题。但是，空间静力学问题中的平衡微分方程却须用运动微分方程来代替，并考虑物体惯性力效应。

1. 基本方程

在建立运动微分方程时，除了考虑应力和体力，还须考虑弹性体由于具有加速度而应当施加的惯性力。弹性体中任一点的位移分量仍然用 u、v、w 代表，则该点的加速度分量为

$$\frac{\partial^2 u}{\partial t^2}, \quad \frac{\partial^2 v}{\partial t^2}, \quad \frac{\partial^2 w}{\partial t^2}$$

按照达朗贝尔原理，在弹性体的每单位体积上，应当施加的惯性力分量为

$$-\rho\frac{\partial^2 u}{\partial t^2}, \quad -\rho\frac{\partial^2 v}{\partial t^2}, \quad -\rho\frac{\partial^2 w}{\partial t^2}$$

式中，ρ 为弹性体的密度。将上列惯性力分量分别叠加于体力分量 F_x、F_y、F_z，则平衡微分方程(2-2a)成为如下的运动微分方程。

$$\begin{cases}
\dfrac{\partial \sigma_x}{\partial x} + \dfrac{\partial \tau_{yx}}{\partial y} + \dfrac{\partial \tau_{zx}}{\partial z} + F_x - \rho\dfrac{\partial^2 u}{\partial t^2} = 0 \\[2mm]
\dfrac{\partial \tau_{xy}}{\partial x} + \dfrac{\partial \sigma_y}{\partial y} + \dfrac{\partial \tau_{zy}}{\partial z} + F_y - \rho\dfrac{\partial^2 v}{\partial t^2} = 0 \\[2mm]
\dfrac{\partial \tau_{xz}}{\partial x} + \dfrac{\partial \tau_{yz}}{\partial y} + \dfrac{\partial \sigma_z}{\partial z} + F_z - \rho\dfrac{\partial^2 w}{\partial t^2} = 0
\end{cases} \tag{11-1}$$

方程(11-1)与几何方程及物理方程联立，就是弹性动力学问题的基本方程。

因为运动微分方程中包含位移分量，而位移分量一般都不能用应力及其导数来表示，所以弹性动力学问题一般都不宜按应力求解，而宜按位移求解。为了消去式(11-1)中的应力分

量，将空间问题中以位移分量表示应力分量的弹性方程代入式(11-1)，从而得到

$$
\begin{cases}
\dfrac{E}{2(1+\nu)}\left(\dfrac{1}{1-2\nu}\dfrac{\partial\theta}{\partial x}+\nabla^2 u\right)+F_x-\rho\dfrac{\partial^2 u}{\partial t^2}=0 \\[2mm]
\dfrac{E}{2(1+\nu)}\left(\dfrac{1}{1-2\nu}\dfrac{\partial\theta}{\partial y}+\nabla^2 v\right)+F_y-\rho\dfrac{\partial^2 v}{\partial t^2}=0 \\[2mm]
\dfrac{E}{2(1+\nu)}\left(\dfrac{1}{1-2\nu}\dfrac{\partial\theta}{\partial z}+\nabla^2 w\right)+F_z-\rho\dfrac{\partial^2 w}{\partial t^2}=0
\end{cases}
\tag{11-2}
$$

方程(11-2)就是按位移求解弹性动力学问题时所需用的基本微分方程，也称为拉梅方程，式中，E、ν、ρ 分别为弹性介质的弹性模量、泊松比和密度；体力分量 F_x、F_y、F_z 是 x、y、z、t 的已知函数；位移分量 u、v、w 是 x、y、z、t 的未知函数；体积应变 $\theta=\dfrac{\partial u}{\partial x}+\dfrac{\partial v}{\partial y}+\dfrac{\partial w}{\partial z}$。按照动力学问题的初始条件和边界条件由这些基本微分方程求出位移分量以后，就可以利用弹性方程求得应力分量。

2. 定解条件

弹性动力学基本微分方程的定解条件包括初始条件和边界条件。初始条件就是弹性体的位移分量 u、v、w 以及速度分量 $\partial u/\partial t$、$\partial v/\partial t$、$\partial w/\partial t$ 在 $t=0$ 时的已知条件。边界条件则和几何方程或物理方程一样，静力学问题中的位移边界条件及应力边界条件都适用于动力学问题中的任一瞬时。

在弹性动力学问题中，为了避免数学上的困难，通常都不计体力。因此，在方程(11-2)中删去体力分量 F_x、F_y、F_z，移项以后，得出如下形式的运动微分方程：

$$
\begin{cases}
\dfrac{\partial^2 u}{\partial t^2}=\dfrac{E}{2(1+\nu)\rho}\left(\dfrac{1}{1-2\nu}\dfrac{\partial\theta}{\partial x}+\nabla^2 u\right) \\[2mm]
\dfrac{\partial^2 v}{\partial t^2}=\dfrac{E}{2(1+\nu)\rho}\left(\dfrac{1}{1-2\nu}\dfrac{\partial\theta}{\partial y}+\nabla^2 v\right) \\[2mm]
\dfrac{\partial^2 w}{\partial t^2}=\dfrac{E}{2(1+\nu)\rho}\left(\dfrac{1}{1-2\nu}\dfrac{\partial\theta}{\partial z}+\nabla^2 w\right)
\end{cases}
\tag{11-3}
$$

11.2 弹性体中的无旋波和等容波

当静力平衡状态下的弹性体受到载荷作用时，并不是在弹性体的所有部分都立即引起位移、应变和应力。在作用开始时，距载荷作用处较远的部分都不受干扰。在作用开始后，载荷所引起的位移、应变和应力就以波动的形式向别处传播。这种波动就是弹性波。本节将介绍空间无限弹性介质中弹性波的两种基本形式：无旋波与等容波。

11.2.1 无旋波

假定弹性体中发生的位移 u、v、w 可以表示为

$$u = \frac{\partial \psi}{\partial x} \,, \quad v = \frac{\partial \psi}{\partial y} \,, \quad w = \frac{\partial \psi}{\partial z} \tag{11-4}$$

式中，$\psi = \psi(x, y, z, t)$ 为位移的势函数。这种位移称为无旋位移。为了说明"无旋"的意义，试考察表达式：

$$\theta_z = \frac{1}{2}\left(\frac{\partial v}{\partial x} - \frac{\partial u}{\partial y}\right) \tag{11-5}$$

在弹性体的任意一点，$\partial v / \partial x$ 是 x 方向的线段绕 z 轴的旋转角，而 $-\partial u / \partial y$ 是 y 方向的线段绕 z 轴的旋转角，所以 θ_z 是这两个旋转角的平均值，可以表征弹性体在该点绕 z 轴的旋转量。

$$\theta_x = \frac{1}{2}\left(\frac{\partial w}{\partial y} - \frac{\partial v}{\partial z}\right) \,, \quad \theta_y = \frac{1}{2}\left(\frac{\partial u}{\partial z} - \frac{\partial w}{\partial x}\right) \tag{11-6}$$

两者分别表征弹性体在该点绕 x 轴及 y 轴的旋转量。现在，将式(11-4)代入式(11-5)及式(11-6)，可见旋转量 θ_x、θ_y、θ_z 都等于零，且此时发生体积膨胀。因此，式(11-4)所示的位移称为无旋位移，而相应于这种位移状态的弹性波就称为无旋波或膨胀波。

在式(11-4)所示的无旋位移状态下，即有

$$\theta = \frac{\partial u}{\partial x} + \frac{\partial v}{\partial y} + \frac{\partial w}{\partial z} = \nabla^2 \psi \tag{11-7}$$

从而有

$$\frac{\partial \theta}{\partial x} = \frac{\partial}{\partial x}\nabla^2 \psi = \nabla^2 \frac{\partial \psi}{\partial x} = \nabla^2 u \,, \quad \frac{\partial \theta}{\partial y} = \nabla^2 v \,, \quad \frac{\partial \theta}{\partial z} = \nabla^2 w \tag{11-8}$$

一并代入运动微分方程(11-3)，简化以后，即得无旋波的波动方程：

$$\frac{\partial^2 u}{\partial t^2} = c_1^2 \nabla^2 u \,, \quad \frac{\partial^2 v}{\partial t^2} = c_1^2 \nabla^2 v \,, \quad \frac{\partial^2 w}{\partial t^2} = c_1^2 \nabla^2 w \tag{11-9}$$

式中，

$$c_1 = \sqrt{\frac{E(1-\nu)}{(1+\nu)(1-2\nu)\rho}} \tag{11-10}$$

11.2.2　等容波

假定弹性体中发生的位移 u、v、w 满足体积应变 θ 为零的条件，即

$$\theta = \frac{\partial u}{\partial x} + \frac{\partial v}{\partial y} + \frac{\partial w}{\partial z} = 0 \tag{11-11}$$

这种位移称为等容位移。这是因为弹性体中任一部分的容积(体积)保持不变，且此时只发生剪切应变和转动，即只有形状改变而无体积变形。相应于这种位移状态的弹性波就称为等容波或畸变波。将式(11-11)代入运动微分方程(11-3)，即得等容波的波动方程：

$$\frac{\partial^2 u}{\partial t^2} = c_2^2 \nabla^2 u \,, \quad \frac{\partial^2 v}{\partial t^2} = c_2^2 \nabla^2 v \,, \quad \frac{\partial^2 w}{\partial t^2} = c_2^2 \nabla^2 w \tag{11-12}$$

式中，

$$c_2 = \sqrt{\frac{E}{2(1+v)\rho}} = \sqrt{\frac{G}{\rho}} \tag{11-13}$$

无旋波和等容波是弹性波的两种基本形式，它们的波动方程(11-9)和方程(11-12)具有同样的形式：

$$\frac{\partial^2 f}{\partial t^2} = c^2 \nabla^2 f \tag{11-14}$$

对于无旋波，$c = c_1$，如式(11-10)所示；对于等容波，$c = c_2$，如式(11-13)所示。下节将证明，波动方程(11-14)中的 c 就是弹性波的传播速度(c_1 就是无旋波的传播速度，c_2 就是等容波的传播速度)。

波动方程(11-14)具有一个很重要的特性：如果该方程有任意一个特解

$$f = f_0(x,y,z,t) \tag{11-15}$$

则 f_0 对于 x、y、z、t 等任一变量的偏导数也是该方程的特解，证明如下。

用 ξ 代表 x、y、z、t 等变量之一，则有

$$\begin{cases} \dfrac{\partial}{\partial \xi}\left(\dfrac{\partial^2 f_0}{\partial t^2}\right) = \dfrac{\partial^2}{\partial t^2}\left(\dfrac{\partial f_0}{\partial \xi}\right) \\ \dfrac{\partial}{\partial \xi}\left(\nabla^2 f_0\right) = \nabla^2\left(\dfrac{\partial f_0}{\partial \xi}\right) \end{cases} \tag{11-16}$$

既然 f_0 是波动方程(11-14)的特解，则由式(11-14)有

$$\frac{\partial^2 f_0}{\partial t^2} = c^2 \nabla^2 f_0 \tag{11-17}$$

将式(11-17)的两边对 ξ 求导，得到

$$\frac{\partial}{\partial \xi}\left(\frac{\partial^2 f_0}{\partial t^2}\right) = c^2 \frac{\partial}{\partial \xi}(\nabla^2 f_0) \tag{11-18}$$

再将式(11-16)代入，即得

$$\frac{\partial^2}{\partial t^2}\left(\frac{\partial f_0}{\partial \xi}\right) = c^2 \nabla^2\left(\frac{\partial f_0}{\partial \xi}\right) \tag{11-19}$$

可见，$\dfrac{\partial f_0}{\partial \xi}$ 确实是波动方程(11-14)的特解。

因为弹性体中的应变分量、应力分量和质点速度分量都可以用位移分量对于坐标或时间的偏导数来表示，所以由波动方程的上述特性可见，如果弹性体的位移分量满足某一波动方程，而相应的传播速度为 c，则其应变分量、应力分量和质点速度分量也将满足这一波动方程，而且传播速度也是 c。这就表明，在弹性体中，应变、应力和质点速度都将和位移以相同的方式与速度进行传播。

在均匀各向同性弹性介质中，任一位移扰动的传播在一般情况下将分解为无旋波和等容

波，分别以波速 c_1 和 c_2 独立无关地传播。这些波在弹性体内部传播，与边界效应无关，因此统称为体波。

11.3　平面波的传播

如果弹性体在其内部的某一点受到载荷的作用，则载荷所引起的位移、应变和应力就将以弹性波的形式从该点传播开来。在离开作用点较远之处，弹性波可以视为平面波，此时在与波传播方向垂直的某平面(通常称为波面)上的各点，在同一时刻都具有相同的位移。当弹性体的质点运动方向平行于弹性波的传播方向时，该弹性波就称为纵向平面波，简称为纵波；当弹性体的质点运动方向垂直于弹性波的传播方向时，该弹性波就称为横向平面波，简称为横波。

11.3.1　纵波

将 x 轴取在波的传播方向，则弹性体的位移分量可以表示为

$$u = u(x,t)，\quad v = 0，\quad w = 0 \tag{11-20}$$

由此可以得出

$$\theta = \frac{\partial u}{\partial x}，\quad \frac{\partial \theta}{\partial x} = \frac{\partial^2 u}{\partial x^2}，\quad \frac{\partial \theta}{\partial y} = 0，\quad \frac{\partial \theta}{\partial z} = 0$$

$$\nabla^2 u = \frac{\partial^2 u}{\partial x^2}，\quad \nabla^2 v = 0，\quad \nabla^2 w = 0 \tag{11-21}$$

代入运动微分方程(11-3)，可见其中的后两式成为恒等式，而第一式成为

$$\frac{\partial^2 u}{\partial t^2} = c_1^2 \frac{\partial^2 u}{\partial x^2} \tag{11-22}$$

式中，c_1 如式(11-10)所示。微分方程(11-22)的通解是

$$u = u_1 + u_2 = f_1(x - c_1 t) + f_2(x + c_1 t) \tag{11-23}$$

式中，f_1 和 f_2 为任意函数。下面来说明这个通解的物理意义。

试考察通解(11-23)的第一部分，即

$$u_1 = f_1(x - c_1 t) \tag{11-24}$$

对于任一瞬时 t，u_1 只是 x 的函数，可以用图 11-1 中的曲线 ABC 来表示，而该曲线的形状取决于函数 f_1。在 Δt 时间以后，$x - c_1 t$ 将成为 $x - c_1(t + \Delta t)$，u_1 将随着改变数值。但是，如果把坐标 x 也增大 $\Delta x = c_1 \Delta t$，则 f_1 保持不变，因而 u_1 保持不变。这就是说，为瞬时 t 所作的曲线 ABC，只要把它沿 x 方向移动一个距离 $\Delta x = c_1 \Delta t$，至虚线 $A'B'C'$，就适用于瞬时 $t + \Delta t$。于是可见，通解(11-23)的第一部分 $f_1(x - c_1 t)$ 就表示一个纵波，它沿着 x 方向传播，而它的传播速度等于常量 c_1。

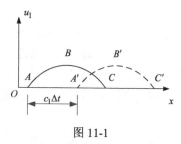

图 11-1

用空间问题几何方程(3-2)求出与位移式(11-24)相对应的应变分量，可见 x 方向的线应变为

$$\varepsilon_x = \frac{\partial u_1}{\partial x} = \frac{\mathrm{d}f_1(x-c_1t)}{\mathrm{d}(x-c_1t)}\frac{\partial(x-c_1t)}{\partial x} = \frac{\mathrm{d}}{\mathrm{d}\xi}f_1(\xi) \tag{11-25}$$

式中，$\xi = x-c_1t$，而其余的应变分量都等于零。这就是说，弹性体的每一点都始终处于 x 方向的简单拉压状态。再应用空间问题物理方程(4-4)，求得正应力分量为

$$\sigma_x = \frac{E(1-\nu)}{(1+\nu)(1-2\nu)}\varepsilon_x , \quad \sigma_y = \sigma_z = \frac{E\nu}{(1+\nu)(1-2\nu)}\varepsilon_x \tag{11-26}$$

而剪应力分量都等于零。各个正应力分量之间有

$$\frac{\sigma_y}{\sigma_x} = \frac{\sigma_z}{\sigma_x} = \frac{\nu}{1-\nu} \tag{11-27}$$

与位移式(11-24)相对应，弹性体的质点沿 x 方向的速度分量是

$$\dot{u}_1 = \frac{\partial u_1}{\partial t} = \frac{\mathrm{d}f_1(x-c_1t)}{\mathrm{d}(x-c_1t)}\frac{\partial(x-c_1t)}{\partial t} = -c_1\frac{\mathrm{d}}{\mathrm{d}\xi}f_1(\xi) \tag{11-28}$$

而沿 y 方向及 z 方向的速度分量都等于零。将式(11-25)代入式(11-28)，得到

$$\frac{\dot{u}_1}{c_1} = -\varepsilon_x \tag{11-29}$$

因为 ε_x 总是很小的数值，所以质点速度 $\dot{u}_1$ 总是远远小于弹性波的传播速度 c_1。以钢材为例，传播速度 c_1 为几千米每秒，而在钢结构中，质点速度 $\dot{u}_1$ 最大也不过是几米每秒。

与上相似，通解(11-23)的第二部分为

$$u_2 = f_2(x+c_1t) \tag{11-30}$$

也表示一个纵波，沿着负 x 方向传播，但其传播速度也等于常量 c_1。于是可见，通解(11-23)表示分别沿 x 方向和负 x 方向的两个纵波，它们的传播速度都等于式(11-10)所示的 c_1。读者试证，纵波是一种无旋波。

11.3.2 横波

仍然将 x 轴放在波的传播方向，y 轴放在位移的方向，即横向，则位移分量可以表示为

$$u = 0 , \quad v = v(x,t) , \quad w = 0 \tag{11-31}$$

由此可以得出

$$\theta = 0 , \quad \nabla^2 u = 0 , \quad \nabla^2 v = \frac{\partial^2 v}{\partial x^2} , \quad \nabla^2 w = 0 \tag{11-32}$$

代入运动微分方程(11-3)，可见其中的第一式及第三式成为恒等式，而第二式变为

$$\frac{\partial^2 v}{\partial t^2} = c_2^2\frac{\partial^2 v}{\partial x^2} \tag{11-33}$$

式中，c_2 如式(11-13)所示。微分方程(11-33)的通解是

$$v = v_1 + v_2 = f_1(x - c_2 t) + f_2(x + c_2 t) \tag{11-34}$$

式中，f_1 和 f_2 为任意函数。

对通解 (11-34) 中的第一部分有

$$v_1 = f_1(x - c_2 t) \tag{11-35}$$

进行与上相似的分析，可见 v_1 表示一个横波。它的位移沿着 y 方向，它的传播方向是 x 方向，而传播速度等于常量 c_2。

用几何方程 (3-2) 求出与位移式 (11-35) 相应的应变分量，可见

$$\gamma_{xy} = \frac{\partial v_1}{\partial x} = \frac{\mathrm{d}}{\mathrm{d}\xi} f_1(\xi) \tag{11-36}$$

式中，$\xi = x - c_2 t$，而其余的应变分量都等于零。这就是说，弹性体的每一点都始终处于 x 及 y 方向的简单剪切状态。应用物理方程 (4-4) 求得剪应力分量 τ_{xy} 为

$$\tau_{xy} = \frac{E}{2(1+\nu)} \frac{\mathrm{d}}{\mathrm{d}\xi} f_1(\xi) \tag{11-37}$$

而其余的应力分量均等于零。

与位移式 (11-35) 相对应，弹性体的质点沿 y 方向的速度分量为

$$\dot{v}_1 = \frac{\partial v_1}{\partial t} = -c_2 \frac{\mathrm{d}}{\mathrm{d}\xi} f_1(\xi) \tag{11-38}$$

而沿 x 方向及 z 方向的速度分量都等于零。将式 (11-36) 代入式 (11-38)，得到

$$\frac{\dot{v}_1}{c_2} = -\gamma_{xy} \tag{11-39}$$

因为 γ_{xy} 总是很小的数值，所以质点的速度 $\dot{v}_1$ 总是远远小于弹性波的传播速度 c_2。

同样可见，通解 (11-34) 的第二部分

$$v_2 = f_2(x + c_2 t) \tag{11-40}$$

也表示一个横波，它沿着负 x 方向传播，但它的传播速度也等于常量 c_2。于是可见，通解 (11-34) 中的 f_1 及 f_2 分别表示沿 x 方向及负 x 方向的两个横波，它们的传播速度都等于式 (11-13) 所示的 c_2。显然，横波是一种等容波，因为相应的体应变 θ 等于零。

横波的传播速度 c_2 总是小于纵波的传播速度 c_1。根据式 (11-10) 及式 (11-13)，两者的比值为

$$\frac{c_2}{c_1} = \sqrt{\frac{1 - 2\nu}{2(1-\nu)}} \tag{11-41}$$

当 $\nu = 1/3$ 时，$c_2 / c_1 = 1/2$，可见在一般的金属材料中，横波传播速度大致只是纵波传播速度的一半。在地震时，地震波中的纵波总是比横波先到，根据测出的纵波与横波到达时间差，可以近似算出震源至测站的距离，即震源距，而且地震预警系统利用此时间差来发出电波预警信号。

11.4 表面波的传播

如果弹性体的一部分边界是自由边界，则在该弹性体的距自由边界较近之处可能发生表面波（类似于投石入水而在水面上产生的波）。这种表面波具有如下的特性：①随着与自由边界的法向距离增大而迅速减弱；②这种波主要在弹性体表面传播，并不深入内部，其振幅衰减较慢，因而随着与波源的距离增大，其相对于其他波的特点更加凸显。因此，下面所要重点讨论的问题是，在距自由边界较近而距波源较远处的表面波的传播。

在距波源较远之处，弹性体中与表面波相应的位移可以视为平面位移。为简单起见，把自由边界视为平面。取边界面为 xz 面（$y=0$），y 轴指向弹性体的内部，x 轴平行于表面波的传播方向。这样，与表面波相应的位移将是平行于 xy 面的平面位移。

把位移取为无旋位移与等容位移的叠加。取无旋位移的表达式为

$$\begin{cases} u_1 = A s \mathrm{e}^{-ay} \sin(pt - sx) \\ v_1 = -A a \mathrm{e}^{-ay} \cos(pt - sx) \\ w_1 = 0 \end{cases} \tag{11-42}$$

式中，A、a、p、s 均为常数。常数 p 的量纲应为[时间]$^{-1}$，a 和 s 的量纲应为[长度]$^{-1}$，A 的量纲应为[长度]^2。当常数 a 为正实数时，式(11-42)可以反映表面波的特性，即位移分量 u_1 及 v_1 随着 y 的增大而迅速减小。三角函数的幅角 $pt - sx$ 可以改写为 $-s(x - c_3 t)$，其中

$$c_3 = p/s \tag{11-43}$$

按照类似 11.3 节的分析，式(11-42)所示的位移是以速度 c_3 沿着 x 方向传播的。将式(11-42)中的 u_1、v_1、w_1 作为 u、v、w 代入运动微分方程(11-3)，可见式(11-3)要求

$$a^2 = s^2 - \frac{(1+\nu)(1-2\nu)\rho}{E(1-\nu)} p^2 \tag{11-44}$$

或通过式(11-43)及式(11-13)改写为

$$a^2 = s^2 \left[1 - \frac{1-2\nu}{2(1-\nu)} \frac{c_3^2}{c_2^2} \right] \tag{11-45}$$

另外，取等容位移的表达式为

$$\begin{cases} u_2 = Bb\mathrm{e}^{-by} \sin(pt - sx) \\ v_2 = -Bs\mathrm{e}^{-by} \cos(pt - sx) \\ w_2 = 0 \end{cases} \tag{11-46}$$

式中，B 和 b 为常数。常数 b 的量纲应为[长度]$^{-1}$，B 的量纲应为[长度]^2。当常数 b 为正实数时，u_2 及 v_2 随着 y 的增大而迅速减小，反映表面波的特性。常数 p 及 s 与上相同，因而位移传播的速度仍然是 c_3，如式(11-43)所示。将式(11-46)中的 u_2、v_2、w_2 作为 u、v、w 代入运动微分方程(11-3)，可见式(11-3)要求

$$b^2 = s^2 - \frac{2(1+\nu)\rho}{E} p^2 \tag{11-47}$$

或通过式(11-43)及式(11-13)改写为

$$b^2 = s^2\left(1 - \frac{c_3{}^2}{c_2{}^2}\right) \tag{11-48}$$

现在，将无旋位移式(11-42)与等容位移式(11-46)相叠加，也就是取

$$u = u_1 + u_2, \quad v = v_1 + v_2 \tag{11-49}$$

边界条件要求

$$(\sigma_y)_{y=0} = 0, \quad (\tau_{yx})_{y=0} = 0 \tag{11-50}$$

利用弹性方程，可以将它们改用位移分量表示为

$$\left(\frac{\nu}{1-\nu}\frac{\partial u}{\partial x} + \frac{\partial v}{\partial y}\right)_{y=0} = 0, \quad \left(\frac{\partial v}{\partial x} + \frac{\partial u}{\partial y}\right)_{y=0} = 0 \tag{11-51}$$

将式(11-49)代入式(11-51)，然后将式(11-42)及式(11-46)代入，简化以后，得到

$$\begin{cases} \left(a^2 - \dfrac{\nu}{1-\nu}s^2\right)A + \dfrac{1-2\nu}{1-\nu}bsB = 0 \\ 2asA + (b^2 + s^2)B = 0 \end{cases} \tag{11-52}$$

这是 A 和 B 的齐次线性方程。为了使表面波存在，A 和 B 不能都等于零，因此，方程(11-52)的系数行列式应当等于零，即

$$\begin{vmatrix} a^2 - \dfrac{\nu}{1-\nu}s^2 & \dfrac{1-2\nu}{1-\nu}bs \\ 2as & b^2 + s^2 \end{vmatrix} = 0 \tag{11-53}$$

展开以后，得到

$$2(1-2\nu)abs^2 = (b^2 + s^2)[(1-\nu)a^2 - \nu s^2] \tag{11-54}$$

两边平方以后，得到

$$4(1-2\nu)^2 a^2 b^2 s^4 = (b^2 + s^2)^2[(1-\nu)a^2 - \nu s^2]^2 \tag{11-55}$$

将式(11-45)及式(11-48)代入式(11-55)，简化以后，可见 s 被消去而得出比值 c_3/c_2 的六次方程如下：

$$\left(\frac{c_3}{c_2}\right)^6 - 8\left(\frac{c_3}{c_2}\right)^4 + 8\left(\frac{2-\nu}{1-\nu}\right)\left(\frac{c_3}{c_2}\right)^2 - \frac{8}{1-\nu} = 0 \tag{11-56}$$

于是，对于给定数值的 ν，总可以由方程(11-56)求得比值 c_3/c_2。但 a 和 b 都必须是正实数，如上所述，因此，式(11-45)所示的 a^2 和式(11-48)所示的 b^2 都必须是正数，可见比值 c_3/c_2 必须满足如下的两个条件：

$$1 - \frac{1-2\nu}{2(1-\nu)}\left(\frac{c_3}{c_2}\right)^2 \geqslant 0, \quad 1 - \left(\frac{c_3}{c_2}\right)^2 \geqslant 0 \tag{11-57}$$

又因 $1-2\nu < 2(1-\nu)$ ，后一式的成立能保证前一式的成立，可见比值 c_3/c_2 只须满足 $1-(c_3/c_2)^2 \geqslant 0$ ，即

$$\left(\frac{c_3}{c_2}\right)^2 \leqslant 1 \tag{11-58}$$

选用满足这一条件的比值 c_3/c_2 ，即可根据式(11-13)给出的 c_2 求得 c_3 。

例如，设 $\nu=1/4$ ，则方程(11-56)成为

$$\left(\frac{c_3}{c_2}\right)^6 - 8\left(\frac{c_3}{c_2}\right)^4 + \frac{56}{3}\left(\frac{c_3}{c_2}\right)^2 - \frac{32}{3} = 0 \tag{11-59}$$

由此求得

$$\left(\frac{c_3}{c_2}\right)^2 = 4 \quad \text{或} \quad 2+\frac{2\sqrt{3}}{3} \quad \text{或} \quad 2-\frac{2\sqrt{3}}{3} \tag{11-60}$$

满足条件(11-58)的只是

$$\left(\frac{c_3}{c_2}\right)^2 = 2 - \frac{2\sqrt{3}}{3} = 0.845 \tag{11-61}$$

由此求得

$$c_3 = \sqrt{0.845}\,c_2 = 0.919c_2 \tag{11-62}$$

于是由式(11-10)、式(11-13)及式(11-62)求得

$$c_1 = 1.095\sqrt{\frac{E}{\rho}}, \quad c_2 = 0.633\sqrt{\frac{E}{\rho}}, \quad c_3 = 0.582\sqrt{\frac{E}{\rho}} \tag{11-63}$$

最早研究表面波并得出一些成果的是英国物理学家瑞利，因此，这种表面波又称为瑞利波。瑞利波在地震观测中常被发现。地球可视为一个具有自由表面的半无限体，在地层深处爆发的地震波在传至距震源相当远处时接近平面波。这种平面波在向地球表面传播的过程中逐渐衰减，经自由表面反射后就形成沿地表传播的瑞利波。此外，在实际的地震波记录中也可观察到另一种表面波，即勒夫波。

11.5　球面波的传播

如果弹性体具有圆球形的孔洞，而在孔洞内受到球对称的爆炸之类的作用，或者，如果具有圆球形外表面的弹性体在其外表面上受到球对称的动力作用，则由于对称，只可能发生径向位移 u_r ，不可能发生切向位移，而且径向位移 u_r 将只是坐标 r 和时间 t 的函数。这样，由孔洞向外传播或由外表面向内传播的弹性波将是球对称的，即球面波。

在球对称问题的基本微分方程(6-22)中， u_r 是 r 和 t 两个变量的函数，并且不计径向体力 F_r ，而用径向惯性力 $-\rho\partial^2 u_r/\partial t^2$ 代替 F_r ，即得

$$\frac{E(1-\nu)}{(1+\nu)(1-2\nu)}\left(\frac{\partial^2 u_r}{\partial r^2} + \frac{2}{r}\frac{\partial u_r}{\partial r} - \frac{2u_r}{r^2}\right) - \rho\frac{\partial^2 u_r}{\partial t^2} = 0 \tag{11-64}$$

引用式(11-10)所示的 c_1，则式(11-64)可以简写为

$$\frac{\partial^2 u_r}{\partial r^2} + \frac{2}{r}\frac{\partial u_r}{\partial r} - \frac{2u_r}{r^2} - \frac{1}{c_1^2}\frac{\partial^2 u_r}{\partial t^2} = 0 \tag{11-65}$$

和 11.2 节相似，把径向位移 u_r 取为

$$u_r = \frac{\partial \psi}{\partial r} \tag{11-66}$$

式中，$\psi = \psi(r,t)$ 为位移的势函数，则式(11-65)成为

$$\frac{\partial^3 \psi}{\partial r^3} + \frac{2}{r}\frac{\partial^2 \psi}{\partial r^2} - \frac{2}{r^2}\frac{\partial \psi}{\partial r} - \frac{1}{c_1^2}\frac{\partial^2}{\partial t^2}\left(\frac{\partial \psi}{\partial r}\right) = 0 \tag{11-67}$$

因为

$$\begin{cases} \dfrac{\partial}{\partial r}\left[\dfrac{1}{r}\dfrac{\partial^2}{\partial r^2}(r\psi)\right] = \dfrac{\partial^3 \psi}{\partial r^3} + \dfrac{2}{r}\dfrac{\partial^2 \psi}{\partial r^2} - \dfrac{2}{r^2}\dfrac{\partial \psi}{\partial r} \\ \dfrac{\partial^2}{\partial t^2}\left(\dfrac{\partial \psi}{\partial r}\right) = \dfrac{\partial}{\partial r}\left(\dfrac{\partial^2 \psi}{\partial t^2}\right) \end{cases} \tag{11-68}$$

所以式(11-67)又可以改写成

$$\frac{\partial}{\partial r}\left[\frac{1}{r}\frac{\partial^2}{\partial r^2}(r\psi)\right] - \frac{1}{c_1^2}\frac{\partial}{\partial r}\left(\frac{\partial^2 \psi}{\partial t^2}\right) = 0 \tag{11-69}$$

对 r 积分一次，得

$$\frac{1}{r}\frac{\partial^2}{\partial r^2}(r\psi) - \frac{1}{c_1^2}\frac{\partial^2 \psi}{\partial t^2} = F(t) \tag{11-70}$$

式中，$F(t)$ 为 t 的任意函数。在一般情况下，$F(t)$ 不等于零。但是，总可以求出方程(11-70)的任意一个特解 $\psi_1(t)$，它只是 t 的函数，而由式(11-66)可见，这个特解并不会影响位移 u_r。因此，式(11-70)中的 $F(t)$ 可以取零。这样，式(11-70)就可以简写成为

$$\frac{\partial^2}{\partial t^2}(r\psi) = c_1^2\frac{\partial^2}{\partial r^2}(r\psi) \tag{11-71}$$

而它的通解是

$$r\psi = f_1(r - c_1 t) + f_2(r + c_1 t) \tag{11-72}$$

式中，f_1 及 f_2 为任意函数。

通解(11-72)中的 f_1 及 f_2 都表示沿径向传播的球面波，它们的传播速度都等于式(11-10)所示的 c_1。函数 f_1 表示由内向外传播的球面波，适用于圆球形孔洞内受球对称动力作用时的情况；函数 f_2 表示由外向内传播的球面波，适用于空心或实心圆球在外表面受球对称动力作用时的情况。由于对称，弹性体的径向线段及环向线段都不会转动，所以球面波是无旋波。

11.6　波在弹性杆中的传播

考虑一等截面的弹性直杆，若杆的某一截面发生微小的纵向位移，那么它的邻近部分将产

生拉伸或压缩。由于质点间存在相互作用，这种微小的纵
向位移以及拉压应力就会以波的形式向远处传播。如果忽
略因纵向位移而引起的杆的横向收缩或膨胀，并假定杆在
变形时横截面保持平面，沿截面只有均匀分布的轴向应
力，则杆中的纵向位移可用一维波动方程来描述。

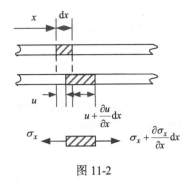

图 11-2

如图 11-2 所示，沿杆轴向建立坐标 x，质点沿杆轴
向的位移为 u。材料的弹性模量为 E，密度为 ρ，杆横截
面积为 A。考虑长为 dx 的微元，可得杆中质点的运动方
程为

$$AE\left(\frac{\partial u}{\partial x}+\frac{\partial^2 u}{\partial x^2}dx\right)-AE\frac{\partial u}{\partial x}=A\rho dx\frac{\partial^2 u}{\partial t^2} \qquad (11\text{-}73)$$

即

$$c^2\frac{\partial^2 u}{\partial x^2}=\frac{\partial^2 u}{\partial t^2} \qquad (11\text{-}74)$$

式中，

$$c^2=\frac{E}{\rho} \qquad (11\text{-}75)$$

波动方程(11-74)的一般解为

$$u=f(x-ct)+g(x+ct) \qquad (11\text{-}76)$$

这种解称为波动方程的达朗贝尔解。其中函数 f 和 g 须由边界条件和初始条件确定。第一项
$f(x-ct)$ 表示一个以速度 c 向 x 正方向移动且保持其形状及大小不变的行波，第二项
$g(x+ct)$ 表示一个以速度 c 向 x 负方向传播的行波。

波的传播是由质点的振动引起的。由式(11-76)对时间 t 求偏导数，可求得质点在其平衡
位置附近的运动速度为

$$\dot{u}=\frac{\partial u}{\partial t}=-cf'(x-ct)+cg'(x+ct) \qquad (11\text{-}77)$$

将式(11-76)对 x 求偏导数，可求得杆中应变为

$$\varepsilon_x=\frac{\partial u}{\partial x}=f'(x-ct)+g'(x+ct) \qquad (11\text{-}78)$$

式(11-77)与式(11-78)中的 $f'(x-ct)$ 及 $g'(x+ct)$ 也分别表示以速度 c 沿 x 正方向与 x 负
方向传播的行波。对线弹性体来说，应力为应变的线性组合，故由式(11-76)～式(11-78)可
知，在线弹性体中，应力、应变和位移都以相同的方式以波速 c 传播。

波的传播速度 c 通常由介质的特性决定，而质点的速度一般还与所受载荷的大小有关。
考虑在静止杆的一端突加均匀压应力的情况(图 11-3)。在施加载荷的最初瞬时，只在杆端的
一无限小薄层中产生均匀的压缩。此后这种压缩传递到邻近的薄层，并逐渐波及远处，因而
载荷在杆端引起的应力、应变及位移等都将以速度 c 向 x 正方向传播。到 t 时刻，长为 ct 的
杆将被压缩，而杆的其余部分将继续保持静止及无应力状态。杆端部的位移量等于左端长为

ct 的杆段的压缩量 $u = \dfrac{\sigma ct}{E}$，因而杆左端的质点速度为

$$\dot{u} = \frac{\partial u}{\partial t} = \frac{\sigma c}{E} = \frac{\sigma}{\sqrt{\rho E}} \tag{11-79}$$

比较式(11-75)与式(11-79)可见，杆中波的传播速度 c 与所加载荷大小无关，而杆端质点速度正比于所加应力 σ。由于 σ/E 远小于 1，质点速度总是远小于波的传播速度 c。

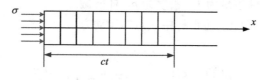

图 11-3

在上面的例子中，由于边界条件及所加载荷方式的限制，杆中只出现向 x 正方向传播的波，并且对于压缩波，质点的速度方向与波的传播方向相同。若在杆端作用均匀分布的拉应力，那么这种拉应力以及它所引起的位移及变形将向 x 正方向传播。但在拉伸波中，质点的速度方向与波的传播方向相反。

习　题

11-1　试证：当纵波或横波在弹性体中传播时，该弹性体的动能与应变势能保持相等。

11-2　试导出方程(11-56)。

11-3　试求 $\nu=0$ 及 $\nu=1/3$ 时的弹性波传播速度 c_1、c_2、c_3。

第 11 章部分参考答案

第 12 章　变分原理与变分法

弹性力学问题可由静力平衡(运动)方程、几何方程和本构方程等基本方程以及应力和位移边界条件描述。弹性力学问题归结为在给定边界条件下求解由弹性力学基本方程组成的偏微分方程的边值问题。这构成弹性力学问题的微分提法。基于该提法，分别以位移和应力为基本未知数，求解由基本方程缩并推演出的含基本未知数的微分方程组，构成位移法和力法等基于微分提法的弹性力学求解方法。

本章介绍弹性力学问题的积分提法，称为变分提法。变分提法直接处理整个弹性系统，考虑该系统的能量关系，将弹性力学问题归结为在给定约束条件下求泛函的极(驻)值问题。由于弹性力学中的泛函通常与能量有关，弹性力学问题的变分原理也称为能量原理。

本章首先介绍弹性力学的变分原理；其次基于求解变分问题的欧拉法，给出弹性力学变分原理对应的欧拉方程，并通过与微分方程的比较说明弹性力学变分提法与微分提法的等价性；再次介绍基于变分原理的弹性力学问题变分法的近似解法；最后给出弹性力学广义变分原理的简要介绍。

12.1　基本概念与术语

1. 可能状态与真实状态

弹性力学的任务是确定在给定的外部作用(包括外载荷和边界约束)下的由弹性体应力、应变和位移描述的弹性状态。可能状态是指部分满足弹性力学静力关系、几何关系和本构方程这三种基本关系的状态；真实状态为全部满足三种基本关系的状态。可能状态包含真实状态，因此首先寻找可能状态，然后从可能状态中寻找真实状态，是解决问题的有效方法。真实状态应该满足的条件可由变分原理规定。

可能状态通常可分为变形可能状态和静力可能状态。满足变形关系但不一定满足静力和本构关系的变形状态称为变形可能状态。变形可能位移和变形可能应变为变形可能状态的基本量。连续且满足给定位移边界条件的位移为可能位移，满足几何方程的应变为可能应变。满足静力关系但不一定满足变形关系和本构关系的平衡状态称为静力可能状态，静力可能应力与给定外力为静力可能状态的基本量，静力可能应力应满足平衡方程和给定的力边界条件。

2. 虚位移与虚应力

约束允许的、可能实现的任何无限小的位移称为虚位移。从数学角度讲，可能位移是满足指定位移约束条件的位移自变函数，而虚位移则是可能位移的变分。由虚位移算得的应变称为虚应变，它是可能应变的变分。

满足力的平衡条件，以及指定的应力边界条件的、任意的、微小的应力称为虚应力。如果把可能应力场作为自变函数，则它的变分称为虚应力。

3. 变形功、可能功与虚功

载荷在本身所引起的物体准静态弹性变形上所做的功称为变形功，用于计算应变能。载荷与变形相关，随着物体变形由零逐渐增加到全值。对于载荷(广义力 F)与相应变形(广义位移 u)成正比的线弹性情况，$F_i = Ku_i$，可得

$$A = \int Ku_i \mathrm{d}u_i = \frac{1}{2} Ku_i u_i = \frac{1}{2} F_i u_i \tag{12-1}$$

载荷在约束允许的任何变形可能位移(或虚位移)上所做的功称为可能功(或虚功)，用于计算外力功、外力势和内力功等。计算可能功时载荷与可能位移无关，即

$$A = F_i \int \mathrm{d}u_i = F_i u_i \tag{12-2}$$

4. 弹性系统的总势能与总余能

对单位体积的应变能密度 $\bar{U}$ 和应变余能密度 $\bar{U}^*$ 作体积积分后得到弹性体的应变能 U 和应变余能 U^*：

$$U = \int_V \bar{U} \mathrm{d}V, \quad \bar{U} = \int_0^{\varepsilon_{ij}} \sigma_{ij} \mathrm{d}\varepsilon_{ij} \tag{12-3}$$

$$U^* = \int_V \bar{U}^* \mathrm{d}V, \quad \bar{U}^* = \int_0^{\sigma_{ij}} \varepsilon_{ij} \mathrm{d}\sigma_{ij} \tag{12-4}$$

U 和 U^* 分别为物体应变状态和应力状态的单值泛函，与变形历史无关。

弹性系统的总势能 Π 定义为弹性体的应变能 U 和载荷系统的外力势 V 之和，即

$$\Pi = U + V \tag{12-5}$$

弹性系统的总余能 Π^* 定义为应变余能 U^* 和支承系统的余势 V^* 之和，即

$$\Pi^* = U^* + V^* \tag{12-6}$$

真实状态的 $\bar{U}$ 和 $\bar{U}^*$ 满足如下互余关系：

$$\bar{U} + \bar{U}^* = \sigma_{ij}\varepsilon_{ij} \tag{12-7}$$

如果给定 $\bar{U}$ 或 $\bar{U}^*$ 的具体表达式，则可由式(12-8)导出应力应变关系：

$$\sigma_{ij} = \frac{\partial \bar{U}}{\partial \varepsilon_{ij}}, \quad \varepsilon_{ij} = \frac{\partial \bar{U}^*}{\partial \sigma_{ij}} \tag{12-8}$$

对于无初应力和无初应变线弹性体，$\bar{U}$ 和 $\bar{U}^*$ 分别是 ε_{ij} 和 σ_{ij} 的二次齐次式，利用胡克定律可写出

$$\bar{U}(\varepsilon_{ij}) = \frac{1}{2}\sigma_{ij}\varepsilon_{ij} = \bar{U}^*(\sigma_{ij}) \tag{12-9}$$

12.2 可能功原理和功的互等定理

12.2.1 可能功原理

考虑同一物体的静力可能状态与变形可能状态。静力可能状态用力学量（应力 $\sigma_{ij}^{(s)}$、体力 $f_i^{(s)}$ 和面力 $p_i^{(s)}$）来描述，它在域内满足平衡方程：

$$\sigma_{ij,j}^{(s)} + f_i^{(s)} = 0 \tag{12-10}$$

并在全部边界满足力边界条件：

$$\sigma_{ij}^{(s)} \nu_j = p_i^{(s)} \tag{12-11}$$

变形可能状态用几何量（应变 $\varepsilon_{ij}^{(k)}$ 和位移 $u_i^{(k)}$）来描述，如图 12-1 所示。它在域内满足几何方程：

$$\varepsilon_{ij}^{(k)} = \frac{1}{2}[u_{i,j}^{(k)} + u_{j,i}^{(k)}] \tag{12-12}$$

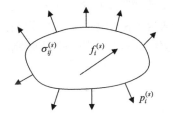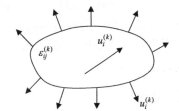

图 12-1

要求全部边界位移等于域内所选位移场在边界处的值，而且没有力边界。

状态 (s) 和状态 (k) 是相互独立的，可以根据方便的原则自由选择。考虑状态 (s) 中的体力、面力和可能应力在状态 (k) 相应可能位移和可能应变上所做的功，它们分别等于

$$A_f = \int_V f_i^{(s)} u_i^{(k)} \mathrm{d}V, \quad A_p = \int_S p_i^{(s)} u_i^{(k)} \mathrm{d}S, \quad A_\sigma = \int_V \sigma_{ij}^{(s)} \varepsilon_{ij}^{(k)} \mathrm{d}V \tag{12-13}$$

现在来找出三种可能功之间的关系。

利用力边界条件和高斯积分定理，把面力功 A_p 改写为

$$
\begin{aligned}
A_p &= \int_S p_i^{(s)} u_i^{(k)} \mathrm{d}S = \int_S \sigma_{ij}^{(s)} u_i^{(k)} \mathrm{d}S \\
&= \int_V (\sigma_{ij}^{(s)} u_i^{(k)})_{,j} \mathrm{d}V = \int_V \sigma_{ij,j}^{(s)} u_i^{(k)} \mathrm{d}V + \int_V \sigma_{ij}^{(s)} u_{i,j}^{(k)} \mathrm{d}V
\end{aligned}
\tag{12-14}
$$

利用平衡方程，式(12-14)等号右端第一项可化为

$$\int_V \sigma_{ij,j}^{(s)} u_i^{(k)} \mathrm{d}V = -\int_V f_i^{(s)} u_i^{(k)} \mathrm{d}V = -A_f \tag{12-15}$$

利用张量的对称性和几何方程，式(12-14)等号右端第二项可改写成

$$\int_V \sigma_{ij}{}^{(s)} u_{i,j}^{(k)} \mathrm{d}V = \int_V \frac{1}{2}[\sigma_{ij}{}^{(s)} u_{i,j}^{(k)} + \sigma_{ji}{}^{(s)} u_{j,i}^{(k)}] \mathrm{d}V$$

$$= \int_V \sigma_{ij}{}^{(s)} \left\{ \frac{1}{2}[u_{i,j}^{(k)} + u_{j,i}^{(k)}] \right\} \mathrm{d}V = \int_V \sigma_{ij}{}^{(s)} \varepsilon_{ij}^{(k)} \mathrm{d}V = A_\sigma \tag{12-16}$$

可得 $A_f + A_p = A_\sigma$

或

$$\int_V f_i^{(s)} u_i^{(k)} \mathrm{d}V + \int_S p_i^{(s)} u_i^{(k)} \mathrm{d}S = \int_V \sigma_{ij}{}^{(s)} \varepsilon_{ij}^{(k)} \mathrm{d}V \tag{12-17}$$

即可能外力(体力和面力)在可能位移上所做的功等于可能应力在相应可能应变上所做的功,称为可能功原理。

体力功和面力功之和称为外力功,应力功的负值称为内力功 A_i。

$$\begin{cases} A_e = A_f + A_p = \displaystyle\int_V f_i^{(s)} u_i^{(k)} \mathrm{d}V + \int_S p_i^{(s)} u_i^{(k)} \mathrm{d}S \\ A_i = -A_\sigma = -\displaystyle\int_V \sigma_{ij}{}^{(s)} \varepsilon_{ij}^{(k)} \mathrm{d}V \end{cases} \tag{12-18}$$

所以可能功原理可写为 $A_e + A_i = 0$ 或 $A_e = -A_i$。

可能功原理可叙述为可能外力在可能位移上做的功等于可能应力在可能应变上做的功。因为任何广义静力可能状态中的外力和内力都构成自平衡力系,所以它们在任何广义可能位移上所做的总功必为零,这是可能功原理的物理解释。可能功原理使用范围广泛,适用于几何和物理非线性问题。

12.2.2　功的互等定理

把可能功原理用于线弹性体就可导出功的互等定理。考虑同一物体的两种真实状态,设第一状态体力和面力为 $f_i^{(1)}$ 和 $p_i^{(1)}$,相应的应力、应变状态为 $\sigma_{ij}^{(1)}$、$\varepsilon_{ij}^{(1)}$ 和 $u_i^{(1)}$;第二状态则为 $f_i^{(2)}$、$p_i^{(2)}$ 和 $\sigma_{ij}^{(2)}$、$\varepsilon_{ij}^{(2)}$、$u_i^{(2)}$。由于都是真实状态,两个状态同时是静力可能状态与变形可能状态,并且满足广义胡克定律:

$$\sigma_{ij} = C_{ijkl} \varepsilon_{kl} \tag{12-19}$$

先把第一状态选作状态 (s),第二状态选作状态 (k),则根据可能功原理有

$$\int_V f_i^{(1)} u_i^{(2)} \mathrm{d}V + \int_S p_i^{(1)} u_i^{(2)} \mathrm{d}S = \int_V \sigma_{ij}^{(1)} \varepsilon_{ij}^{(2)} \mathrm{d}V \tag{12-20}$$

再把第一状态选作状态 (k),第二状态选作状态 (s),同样可得

$$\int_V f_i^{(2)} u_i^{(1)} \mathrm{d}V + \int_S p_i^{(2)} u_i^{(1)} \mathrm{d}S = \int_V \sigma_{ij}^{(2)} \varepsilon_{ij}^{(1)} \mathrm{d}V \tag{12-21}$$

对于线弹性体,由弹性张量的对称性得

$$\sigma_{ij}^{(1)} \varepsilon_{ij}^{(2)} = C_{ijkl} \varepsilon_{kl}^{(1)} \varepsilon_{ij}^{(2)} = C_{klij} \varepsilon_{ij}^{(2)} \varepsilon_{kl}^{(1)} = \sigma_{kl}^{(2)} \varepsilon_{kl}^{(1)} = \sigma_{ij}^{(2)} \varepsilon_{ij}^{(1)} \tag{12-22}$$

这就是内力功的互等定理。将式(12-22)代入式(12-20)和式(12-21),有

$$\int_V f_i^{(1)} u_i^{(2)} \mathrm{d}V + \int_S p_i^{(1)} u_i^{(2)} \mathrm{d}S = \int_V f_i^{(2)} u_i^{(1)} \mathrm{d}V + \int_S p_i^{(2)} u_i^{(1)} \mathrm{d}S \tag{12-23}$$

这是外力功的互等定理。

功的互等定理可叙述为：若线弹性体受两组力作用，则第一组力在第二组力引起的位移上所做的功等于第二组力在第一组力引起的位移上所做的功。这个定理的优点是可以避免求解物体内应力、应变和位移场的复杂过程，而直接从整体变形的角度来处理问题。功的互等定理适用于线弹性范围。

12.3 虚功原理和最小势能原理

12.3.1 虚功原理

设物体在域内受体力 f_i 的作用，在力边界 S_σ 上受面力 $\bar{p}_i$ 作用而表面位移 u_i 未知，在位移边界 S_u 上给定位移 $\bar{u}_i$ 而约束反力 p_i 未知。状态 (s) 与状态 (k) 分别为静力可能状态与变形可能状态。把可能功原理对可能位移 $u_i^{(k)}$ 取变分，状态 (s) 与状态 (k) 无关，并且位移边界 S_u 上虚位移 $\delta\overline{u}_i^{(k)}=0$，因此 $\int_{S_u} p_i \delta u_i^{(k)} \mathrm{d}S = 0$。

$$\begin{cases} u_i^{(k1)} = u_i^{(k)} + \delta u_i; & \varepsilon_{ij}^{(k1)} = \varepsilon_{ij}^{(k)} + \delta\varepsilon_{ij} \\ \delta u_i = \begin{cases} \delta u_i & (x \in S_\sigma) \\ 0 & (x \in S_u) \end{cases} \end{cases} \tag{12-24}$$

$$\iiint_V f_i^{(s)}[u_i^{(k)}+\delta u_i]\mathrm{d}V + \iint_{S=S_\sigma+S_u} p_i^{(s)}[u_i^{(k)}+\delta u_i]\mathrm{d}S = \iiint_V \sigma_{ij}^{(s)}[\varepsilon_{ij}^{(k)}+\delta\varepsilon]\mathrm{d}V \tag{12-25}$$

因为 $\int_V f_i^{(s)} u_i^{(k)} \mathrm{d}V + \int_S p_i^{(s)} u_i^{(k)} \mathrm{d}S = \int_V \sigma_{ij}^{(s)} \varepsilon_{ij}^{(k)} \mathrm{d}V$，所以式 (12-25) 可化简为

$$\iiint_V f_i^{(s)} \delta u_i \mathrm{d}V + \iint_{S_\sigma} p_i^{(s)} \delta u_i \mathrm{d}S = \iiint_V \sigma_{ij}^{(s)} \delta\varepsilon_{ij} \mathrm{d}V \tag{12-26}$$

式 (12-26) 即虚功原理，它是可能功原理对位移的变分形式，其中虚应变可由式 (12-27) 求得

$$\delta\varepsilon_{ij} = \frac{1}{2}(\delta u_{i,j} + \delta u_{j,i}) \tag{12-27}$$

虚功原理适用于各种本构关系。它有两种表述方式。

(1) 正定理：外力在虚位移上所做的虚功等于静力可能应力在虚应变上所做的虚功。

(2) 逆定理：对于一切可能的虚位移场 $(\delta u_i, \delta\varepsilon_{ij})$，若某应力场 σ_{ij} 能使虚功方程成立，则 σ_{ij} 必是一个与给定外载 $(f_i, \bar{p}_i)$ 相平衡的静力可能应力场。可推断出：虚功方程与平衡方程和力边界条件等价。

12.3.2 最小势能原理

考虑弹性体在域内受体力 f_i 作用，在力边界 S_σ 上受面力 $\bar{p}_i$ 作用，而在位移边界 S_u 上给定位移 $\bar{u}_i$。假设该弹性系统是保守系统，存在总势能。

真实状态用几何量 u_i、ε_{ij} 和力学量 σ_{ij} 来描述，它们满足全部弹性力学基本关系。

静力关系：
$$\sigma_{ij,j} + f_i = 0 \quad (在 V 内) \tag{12-28}$$

$$\sigma_{ij}\nu_j = \overline{p}_i \quad (在 S_\sigma 上) \tag{12-29}$$

变形关系：
$$\varepsilon_{ij} = \frac{1}{2}(u_{i,j} + u_{j,i}) \quad (在 V 内) \tag{12-30}$$

$$u_i = \overline{u}_i \quad (在 S_u 上) \tag{12-31}$$

弹性关系：
$$\frac{\partial \overline{U}(\varepsilon_{ij})}{\partial \varepsilon_{ij}} = \sigma_{ij} \quad (在 V 内) \tag{12-32}$$

它的总势能为

$$\Pi = U + V = \int_V \overline{U}(\varepsilon_{ij})\mathrm{d}V - \int_V f_i u_i \mathrm{d}V - \int_{S_\sigma} \overline{p}_i u_i \mathrm{d}S \tag{12-33}$$

变形可能状态由几何量 $u_i^{(k)}$ 和 $\varepsilon_{ij}^{(k)}$ 描述，仅满足变形关系：

$$\varepsilon_{ij}^{(k)} = \frac{1}{2}[u_{i,j}^{(k)} + u_{j,i}^{(k)}] \quad (在 V 内) \tag{12-34}$$

$$u_i^{(k)} = \overline{u}_i \quad (在 S_u 上) \tag{12-35}$$

它的总势能为

$$\Pi^{(k)} = \int_V \overline{U}^{(k)}(\varepsilon_{ij}^{(k)})\mathrm{d}V - \int_V f_i u_i^{(k)} \mathrm{d}V - \int_{S_\sigma} \overline{p}_i u_i^{(k)} \mathrm{d}S \tag{12-36}$$

两种状态的总势能之差等于

$$\Pi^{(k)} - \Pi = \int_V [\overline{U}^{(k)}(\varepsilon_{ij}^{(k)}) - \overline{U}(\varepsilon_{ij})]\mathrm{d}V - \int_V f_i(u_i^{(k)} - u_i)\mathrm{d}V - \int_{S_\sigma} \overline{p}_i[u_i^{(k)} - u_i]\mathrm{d}S \tag{12-37}$$

取其中状态 (s) 为真实状态，状态 (k) 取为两种状态之差 $u_i^{(k)} - u_i$，则有

$$\begin{aligned} -\int_V f_i[u_i^{(k)} - u_i]\mathrm{d}V - \int_S \overline{p}_i[u_i^{(k)} - u_i]\mathrm{d}S &= -\int_V \sigma_{ij}[\varepsilon_{ij}^{(k)} - \varepsilon_{ij}]\mathrm{d}V \\ &= -\int_V \frac{\partial \overline{U}}{\partial \varepsilon_{ij}}[\varepsilon_{ij}^{(k)} - \varepsilon_{ij}]\mathrm{d}V \end{aligned} \tag{12-38}$$

代入势能差可得

$$\Pi^{(k)} - \Pi = \int_V \left[\overline{U}^{(k)}(\varepsilon_{ij}^{(k)}) - \overline{U}(\varepsilon_{ij}) - \frac{\partial \overline{U}}{\partial \varepsilon_{ij}}(\varepsilon_{ij}^{(k)} - \varepsilon_{ij}) \right]\mathrm{d}V \tag{12-39}$$

只要应变能密度函数 $\overline{U}$ 是凸函数，则由凸函数的性质得

$$\overline{U}^{(k)}[\varepsilon_{ij}^{(k)}] - \overline{U}(\varepsilon_{ij}) - \frac{\partial \overline{U}}{\partial \varepsilon_{ij}}[\varepsilon_{ij}^{(k)} - \varepsilon_{ij}] \geqslant 0 \quad (在 V 内) \tag{12-40}$$

因而总势能之差积分后必有

$$\Pi^{(k)} - \Pi \geqslant 0 \quad 即 \quad \Pi^{(k)} \geqslant \Pi \tag{12-41}$$

式 (12-41) 记为最小势能原理。

最小势能原理可叙述为在一切变形可能的形变状态中，真实的形变状态(位移)和应变应使总势能取最小。

12.4　虚力原理和最小余能原理

12.4.1　虚力原理

利用可能功原理对可能应力 σ_{ij} 取变分。载荷给定，域内 $\delta f_i = 0$，力边界上 $\delta \bar{p}_i = 0$，但位移边界处约束反力未定且 $\delta p_i^{(s)} \neq 0$，则可推导得

$$\sigma_{ij}^{(k1)} = \sigma_{ij}^{(k)} + \delta \sigma_{ij}, \quad \delta p_i = \begin{cases} \delta p_i & (x \in S_u) \\ 0 & (x \in S_\sigma) \end{cases} \tag{12-42}$$

$$\iiint_V f_i^{(s)} u_i^{(k)} \mathrm{d}V + \iint_{S=S_\sigma+S_u} (p_i^{(s)} + \delta p_i) u_i^{(k)} \mathrm{d}S = \iiint_V (\sigma_{ij}^{(s)} + \delta \sigma_{ij}) \varepsilon_{ij}^{(k)} \mathrm{d}V \tag{12-43}$$

由于 $\int_V f_i^{(s)} u_i^{(k)} \mathrm{d}V + \int_S p_i^{(s)} u_i^{(k)} \mathrm{d}S = \int_V \sigma_{ij}^{(s)} \varepsilon_{ij}^{(k)} \mathrm{d}V$，式 (12-43) 可化简为

$$\int_{S_u} \bar{u}_i \delta p_i \mathrm{d}S = \int_V \varepsilon_{ij} \delta \sigma_{ij} \mathrm{d}V \tag{12-44}$$

这称为虚力原理或余虚功原理，它是可能功原理对应力的变分形式。

虚力原理同样适用于各种本构关系，它有两种叙述方式。

(1) 正定理：位移边界处给定位移在虚反力上所做的余虚功等于变形可能应变在虚应力所做的余虚功。

(2) 逆定理：对于一切可能的虚应力场 $(\delta \sigma_{ij}^{(s)}, \delta p_i^{(s)})$，若某变形状态使虚力方程始终成立，则必是一个协调的变形可能状态。

12.4.2　最小余能原理

比较弹性保守系统在真实状态和任意静力可能状态下的总余能 Π^* 和 $\Pi^{*(s)}$。真实状态 u_i、ε_{ij}、σ_{ij} 满足弹性力学基本关系和用余能表示的逆弹性关系：

$$\frac{\partial \bar{U}^*(\sigma_{ij})}{\partial \sigma_{ij}} = \varepsilon_{ij} \tag{12-45}$$

它的总余能为

$$\Pi^* = \int_V \bar{U}^*(\sigma_{ij}) \mathrm{d}V - \int_{S_u} p_i \bar{u}_i \mathrm{d}S \tag{12-46}$$

静力可能状态 $\sigma_{ij}^{(s)}$ 和 $p_i^{(s)}$ 仅满足静力关系：

$$\sigma_{ij,j}^{(s)} + f_i = 0 \quad (在 V 内) \tag{12-47}$$

$$p_i^{(s)} = \sigma_{ij}^{(s)} \nu_j \quad (在 S_u 上) \tag{12-48}$$

$$p_i^{(s)} = \bar{p}_i \quad (在 S_\sigma 上) \tag{12-49}$$

它的总余能为

$$\Pi^{*(s)} = \int_V \bar{U}^{*(s)}[\sigma_{ij}^{(s)}]\,\mathrm{d}V - \int_{S_u} p_i^{(s)}\bar{u}_i\,\mathrm{d}S \tag{12-50}$$

两种状态总余能之差为

$$\Pi^{*(s)} - \Pi^* = \int_V \{\bar{U}^{*(s)}[\sigma_{ij}^{(s)}] - \bar{U}^*(\sigma_{ij})\}\,\mathrm{d}V - \int_V [f_i^{(s)} - f_i]u_i\,\mathrm{d}V - \int_S [p_i^{(s)} - p_i]u_i\,\mathrm{d}S \tag{12-51}$$

式(12-51)增加了右端第二项，并把最后一项的积分范围 S_u 扩大到整个表面 S。由于在域内 $f_i^{(s)} = f_i$，在 S_σ 上 $p_i^{(s)} = p_i$，所以加进去的都是零值项，对问题没有影响。

利用可能功原理，把其中的状态 (s) 取为上述两种状态之差 $\sigma_{ij}^{(s)} - \sigma_{ij}$，状态 (k) 取为真实状态，注意到真实应变应满足逆弹性关系，所以有

$$-\int_V [f_i^{(s)} - f_i]u_i\,\mathrm{d}V - \int_S [p_i^{(s)} - p_i]u_i\,\mathrm{d}S = -\int_V [\sigma_{ij}^{(s)} - \sigma_{ij}]\varepsilon_{ij}\,\mathrm{d}V$$

$$= -\int_V \frac{\partial \bar{U}^*}{\partial \sigma_{ij}}[\sigma_{ij}^{(s)} - \sigma_{ij}]\,\mathrm{d}V \tag{12-52}$$

代入总余能之差中可得

$$\Pi^{*(s)} - \Pi^* = \int_V \left\{ \bar{U}^{*(s)}[\sigma_{ij}^{(s)}] - \bar{U}^*(\sigma_{ij}) - \frac{\partial \bar{U}^*}{\partial \sigma_{ij}}[\sigma_{ij}^{(s)} - \sigma_{ij}] \right\}\,\mathrm{d}V \tag{12-53}$$

只要应变余能密度函数 $\bar{U}^*$ 是凸函数，则式(12-53)右端的被积函数恒正，积分后必有

$$\Pi^{*(s)} - \Pi^* \geqslant 0 \quad 即 \quad \Pi^{*(s)} \geqslant \Pi^* \tag{12-54}$$

这就是最小余能原理。

最小余能原理可叙述为：在一切静力可能状态中，真实状态的总余能最小。

以上证明适用于小变形弹性力学范围内的任何静力可能状态，真实的 Π^* 是大范围内的最小值，也一定是真实状态附近小范围内的最小值，因而满足极值必要条件：

$$\delta \Pi^* = 0 \tag{12-55}$$

这是最小余能原理的变分形式。

12.5　弹性力学问题的变分提法与变分求解方法

12.5.1　变分法基础

变分法研究依赖于某些函数的积分型泛函极值的问题，求泛函极值的方法称为变分法。变分法是泛函分析的一个重要组成部分。本节简要介绍泛函及变分的概念。

1. 函数和泛函

对于自变量 x 在某一域上的一个值，有因变量 y 的值与之对应，这种自变量与因变量的对应关系称为函数，记 $y = y(x)$。如果对于某一类函数中的每一个函数 $y(x)$，就有一个变量 I 的值与之对应，则称 I 为依赖于函数 $y(x)$ 的泛函，记为

$$I = I[y(x)] \tag{12-56}$$

　　泛函是函数空间到实数空间的映射，通俗地说泛函就是函数的函数。因此，函数是变量和变量的关系，泛函是变量和函数的关系。建立在函数和变量之间的关系称为泛函关系。例如，$C = \{y(x)\}$ 是在区间 $[a,b]$ 上分段连续的函数集，设

$$I = \int_a^b y(x)\mathrm{d}x \tag{12-57}$$

则 I 的值取决于选择的函数 $y(x)$。为明确其依赖关系，可以将 I 写成 $I[y(x)]$。$I[y]$ 便是以 $C = \{y(x)\}$ 为定义域的泛函。泛函的概念可以推广到依赖多个函数的泛函，也可以推广到多元变量的情形。

　　2. 容许函数类

　　对普通函数 $f(x)$ 求极值时，应先指定自变量 x 的取值范围。讨论泛函 $I[y]$ 的极值问题时，也应说明泛函所依赖的函数 $y(x)$ 是些什么函数。通常把合乎条件可供选择的函数归为一类，称为容许函数类（又称为可取函数类）。一般来说，容许函数类中的函数可以有无穷多个，其中任何一个都称为可取函数或容许函数。

　　3. 微分和变分

　　函数 $y(x)$ 的自变量 x 的增量 Δx 是指这个变量的两值之差 $\Delta x = x - x_1$。当这种增量很小时，该增量称为微分，记为 $\mathrm{d}x = \Delta x$。泛函 $I[y]$ 的容许函数 $y(x)$ 的增量是指两个 $y(x)$ 值之差 $y(x) - y_1(x) = \Delta y$。在它很小时称为变分，用 $\delta y(x)$ 表示，即 $\delta y(x) = y(x) - y_1(x)$。这里应当指出，$\delta y(x)$ 也是 x 的函数，只是 $\delta y(x)$ 在 x 指定区域中都为微量。此外，假定 $y(x)$ 可在 $y_1(x)$ 附近的容许函数类中任意变化。

　　4. 函数的微分和泛函的变分

　　函数的微分有两个定义。一个是通常的定义，即函数的增量 $\Delta y = y(x + \Delta x) - y(x)$ 可以展开为 Δx 的线性项和非线性项：

$$\Delta y = A(x)\Delta x + \phi(x, \Delta x)\Delta x \tag{12-58}$$

式中，$A(x)$ 和 Δx 无关，$\phi(x, \Delta x)$ 则和 Δx 有关，而且 $\Delta x \to 0$ 时，$\phi(x, \Delta x) \to 0$。此时，称 $y(x)$ 是可微的，其线性部分就称为函数的微分，即 $\mathrm{d}y = A(x)\mathrm{d}x = y'(x)\mathrm{d}x$。这里，$A(x) = y'(x)$ 是函数的导数，即

$$\lim_{\Delta x \to 0} \frac{\Delta y}{\Delta x} = y'(x) \tag{12-59}$$

所以函数的微分是函数增量的主部，这个主部对于 Δx 来说是线性的。

　　下面给出微分的第二种定义形式。设 ε 为一个小参数，并把 $y(x + \varepsilon \Delta x)$ 对 ε 求导数，即

$$\frac{\partial}{\partial \varepsilon} y(x + \varepsilon \Delta x) = y'(x + \varepsilon \Delta x)\Delta x \tag{12-60}$$

当 $\varepsilon \to 0$ 时

$$\left. \frac{\partial}{\partial \varepsilon} y(x + \varepsilon \Delta x) \right|_{\varepsilon \to 0} = y'(x)\Delta x = \mathrm{d}y(x) \tag{12-61}$$

这说明，$y(x+\varepsilon\Delta x)$ 在 0 处对 ε 的导数就等于 $y(x)$ 在 x 处的微分。这可理解为函数微分的第二种定义，常称为拉格朗日定义方式。

泛函的变分也有类似的两个定义。对于 $y(x)$ 的变分 $\delta y(x)$ 所引起的泛函的增量定义为

$$\Delta I = I[y(x)+\delta y(x)] - I[y(x)] \tag{12-62}$$

将式 (12-62) 展开为线性的泛函项和非线性的泛函项：

$$\Delta I = L[y(x),\delta y] + \phi[y(x),\delta y]\cdot\max|\delta y| \tag{12-63}$$

式中，$L[y(x),\delta y]$ 对 δy 来说是线性的泛函项；$\phi[y(x),\delta y]\cdot\max|\delta y|$ 是非线性泛函项。但 $\phi[y(x),\delta y]$ 是 δy 的同阶或高阶小量。当 $\delta y \to 0$ 时 $\max|\delta y| \to 0$，$\phi[y(x),\delta y]$ 也接近于零。于是泛函的增量对于 δy 来说是线性的那一部分，即 $L[y(x),\delta y]$ 称为泛函的变分，表示为

$$\delta I = I[y(x)+\delta y(x)] - I[y(x)] = L[y(x),\delta y] \tag{12-64}$$

所以泛函的变分是泛函的增量的主部，而且这个主部对于变分 δy 是线性的。

同样，也有拉格朗日的泛函变分定义。泛函变分是 $I[y(x)+\varepsilon\delta y(x)]$ 对 ε 的导数在 $\varepsilon=0$ 时的值。根据前述公式，有

$$I[y(x)+\varepsilon\delta y(x)] = I[y(x)] + L[y(x),\varepsilon\delta y] + \phi[y(x),\varepsilon\delta y]\cdot\max|\delta y| \tag{12-65}$$

而且 $L[y(x),\varepsilon\delta y]$ 为线性项，即

$$L[y(x),\varepsilon\delta y] = \varepsilon L[y(x),\delta y] \tag{12-66}$$

于是有

$$\frac{\partial}{\partial\varepsilon}I[y(x)+\varepsilon\delta y(x)]\Big|_{\varepsilon=0} = L[y(x),\delta y] \tag{12-67}$$

因此，式 (12-64) 可写成

$$\delta I = \frac{\partial}{\partial\varepsilon}I[y(x)+\varepsilon\delta y(x)]\Big|_{\varepsilon=0} \tag{12-68}$$

5. 极值问题

如果函数 $y(x)$ 在 $x=x_0$ 附近任意点上的值不大于（或不小于）$y(x_0)$，即 $\mathrm{d}y = y(x) - y(x_0) \leqslant 0$（或 $\geqslant 0$），则函数 $y(x)$ 在 $x=x_0$ 上达到极大值（或极小值），而且在 $x=x_0$ 上有

$$\mathrm{d}y = 0 \tag{12-69}$$

对于泛函 $I[y(x)]$ 而言，也有类似的定义。如果泛函 $I[y(x)]$ 在任何一条与 $y=y_0(x)$ 接近的曲线上的值不大于（或不小于）$I[y_0(x)]$，也就是 $\delta I = I[y(x)] - I[y_0(x)] \leqslant 0$（或 $\geqslant 0$），则泛函 $I=I[y(x)]$ 在曲线上达到极大值（或极小值），而且在 $y=y_0(x)$ 上有

$$\delta I = 0 \tag{12-70}$$

凡是有关泛函极值的问题，都称为变分问题。而变分法主要就是研究如何求泛函极值的方法。泛函的极值条件 (12-70) 又称泛函驻值条件。与函数极值问题类似，为了判别泛函是否真能取极值，还须考虑充分条件。如果除满足取极值的必要条件 (12-70) 以外，还满足 $\delta^2 I > 0$，则泛函必取极小值；若 $\delta^2 I < 0$，则泛函必取极大值。这里的 $\delta^2 I$ 是泛函 $I=I[y(x)]$ 的二阶变分。

　　对于有些问题，根据问题本身的性质，就可知道所求得的驻值函数(满足驻值条件 $\delta I = 0$ 的函数)就是极值函数，甚至就知道所取得的极值是最小值(或最大值)，这时就可不必利用充分条件再作判断。在线弹性问题中所遇到的就属于这类情况。因此，在弹性力学中最重要的是泛函极值的必要条件。

12.5.2　弹性力学变分问题的欧拉方程

　　弹性力学问题通常可以采用两种数学描述，即微分描述(微分方程的边值问题)和积分描述(泛函的极值问题)。前面通过平衡方程、本构方程以及几何方程建立弹性力学的微分描述，并基于此给出一些问题的精确解答。本章给出了弹性力学的两个基本变分原理——最小势能原理及最小余能原理。由变分原理出发可以导出与其相应的欧拉微分方程及边界条件，从而建立弹性力学变分提法和微分提法间的相互联系，该过程称为欧拉法，由变分法导出的微分方程常称为欧拉方程。

　　1.　基于最小势能原理的欧拉方程——平衡方程

　　由 12.3 节知，弹性体结构的总势能表达式为

$$\Pi = U + V = \int_V \bar{U}(\varepsilon_{ij})\mathrm{d}V - \int_V f_i u_i \mathrm{d}V - \int_{S_\sigma} \bar{p}_i u_i \mathrm{d}S$$

弹性体满足几何方程及位移边界条件：

$$\begin{cases} \varepsilon_{ij} = \dfrac{1}{2}(u_{i,j} + u_{j,i}) & (x \in V) \\ u_i = \bar{u}_i & (x \in S_u) \end{cases} \tag{12-71}$$

对总势能求变分：

$$\begin{aligned} \delta\Pi &= \int_V \frac{\partial \bar{u}}{\partial \varepsilon_{ij}} \delta\varepsilon_{ij}\mathrm{d}V - \int_V f_i \delta u_i \mathrm{d}V - \int_{S_\sigma} \bar{p}_i \delta u_i \mathrm{d}S \\ &= \int_V \sigma_{ij}\delta\varepsilon_{ij}\mathrm{d}V - \int_V f_i \delta u_i \mathrm{d}V - \int_{S_\sigma} \bar{p}_i \delta u_i \mathrm{d}S \\ &= \int_V \sigma_{ij}\delta u_{i,j}\mathrm{d}V - \int_V f_i \delta u_i \mathrm{d}V - \int_{S_\sigma} \bar{p}_i \delta u_i \mathrm{d}S \\ &= -\int_V (\sigma_{ij,j} + f_i)\delta u_i \mathrm{d}V + \oint_S \sigma_{ij}n_j \delta u_i \mathrm{d}S - \int_{S_\sigma} \bar{p}_i \delta u_i \mathrm{d}S \\ &= -\int_V (\sigma_{ij,j} + f_i)\delta u_i \mathrm{d}V + \int_{S_\sigma} (\sigma_{ij}n_j - \bar{p}_i)\delta u_i \mathrm{d}S \end{aligned} \tag{12-72}$$

根据最小势能原理得知 $\delta\Pi = 0$，由于 δu_i 具有任意性，则必须有

$$\begin{cases} \sigma_{ij,j} + f_i = 0 & (x \in V) \\ \sigma_{ij}n_j = \bar{p}_i & (x \in S_\sigma) \end{cases} \tag{12-73}$$

　　式(12-73)为弹性力学微分方程中的平衡方程与应力边界条件。反之，如果式(12-73)成立，则必有 $\delta\Pi = 0$。因此泛函 Π 的极值条件与平衡条件是等价的。也就说，最小势能原理的欧拉方程和自然边界条件为平衡方程与应力边界条件。

2. 基于最小余能原理的欧拉方程——几何方程

弹性体结构的总余能表达式为

$$\Pi^* = \int_V \bar{U}^*(\sigma_{ij})\mathrm{d}V - \int_{S_u} p_i\bar{u}_i\mathrm{d}S$$

弹性体满足平衡方程及力边界条件:

$$\begin{cases} \sigma_{ij,j} + f_i = 0 & (x \in V) \\ \sigma_{ij}n_j = \bar{p}_i & (x \in S_\sigma) \end{cases} \tag{12-74}$$

因此,对式(12-74)中第一式求变分可得$\delta\sigma_{ij,j} = 0$。

对总余能求变分:

$$\begin{aligned} \delta\Pi^* &= \int_V \frac{\partial\bar{u}^*}{\partial\sigma_{ij}}\delta\sigma_{ij}\mathrm{d}V - \int_{S_u}\bar{u}_i\delta p_i\mathrm{d}S \\ &= \int_V \varepsilon_{ij}\delta\sigma_{ij}\mathrm{d}V - \int_{S_u}\bar{u}_i\delta p_i\mathrm{d}S \\ &= \int_V(\varepsilon_{ij}\delta\sigma_{ij} + u_i\delta\sigma_{ij,i})\mathrm{d}V - \int_{S_u}\bar{u}_i\delta p_i\mathrm{d}S \\ &= \int_V(\varepsilon_{ij}\delta\sigma_{ij} + u_i\delta\sigma_{ij,i})\mathrm{d}V - \int_{S_u}\bar{u}_i\delta p_i\mathrm{d}S \\ &= \int_V(\varepsilon_{ij}\delta\sigma_{ij} + (u_i\delta\sigma_{ij})_j - u_{i,j}\delta\sigma_{ij})\mathrm{d}V - \int_{S_u}\bar{u}_i\delta p_i\mathrm{d}S \\ &= \int_V(\varepsilon_{ij} - u_{i,j})\delta\sigma_{ij}\mathrm{d}V + \oint_S u_i\delta\sigma_{ij}n_j\mathrm{d}S - \int_{S_u}(u_i - \bar{u}_i)\delta p_i\mathrm{d}S \\ &= \int_V\left[\varepsilon_{ij} - \frac{1}{2}(u_{i,j} + u_{j,i})\right]\delta\sigma_{ij}\mathrm{d}V + \int_{S_u}(u_i - \bar{u}_i)\delta\sigma_{ij}n_j\mathrm{d}S \end{aligned} \tag{12-75}$$

根据最小势能原理得知$\delta\Pi^* = 0$,由于$\delta\sigma_{ij}$具有任意性,则必须有

$$\begin{cases} \varepsilon_{ij} = \frac{1}{2}(u_{i,j} + u_{j,i}) & (x \in V) \\ u_i = \bar{u}_i & (x \in S_u) \end{cases} \tag{12-76}$$

式(12-76)即弹性力学微分方程中的几何方程与位移边界条件。反之,如果式(12-76)成立,则必有$\delta\Pi^* = 0$。因此泛函Π^*的极值条件与几何方程是等价的。也就说,最小余能原理的欧拉方程和自然边界条件为几何方程与位移边界条件。

弹性力学中,微分方程的泛函常常代表能量,所以习惯上把微分方程边值问题转换为泛函极值问题的求解方法称为能量法,该泛函也称为微分方程的能量积分。然而,并不是所有微分方程都存在以它为欧拉方程的泛函;此外对应于所给微分方程作为欧拉方程的泛函未必是唯一的。对于大部分问题来说,基于微分方程的精确求解是很困难的。弹性力学的变分原理为近似求解弹性力学问题提供了一种重要的思想方法,其基本思想是把求解微分方程的问题转化为求解与之等价的求泛函极值的问题。20世纪60年代迅速发展起来的、现已被广泛应用的有限元法的理论基础正是固体力学中的各类变分原理。

12.5.3　基于最小势能原理的弹性力学变分问题的近似解法

基于变分原理发展了各种求解弹性力学问题的数值计算，从而开辟了求解弹性力学问题的极为有效的新途径。其中包括里茨法(Ritz 法)和伽辽金法(Galerkin 法)等。本节将对此两种方法进行详细介绍。

1.　里茨法

瑞士物理学家里茨在 20 世纪初首先将变分法用于弹性薄板问题。其基本思想是：不从微分方程出发，而是根据直接寻找泛函极值问题真解来求得待求问题的近似值。若基于位移法求解弹性力学方程，待求函数是位移分量，则基于最小势能原理；若基于力法求解弹性力学方程，待求函数是应力分量，则基于最小余能原理。本节给出基于最小势能原理的里茨法。

弹性结构的总势能为位移分量的泛函，其表达式为

$$\Pi = U - \int_V f_i u_i \mathrm{d}V - \int_{S_\sigma} \overline{p}_i u_i \mathrm{d}S \tag{12-77}$$

式中，U 为应变能；f_i 为体力；$\overline{p}_i$ 为面力；u_i 为位移分量，须满足位移边界条件。

基于最小势能原理的里茨法求解过程如下。

(1) 选择变形可能的位移试验函数。通常设为

$$\begin{cases} u = u_0 + \sum_m A_m u_m(x, y, z) \\ v = v_0 + \sum_m B_m v_m(x, y, z) \\ w = w_0 + \sum_m C_m w_m(x, y, z) \end{cases} \tag{12-78}$$

式中，A_m、B_m、C_m 为互不依赖的 $3m$ 个待定位移参数。位移试验函数中 u_0、v_0、w_0 是三个满足给定非齐次位移边界条件的位移函数，即

$$u_0 = \overline{u}, \quad v_0 = \overline{v}, \quad w_0 = \overline{w} \quad (\text{在} S_u \text{上}) \tag{12-79}$$

函数 u_m、v_m、w_m 是 $3m$ 个满足齐次位移边界条件的位移函数，其值在边界上等于 0。由于非齐次位移边界条件是由 u_0、v_0、w_0 单独满足的，待定参数 A_m、B_m、C_m 的调整不会影响满足位移约束条件。

(2) 根据具体分析问题写出势能泛函 $\Pi(u_i)$，并把式(12-78)代入，得到含 $3m$ 个待定位移参数表示的总势能泛函表达式。

(3) 计算势能泛函 $\Pi(u_i)$ 的变分 $\delta\Pi$。位移的变分只由 δA_m、δB_m、δC_m 决定，其余函数 u_0、v_0、w_0 以及 u_m、v_m、w_m 只与坐标有关而与位移变分完全无关，即

$$\delta u = \sum_m u_m \delta A_m, \quad \delta v = \sum_m v_m \delta B_m, \quad \delta w = \sum_m w_m \delta C_m$$

则势能变分为

$$\delta \Pi = \sum_m \left(\frac{\partial \Pi}{\partial A_m} \delta A_m + \frac{\partial \Pi}{\partial B_m} \delta B_m + \frac{\partial \Pi}{\partial C_m} \delta C_m \right)$$

$$= \sum_m \left[\frac{\partial U}{\partial A_m} - \int_V f_x u_m \mathrm{d}V - \int_{S_\sigma} \overline{f}_x u_m \mathrm{d}S \right] \delta A_m$$

$$+ \sum_m \left[\frac{\partial U}{\partial B_m} - \int_V f_y v_m \mathrm{d}V - \int_{S_\sigma} \overline{f}_y v_m \mathrm{d}S \right] \delta B_m \qquad (12\text{-}80)$$

$$+ \sum_m \left[\frac{\partial U}{\partial C_m} - \int_V f_z w_m \mathrm{d}V - \int_{S_\sigma} \overline{f}_z w_m \mathrm{d}S \right] \delta C_m$$

(4)根据最小势能原理要求，$\delta \Pi = 0$。由于 A_m、B_m、C_m 为互不依赖的 $3m$ 个待定位移参数，它们的变分 δA_m、δB_m、δC_m 互相独立，其系数应分别等于零，即

$$\begin{cases} \dfrac{\partial U}{\partial A_m} - \displaystyle\int_V f_x u_m \mathrm{d}V - \int_{S_\sigma} \overline{f}_x u_m \mathrm{d}S = 0 \\[3mm] \dfrac{\partial U}{\partial B_m} - \displaystyle\int_V f_y v_m \mathrm{d}V - \int_{S_\sigma} \overline{f}_y v_m \mathrm{d}S = 0 \\[3mm] \dfrac{\partial U}{\partial C_m} - \displaystyle\int_V f_z w_m \mathrm{d}V - \int_{S_\sigma} \overline{f}_z w_m \mathrm{d}S = 0 \end{cases} \qquad (12\text{-}81)$$

弹性问题中，势能泛函 $\Pi(u_i)$ 是位移及其导数的二次泛函，代入位移试验函数后是系数 A_m、B_m、C_m 的二次函数，因而式(12-81)为以这些系数为未知数的线性方程组，即里茨法的求解方程。此方程组维数等于常数的数目，求解此方程组即可确定系数 A_m、B_m、C_m。如果取有限个系数，就得到近似解。显然。系数选取得越多，函数 u_m、v_m、w_m 选取得越好，则结果越精确。

例 12-1 使用里茨法求两端简支的等截面梁受均布载荷 q 作用时的挠度曲线 $w(x)$。设坐标原点在梁左端，如图 12-2 所示。其中，梁长为 l，弹性模量及截面惯性矩分别为 E 和 I。

设位移试验函数为

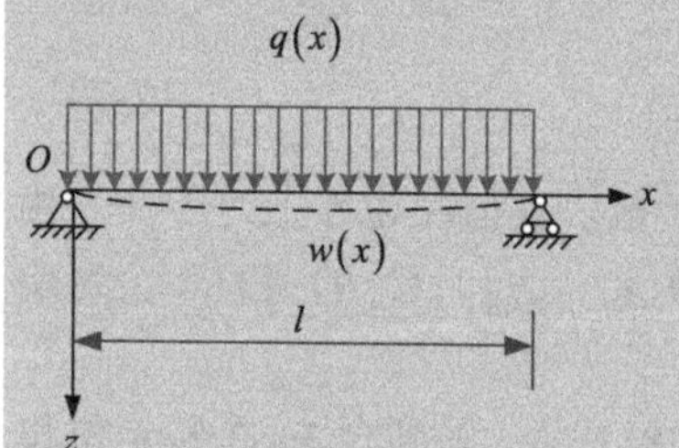

$q(x)$

O x

$w(x)$

l

z

图 12-2

$$w = \sum_m C_m \sin \frac{m\pi x}{l} \qquad (12\text{-}82)$$

方程(12-82)满足梁的位移边界条件：在 $x=0$ 及 $x=l$ 处，$w=0$。

根据材料力学可知，梁结构总势能表达式为

$$\Pi = \frac{EJ}{2} \int_0^l \left(\frac{\mathrm{d}^2 w}{\mathrm{d}x^2} \right)^2 \mathrm{d}x - \int_0^l q w \mathrm{d}x \qquad (12\text{-}83)$$

将位移试验函数(12-82)代入总势能式(12-83)中得

$$\Pi = \frac{EI\pi^4}{4l^3} \sum_m m^4 C_m^2 - \frac{2ql}{\pi} \sum_{m=1,3,5,\cdots} \frac{C_m}{m} \qquad (12\text{-}84)$$

对总势能泛函求变分，根据最小势能原理 $\delta \Pi = 0$ 可得

$$\frac{EI\pi^4}{2l^3} m^4 C_m - \frac{2ql}{\pi m} = 0 \qquad (m\text{为奇数}) \tag{12-85}$$

$$\frac{EI\pi^4}{2l^3} m^4 C_m = 0 \qquad (m\text{为偶数}) \tag{12-86}$$

分别求解式(12-85)和式(12-86)可得

$$C_m = \frac{4ql^4}{EI\pi^5 m^5} \qquad (m\text{为奇数}) \tag{12-87}$$

$$C_m = 0 \qquad (m\text{为偶数}) \tag{12-88}$$

回代位移试验函数(12-82)中可得挠曲线方程为

$$w = \frac{4ql^4}{EI\pi^5} \sum_{m=1,3,5,\cdots} \frac{1}{m^5} \sin\frac{m\pi x}{l} \tag{12-89}$$

当取无穷级数时，此挠曲线函数为精确解。可以证明，此级数收敛很快，只要取少数几项就可以得到足够的精度。假设取一项即 $m=1$，挠曲线最大位移为

$$w_{\max} = \frac{4ql^4}{\pi^5 EI} = 0.013071\frac{ql^4}{EI} \tag{12-90}$$

这一结果与精确值十分接近，与精确解比较，其误差仅为 0.4%，计算足够精确。

由材料力学得梁的弯矩方程为

$$M(x) = EI\frac{d^2 w}{dx^2} = -\frac{4}{\pi^3} ql^2 \sin\frac{\pi x}{l} \tag{12-91}$$

则得梁跨中($x=l/2$)处的弯矩为

$$|M_{\max}| = \frac{4ql^2}{\pi^3} = 0.129ql^2 \tag{12-92}$$

与精确解 $|M_{\max}| = \dfrac{ql^2}{8} = 0.125ql^2$ 相比，误差达到 3.2%。这是很自然的结果，因为弯矩为挠度曲线方程的二阶导数。

例 12-2　平面应力问题如下：矩形薄板，四边固定，受平行于板面的体力作用。设坐标轴如图 12-3 所示，试用里茨法求解。其中，板大小为 $a \times b$，弹性模量与泊松比分别为 E 和 ν。

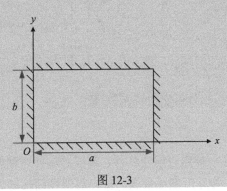

图 12-3

位移试验函数如下：

$$\begin{cases} u = \sum_m \sum_n A_{mn} \sin\dfrac{m\pi x}{a} \sin\dfrac{n\pi y}{b} \\[2mm] v = \sum_m \sum_n B_{mn} \sin\dfrac{m\pi x}{a} \sin\dfrac{n\pi y}{b} \end{cases} \qquad (12\text{-}93)$$

$$m, n = 1, 2, 3, \cdots$$

在边界 $x = 0, a$ 和 $y = 0, b$ 上，$u = v = 0$，所以试验函数满足位移边界条件。

对于平面应力问题，用位移分量表示的形变势能为

$$U = \frac{E}{2(1-v^2)} \int_0^a \int_0^b \left[\left(\frac{\partial u}{\partial x}\right)^2 + \left(\frac{\partial v}{\partial y}\right)^2 + 2v \frac{\partial u}{\partial x}\frac{\partial v}{\partial y} + \frac{1-v}{2}\left(\frac{\partial v}{\partial x} + \frac{\partial u}{\partial y}\right)^2 \right] \mathrm{d}x\mathrm{d}y \qquad (12\text{-}94)$$

因此，

$$\begin{cases} \dfrac{\partial U}{\partial A_{mn}} = \dfrac{E}{2(1-v^2)} \displaystyle\int_0^a \int_0^b \left[2\dfrac{\partial u}{\partial x}\dfrac{\partial}{\partial A_{mn}}\left(\dfrac{\partial u}{\partial x}\right) + 2\dfrac{\partial v}{\partial y}\dfrac{\partial}{\partial A_{mn}}\left(\dfrac{\partial v}{\partial y}\right) + 2v\dfrac{\partial u}{\partial x}\dfrac{\partial}{\partial A_{mn}}\left(\dfrac{\partial v}{\partial y}\right) \right. \\[3mm] \qquad\quad \left. + 2v\dfrac{\partial v}{\partial y}\dfrac{\partial}{\partial A_{mn}}\left(\dfrac{\partial u}{\partial x}\right) + (1-v)\left(\dfrac{\partial v}{\partial x}+\dfrac{\partial u}{\partial y}\right)\dfrac{\partial}{\partial A_{mn}}\left(\dfrac{\partial v}{\partial x}+\dfrac{\partial u}{\partial y}\right) \right] \mathrm{d}x\mathrm{d}y \\[5mm] \dfrac{\partial U}{\partial B_{mn}} = \dfrac{E}{2(1-v^2)} \displaystyle\int_0^a \int_0^b \left[2\dfrac{\partial u}{\partial x}\dfrac{\partial}{\partial B_{mn}}\left(\dfrac{\partial u}{\partial x}\right) + 2\dfrac{\partial v}{\partial y}\dfrac{\partial}{\partial B_{mn}}\left(\dfrac{\partial v}{\partial y}\right) + 2v\dfrac{\partial u}{\partial x}\dfrac{\partial}{\partial B_{mn}}\left(\dfrac{\partial v}{\partial y}\right) \right. \\[3mm] \qquad\quad \left. + 2v\dfrac{\partial v}{\partial y}\dfrac{\partial}{\partial B_{mn}}\left(\dfrac{\partial u}{\partial x}\right) + (1-v)\left(\dfrac{\partial v}{\partial x}+\dfrac{\partial u}{\partial y}\right)\dfrac{\partial}{\partial B_{mn}}\left(\dfrac{\partial v}{\partial x}+\dfrac{\partial u}{\partial y}\right) \right] \mathrm{d}x\mathrm{d}y \end{cases} \qquad (12\text{-}95)$$

将位移试验函数(12-93)代入式(12-95)，基于式(12-81)可得

$$\begin{cases} \dfrac{\partial U}{\partial A_{mn}} = \displaystyle\int_0^a \int_0^b F_{bx} \sin\dfrac{m\pi x}{a}\sin\dfrac{n\pi y}{b}\,\mathrm{d}x\mathrm{d}y \\[4mm] \dfrac{\partial U}{\partial B_{mn}} = \displaystyle\int_0^a \int_0^b F_{by} \sin\dfrac{m\pi x}{a}\sin\dfrac{n\pi y}{b}\,\mathrm{d}x\mathrm{d}y \end{cases} \qquad (12\text{-}96)$$

因此，

$$\begin{cases} \dfrac{E\pi^2 ab}{4}\left[\dfrac{m^2}{a^2(1-v^2)} + \dfrac{n^2}{2b^2(1+v)}\right]A_{mn} = \displaystyle\int_0^a \int_0^b F_{bx}\sin\dfrac{m\pi x}{a}\sin\dfrac{n\pi y}{b}\,\mathrm{d}x\mathrm{d}y \\[4mm] \dfrac{E\pi^2 ab}{4}\left[\dfrac{n^2}{b^2(1-v^2)} + \dfrac{m^2}{2a^2(1+v)}\right]B_{mn} = \displaystyle\int_0^a \int_0^b F_{by}\sin\dfrac{m\pi x}{a}\sin\dfrac{n\pi y}{b}\,\mathrm{d}x\mathrm{d}y \end{cases} \qquad (12\text{-}97)$$

如果体力 F_{bx}、F_{by} 已知，积分可求待定系数 A_{mn}、B_{mn}。

2. 伽辽金法

1915 年，伽辽金提出了一种用以解决杆件、薄板等构件弯曲和稳定问题的简便方法，即本节将要介绍的伽辽金法。为导出伽辽金法，首先对弹性结构的总势能泛函进行数学变换。

由式 (12-77) 取变分可得

$$\delta \Pi = \delta U - \int_V f_i \delta u_i \mathrm{d}V - \int_{S_\sigma} \overline{p}_i \delta u_i \mathrm{d}S \tag{12-98}$$

式中，

$$\delta U = \int_V \delta \overline{U} \mathrm{d}V = \int_V \frac{\partial \overline{U}}{\partial \varepsilon_{ij}} \delta \varepsilon_{ij} \mathrm{d}V$$
$$= \int_V \sigma_{ij} \frac{1}{2}[(\delta u_i)_{,j} + (\delta u_j)_{,i}] \mathrm{d}V \tag{12-99}$$

利用 σ_{ij} 的对称性和高斯积分定理进一步写成

$$\delta U = -\int_V \sigma_{ij,j} \delta u_i \mathrm{d}V + \int_S \sigma_{ij} \nu_j \delta u_i \mathrm{d}S \tag{12-100}$$

由于在位移边界上 $\delta u_i = 0$，式 (12-100) 面积分的范围 S 可改为 S_σ，代入式 (12-98) 和式 (12-99)，并项后得

$$\delta \Pi = -\int_V (\sigma_{ij,j} + f_i) \delta u_i \mathrm{d}V + \int_{S_\sigma} (\sigma_{ij} \nu_j - \overline{p}_i) \delta u_i \mathrm{d}S = 0 \tag{12-101}$$

其中，在面积分上只包括全部受已知面力的边界。如果应力边界条件也得到满足，即 $\sigma_{ij} \nu_j = \overline{p}_i$，则式 (12-101) 简化为

$$\int_V (\sigma_{ij,j} + f_i) \delta u_i \mathrm{d}V = 0 \tag{12-102}$$

这就是当位移分量满足位移边界条件以及应力边界条件时位移变分所应满足的方程。有些文献把它称为伽辽金变分方程。这样，伽辽金法把寻找精确解的难题转化为只求整体满足积分平衡条件的近似解问题。和里茨法一样，引入位移试验函数 (12-78)，此时该试验函数需同时满足位移边界条件和应力边界条件，则代入式 (12-102) 可得

$$\sum_m \int_V \delta A_m \left(\frac{\partial \sigma_x}{\partial x} + \frac{\partial \tau_{xy}}{\partial y} + \frac{\partial \tau_{zx}}{\partial z} + f_x \right) u_m \mathrm{d}V$$
$$+ \sum_m \int_V \delta B_m \left(\frac{\partial \sigma_y}{\partial y} + \frac{\partial \tau_{yz}}{\partial z} + \frac{\partial \tau_{xy}}{\partial x} + f_y \right) v_m \mathrm{d}V \tag{12-103}$$
$$+ \sum_m \int_V \delta C_m \left(\frac{\partial \sigma_z}{\partial z} + \frac{\partial \tau_{zx}}{\partial x} + \frac{\partial \tau_{yz}}{\partial y} + f_z \right) w_m \mathrm{d}V = 0$$

根据 δA_m、δB_m、δC_m 的任意性，它们的系数应当分别等于零，于是得

$$\begin{cases} \int_V \left(\dfrac{\partial \sigma_x}{\partial x} + \dfrac{\partial \tau_{xy}}{\partial y} + \dfrac{\partial \tau_{zx}}{\partial z} + f_x \right) u_m \mathrm{d}V = 0 \\[2mm] \int_V \left(\dfrac{\partial \sigma_y}{\partial y} + \dfrac{\partial \tau_{yz}}{\partial z} + \dfrac{\partial \tau_{xy}}{\partial x} + f_y \right) v_m \mathrm{d}V = 0 \\[2mm] \int_V \left(\dfrac{\partial \sigma_z}{\partial z} + \dfrac{\partial \tau_{zx}}{\partial x} + \dfrac{\partial \tau_{yz}}{\partial y} + f_z \right) w_m \mathrm{d}V = 0 \end{cases} \tag{12-104}$$

例 12-3　使用伽辽金法求两端简支的等截面梁受均布载荷 q 作用时的挠度曲线 $w(x)$。设坐标原点在梁左端，如图 12-4 所示。

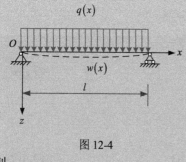

图 12-4

设位移试验函数为

$$w = \sum_m C_m \sin\frac{m\pi x}{l}$$

此方程满足梁的位移边界条件：在 $x=0$ 及 $x=l$ 处，$w=0$，同时满足梁的内力边界条件。根据伽辽金法得

$$\int_0^l \left(EI\frac{\mathrm{d}^4 w}{\mathrm{d}x^4} - q \right) \sin\frac{m\pi x}{l}\,\mathrm{d}x = 0 \qquad (12\text{-}105)$$

则

$$\begin{cases} C_m = \dfrac{4ql^4}{EI\pi^5 m^5} & (m\text{为奇数}) \\[2mm] C_m = 0 & (m\text{为偶数}) \end{cases}$$

回代试验函数中可得挠曲线方程为

$$w = \frac{4ql^4}{EI\pi^5} \sum_{m=1,3,5,\cdots} \frac{1}{m^5}\sin\frac{m\pi x}{l}$$

由于试验函数和里茨法完全一样，计算结果也完全一样。

例 12-4　图 12-5 为等截面悬臂梁，设坐标原点在梁左端，长度为 l，梁的抗弯刚度为 EI，受均布载荷 q 作用，试分别用里茨法和伽辽金法求梁的挠度曲线 $w(x)$，并进行比较。

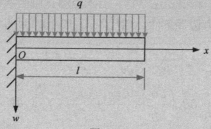

图 12-5

(1) 里茨法求解。

取位移试验函数为三角级数：

$$w = \sum_m C_m \left[1 - \cos\frac{(2m-1)\pi x}{2l} \right] \qquad (12\text{-}106)$$

方程 (12-106) 满足梁固定端的位移边界条件：

$$(w)_{x=0} = 0 \qquad (12\text{-}107)$$

$$\left(\frac{\mathrm{d}w}{\mathrm{d}x} \right)_{x=0} = 0 \qquad (12\text{-}108)$$

为简单起见，取式 (12-106) 中的第一项作为近似计算：

$$w = C_1\left(1 - \cos\frac{\pi x}{2l}\right) \tag{12-109}$$

计算结构总势能：

$$\Pi = \int_0^l \frac{EI}{2}\left(\frac{\mathrm{d}^2 w}{\mathrm{d}x^2}\right)^2 \mathrm{d}x - \int_0^l qw\mathrm{d}x \tag{12-110}$$

将位移试验函数(12-109)代入总势能式(12-110)中得

$$\Pi = \frac{EI}{2}C_1^2\left(\frac{\pi}{2l}\right)^4\left(\frac{l}{2}\right) - qC_1 l\left(1 - \frac{2}{\pi}\right) \tag{12-111}$$

对总势能泛函求变分，根据最小势能原理$\delta\Pi = 0$可得

$$C_1 = \frac{32}{\pi^4}\left(1 - \frac{2}{\pi}\right)\frac{ql^4}{EI} \tag{12-112}$$

回代位移试验函数(12-109)中可得挠曲线方程为

$$w = \frac{32}{\pi^4}\left(1 - \frac{2}{\pi}\right)\frac{ql^4}{EI}\left(1 - \cos\frac{\pi x}{2l}\right) \tag{12-113}$$

从而可得$x = l$处挠曲线最大位移为

$$w_{\max} = (w)_{x=l} = \frac{32}{\pi^4}\left(1 - \frac{2}{\pi}\right)\frac{ql^4}{EI} = 0.11937\frac{ql^4}{EI} \tag{12-114}$$

式(12-114)的解答与精确解$(w)_{x=l} = \frac{1}{8}\frac{ql^4}{EI}$相比小4.5%，已达到工程要求的精度。但若进一步计算其应力，则偏低约41%。为提高精度，可取式(12-106)中的前N项作为位移试验函数，当$N = 5$时，挠度误差仅为0.03%，但应力误差仍有8.1%。

(2)伽辽金法求解。

伽辽金法要求位移试验函数同时满足位移和静力边界条件。里茨法求解中使用的位移试验函数(12-106)不能满足梁自由端($x = l$)处弯矩和剪力均为零的条件，所以不能使用。若将该位移试验函数强行应用于伽辽金法，将会得到

$$w_{\max} = (w)_{x=l} = -0.441\frac{ql^4}{EI} \tag{12-115}$$

这样错误的结果。为了寻找伽辽金法的位移试验函数，先考虑满足静力边界条件较为方便。设

$$\frac{\mathrm{d}^2 w}{\mathrm{d}x^2} = C_1\left(1 - \sin\frac{\pi x}{2l}\right) \tag{12-116}$$

显然，它也能满足梁自由端($x = l$)处弯矩和剪力均为零的条件：

$$\left(\frac{\mathrm{d}^2 w}{\mathrm{d}x^2}\right)_{x=l} = 0 \tag{12-117}$$

$$\left(\frac{\mathrm{d}^3 w}{\mathrm{d}x^3}\right)_{x=l} = 0 \tag{12-118}$$

对式(12-117)和式(12-118)积分两次可得

$$w = C_1 \left[\frac{x^2}{2} + \left(\frac{2l}{\pi} \right)^2 \sin \frac{\pi x}{2l} + Ax + B \right] \qquad (12\text{-}119)$$

通过调整式(12-119)中的两个积分参数 A 和 B，使其满足 $x = 0$ 处的位移边界条件(12-107)和条件(12-108)，从而可得

$$A = -\frac{2l}{\pi}, \quad B = 0 \qquad (12\text{-}120)$$

从而得到伽辽金法的位移试验函数为

$$w = C_1 \left[\frac{x^2}{2} + \left(\frac{2l}{\pi} \right)^2 \sin \frac{\pi x}{2l} - \frac{2l}{\pi} x \right] \qquad (12\text{-}121)$$

将式(12-121)代入梁弯曲问题的伽辽金方程中，可得

$$\int_0^l \left(EI \frac{\mathrm{d}^4 w}{\mathrm{d}x^4} - q \right) w_1 = 0 \qquad (12\text{-}122)$$

则有

$$\int_0^l \left[EIC_1 \left(\frac{\pi}{2l} \right)^2 \sin \frac{\pi x}{2l} - q \right] \left[\frac{x^2}{2} + \left(\frac{2l}{\pi} \right)^2 \sin \frac{\pi x}{2l} - \frac{2l}{\pi} x \right] = 0 \qquad (12\text{-}123)$$

求解可得

$$C_1 = \frac{\pi^3 - 6\pi^2 + 48}{9\pi^3 - 24\pi^2} \frac{ql^2}{EI} = 0.469 \frac{ql^2}{EI} \qquad (12\text{-}124)$$

回代位移试验函数(12-121)从而可得 $x = l$ 处挠曲线最大位移为

$$w_{\max} = (w)_{x=l} = 0.126 \frac{ql^4}{EI} \qquad (12\text{-}125)$$

式(12-125)的解答与精确解相比大 0.8%，显然比里茨法的一阶近似解要好。当然，若里茨法也采用位移试验函数(12-121)，则其结果与伽辽金法的结果是完全相同的。

12.5.4　基于最小余能原理的弹性力学变分问题的近似解法

基于最小余能原理，所有静力可能的应力中，总余能最小的应力分布为真实应力。因此选取一组可能应力 $\sigma_x, \sigma_y, \sigma_z, \tau_{xy}, \tau_{yz}, \tau_{xz}$，满足平衡微分方程和应力边界条件，但其中包含若干待定系数。

弹性结构的总余能为应力分量 σ_{ij} 的泛函，其表达式为

$$\Pi^*(\sigma_{ij}) = \int_V \bar{U}^* \mathrm{d}V - \int_{S_u} \bar{u}_i p_i \mathrm{d}S \qquad (12\text{-}126)$$

式中，$\bar{U}^*$ 为应变余能密度；p_i 为面力；$\bar{u}_i$ 为位移边界条件中的指定位移。应力分量须满足应力边界条件，即

$$\sigma_{ij} \nu_j = \bar{p}_i \qquad (12\text{-}127)$$

基于最小余能原理的里茨法求解过程如下。

(1) 巴博考维奇建议，取应力分量的表达式如下：

$$\sigma_{ij} = \sigma_{ij}^0 + \sum_m A_m (\sigma_{ij})_m \tag{12-128}$$

写成分量形式，即

$$\begin{cases} \sigma_x = \sigma_x^0 + \sum_m A_m (\sigma_x)_m \\[2mm] \sigma_y = \sigma_y^0 + \sum_m A_m (\sigma_y)_m \\[2mm] \sigma_z = \sigma_z^0 + \sum_m A_m (\sigma_z)_m \\[2mm] \tau_{yz} = \tau_{yz}^0 + \sum_m A_m (\tau_{yz})_m \\[2mm] \tau_{zx} = \tau_{zx}^0 + \sum_m A_m (\tau_{zx})_m \\[2mm] \tau_{xy} = \tau_{xy}^0 + \sum_m A_m (\tau_{xy})_m \end{cases} \tag{12-129}$$

式中，σ_{ij}^0 和 $(\sigma_{ij})_m$ 在域内应满足平衡方程；在力边界上，σ_{ij}^0 满足给定的非齐次边界条件，其余 $(\sigma_{ij})_m$ 均分别满足齐次边界条件。注意：和位移试验函数相反，由于六个应力分量应满足平衡方程而互不独立，一般只给每个可能应力场配一个待定参数，而不允许每个应力分量独立地任意变化。

(2) 将试验函数 (12-129) 代入式 (12-126)，得到由应力场参数 A_m 表示的泛函表达式 $\Pi^*(A_m)$。

(3) 基于最小余能原理可知，$\partial \Pi^* / \partial A_m = 0$。

这就是里茨法的求解方程，其实质是用应力场参数表示的近似协调方程，是一个线性代数方程组。由此解出 m 个待定参数 A_m，代回试验函数就得到逼近真实应力的近似解。若需要，可进一步求应变和位移，但一般说应变是不协调的，位移场不一定单值连续。

选择同时满足平衡方程和力边界条件的静力可能应力场 σ_{ij}^0 和 $(\sigma_{ij})_m$ 是相当困难的。但在无(常)体力情况下，应力函数能自动满足平衡方程，所以把总余能看作应力函数的泛函：

$$\Pi^* = \Pi^*(\phi_i) \tag{12-130}$$

式中，ϕ_i 为应力函数，当为三维弹性体时 $i = 1, 2, 3$，当为平面或者扭转问题时 $i = 1$。这时，只须设定应力函数的表达式，使它满足应力边界条件：

$$\phi_i = \overline{\phi}_i \tag{12-131}$$

$$\frac{\partial \phi_i}{\partial n} = \overline{\varphi}_i \tag{12-132}$$

求解时可设

$$\phi_i = \phi_i^0 + \sum_m A_{im} \phi_{im} \tag{12-133}$$

式中，ϕ_i^0 满足给定的非齐次边界条件；ϕ_{im} 满足齐次边界条件。代入式 (12-133)，要求

$$\frac{\partial \Pi^*}{\partial A_{im}} = 0 \qquad (12\text{-}134)$$

得到应力函数参数 A_{im} 表示的近似协调方程。由此线性代数方程组解出 A_{im}，代回式 (12-133) 就得应力函数的近似解。

例 12-5　用最小余能原理求图 12-6 中静不定梁的支座反力。

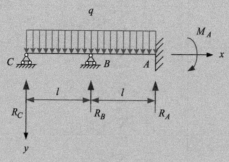

图 12-6

本例为二次静不定系统，选支反力 R_B 和 R_C 为两个待定力参数。由力和力矩平衡条件得

$$\begin{cases} R_A + R_B + R_C = 2ql \\ (R_B + 2R_C)l + M_A = 2ql^2 \end{cases} \qquad (12\text{-}135)$$

可解得 A 点处

$$\begin{cases} R_A = 2ql - R_B - R_C \\ M_A = 2ql^2 - (R_B + 2R_C)l \end{cases} \qquad (12\text{-}136)$$

静力可能内力场用力参数的表达式为

$$\begin{cases} M_1 = R_C x - \dfrac{1}{2}qx^2 & (CB段) \\ M_2 = R_C x - \dfrac{1}{2}qx^2 + R_B(x-l) & (BA段) \end{cases} \qquad (12\text{-}137)$$

因为支座没有位移，余势 $V^* = 0$，所以总余能为

$$\begin{aligned} \Pi^* &= \int_0^l \frac{M_1^2}{2EI}\mathrm{d}x + \int_l^{2l} \frac{M_2^2}{2EI}\mathrm{d}x \\ &= \frac{1}{2EI}\left\{ \int_0^l \left(R_C x - \frac{1}{2}qx^2\right)\mathrm{d}x + \int_l^{2l}\left[R_C x - \frac{1}{2}qx^2 + R_B(x-l)\right]\mathrm{d}x \right\} \\ &= \frac{l^3}{2EI}\left(\frac{3}{8}R_C^2 - 4qlR_C + \frac{8}{5}q^2l^2 + \frac{1}{3}R_B^2 + \frac{5}{3}R_B R_C - \frac{17}{12}qlR_B \right) \end{aligned} \qquad (12\text{-}138)$$

根据最小余能原理要求

$$\begin{cases} \dfrac{\partial \Pi^*}{\partial R_B} = \dfrac{l^3}{24EI}(8R_B + 20R_C - 17ql) = 0 \\ \dfrac{\partial \Pi^*}{\partial R_C} = \dfrac{l^3}{6EI}(5R_B + 16R_C - 12ql) = 0 \end{cases} \qquad (12\text{-}139)$$

由此解得

$$R_B = \frac{8}{7}ql, \quad R_C = \frac{11}{28}ql \tag{12-140}$$

代入式(12-136)得

$$\begin{cases} R_A = \frac{13}{28}ql \\ M_A = \frac{1}{14}ql^2 \end{cases} \tag{12-141}$$

这里 Π^* 表达式中的弯矩 M 采用材料力学导出的精确公式，所以式(12-141)是精确解。

12.6　可变边界条件：卡氏定理

前面讨论的问题中，应力或者应变为自变函数，而载荷边界条件及位移边界条件保持不变。本节将讨论载荷边界条件或者位移边界条件发生变化时的力学原理。

12.6.1　载荷可变情况

根据可能功原理 $\int_V f_i^{(s)} u_i^{(k)} \mathrm{d}V + \int_S p_i^{(s)} u_i^{(k)} \mathrm{d}S = \int_V \sigma_{ij}^{(s)} \varepsilon_{ij}^{(k)} \mathrm{d}V$，将 S 边界展开，写成

$$\int_V f_i^{(s)} u_i^{(k)} \mathrm{d}V + \int_{S_\sigma} \bar{p}_i^{(s)} u_i^{(k)} \mathrm{d}S + \int_{S_u} p_i^{(s)} \bar{u}_i^{(k)} \mathrm{d}S = \int_V \sigma_{ij}^{(s)} \varepsilon_{ij}^{(k)} \mathrm{d}V \tag{12-142}$$

假定载荷 f_i 和 $\bar{p}_i$ 可变。式(12-142)对静力场取变分可得

$$\int_V \delta f_i^{(s)} u_i^{(k)} \mathrm{d}V + \int_{S_\sigma} \delta\bar{p}_i^{(s)} u_i^{(k)} \mathrm{d}S + \int_{S_u} \delta p_i^{(s)} \bar{u}_i^{(k)} \mathrm{d}S = \int_V \delta\sigma_{ij}^{(s)} \varepsilon_{ij}^{(k)} \mathrm{d}V \tag{12-143}$$

如果把式(12-143)中的状态 (k) 取为真实状态，状态 (s) 取为与载荷虚变化(δf_i；$\delta\bar{p}_i$)相应的广义静力可能状态 $\delta\sigma_{ij}$ 和 δp_i，对弹性保守系统引进总余能的变分

$$\delta\Pi^* = \delta V^* + \delta U^* = \int_V \varepsilon_{ij}\delta\sigma_{ij}\mathrm{d}V - \int_{S_u} \delta p_i \bar{u}_i \mathrm{d}S \tag{12-144}$$

则式(12-143)可写为

$$\delta\Pi^* = \int_V u_i \delta f_i \,\mathrm{d}V + \int_{S_\sigma} u_i \delta\bar{p}_i \mathrm{d}S \tag{12-145}$$

这是结构力学中卡氏定理的变分形式，可叙述为：当实际载荷有虚变化时，系统总余能的虚变化等于在真实位移上载荷虚变化所做的功。如果不允许载荷有虚变化，则卡氏定理退化为最小余能原理。

对于任意一弹性体，假定其受广义力 $F_1, F_2, \cdots, F_i, \cdots, F_n$ 作用，其相应的位移分布为 $\Delta_1, \Delta_2, \cdots, \Delta_i, \cdots, \Delta_n$，那么式(12-145)右端项可写为 $\sum \Delta_i \delta F_i$。由于弹性体的总余能是 Π^* 是广义力 $F_1, F_2, \cdots, F_i, \cdots, F_n$ 的函数，由 F_i 的增量引起余能的增量可由函数微分求得

$$\Delta_i = \frac{\partial \Pi^*}{\partial F_i} \tag{12-146}$$

这是卡氏定理的导数形式，可叙述为：总余能对广义力的偏导数等于相应的广义位移。

在式(12-144)中，若不存在位移边界条件或者固定位移值恒为 0，则

$$\delta V^* = \int_{S_u} \delta p_i \bar{u}_i \mathrm{d}S = 0 \tag{12-147}$$

因此，由式(12-144)可知 $\delta \varPi^* = \delta U^*$，也就是

$$\varDelta_i = \frac{\partial U^*}{\partial F_i} \tag{12-148}$$

式(12-148)为克罗第-恩格塞(Crotti-Engesser)定理。如果为线弹性结构，结构势能和余能相等，即 $U = U^*$，即

$$\varDelta_i = \frac{\partial U}{\partial F_i} \tag{12-149}$$

这是结构力学中常见的卡氏第二定理。

以上定理常用于求力边界处的真实位移。如果实际载荷中已有与欲求广义位移 $\varDelta_i$ 相应的广义力，则利用式(12-146)可直接求得 $\varDelta_i$。如果没有相应的广义力，则可先加上相应的广义力 F，计算 $\varPi^*$，按式(12-146)对 F 求导得 $\varDelta$ 的表达式，再令其中的 $F = 0$ 即欲求的位移。

例 12-6　求图 12-7 所示受集中力 P 作用的悬臂梁在自由端处的转角 θ。已知梁长为 l，抗弯刚度为 EI。

图 12-7

因自由端没有外载荷，故在自由端加上与转角相应的广义力 M_0。首先写出该结构的应变余能，由于为弹性结构，弹性余能等于弹性势能，为

$$U^* = U = \int_0^L \frac{M(x)^2}{2EI} \mathrm{d}x \tag{12-150}$$

因 $M(x) = Px + M_0$，故

$$U^* = \int_0^L \frac{(Px + M_0)^2}{2EI} \mathrm{d}x = \frac{P^2 l^3}{6EI} + \frac{PM_0 l^2}{2EI} + \frac{M_0^2 l}{2EI} \tag{12-151}$$

对 M_0 求偏导数，得

$$\theta = \left(\frac{\partial U^*}{\partial M_0} \right)_{M_0 = 0} = \frac{Pl^2}{2EI} \tag{12-152}$$

方向与 M_0 相同。

12.6.2　边界位移可变情况

如果给定位移边界上的给定位移 $\bar{u}_i$ 可变，基于式(12-142)对可能变形场取变分可得

$$\int_V f_i^{(s)}\delta u_i^{(k)}\mathrm{d}V + \int_{S_\sigma} \bar{p}_i^{(s)}\delta u_i^{(k)}\mathrm{d}S + \int_{S_u} p_i^{(s)}\delta \bar{u}_i^{(k)}\mathrm{d}S = \int_V \sigma_{ij}^{(s)}\delta \varepsilon_{ij}^{(k)}\mathrm{d}V \tag{12-153}$$

这称为拉格朗日变分方程或位移变分方程，它是虚功原理的推广。如果把式(12-153)中的状态(s)取为真实状态，状态(k)取为与位移边界条件的虚变化($\delta\bar{u}_i$)相应的广义变形可能状态 $\delta\varepsilon_{ij}$ 和 δu_i，对弹性保守系统引进总势能的变分：

$$\delta\Pi = \delta V + \delta U = \int_V \delta\varepsilon_{ij}\sigma_{ij}\mathrm{d}V - \int_V f_i\delta u_i\mathrm{d}V - \int_{S_\sigma} \bar{p}_i\delta u_i\mathrm{d}S \tag{12-154}$$

则式(12-153)可写为

$$\delta\Pi = \int_{S_u} p_i\delta\bar{u}_i\,\mathrm{d}S \tag{12-155}$$

式(12-155)的物理意义为：当位移边界值可变时，系统总势能的虚变化等于真实约束反力在位移边界值的虚变化上所做的功。如果不允许位移边界值有虚变化，则式(12-155)退化为最小势能原理 $\delta\Pi = 0$。

对于任意弹性体，假定其相应的给定位移分布为 $\varDelta_1, \varDelta_2, \cdots, \varDelta_i, \cdots, \varDelta_n$，在位移边界上与 $\varDelta$ 相应的广义约束反力为 $p_1, p_2, \cdots, p_i, \cdots, p_n$，那么式(12-155)右端项可写为 $\sum p_i\delta\varDelta_i$。由于弹性体的总势能 Π 是广义力 $\varDelta_1, \varDelta_2, \cdots, \varDelta_i, \cdots, \varDelta_n$ 的函数，由 $\varDelta_i$ 的增量引起势能的增量可由函数微分求得

$$p_i = \frac{\partial \Pi}{\partial \varDelta_i} \tag{12-156}$$

式中，若外力势 $V = 0$，则

$$p_i = \frac{\partial U}{\partial \varDelta_i} \tag{12-157}$$

这是结构力学中常见的卡氏第一定理。以上定理常用于求位移边界处的约束反力。

例 12-7　如图 12-8 所示桁架，下端由初始位置 A_0 拉伸距离 $\varDelta$ 后固定于 A，已知杆的拉伸刚度为 EF，求相应的约束反力。

由几何关系

$$\begin{cases} l^2 = a^2 + b^2 \\ L^2 = a^2 + (b+\varDelta)^2 \\ \quad = l^2 + 2b\varDelta + \varDelta^2 \approx \left(l + \dfrac{b\varDelta}{l}\right)^2 \end{cases} \tag{12-158}$$

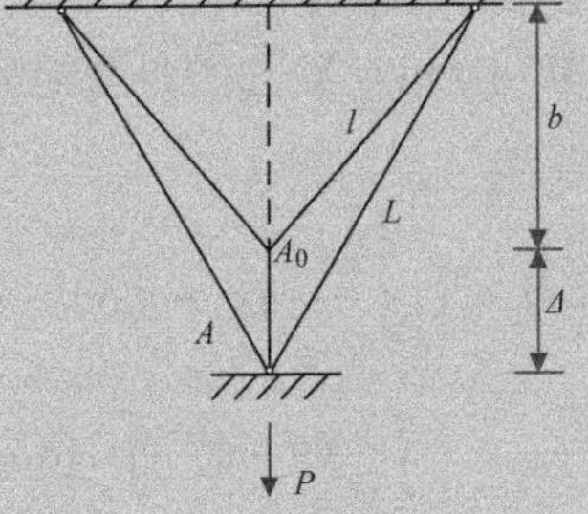

计算杆的应变为

$$\varepsilon = (L-l)/l = b\varDelta/l^2 \tag{12-159}$$

两杆的总应变能为

图 12-8

$$U = EFl\varepsilon^2 = EFlb^2\Delta^2/l^3 \tag{12-160}$$

由于没有外载荷，$V = 0$，根据卡氏第一定理可得

$$P = \frac{\partial U}{\partial \Delta} = 2EFb^2\Delta/l^3 \tag{12-161}$$

12.7　弹性力学广义变分原理

以上讨论明确了变分原理的重要性，但是所涉及的仅是场变量已事先满足附加条件的自然变分原理，其好处是在泛函中通常只保留一个场函数，同时泛函具有极值性。其在场函数能事先满足所要求的附加条件时当然乐于使用，但实际上，有相当多的物理和力学问题，如果采用自然变分原理，要求它所对应泛函中的场函数满足全部的附加条件往往不易做到，因此需要引入专门的理论和方法，这就是本节所要介绍的广义变分原理。

12.7.1　三类变量的广义变分原理

在最小势能原理中，泛函

$$\Pi = \int_V [\bar{U}(\varepsilon_{ij}) - f_i u_i] \mathrm{d}V - \int_{S_\sigma} \bar{p}_i u_i \mathrm{d}S \tag{12-162}$$

的九个可变函数(三个 u_i 和六个 ε_{ij})必须是变形可能的，即边界上要满足位移边界条件，域内要满足应变-位移几何关系。因此，$\delta\Pi = 0$ 是一个带有附加条件

$$\begin{cases} \varepsilon_{ij} - \dfrac{1}{2}(u_{i,j} + u_{j,i}) = 0 & (在V内) \\ u_i - \bar{u}_i = 0 & (在 S_u 上) \end{cases} \tag{12-163}$$

的条件驻值问题。引入拉格朗日乘子，把附加条件(12-163)吸收到泛函中，则转化为如下新泛函的无条件驻值问题：

$$\begin{aligned} \Pi_1 = &\int_V [\bar{U}(\varepsilon_{ij}) - f_i u_i] \mathrm{d}V - \int_V \lambda_{ij}\left[\varepsilon_{ij} - \frac{1}{2}(u_{i,j} + u_{j,i})\right]\mathrm{d}V \\ &- \int_{S_\sigma} \bar{p}_i u_i \mathrm{d}S - \int_{S_u} \mu_i(u_i - \bar{u}_i)\mathrm{d}S \end{aligned} \tag{12-164}$$

其中，六个 λ_{ij} 和三个 μ_i 分别是域内和位移边界上的任意函数，称为拉格朗日乘子。解除约束(12-163)后，六个应变 ε_{ij} 和三个位移 u_i 已独立无关，所以新泛函 Π_1 含有 18 个(u_i、ε_{ij}、λ_{ij} 和 μ_i)相互独立的自变函数，每个自变函数都不受任何约束条件的限制。新泛函的驻值条件是

$$\begin{aligned} \delta\Pi_1 = &\int_V \left\{\frac{\partial \bar{U}}{\partial \varepsilon_{ij}}\delta\varepsilon_{ij} - f_i\delta u_i - \delta\lambda_{ij}\left[\varepsilon_{ij} - \frac{1}{2}(u_{i,j} + u_{j,i})\right] - \lambda_{ij}\delta\varepsilon_{ij} + \frac{1}{2}\lambda_{ij}(\delta u_{i,j} + \delta u_{j,i})\right\}\mathrm{d}V \\ &- \int_{S_\sigma} \bar{p}_i\delta u_i \mathrm{d}S - \int_{S_u} [\delta\mu_i(u_i - \bar{u}_i) + \mu_i\delta u_i]\mathrm{d}S \\ =\ &0 \end{aligned} \tag{12-165}$$

对体积分中的 $\frac{1}{2}\lambda_{ij}(\delta u_{i,j}+\delta u_{j,i})$ 项进行分部积分，并考虑到 $\lambda_{ij}=\lambda_{ji}$ 具有对称性，式(12-165)可整理成

$$\delta\Pi_1 = \int_V\left\{\left(\frac{\partial\bar{U}}{\partial\varepsilon_{ij}}-\lambda_{ij}\right)\delta\varepsilon_{ij}-(\lambda_{ij,j}+f_i)\delta u_i-\delta\lambda_{ij}\left[\varepsilon_{ij}-\frac{1}{2}(u_{i,j}+u_{j,i})\right]\right\}\mathrm{d}V$$
$$+\int_{S_\sigma}(\lambda_{ij}\nu_j-\bar{p}_i)\delta u_i\mathrm{d}S-\int_{S_u}(\mu_i-\lambda_{ij}\nu_j)\delta u_i+\delta\mu_i(u_i-\bar{u}_i)\mathrm{d}S=0 \tag{12-166}$$

因 δu_i、$\delta\varepsilon_{ij}$、$\delta\lambda_{ij}$ 和 $\delta\mu_i$ 相互独立，令它们的系数分别为零，可导得欧拉方程和自然边界条件，并与弹性力学的基本方程和边界条件比较，如表 12-1 所示。

表 12-1　欧拉方程和自然边界条件、弹性力学的基本方程和边界条件(一)

欧拉方程和自然边界条件	弹性力学的基本方程和边界条件
在 V 内 $\lambda_{ij}=\dfrac{\partial\bar{U}}{\partial\varepsilon_{ij}}$	$\sigma_{ij}=\dfrac{\partial\bar{U}}{\partial\varepsilon_{ij}}$
在 V 内 $\lambda_{ij,j}+f_i=0$	$\sigma_{ij,j}+f_i=0$
在 V 内 $\varepsilon_{ij}=\dfrac{1}{2}(u_{i,j}+u_{j,i})$	$\varepsilon_{ij}=\dfrac{1}{2}(u_{i,j}+u_{j,i})$
在 S_σ 上　$\lambda_{ij}\nu_j=\bar{p}_i$	$\sigma_{ij}\nu_j=\bar{p}_i$
在 S_u 上　$\mu_i=\lambda_{ij}\nu_j$	$p_i=\sigma_{ij}\nu_j$
在 S_u 上　$u_i=\bar{u}_i$	$u_i=\bar{u}_i$

比较表 12-1 可知，和变形关系相关的拉格朗日乘子 λ_{ij} 和 μ_i 的物理意义就是应力 σ_{ij} 和约束反力 p_i，对式(12-166)作这样的替换，并用式 $p_i=\sigma_{ij}\nu_j$ 消去反力 p_i，可得含有三类(15 个)独立自变函数(u_i、ε_{ij}、σ_{ij})的泛函：

$$\Pi_3 = \int_V\left\{\bar{U}(\varepsilon_{ij})-f_iu_i-\sigma_{ij}\left[\varepsilon_{ij}-\frac{1}{2}(u_{i,j}+u_{j,i})\right]\right\}\mathrm{d}V$$
$$-\int_{S_\sigma}\bar{p}_iu_i\mathrm{d}S-\int_{S_u}\sigma_{ij}\nu_j(u_i-\bar{u}_i)\mathrm{d}S \tag{12-167}$$

此称为三类变量广义势能。它的驻值条件为

$$\delta\Pi_3 = 0 \tag{12-168}$$

称为三类变量广义变分原理或胡-鹫津久变分原理，可叙述为：在由三类变量 u_i、ε_{ij}、σ_{ij} 任意选择所得到的一切可能状态中，真实状态使泛函 Π_3 取驻值。

可以看到，三类变量广义变分原理的独立变量包括弹性力学中全部 15 个基本未知量，而且驻值条件(12-168)能导出弹性力学的全部基本方程和边界条件。

把 Π_3 冠以负号，利用可能功原理把式(12-167)体积分中的最后一项改写成

$$\int_V\sigma_{ij}\left[\frac{1}{2}(u_{i,j}+u_{j,i})\right]\mathrm{d}V = -\int_V\sigma_{ij,j}u_i\mathrm{d}V+\int_{S_\sigma+S_u}(\sigma_{ij}\nu_j)u_i\mathrm{d}S \tag{12-169}$$

可导得另一种等价泛函：

$$\Pi_3^* = \int_V\{\sigma_{ij}\varepsilon_{ij}-\bar{U}(\varepsilon_{ij})+(\sigma_{ij,j}+f_i)u_i\}\mathrm{d}V-\int_{S_\sigma}(\sigma_{ij}\nu_j-\bar{p}_i)u_i\mathrm{d}S-\int_{S_u}(\sigma_{ij}\nu_j)\bar{u}_i\mathrm{d}S \tag{12-170}$$

此称为三类变量广义余能，显然

$$\Pi_3 + \Pi_3^3 = 0 \tag{12-171}$$

12.7.2　二类变量的广义变分原理

在最小余能原理中，泛函

$$\Pi^* = \int_V \bar{U}^*(\sigma_{ij}) \mathrm{d}V - \int_{S_u} (\sigma_{ij} \nu_j) \bar{u}_i \mathrm{d}S \tag{12-172}$$

的六个可变函数 σ_{ij} 必须是静力可能的，即边界上要满足力边界条件，域内要满足平衡方程。因此，$\delta \Pi^* = 0$ 是一个带有附加条件

$$\begin{cases} \sigma_{ij,j} + f_i = 0 & (\text{在} V \text{内}) \\ \sigma_{ij} \nu_j = \bar{p}_i & (\text{在} S_\sigma \text{上}) \end{cases} \tag{12-173}$$

的条件驻值问题。引入拉格朗日乘子，把附加条件(12-173)吸收到泛函中，则转化为如下新泛函的无条件驻值问题：

$$\Pi_2^* = \int_V [\bar{U}^*(\sigma_{ij}) + (\sigma_{ij,j} + f_i)u_i] \mathrm{d}V - \int_{S_\sigma} (\sigma_{ij} \nu_j - \bar{p}_i) u_i \mathrm{d}S - \int_{S_u} (\sigma_{ij} \nu_j) \bar{u}_i \mathrm{d}S \tag{12-174}$$

问题中和静力关系相关的拉格朗日乘子的物理意义是位移 u_i，式(12-174)是替换后的表达式，它含有二类(九个)独立自变函数(u_i、ε_{ij})，称为二类变量广义余能。其驻值条件为

$$\delta \Pi_2^* = 0 \tag{12-175}$$

称为二类变量广义变分原理，可叙述为：在由二类变量 u_i、ε_{ij} 任意选择所得到的一切可能状态中，真实状态使泛函 Π_2^* 取驻值。

由驻值条件(12-175)可得欧拉方程和自然边界条件，如表 12-2 所示。

表 12-2　欧拉方程和自然边界条件、弹性力学的基本方程和边界条件(二)

欧拉方程和自然边界条件	弹性力学的基本方程和边界条件
在 V 内 $\dfrac{\partial \bar{U}^*}{\partial \sigma_{ij}} = \dfrac{1}{2}(u_{i,j} + u_{j,i})$	$\varepsilon_{ij} = \dfrac{\partial \bar{U}^*}{\partial \sigma_{ij}}, \varepsilon_{ij} = \dfrac{1}{2}(u_{i,j} + u_{j,i})$
在 V 内 $\sigma_{ij,j} + f_i = 0$	$\sigma_{ij,j} + f_i = 0$
在 S_σ 上 $\sigma_{ij} \nu_j = \bar{p}_i$	$\sigma_{ij} \nu_j = \bar{p}_i$
在 S_u 上 $u_i = \bar{u}_i$	$u_i = \bar{u}_i$

可以看到，左栏中的第一个欧拉方程等价于右栏中的本构方程和几何方程。

把 Π_2^* 冠以负号，利用式(12-173)对式(12-174)体积分中的第二项进行变换可得

$$\Pi_2^* = \int_V \left[-\bar{U}^*(\sigma_{ij}) - f_i u_i + \frac{1}{2} \sigma_{ij}(u_{i,j} + u_{j,i}) \right] \mathrm{d}V - \int_{S_\sigma} \bar{p}_i u_i \mathrm{d}S - \int_{S_u} \sigma_{ij} \nu_j (u_i - \bar{u}_i) \mathrm{d}S \tag{12-176}$$

此称为二类变量广义势能，显然

$$\Pi_2 + \Pi_2^* = 0 \tag{12-177}$$

式(12-176)中泛函的驻值条件为

$$\delta \Pi_2 = 0 \tag{12-178}$$

称为赫林格-赖斯纳变分原理(简称 H-R 变分原理)。

最后指出，在三类变量广义变分原理中应力和应变可以完全独立地任意选择。如何对它们加以约束，要求满足本构关系：

$$\varepsilon_{ij} = \frac{\partial \bar{U}^*}{\partial \sigma_{ij}}, \quad \sigma_{ij} = \frac{\partial \bar{U}^*}{\partial \varepsilon_{ij}} \tag{12-179}$$

并分部积分得

$$\bar{U}(\varepsilon_{ij}) + \bar{U}^*(\sigma_{ij}) = \sigma_{ij}\varepsilon_{ij} \tag{12-180}$$

将式(12-180)代入式(12-167)和式(12-170)，立即可得式(12-174)和式(12-176)，于是

$$\Pi_3 \Rightarrow \Pi_2, \quad \Pi_2 \Rightarrow \Pi_2^*$$

三类变量广义变分原理退化为二类变量广义变分原理。

习　　题

12-1　试用虚功原理求解图 12-9 所示梁的固定端弯矩。

12-2　如图 12-10 所示结构，各杆铰接。$AB=BC=CD=DA=a$，其中角 B 为直角。材料常数及载荷如图 12-10 所示，结构发生小变形。忽略变形的高阶小量，用功的互等定理求 AC 杆的伸长。

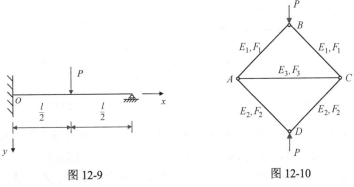

图 12-9　　　　　　　　　　　　图 12-10

12-3　用虚功原理计算图 12-11 中节点 B 处引起位移 u_1、u_2 所需的作用力 P_1、P_2。假定杆件截面积均为 F，弹性模量为 E。

12-4　图 12-12 中两杆长度均为 l，弹性模量及截面积分别为 E_1、F_1 及 E_2、F_2。用虚功原理及余虚功原理求在力 P 作用下两杆铰接处的位移。

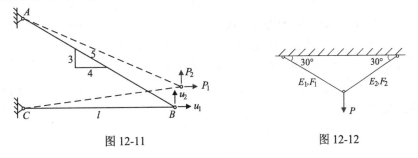

图 12-11　　　　　　　　　　　　图 12-12

12-5　试用虚功原理求图 12-13 所示梁的挠度曲线，并求 $a = l/2$ 时中点的挠度值。

12-6　求图 12-14 所示双跨梁 B 点处的反力 R。

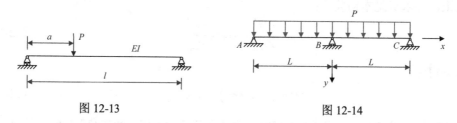

图 12-13　　　　　　　　　　　　　　　　　　图 12-14

12-7　图 12-15 所示梁的一端固定、一端弹性支承。梁的抗弯刚度 EI 为常数，弹簧刚度为 k。梁上作用分布载荷 $q(x)$，梁的中点作用集中力 P，梁端作用力偶 M。试用最小势能原理导出平衡方程、边界条件及中点处的连接条件。

12-8　图 12-16 所示悬臂梁在自由端受集中载荷 P 作用。梁长为 l，抗弯刚度为 EI。试用最小势能原理，根据如下位移试验函数求梁的最大挠度。

(1) $w = a_2 x^2 + a_3 x^3$；

(2) $w = a_1 \left(1 - \cos \dfrac{\pi x}{2l} \right)$。

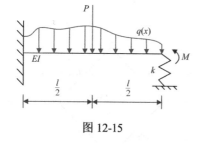　　　　　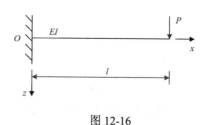

图 12-15　　　　　　　　　　　　　　　　　图 12-16

12-9　图 12-17 所示结构的梁 AB 在 A 处固支，长为 l，截面积为 F_1，截面惯性矩为 I。杆 BC 在 B 处与梁铰接，截面积为 F_2，$F_2 = 2\sqrt{2} F_1$。材料弹性模量均为 E，B 点受载荷 P 作用。设梁的压缩量为 Δ，挠度曲线为 $w = ax^2$，Δ 及 a 均为待定的变形参数。考虑杆 BC 的拉伸及梁 AB 的压缩与弯曲，用最小势能原理求 B 点的水平与垂直位移。

12-10　对于平面问题，试证明变分方程

$$\delta U^* = \frac{1}{2E} \delta \int_{\Omega} \left[\left(\frac{\partial^2 \varphi}{\partial x^2} \right)^2 + \left(\frac{\partial^2 \varphi}{\partial y^2} \right)^2 + 2 \left(\frac{\partial^2 \varphi}{\partial x \partial y} \right)^2 \right] \mathrm{d}x \mathrm{d}y = 0$$

等价于应力函数表示的相容方程 $\nabla^2 \nabla^2 \varphi = 0$。

12-11　已知图 12-18 所示矩形薄板的三边固定，第四边上的位移给定为 $u = 0$，$v = -\delta \sin(\pi x / a)$，试用伽辽金法求平面内的应力分量(体力不计)。

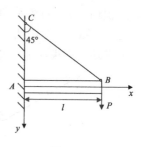

图 12-17

设位移分量为

$$u = \sum_m \sum_m A_{mm} \sin\frac{m\pi x}{a}\sin\frac{n\pi x}{b}$$

$$v = -\delta\frac{y}{b}\sin\frac{\pi x}{a} + \sum_m \sum_m B_{mn}\sin\frac{m\pi x}{a}\sin\frac{n\pi x}{b}$$

12-12　已知图 12-19 所示矩形薄板的三边固定，第四边承受均布载荷 q 作用，设应力函数为

$$\varphi = -\frac{qx^2}{2} + \frac{qa^2}{2}\left(A_1\frac{x^2 y^2}{a^2 b^2} + A_2\frac{y^3}{b^3}\right)$$

试用基于最小余能原理的里茨法求应力分量(设 $\nu = 0$)。

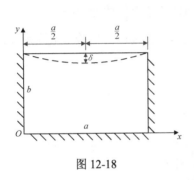

图 12-18　　　　　　　　　　　　　图 12-19

12-13　等直杆长为 l，端部受扭矩 M 作用。设位移为 $u = -azy$，$v = azx$，$w = a\psi(x,y)$，其中，ψ 为翘曲函数。用最小势能原理导出以 ψ 表示的基本方程及力边界条件。

12-14　图 12-20 所示简支梁长为 l，抗弯刚度为 EI，中点受力 P 作用，支座之间由弹性介质支承，其弹性系数为 k (每单位长介质对单位挠度提供的反力)。设

$$w = \sum_{n=1}^{\infty} a_n \sin\frac{n\pi x}{l}$$

使用里茨法求梁中点的挠度。

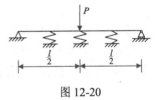

图 12-20

12-15　简支梁受横向载荷 P 及轴向力 N 作用，如图 12-21 所示。梁截面的抗弯刚度按如下规律变化：

$$EI(x) = \begin{cases} EI_0\dfrac{2x}{l} & \left(0 < x < \dfrac{l}{2}\right) \\[2mm] EI_0\dfrac{2(l-x)}{l} & \left(\dfrac{l}{2} < x < l\right) \end{cases}$$

设挠度曲线为 $w = \Delta\sin\dfrac{\pi x}{l}$，用里茨法求跨中位移 Δ 与载荷 P、N 之间的关系。

12-16　简支梁长为 l，抗弯刚度为 EI。试用伽辽金法求解在均布载荷 q 作用下梁弯曲的挠度曲线。提示：选取位移试验函数 $w = \sum_{n=1}^{\infty} a_n \sin\dfrac{n\pi x}{l}$。

12-17　用卡氏定理计算图 12-22 所示悬臂梁的自由端位移(材料为线弹性)。

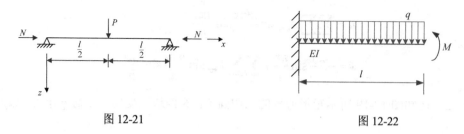

图 12-21　　　　　　　　　　　　　　图 12-22

12-18　设一正方形截面柱体的边界为 $x = \pm a, y = \pm b$，受扭矩 M_t 作用。取应力试验函数 $\phi = A(x^2 - a^2)(y^2 - b^2)$。试用伽辽金法求扭转刚度 D。

12-19　图 12-23 所示空心正方形截面柱体的外边长为 $2b$，内边长为 $2a$，柱体长 l。试用里茨法求扭转刚度。

提示：可以只考虑区域 $ABCD$。该部分余能的四倍即整个柱体的余能。

取应力试验函数为 $\phi = \dfrac{b-x}{b-a} C_1$，其中 C_1 为待定常数。上述应力试验函数满足在外边界上 $\phi = 0$、内边界上 $\phi = C_1$ 的边界条件。

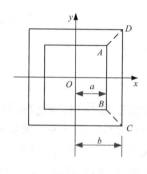

图 12-23

12-20　什么是胡-鹫津久变分原理？它和最小势能原理的区别何在？它有几个场变量？

12-21　什么是赫林格-赖斯纳变分原理？它和最小势能原理、最小余能原理以及胡-鹫津久变分原理的区别何在？它有几个场变量？

第 12 章部分参考答案

第 13 章 弹性理论辛方法预备知识

本章首先对一些数学基本概念和基本性质作简要的介绍,主要包括欧几里得空间、辛空间以及勒让德变换等;其次对相关的哈密顿原理与哈密顿正则方程作简要的回顾。

13.1 线性空间、欧几里得空间、辛空间和哈密顿矩阵

13.1.1 线性空间基本概念

线性空间是线性代数最基本的概念之一,它广泛应用于现代数学的许多领域,也是许多物理模型广泛存在的一种数学结构。有关线性空间的基本概念和基本性质在众多的教材中都有详细的论述及证明,因此本节仅对相关的内容作扼要的叙述,而略去有关论证。

定义 13-1 设在实数域 $\mathbf{R}$ 上的线性空间 V 中有 n 个线性无关向量(广义向量)$\{\boldsymbol{\alpha}_1, \boldsymbol{\alpha}_2, \cdots, \boldsymbol{\alpha}_n\}$,且 V 中任何一个向量 $\boldsymbol{\alpha}$ 都可由其线性组合表示为

$$\boldsymbol{\alpha} = x_1 \boldsymbol{\alpha}_1 + x_2 \boldsymbol{\alpha}_2 + \cdots + x_n \boldsymbol{\alpha}_n \tag{13-1}$$

则称 $\{\boldsymbol{\alpha}_1, \boldsymbol{\alpha}_2, \cdots, \boldsymbol{\alpha}_n\}$ 为 V 的一组基,简记为 $\{\boldsymbol{\alpha}_i\}$,$\{x_1, x_2, \cdots, x_n\}^{\mathrm{T}}$ 为 $\boldsymbol{\alpha}$ 在基 $\{\boldsymbol{\alpha}_i\}$ 下的坐标。这时,就称 V 为 n 维线性空间。

上述的定义同时表明,对一个 n 维抽象的线性空间,通过一组基就可将问题完全用实数域 $\mathbf{R}$ 上的普通 n 维向量来描述。其实线性空间的许多性质和运算也都是通过一组基而最终转化为普通向量和矩阵的性质与运算。在普通 n 维向量空间中讨论,当然便于理解和运用,后面的介绍将很好地体现出这一点。

n 维线性空间的基不是唯一的,一个向量在不同基下的坐标也是不同的。设 $\{\boldsymbol{\alpha}_i\}$ 与 $\{\boldsymbol{\beta}_j\}$ 是 V 中两组基,它们之间的关系是

$$\{\boldsymbol{\beta}_1, \boldsymbol{\beta}_2, \cdots, \boldsymbol{\beta}_n\} = \{\boldsymbol{\alpha}_1, \boldsymbol{\alpha}_2, \cdots, \boldsymbol{\alpha}_n\} \boldsymbol{A} \tag{13-2}$$

式中,

$$\boldsymbol{A} = \begin{bmatrix} a_{11} & a_{12} & \cdots & a_{1n} \\ a_{21} & a_{22} & \cdots & a_{2n} \\ \vdots & \vdots & & \vdots \\ a_{n1} & a_{n2} & \cdots & a_{nn} \end{bmatrix} \tag{13-3}$$

称为由基 $\{\boldsymbol{\alpha}_i\}$ 到基 $\{\boldsymbol{\beta}_j\}$ 的变换矩阵,它一定是非奇异矩阵。若向量 $\boldsymbol{\gamma}$ 在基 $\{\boldsymbol{\alpha}_i\}$ 与基 $\{\boldsymbol{\beta}_j\}$ 下的坐标分别为 $\{x_1, x_2, \cdots, x_n\}^{\mathrm{T}}$ 与 $\{y_1, y_2, \cdots, y_n\}^{\mathrm{T}}$,显然有

$$\begin{bmatrix} x_1 \\ x_2 \\ \vdots \\ x_n \end{bmatrix} = \boldsymbol{A} \begin{bmatrix} y_1 \\ y_2 \\ \vdots \\ y_n \end{bmatrix} \quad \text{或} \quad \begin{bmatrix} y_1 \\ y_2 \\ \vdots \\ y_n \end{bmatrix} = \boldsymbol{A}^{-1} \begin{bmatrix} x_1 \\ x_2 \\ \vdots \\ x_n \end{bmatrix} \tag{13-4}$$

一个基到另一个基的变换在普通向量空间就是坐标变换。

　　在线性空间中，线性空间 V 到其自身的映射通常称为 V 的一个变换，而其中线性变换是最基本和最简单的一种变换。

定义 13-2　实数域 $\mathbf{R}$ 上的线性空间 V 的一个变换 $\tilde{A}$ 称为线性变换，如果对于 V 中任意的向量 $\boldsymbol{\xi}$、$\boldsymbol{\eta}$ 和任意实数 k，都有

$$\tilde{A}(\boldsymbol{\xi}+\boldsymbol{\eta})=\tilde{A}(\boldsymbol{\xi})+\tilde{A}(\boldsymbol{\eta}) \tag{13-5}$$

$$\tilde{A}(k\boldsymbol{\xi})=k\tilde{A}(\boldsymbol{\xi}) \tag{13-6}$$

以后简记 $\tilde{A}(\boldsymbol{\xi})$ 为 $\tilde{A}\boldsymbol{\xi}$。

　　设 $\{\boldsymbol{\alpha}_i\}$ 是线性空间 V 的一组基，则基向量在线性变换 $\tilde{A}$ 下的像 $\{\tilde{A}\boldsymbol{\alpha}_i\}$ 可以被基 $\{\boldsymbol{\alpha}_i\}$ 线性表示为

$$\begin{cases} \tilde{A}\boldsymbol{\alpha}_1 = a_{11}\boldsymbol{\alpha}_1 + a_{21}\boldsymbol{\alpha}_2 + \cdots + a_{n1}\boldsymbol{\alpha}_n \\ \tilde{A}\boldsymbol{\alpha}_2 = a_{12}\boldsymbol{\alpha}_1 + a_{22}\boldsymbol{\alpha}_2 + \cdots + a_{n2}\boldsymbol{\alpha}_n \\ \qquad\qquad\qquad \cdots\cdots \\ \tilde{A}\boldsymbol{\alpha}_n = a_{1n}\boldsymbol{\alpha}_1 + a_{2n}\boldsymbol{\alpha}_2 + \cdots + a_{nn}\boldsymbol{\alpha}_n \end{cases} \tag{13-7}$$

用矩阵来表示就是

$$\{\tilde{A}\boldsymbol{\alpha}_1, \tilde{A}\boldsymbol{\alpha}_2, \cdots, \tilde{A}\boldsymbol{\alpha}_n\} = \{\boldsymbol{\alpha}_1, \boldsymbol{\alpha}_2, \cdots, \boldsymbol{\alpha}_n\} A \tag{13-8}$$

式中，

$$A = \begin{bmatrix} a_{11} & a_{12} & \cdots & a_{1n} \\ a_{21} & a_{22} & \cdots & a_{2n} \\ \vdots & \vdots & & \vdots \\ a_{n1} & a_{n2} & \cdots & a_{nn} \end{bmatrix}$$

　　矩阵 A 称为线性变换 $\tilde{A}$ 在基 $\{\boldsymbol{\alpha}_i\}$ 下的矩阵。显然，如果矩阵 A 是一个非奇异矩阵，则 $\{\tilde{A}\boldsymbol{\alpha}_i\}$ 就是线性空间的另一组基，矩阵 A 就是其变换矩阵。

定义 13-3　设 $\tilde{A}$ 是实数域 $\mathbf{R}$ 上的线性空间 V 的一个线性变换，如果对于一个数 μ（可为复数），存在非零向量 $\boldsymbol{x}$，满足

$$\tilde{A}\boldsymbol{x}=\mu\boldsymbol{x} \tag{13-9}$$

则称 μ 为线性变换 $\tilde{A}$ 的一个本征值（又称特征值），称 $\boldsymbol{x}$ 为 $\tilde{A}$ 的对应本征值 μ 的一个本征向量（特征向量）。

　　设线性空间 V 的一个线性变换 $\tilde{A}$ 在基 $\{\boldsymbol{\alpha}_i\}$ 下的矩阵为 A，μ 为 $\tilde{A}$ 的一个本征值，相应的本征向量 $\boldsymbol{x}$ 在基 $\{\boldsymbol{\alpha}_i\}$ 下的坐标是 $\{x_1, x_2, \cdots, x_n\}^{\mathrm{T}}$，将其代入式（13-9），有

$$\tilde{A}\{\boldsymbol{\alpha}_1, \boldsymbol{\alpha}_2, \cdots, \boldsymbol{\alpha}_n\}\begin{bmatrix} x_1 \\ x_2 \\ \vdots \\ x_n \end{bmatrix} = \mu \{\boldsymbol{\alpha}_1, \boldsymbol{\alpha}_2, \cdots, \boldsymbol{\alpha}_n\}\begin{bmatrix} x_1 \\ x_2 \\ \vdots \\ x_n \end{bmatrix} \tag{13-10}$$

　　把式（13-8）代入式（13-10），并利用 $\{\boldsymbol{\alpha}_i\}$ 的线性无关性得

$$A\begin{bmatrix} x_1 \\ x_2 \\ \vdots \\ x_n \end{bmatrix} = \mu \begin{bmatrix} x_1 \\ x_2 \\ \vdots \\ x_n \end{bmatrix} \tag{13-11}$$

也可写为

$$(\mu I_n - A)\begin{bmatrix} x_1 \\ x_2 \\ \vdots \\ x_n \end{bmatrix} = \mathbf{0} \tag{13-12}$$

式中，I_n 为 n 阶单位矩阵，简记为 I。要使式(13-12)有非零解，则其系数行列式应为零，即 μ 应是方程

$$f(\mu) = |\mu I - A| = 0 \tag{13-13}$$

的根，即通过一组基，可将线性变换的本征问题转化为矩阵的本征问题，式(13-13)称为矩阵 A 的本征多项式。因此，在余下有关本征问题的讨论中将以矩阵本征问题为主，当然其性质可自然推广到一般线性变换。关于矩阵的本征问题有如下性质。

定理 13-1　设 $\mu_1, \mu_2, \cdots, \mu_t$ 是矩阵 A 的 t 个互不相同的本征值，而 $\boldsymbol{\alpha}_{i1}, \boldsymbol{\alpha}_{i2}, \cdots, \boldsymbol{\alpha}_{im_i}$ 是对应于本征值 μ_i 的线性无关的本征向量 $(i=1,2,\cdots,t)$，则 A 的所有这些本征向量 $\boldsymbol{\alpha}_{11}, \boldsymbol{\alpha}_{12}, \cdots, \boldsymbol{\alpha}_{1m_1}$；$\boldsymbol{\alpha}_{21}, \boldsymbol{\alpha}_{22}, \cdots, \boldsymbol{\alpha}_{2m_2}, \cdots$；$\boldsymbol{\alpha}_{t1}, \boldsymbol{\alpha}_{t2}, \cdots, \boldsymbol{\alpha}_{tm_t}$ 线性无关。

定理 13-2　对任 $n \times n$ 矩阵 A，一定存在非奇异 $n \times n$ 矩阵 X（允许存在复数元素），将矩阵 A 化为约当标准型：

$$X^{-1}AX = \mathrm{diag}(D_1, D_2, \cdots, D_t) \tag{13-14}$$

式中，

$$D_i = \left.\begin{bmatrix} \mu_i & 1 & 0 & \cdots & 0 \\ 0 & \mu_i & 1 & \cdots & 0 \\ 0 & 0 & \mu_i & \cdots & 0 \\ \vdots & \vdots & \vdots & & \vdots \\ 0 & 0 & 0 & \cdots & \mu_i \end{bmatrix}\right\} m_i \tag{13-15}$$

是约当(Jordan)块，且 $m_1 + \cdots + m_t = n$。而

$$X = \{\boldsymbol{\psi}_1^{(0)}, \cdots, \boldsymbol{\psi}_i^{(0)}, \boldsymbol{\psi}_i^{(1)}, \cdots, \boldsymbol{\psi}_i^{(m_i-1)}, \cdots, \boldsymbol{\psi}_t^{(m_t-1)}\} \tag{13-16}$$

也就是说，在矩阵 X 中与约当块 D_i 对应的向量有 m_i 个，即本征值 μ_i 对应的基本本征向量 $\boldsymbol{\psi}_i^{(0)}$ 及其约当型本征向量 $\boldsymbol{\psi}_i^{(k)}$（$k=1,2,\cdots m_i-1$），其中，上标 k 表示其是第 k 阶约当型本征向量。

式(13-14)也可改写为

$$AX = X \cdot \mathrm{diag}(D_1, D_2, \cdots, D_t) \tag{13-17}$$

展开式(13-17)得

$$\begin{cases} A\boldsymbol{\psi}_i^{(0)} = \mu_i \boldsymbol{\psi}_i^{(0)} \\ A\boldsymbol{\psi}_i^{(1)} = \mu_i \boldsymbol{\psi}_i^{(1)} + \boldsymbol{\psi}_i^{(0)} \\ \qquad \cdots\cdots \\ A\boldsymbol{\psi}_i^{(m_i-1)} = \mu_i \boldsymbol{\psi}_i^{(m_i-1)} + \boldsymbol{\psi}_i^{(m_i-2)} \end{cases} \qquad (i=1,2,\cdots,t) \qquad (13\text{-}18)$$

式(13-18)即给出了求解基本本征向量及其约当型本征向量的一般方法。

13.1.2 欧几里得空间基本概念

在线性空间中，向量之间的基本运算只有加法和数乘向量这两种线性运算，但线性运算不能描述向量的度量性质，如向量长度、正交等。借助内积运算可将度量概念引入线性空间。本节对此作扼要的叙述，而略去有关证明。

定义 13-4 设 V 是定义在实数域 $\mathbf{R}$ 上的线性空间，对 V 中的任意两个向量 $\boldsymbol{\alpha}$、$\boldsymbol{\beta}$ 依一定法则对应着一个实数，这个实数称为内积，记作 $(\boldsymbol{\alpha},\boldsymbol{\beta})$，并且内积 $(\boldsymbol{\alpha},\boldsymbol{\beta})$ 运算满足下列四个条件：

(1) $(\boldsymbol{\alpha},\boldsymbol{\alpha}) \geqslant 0$，当且仅当 $\boldsymbol{\alpha} = \mathbf{0}$ 时 $(\boldsymbol{\alpha},\boldsymbol{\alpha}) = 0$； $\qquad\qquad$ (13-19a)

(2) $(\boldsymbol{\alpha},\boldsymbol{\beta}) = (\boldsymbol{\beta},\boldsymbol{\alpha})$； $\qquad\qquad$ (13-19b)

(3) $(\boldsymbol{\alpha}+\boldsymbol{\gamma},\boldsymbol{\beta}) = (\boldsymbol{\alpha},\boldsymbol{\beta}) + (\boldsymbol{\gamma},\boldsymbol{\beta})$，$\boldsymbol{\gamma}$ 是 V 中任意向量； $\qquad\qquad$ (13-19c)

(4) $(k\boldsymbol{\alpha},\boldsymbol{\beta}) = k(\boldsymbol{\alpha},\boldsymbol{\beta})$，$k$ 为任意实数。 $\qquad\qquad$ (13-19d)

定义有这样内积的线性空间为欧几里得空间(Euclidean space)，简称欧氏空间。

定义了内积之后，就可给出向量的长度、正交及单位向量等欧氏空间有关度量的概念。设 V 是欧氏空间，其中任意向量 $\boldsymbol{\alpha}$ 的长度(模)定义为

$$\|\boldsymbol{\alpha}\| = \sqrt{(\boldsymbol{\alpha},\boldsymbol{\alpha})} \qquad (13\text{-}20)$$

若向量 $\boldsymbol{\alpha}$ 的长度 $\|\boldsymbol{\alpha}\| = 1$，则称向量 $\boldsymbol{\alpha}$ 为单位向量。

例 13-1 在 n 维实向量空间 $\mathbf{R}^n$ 中，对任意向量 $\boldsymbol{x} = \{x_1,x_2,\cdots,x_n\}^{\mathrm{T}}$，$\boldsymbol{y} = \{y_1,y_2,\cdots,y_n\}^{\mathrm{T}}$，定义内积

$$(\boldsymbol{x},\boldsymbol{y}) = x_1 y_1 + x_2 y_2 + \cdots + x_n y_n = \boldsymbol{x}^{\mathrm{T}}\boldsymbol{y}(=\boldsymbol{x}^{\mathrm{T}}\boldsymbol{I}\boldsymbol{y}) \qquad (13\text{-}21)$$

容易验证它满足内积的四个条件(式(13-19))，于是就构成一个 n 维欧氏空间，而 $\mathbf{R}^n$ 中向量 $\boldsymbol{x}$ 的长度为

$$\|\boldsymbol{x}\| = \sqrt{\sum_{i=1}^{n} x_i^2} \qquad (13\text{-}22)$$

对于同一个线性空间，可以有各种内积定义，因而就有各种形式的欧氏空间。例 13-1 的内积称为 n 维实向量空间 $\mathbf{R}^n$ 的标准内积，这也是广泛应用的一种内积定义形式。今后讨论 $\mathbf{R}^n$ 时都用此标准内积。

定义 13-5 若向量 $\boldsymbol{\alpha}$、$\boldsymbol{\beta}$ 的内积 $(\boldsymbol{\alpha},\boldsymbol{\beta}) = 0$，则 $\boldsymbol{\alpha}$ 与 $\boldsymbol{\beta}$ 正交，记为 $\boldsymbol{\alpha} \perp \boldsymbol{\beta}$。

若不含零向量的向量组 $\{\boldsymbol{\alpha}_i\}$ 内的向量两两正交，则向量组 $\{\boldsymbol{\alpha}_i\}$ 是正交向量组；若正交向量组内的向量都是单位向量，则向量组 $\{\boldsymbol{\alpha}_i\}$ 是标准正交向量组。在 n 维欧氏空间中，由 n 个(标

准)正交向量组成的基称为(标准)正交基。

根据定义 13-4 和定义 13-5 不难证明如下定理。

定理 13-3 零向量和每个向量都正交；反之，与空间每个向量都正交的向量必是零向量。

定理 13-4 正交向量组是线性无关向量组。

定理 13-5 n 维欧氏空间中任一个(标准)正交向量组都能扩充成一组(标准)正交基。

设 V 是 n 维欧氏空间，$\{\boldsymbol{\alpha}_i\}$ 为一组标准正交基，则 V 中任意一个向量 $\boldsymbol{\beta}$ 在基 $\{\boldsymbol{\alpha}_i\}$ 下的坐标 $\{x_1, x_2, \cdots, x_n\}^{\mathrm{T}}$ 为(展开定理)

$$x_i = (\boldsymbol{\beta}, \boldsymbol{\alpha}_i) \ (i = 1, 2, \cdots, n) \tag{13-23}$$

设另一向量 $\boldsymbol{\gamma}$ 在基 $\{\boldsymbol{\alpha}_i\}$ 下的坐标为 $\{y_1, y_2, \cdots, y_n\}^{\mathrm{T}}$，则 $\boldsymbol{\beta}$ 与 $\boldsymbol{\gamma}$ 的内积为

$$(\boldsymbol{\beta}, \boldsymbol{\gamma}) = \sum_{i=1}^{n} x_i y_i = \boldsymbol{x}^{\mathrm{T}} \boldsymbol{y} (= \boldsymbol{x}^{\mathrm{T}} \boldsymbol{I} \boldsymbol{y}) = (\boldsymbol{\gamma}, \boldsymbol{\beta}) \tag{13-24}$$

式中，

$$\boldsymbol{x} = \{x_1, x_2, \cdots, x_n\}^{\mathrm{T}}, \quad \boldsymbol{y} = \{y_1, y_2, \cdots, y_n\}^{\mathrm{T}} \tag{13-25}$$

即通过一组标准正交基，n 维欧氏空间的内积运算可转化 n 维实向量空间 $\mathbf{R}^n$ 的标准内积运算。

为讨论标准正交基间的基变换公式，引入如下定义。

定义 13-6 若 $n \times n$ 矩阵 $\boldsymbol{Q}$ 满足

$$\boldsymbol{Q}^{\mathrm{T}} \boldsymbol{Q} = \boldsymbol{Q} \boldsymbol{Q}^{\mathrm{T}} = \boldsymbol{I} \tag{13-26}$$

则称 $\boldsymbol{Q}$ 是正交矩阵。正交矩阵有如下性质：①正交矩阵的逆矩阵(转置矩阵)也是正交矩阵；②正交矩阵的行列式等于 1 或 –1；③正交矩阵的乘积还是正交矩阵。根据定义 13-6，不难证明如下定理。

定理 13-6 标准正交基间的变换矩阵是正交矩阵。

下面讨论欧氏空间中最基本的线性算子(变换)，即对称算子。

定义 13-7 设 V 是 n 维欧氏空间，如果线性变换 $\tilde{A}$ 对 V 中任意向量 $\boldsymbol{\alpha}$、$\boldsymbol{\beta}$ 满足

$$(\boldsymbol{\alpha}, \tilde{A}\boldsymbol{\beta}) = (\boldsymbol{\beta}, \tilde{A}\boldsymbol{\alpha}) \tag{13-27}$$

则称 $\tilde{A}$ 为欧氏空间 V 的对称算子。

显然，对称算子 $\tilde{A}$ 在任一标准正交基 $\{\boldsymbol{\alpha}_i\}$ 下的矩阵是 $n \times n$ 的实对称矩阵 $\boldsymbol{A}$。实对称矩阵(对称算子)是自伴(self-adjoint)的。关于自伴算子的本征问题，因振动理论与其他数学物理问题的需要而做了深入的研究。关于实对称矩阵本征问题有如下定理。

定理 13-7 实对称矩阵的本征值皆为实数。

定理 13-8 设 $\boldsymbol{A}$ 是实对称矩阵，则 $\mathbf{R}^n$ 中属于 $\boldsymbol{A}$ 的不同本征值的本征向量必正交。

定理 13-9 对于任意一个 n 阶实对称矩阵 $\boldsymbol{A}$，都存在一个 n 阶正交矩阵 $\boldsymbol{Q}$，使

$$\boldsymbol{Q}^{\mathrm{T}} \boldsymbol{A} \boldsymbol{Q} = \boldsymbol{Q}^{-1} \boldsymbol{A} \boldsymbol{Q} \tag{13-28}$$

成对角形。

定理 13-9 表明，对于任意对称矩阵(算子)，存在一组由本征向量组成的标准正交基，它的全部本征值皆为实数，即使有重根也不会有约当型，而这些本征向量互相皆正交。因此这无穷多个本征解张成了全空间，任一该空间的向量皆可由这些本征向量的线性组合来表示(展开定理)。

13.1.3 辛空间的定义和基本性质

一切守恒的真实物理过程都能表示成适当的哈密顿体系，它们的共同数学基础是辛空间。辛空间与研究长度等度量性质的欧几里得空间不同，它是研究面积的，或者说是研究做功的。本节以有限维辛空间为例，就辛空间的一些基本概念与基本性质作详细的论述与证明，为以后各章的学习奠定良好的数学基础。

定义 13-8 设 V 是实数域 $\mathbf{R}$ 上的一个 n 维线性空间，V' 为其对应的 n 维对偶线性空间，定义

$$W = V \times V' = \left\{ \begin{pmatrix} q \\ p \end{pmatrix} \middle| q \in V, p \in V' \right\} \tag{13-29}$$

则称线性空间 W 为由 V 与 V' 组成的实数域 $\mathbf{R}$ 上的 $2n$ 维相空间。

这里特别说明的是，在具体问题中，线性空间 V 与 V' 具有完全不同的量纲，通常不发生直接的联系，但其对应分量的乘积却有特定的物理意义。在本书中，通常一个是位移、一个是应力，其对应分量的积具有功的量纲。

定义 13-9 设 W 是实数域 $\mathbf{R}$ 上的一个 $2n$ 维相空间，对 W 中的任意两个向量 α、β 依一定法则对应着一个实数，这个数称为辛内积，记作 $<\alpha,\beta>$，并且辛内积 $<\alpha,\beta>$ 运算满足下列四个条件：

(1) $<\alpha,\beta> = -<\beta,\alpha>$； $\tag{13-30a}$

(2) $<k\alpha,\beta> = k<\alpha,\beta>$，$k$ 为任意实数； $\tag{13-30b}$

(3) $<\alpha+\gamma,\beta> = <\alpha,\beta> + <\gamma,\beta>$，$\gamma$ 是 W 中任意向量； $\tag{13-30c}$

(4) 若向量 α 对 W 中任一向量 β 均有 $<\alpha,\beta> = 0$，则 $\alpha = 0$。 $\tag{13-30d}$

定义有这样辛内积的相空间为辛空间(symplectic space)。

由式(13-30a)知，任一向量与其自身的辛内积一定是零，即对任意向量 α，有

$$<\alpha,\alpha> = 0 \tag{13-31}$$

例 13-2 在二维实向量空间 $\mathbf{R}^2$ 中，对任意向量 $x = \{x_1,x_2\}^T$，$y = \{y_1,y_2\}^T$，定义辛内积：

$$<x,y> = x_1 y_2 - x_2 y_1 \tag{13-32}$$

容易验证式(13-32)满足辛内积的四条性质(式(13-30))，于是就构成一个二维辛空间。这里，辛内积(式(13-32))表示的是以 x、y 为邻边所作平行四边形的面积。

显然，可将式(13-32)推广到 $2n$ 维实向量空间 $\mathbf{R}^{2n}$ 中，对任意向量 $x = \{x_1,x_2,\cdots,x_{2n}\}^T$，$y = \{y_1,y_2,\cdots,y_{2n}\}^T$，定义辛内积：

$$<x,y> \overset{\text{def}}{=} (x,J_{2n}y) = \sum_{i=1}^{n}(x_i y_{n+i} - x_{n+i} y_i) = x^T J_{2n} y \tag{13-33}$$

式中，

$$J_{2n} = \begin{bmatrix} 0 & I_n \\ -I_n & 0 \end{bmatrix} \tag{13-34}$$

可称为单位辛矩阵，简记为 $\boldsymbol{J}$ 。容易验证式(13-33)满足辛内积的四条性质(式(13-30))，于是就构成一个 $2n$ 维辛空间。单位辛矩阵 $\boldsymbol{J}$ 的行列式值是1，且有如下性质：

$$\boldsymbol{J}^2 = -\boldsymbol{I}, \qquad \boldsymbol{J}^{\mathrm{T}} = \boldsymbol{J}^{-1} = -\boldsymbol{J} \tag{13-35}$$

同样，对一个相空间，可以有各种辛内积定义，因而就有各种形式的辛空间。式(13-33)定义的辛内积称为 $2n$ 维实向量空间 $\mathbf{R}^{2n}$ 的标准辛内积。今后讨论向量空间 $\mathbf{R}^{2n}$ 时都用此标准辛内积。

定义 13-10 若向量 $\boldsymbol{\alpha}$、$\boldsymbol{\beta}$ 的辛内积 $<\boldsymbol{\alpha},\boldsymbol{\beta}>=0$ ，则 $\boldsymbol{\alpha}$ 与 $\boldsymbol{\beta}$ 辛正交；否则，$\boldsymbol{\alpha}$ 与 $\boldsymbol{\beta}$ 辛共轭。

于是由式(13-30d)知，任一非零向量一定存在与其辛共轭的非零向量。事实上，若 $\boldsymbol{\alpha} \neq \boldsymbol{0}$ ，则 $\boldsymbol{\alpha}$ 与 $\boldsymbol{J}\boldsymbol{\alpha}$ 一定是辛共轭的。若向量组 $\{\boldsymbol{\alpha}_1,\boldsymbol{\alpha}_2,\cdots,\boldsymbol{\alpha}_r,\boldsymbol{\beta}_1,\boldsymbol{\beta}_2,\cdots,\boldsymbol{\beta}_r\}$ $(r \leqslant n)$ 的向量满足

$$\begin{cases} <\boldsymbol{\alpha}_i,\boldsymbol{\alpha}_j>=<\boldsymbol{\beta}_i,\boldsymbol{\beta}_j>=0 \\ <\boldsymbol{\alpha}_i,\boldsymbol{\beta}_j>=\begin{cases} k_{ii} \neq 0 & (i=j;\ i,j=1,2,\cdots,r) \\ 0 & (i \neq j) \end{cases} \end{cases} \tag{13-36}$$

则称向量组 $\{\boldsymbol{\alpha}_1,\boldsymbol{\alpha}_2,\cdots,\boldsymbol{\alpha}_r,\boldsymbol{\beta}_1,\boldsymbol{\beta}_2,\cdots,\boldsymbol{\beta}_r\}$ 是共轭辛正交向量组；若式(13-36)中的 $k_{ii} \equiv 1$ ，则称向量组 $\{\boldsymbol{\alpha}_1,\boldsymbol{\alpha}_2,\cdots,\boldsymbol{\alpha}_r,\boldsymbol{\beta}_1,\boldsymbol{\beta}_2,\cdots,\boldsymbol{\beta}_r\}$ 是标准共轭辛正交向量组。根据定义不难证明如下定理。

定理 13-10 共轭辛正交向量组是线性无关向量组。

证明： 用反证法。假设 $\{\boldsymbol{\alpha}_1,\boldsymbol{\alpha}_2,\cdots,\boldsymbol{\alpha}_r,\boldsymbol{\beta}_1,\boldsymbol{\beta}_2,\cdots,\boldsymbol{\beta}_r\}$ 是一共轭辛正交向量组，并且是线性相关的，则其中必有一个向量，不妨假设 $\boldsymbol{\alpha}_1$ 是其余向量的线性组合：

$$\boldsymbol{\alpha}_1 = s_2\boldsymbol{\alpha}_2 + \cdots + s_r\boldsymbol{\alpha}_r + t_1\boldsymbol{\beta}_1 + \cdots + t_r\boldsymbol{\beta}_r$$

于是，有

$$\begin{aligned} <\boldsymbol{\alpha}_1,\boldsymbol{\beta}_1> = & s_2<\boldsymbol{\alpha}_2,\boldsymbol{\beta}_1>+\cdots+s_r<\boldsymbol{\alpha}_r,\boldsymbol{\beta}_1> \\ & + t_1<\boldsymbol{\beta}_1,\boldsymbol{\beta}_1>+\cdots+t_r<\boldsymbol{\beta}_r,\boldsymbol{\beta}_1>=0 \end{aligned}$$

与 $<\boldsymbol{\alpha}_1,\boldsymbol{\beta}_1>\neq 0$ 矛盾，故定理成立。

在 $2n$ 维辛空间中，由 $2n$ 个(标准)共轭辛正交向量组成的基称为(标准)共轭辛正交基。

定理 13-11 $2n$ 维辛空间中任一个共轭辛正交向量组都能扩充成一组共轭辛正交基。

证明： 设 $\{\boldsymbol{\alpha}_1,\boldsymbol{\alpha}_2,\cdots,\boldsymbol{\alpha}_r,\boldsymbol{\beta}_1,\boldsymbol{\beta}_2,\cdots,\boldsymbol{\beta}_r\}$ 是一共轭辛正交向量组，对 $n-r$ 作数学归纳法。

(1)当 $n-r=0$ 时，$\{\boldsymbol{\alpha}_1,\boldsymbol{\alpha}_2,\cdots,\boldsymbol{\alpha}_r,\boldsymbol{\beta}_1,\boldsymbol{\beta}_2,\cdots,\boldsymbol{\beta}_r\}$ 就是一组共轭辛正交基，即定理对 $n-r=0$ 成立。

(2)假设 $n-r=k$ 时定理成立，现在来看 $n-r=k+1$ 时的情况。

因为 $r<n$ ，所以一定有向量 $\boldsymbol{\gamma}$ 不能被 $\{\boldsymbol{\alpha}_1,\boldsymbol{\alpha}_2,\cdots,\boldsymbol{\alpha}_r,\boldsymbol{\beta}_1,\boldsymbol{\beta}_2,\cdots,\boldsymbol{\beta}_r\}$ 线性表示，令

$$\boldsymbol{\alpha}_{r+1} = \boldsymbol{\gamma} - \sum_{i=1}^{r} s_i\boldsymbol{\alpha}_i - \sum_{i=1}^{r} t_i\boldsymbol{\beta}_i$$

式中，

$$s_i = \frac{<\boldsymbol{\gamma},\boldsymbol{\beta}_i>}{<\boldsymbol{\alpha}_i,\boldsymbol{\beta}_i>}, \qquad t_i = -\frac{<\boldsymbol{\gamma},\boldsymbol{\alpha}_i>}{<\boldsymbol{\alpha}_i,\boldsymbol{\beta}_i>}$$

不难验证 $\boldsymbol{\alpha}_{r+1}$ 与 $\{\boldsymbol{\alpha}_1,\boldsymbol{\alpha}_2,\cdots,\boldsymbol{\alpha}_r,\boldsymbol{\beta}_1,\boldsymbol{\beta}_2,\cdots,\boldsymbol{\beta}_r\}$ 均辛正交。此外，由 $\boldsymbol{\alpha}_{r+1}$ 的定义知，它一定是

非零向量，因此一定存在一个非零向量 $\tilde{\gamma}$ 与其辛共轭，即 $<\alpha_{r+1},\tilde{\gamma}>\neq 0$。显然，$\tilde{\gamma}$ 也不能被 $\{\alpha_1,\alpha_2,\cdots,\alpha_r,\beta_1,\beta_2,\cdots,\beta_r\}$ 线性表示。令

$$\beta_{r+1}=\tilde{\gamma}-\sum_{i=1}^{r}\tilde{s}_i\alpha_i-\sum_{i=1}^{r}\tilde{t}_i\beta_i$$

式中，

$$\tilde{s}_i=\frac{<\tilde{\gamma},\beta_i>}{<\alpha_i,\beta_i>},\qquad \tilde{t}_i=-\frac{<\tilde{\gamma},\alpha_i>}{<\alpha_i,\beta_i>}$$

不难验证 β_{r+1} 与 $\{\alpha_1,\alpha_2,\cdots,\alpha_r,\beta_1,\beta_2,\cdots,\beta_r\}$ 均辛正交，而同时与 α_{r+1} 是辛共轭的，即 $<\alpha_{r+1},\beta_{r+1}>=<\alpha_{r+1},\tilde{\gamma}>\neq 0$，所以 $\{\alpha_1,\cdots,\alpha_r,\alpha_{r+1},\beta_1,\cdots,\beta_r,\beta_{r+1}\}$ 是一组共轭辛正交向量组。根据数学归纳法假设，定理对 $n-(r+1)=k$ 成立，即 $\{\alpha_1,\alpha_2,\cdots,\alpha_r,\alpha_{r+1},\beta_1,\beta_2,\cdots,\beta_r,\beta_{r+1}\}$ 可以扩充成一组共轭辛正交基，于是定理对 $n-r=k+1$ 也成立。根据数学归纳法知，定理对任意 $n-r$ 均成立，定理得证。

推论 13-1　$2n$ 维辛空间中任一个标准共轭辛正交向量组都能扩充成一组标准共轭辛正交基。

上述定理及其推论表明在 $2n$ 维辛空间中，标准共轭辛正交基是一定存在的，但不是唯一的。有了一组标准共轭辛正交基，就可利用其性质直接给出辛空间的展开定理。

定理 13-12　设 W 是 $2n$ 维辛空间，$\{\alpha_i\}$ 为一组标准共轭辛正交基，则 W 中任意一个向量 β 在基 $\{\alpha_i\}$ 下的坐标 $(x_1,\cdots,x_n,x_{n+1},\cdots,x_{2n})^{\mathrm{T}}$ 为

$$x_i=<\beta,\alpha_{n+i}>,\quad x_{n+i}=-<\beta,\alpha_i>\quad (i=1,2,\cdots,n) \tag{13-37}$$

设向量 γ 在基 $\{\alpha_i\}$ 下的坐标为 $\{y_1,\cdots,y_n,y_{n+1},\cdots,y_{2n}\}^{\mathrm{T}}$，则 β 与 γ 的辛内积为

$$<\beta,\gamma>=\sum_{i=1}^{n}(x_iy_{n+i}-x_{n+i}y_i)=\boldsymbol{x}^{\mathrm{T}}\boldsymbol{J}_{2n}\boldsymbol{y} \tag{13-38}$$

式中，

$$\boldsymbol{x}=\{x_1,x_2,\cdots,x_{2n}\}^{\mathrm{T}},\quad \boldsymbol{y}=\{y_1,y_2,\cdots,y_{2n}\}^{\mathrm{T}} \tag{13-39}$$

即通过一组标准共轭辛正交基，$2n$ 维辛空间的辛内积运算可转化为普通向量(矩阵)间的矩阵运算。

为讨论标准共轭辛正交基间的基变换公式，引入如下定义。

定义 13-11　若 $2n\times 2n$ 矩阵 $\boldsymbol{S}$ 满足

$$\boldsymbol{S}^{\mathrm{T}}\boldsymbol{J}\boldsymbol{S}=\boldsymbol{J} \tag{13-40}$$

则称 $\boldsymbol{S}$ 是辛矩阵，其中 $\boldsymbol{J}$ 是单位辛矩阵。

辛矩阵有如下性质：

(1)辛矩阵的逆矩阵还是辛矩阵；

(2)辛矩阵的转置矩阵还是辛矩阵；

(3)辛矩阵的行列式值等于 1 或 -1；

(4)辛矩阵的乘积还是辛矩阵。

对于标准共轭辛正交基，不难证明以下定理。

定理 13-13　标准共轭辛正交基间的变换矩阵是辛矩阵。

13.1.4　哈密顿矩阵的定义和基本性质

定义 13-12　设 W 是 $2n$ 维辛空间，如果线性算子 $\tilde{H}$ 对任意向量 $\boldsymbol{\alpha}$、$\boldsymbol{\beta}$ 满足

$$<\boldsymbol{\alpha},\tilde{H}\boldsymbol{\beta}>=<\boldsymbol{\beta},\tilde{H}\boldsymbol{\alpha}> \tag{13-41}$$

则称线性变换 $\tilde{H}$ 为辛空间 W 的哈密顿算子。

定义 13-13　如果 $2n \times 2n$ 矩阵 $\boldsymbol{H}$ 对任意 $2n$ 维向量 $\boldsymbol{x}$、$\boldsymbol{y}$ 满足

$$<\boldsymbol{x},\boldsymbol{Hy}>=<\boldsymbol{y},\boldsymbol{Hx}> \tag{13-42}$$

则称矩阵 $\boldsymbol{H}$ 为哈密顿矩阵。

不难证明哈密顿矩阵的定义(式(13-42))与下面的定义是等价的：

$$(\boldsymbol{JH})^{\mathrm{T}}=\boldsymbol{JH} \qquad \text{或} \qquad \boldsymbol{JHJ}=\boldsymbol{H}^{\mathrm{T}}$$

显然，哈密顿算子 $\tilde{H}$ 在标准共轭辛正交基 $\{\boldsymbol{\alpha}_i\}$ 下的矩阵是哈密顿矩阵。哈密顿矩阵(哈密顿算子)本征问题是非自伴(non-self-adjoint)的，因此可能出现复本征值，而且可能产生重本征值。但哈密顿矩阵(哈密顿算子)的本征问题也是有特点的。以下以哈密顿矩阵为例进行介绍。当然，有关结论可直接推广到有限维辛空间哈密顿算子。

定理 13-14　若 μ 是哈密顿矩阵 $\boldsymbol{H}$ 的本征值，重数为 m，则 $-\mu$ 也一定是其本征值，重数也为 m；若哈密顿矩阵 $\boldsymbol{H}$ 存在零本征值，则其重数一定为偶数。

证明：设哈密顿矩阵 $\boldsymbol{H}$ 的本征多项式为

$$f(\mu)=|\mu\boldsymbol{I}-\boldsymbol{H}|$$

根据单位辛矩阵及哈密顿矩阵的定义(式(13-34))，有

$$f(\mu)=|\boldsymbol{J}(\mu\boldsymbol{I}-\boldsymbol{H})\boldsymbol{J}|=|\mu\boldsymbol{JJ}-\boldsymbol{JHJ}|$$

$$=\left|-\mu\boldsymbol{I}-\boldsymbol{H}^{\mathrm{T}}\right|=\left|-\mu\boldsymbol{I}-\boldsymbol{H}\right|=f(-\mu)$$

由于上式对任意 μ 都成立，定理成立。

今后称 $\pm\mu$ 的两个本征值为哈密顿矩阵互为辛共轭本征值。通常将哈密顿矩阵的非零本征值分成两组：

$$\begin{cases} (\alpha) & \mu_i, \quad \mathrm{Re}(\mu_i)<0 \text{或} \mathrm{Re}(\mu_i)=0, \quad \mathrm{Im}(\mu_i)<0 \\ (\beta) & \mu_{n+i}=-\mu_i \end{cases} \tag{13-43}$$

在 (α) 组中还可以按 μ_i 的绝对值的大小来排序，越小越在前。需要说明的是式(13-43)中没有包含零本征值，它是特殊的辛本征值，即其互为辛共轭的本征值是其自身。

定理 13-15　设 $\boldsymbol{H}$ 是哈密顿矩阵，$\boldsymbol{\psi}_i^{(0)},\boldsymbol{\psi}_i^{(1)},\cdots,\boldsymbol{\psi}_i^{(m)}$ 和 $\boldsymbol{\psi}_j^{(0)},\boldsymbol{\psi}_j^{(1)},\cdots,\boldsymbol{\psi}_j^{(n)}$ 分别是本征值 μ_i、μ_j 对应的本征向量及约当型本征向量，则当 $\mu_i+\mu_j \neq 0$ 时本征向量间有如下辛正交关系：

$$<\boldsymbol{\psi}_i^{(s)},\boldsymbol{\psi}_j^{(t)}>=\boldsymbol{\psi}_i^{(s)\mathrm{T}}\boldsymbol{J}\boldsymbol{\psi}_j^{(t)}=0 \quad (s=0,\cdots,m;\ t=0,\cdots,n) \tag{13-44}$$

证明：对 $r=s+t$，用数学归纳法证明。

(1)当 $r=0$，即 $s=0;t=0$ 时，因 $\boldsymbol{\psi}_i^{(0)}$、$\boldsymbol{\psi}_j^{(0)}$ 分别是本征值 μ_i、μ_j 对应的基本本征向量，故有

$$\boldsymbol{H}\boldsymbol{\psi}_i^{(0)}=\mu_i\boldsymbol{\psi}_i^{(0)}, \qquad \boldsymbol{H}\boldsymbol{\psi}_j^{(0)}=\mu_j\boldsymbol{\psi}_j^{(0)}$$

于是
$$<\psi_i^{(0)}, H\psi_j^{(0)}> = <\psi_i^{(0)}, \mu_j\psi_j^{(0)}> = \mu_j <\psi_i^{(0)}, \psi_j^{(0)}>$$

同理
$$<\psi_j^{(0)}, H\psi_i^{(0)}> = \mu_i <\psi_j^{(0)}, \psi_i^{(0)}> = -\mu_i <\psi_i^{(0)}, \psi_j^{(0)}>$$

因为 H 是哈密顿矩阵，所以上两式左端相等，代入整理即得
$$(\mu_i + \mu_j)<\psi_i^{(0)}, \psi_j^{(0)}> = 0$$

由于 $\mu_i + \mu_j \neq 0$，式(13-44)对 $r = 0$ 成立。

(2)假设当 $r = k$ 时式(13-44)成立，现在来看 $r = s + t = k + 1$ 的情况。

首先由式(13-18)知本征向量 $\psi_i^{(s)}$ 和 $\psi_j^{(t)}$ 分别满足方程：
$$H\psi_i^{(s)} = \mu_i\psi_i^{(s)} + \psi_i^{(s-1)} \quad 和 \quad H\psi_j^{(t)} = \mu_j\psi_j^{(t)} + \psi_j^{(t-1)}$$

于是
$$<\psi_i^{(s)}, H\psi_j^{(t)}> = \mu_j <\psi_i^{(s)}, \psi_j^{(t)}> + <\psi_i^{(s)}, \psi_j^{(t-1)}>$$

根据数学归纳法的假定，式(13-44)对 $r = k$ 成立，所以有
$$<\psi_i^{(s)}, \psi_j^{(t-1)}> = 0$$

从而有
$$<\psi_i^{(s)}, H\psi_j^{(t)}> = \mu_j <\psi_i^{(s)}, \psi_j^{(t)}>$$

同理有
$$<\psi_j^{(t)}, H\psi_i^{(s)}> = \mu_i <\psi_j^{(t)}, \psi_i^{(s)}> = -\mu_i <\psi_i^{(s)}, \psi_j^{(t)}>$$

因为 H 是哈密顿矩阵，所以上两式左端相等，代入整理可得
$$(\mu_i + \mu_j)<\psi_i^{(s)}, \psi_j^{(t)}> = 0$$

由于 $\mu_i + \mu_j \neq 0$，式(13-44)对 $r = k + 1$ 也成立。根据数学归纳法，式(13-44)对任意 s 和 t 均成立，证毕。

上面的定理说明了非辛共轭的本征值对应的本征向量及其约当型本征向量间存在辛正交性质。下面探讨互为辛共轭本征值对应的本征向量间的关系。为简化证明，本节余下均假定每个本征值只存在一个约当型链。

定理 13-16 设 $\pm\mu \neq 0$ 为哈密顿矩阵 H 的一对互为辛共轭本征值，重数为 m，则一定存在一组共轭辛正交向量组 $\{\psi^{(0)}, \psi^{(1)}, \cdots, \psi^{(m-1)}, \phi^{(m-1)}, \phi^{(m-2)}, \cdots, \phi^{(0)}\}$，即

$$<\psi^{(i)}, \phi^{(j)}> \begin{cases} = (-1)^i a \neq 0 & (i + j = m - 1) \\ = 0 & (i + j \neq m - 1) \end{cases} \tag{13-45}$$

式中，$\{\psi^{(0)}, \cdots, \psi^{(m-1)}\}$ 和 $\{\phi^{(0)}, \cdots, \phi^{(m-1)}\}$ 分别是 μ、$-\mu$ 对应的本征向量(或约当型本征向量)。

证明：对 i 用数学归纳法证明。

(1)当 $i = 0$ 时，设 $\psi^{(0)}$ 是本征值 μ 对应的基本本征向量，而 $\{\phi^{(0)}, \cdots, \phi^{(m-1)}\}$ 是本征值 $-\mu$ 对应的任一组本征向量。

首先，对任意 $j \leq m - 2$，有
$$<\psi^{(0)}, H\phi^{(j+1)}> = -\mu <\psi^{(0)}, \phi^{(j+1)}> + <\psi^{(0)}, \phi^{(j)}>$$

及

$$<\boldsymbol{\phi}^{(j+1)}, \boldsymbol{H}\boldsymbol{\psi}^{(0)}> = \mu <\boldsymbol{\phi}^{(j+1)}, \boldsymbol{\psi}^{(0)}> = -\mu <\boldsymbol{\psi}^{(0)}, \boldsymbol{\phi}^{(j+1)}>$$

$\boldsymbol{H}$ 是哈密顿矩阵，即上两式左端相等，因此有

$$<\boldsymbol{\psi}^{(0)}, \boldsymbol{\phi}^{(j)}> = 0 \qquad (j \leqslant m-2)$$

其次，根据定理 13-15 知，$\boldsymbol{\psi}^{(0)}$ 与本征值 $-\mu$ 以外的所有本征向量及其约当型本征向量均辛正交，所以 $\boldsymbol{\psi}^{(0)}$ 一定与 $\boldsymbol{\phi}^{(m-1)}$ 辛共轭，否则 $\boldsymbol{\psi}^{(0)}$ 将与所有本征向量辛正交，则 $\boldsymbol{\psi}^{(0)} \equiv \boldsymbol{0}$，矛盾，即有

$$<\boldsymbol{\psi}^{(0)}, \boldsymbol{\phi}^{(m-1)}> = a \neq 0$$

所以式 (13-45) 对 $i=0$ 成立。

(2) 假设存在一组 μ、$-\mu$ 对应的本征向量及其约当型本征向量 $\{\boldsymbol{\psi}^{(0)}, \cdots, \boldsymbol{\psi}^{(m-1)}\}$ 和 $\{\boldsymbol{\phi}^{(0)}, \cdots, \boldsymbol{\phi}^{(m-1)}\}$ 使得式 (13-45) 对 $i \leqslant k$ 成立。现在来看 $i \leqslant k+1$ 的情况。

首先，记

$$t = -\frac{1}{a} <\boldsymbol{\psi}^{(k+1)}, \boldsymbol{\phi}^{(m-1)}>$$

令

$$\tilde{\boldsymbol{\psi}}^{(k+1+p)} = \boldsymbol{\psi}^{(k+1+p)} + t\boldsymbol{\psi}^{(p)} \qquad (p = 0, 1, \cdots, m-k-2)$$

显然，$\{\boldsymbol{\psi}^{(0)}, \cdots, \boldsymbol{\psi}^{(k)}, \tilde{\boldsymbol{\psi}}^{(k+1)}, \cdots, \tilde{\boldsymbol{\psi}}^{(m-1)}\}$ 仍然是本征值 μ 对应的一组基本本征向量及其约当型本征向量，并且有

$$<\tilde{\boldsymbol{\psi}}^{(k+1)}, \boldsymbol{\phi}^{(m-1)}> = <\boldsymbol{\psi}^{(k+1)}, \boldsymbol{\phi}^{(m-1)}> + t <\boldsymbol{\psi}^{(0)}, \boldsymbol{\phi}^{(m-1)}> = 0$$

其次，对任一个 $j < m-1$，有

$$<\tilde{\boldsymbol{\psi}}^{(k+1)}, \boldsymbol{H}\boldsymbol{\phi}^{(j+1)}> = -\mu <\tilde{\boldsymbol{\psi}}^{(k+1)}, \boldsymbol{\phi}^{(j+1)}> + <\tilde{\boldsymbol{\psi}}^{(k+1)}, \boldsymbol{\phi}^{(j)}>$$

及

$$<\boldsymbol{\phi}^{(j+1)}, \boldsymbol{H}\tilde{\boldsymbol{\psi}}^{(k+1)}> = \mu <\boldsymbol{\phi}^{(j+1)}, \tilde{\boldsymbol{\psi}}^{(k+1)}> + <\boldsymbol{\phi}^{(j+1)}, \boldsymbol{\psi}^{(k)}>$$
$$= -\mu <\tilde{\boldsymbol{\psi}}^{(k+1)}, \boldsymbol{\phi}^{(j+1)}> - <\boldsymbol{\psi}^{(k)}, \boldsymbol{\phi}^{(j+1)}>$$

$\boldsymbol{H}$ 是哈密顿矩阵，即上两式左端相等，因此有

$$<\tilde{\boldsymbol{\Psi}}^{(k+1)}, \boldsymbol{\phi}^{(j)}> = - <\boldsymbol{\Psi}^{(k)}, \boldsymbol{\phi}^{(j+1)}>$$

而由数学归纳法假设知，式 (13-45) 对 $i=k$ 成立，因此有

$$<\tilde{\boldsymbol{\psi}}^{(k+1)}, \boldsymbol{\phi}^{(j)}> \begin{cases} = (-1)^{k+1}a \neq 0 & (k+1+j = m-1) \\ = 0 & (k+1+j \neq m-1) \end{cases}$$

即存在一组 μ、$-\mu$ 对应的本征向量及其约当型本征向量 $\{\boldsymbol{\psi}^{(0)}, \cdots, \boldsymbol{\psi}^{(k)}, \tilde{\boldsymbol{\psi}}^{(k+1)}, \cdots, \tilde{\boldsymbol{\psi}}^{(m-1)}\}$ 和 $\{\boldsymbol{\phi}^{(0)}, \cdots, \boldsymbol{\phi}^{(m-1)}\}$ 使得式 (13-45) 对 $i \leqslant k+1$ 也成立。于是定理得证。

定理 13-16 仅表明存在由本征值 $\pm\mu \neq 0$ 的本征向量组成的共轭辛正交向量组 $\{\boldsymbol{\psi}^{(0)}, \cdots, \boldsymbol{\psi}^{(m-1)}, \boldsymbol{\phi}^{(m-1)}, \cdots, \boldsymbol{\phi}^{(0)}\}$。如果取

$$\tilde{\boldsymbol{\phi}}^{(j)} = \frac{(-1)^{m-1-j}}{a} \boldsymbol{\phi}^{(j)} \qquad (j = 0, 1, \cdots, m-1) \tag{13-46}$$

则 $\{\boldsymbol{\psi}^{(0)},\boldsymbol{\psi}^{(1)},\cdots,\boldsymbol{\psi}^{(m-1)},\tilde{\boldsymbol{\phi}}^{(m-1)},\tilde{\boldsymbol{\phi}}^{(m-2)},\cdots,\tilde{\boldsymbol{\phi}}^{(0)}\}$ 即组成一组标准共轭辛正交向量组。应当特别说明的是此时本征值 μ 所对应的约当型块仍为式(13-15)型，而本征值 $-\mu$ 所对应的约当型块应改写为

$$D_{-\mu}=\left.\begin{bmatrix} -\mu & 0 & 0 & \cdots & 0 \\ -1 & -\mu & 0 & \cdots & 0 \\ 0 & -1 & -\mu & \cdots & 0 \\ \vdots & \vdots & \vdots & & \vdots \\ 0 & 0 & 0 & \cdots & -\mu \end{bmatrix}\right\}m \tag{13-47a}$$

即有

$$\begin{cases} \boldsymbol{H}\tilde{\boldsymbol{\phi}}^{(m-1)}=-\mu\tilde{\boldsymbol{\phi}}^{(m-1)}-\tilde{\boldsymbol{\phi}}^{(m-2)} \\ \boldsymbol{H}\tilde{\boldsymbol{\phi}}^{(m-2)}=-\mu\tilde{\boldsymbol{\phi}}^{(m-2)}-\tilde{\boldsymbol{\phi}}^{(m-3)} \\ \qquad\cdots\cdots \\ \boldsymbol{H}\tilde{\boldsymbol{\phi}}^{(1)}=-\mu\tilde{\boldsymbol{\phi}}^{(1)}-\tilde{\boldsymbol{\phi}}^{(0)} \\ \boldsymbol{H}\tilde{\boldsymbol{\phi}}^{(0)}=-\mu\tilde{\boldsymbol{\phi}}^{(0)} \end{cases} \tag{13-47b}$$

这样才能在将哈密顿矩阵 $\boldsymbol{H}$ 化为分块对角形式时，保证其仍为哈密顿矩阵，从而完成其辛正交归一化，这是展开定理的根据。

以后约定，式(13-43)中 (α) 组本征值对应的约当型本征向量仍按式(13-15)确定，而 (β) 组本征值对应的约当型本征向量则由式(13-47a)确定。

上面讨论了共轭非零本征值的本征向量之间的共轭辛正交关系。由定理 13-14 知，若哈密顿矩阵 $\boldsymbol{H}$ 存在零本征值，则一定是偶重根。零本征值通常存在约当型，由它们组成的解在具体问题中是有特殊物理意义的，这些将结合具体问题加以介绍。

零本征值因为其特殊性 $\mu=-\mu=0$，其零本征向量及其约当型本征向量自身可以组成一组共轭辛正交向量组。为讨论其共轭辛正交性，首先引入如下的引理。

引理 13-1 设哈密顿矩阵 $\boldsymbol{H}$ 存在零本征值，而 $\{\boldsymbol{\psi}^{(0)},\boldsymbol{\psi}^{(1)},\cdots,\boldsymbol{\psi}^{(2m-1)}\}$ 是零本征值对应的任一组基本本征向量及约当型本征向量，则对任意 $1\leqslant p\leqslant 2m-1$，$0\leqslant q\leqslant 2m-2$，有

$$<\boldsymbol{\psi}^{(p)},\boldsymbol{\psi}^{(q)}>=-<\boldsymbol{\psi}^{(p-1)},\boldsymbol{\psi}^{(q+1)}> \tag{13-48}$$

并且当 $p+q$ 为偶数时，有

$$<\boldsymbol{\psi}^{(p)},\boldsymbol{\psi}^{(q)}>=0 \tag{13-49}$$

证明：首先，根据式(13-18)知，对零本征向量 $\boldsymbol{\psi}^{(p)}$、$\boldsymbol{\psi}^{(q+1)}$，有

$$<\boldsymbol{\psi}^{(p)},\boldsymbol{H}\boldsymbol{\psi}^{(q+1)}>=<\boldsymbol{\psi}^{(p)},\boldsymbol{\psi}^{(q)}>$$

及

$$<\boldsymbol{\psi}^{(q+1)},\boldsymbol{H}\boldsymbol{\psi}^{(p)}>=<\boldsymbol{\psi}^{(q+1)},\boldsymbol{\psi}^{(p-1)}>=-<\boldsymbol{\psi}^{(p-1)},\boldsymbol{\psi}^{(q+1)}>$$

因为 $\boldsymbol{H}$ 是哈密顿矩阵，所以上两式左端相等，即有式(13-48)。

其次，当 $p+q$ 为偶数时，不失一般性，可设 $p=q+2k$，其中 k 为非负整数。反复应用式(13-48)，并利用式(13-31)，有

$$< \psi^{(q+2k)}, \psi^{(q)} >= - < \psi^{(q+2k-1)}, \psi^{(q+1)} >$$
$$= \cdots = (-1)^k < \psi^{(q+k)}, \psi^{(q+k)} >= 0$$

于是引理得证。

定理 13-17　若哈密顿矩阵 H 存在零本征值，其重数为 $2m$，则一定存在一组零本征值对应的基本本征向量及其约当型本征向量 $\{\psi^{(0)}, \psi^{(1)}, \cdots, \psi^{(2m-1)}\}$，它们有如下共轭辛正交关系：

$$< \psi^{(i)}, \psi^{(j)} > \begin{cases} = (-1)^i a \neq 0 & (i+j = 2m-1) \\ = 0 & (i+j \neq 2m-1) \end{cases} \tag{13-50}$$

证明：对 i 用数学归纳法证明。

(1) 当 $i = 0$ 时，设 $\{\psi^{(0)}, \psi^{(1)}, \cdots, \psi^{(2m-1)}\}$ 是一组零本征向量及其约当型本征向量。

首先，对任意 $j \leqslant 2m-2$，利用式 (13-18)，有

$$< \psi^{(0)}, H\psi^{(j+1)} >=< \psi^{(0)}, \psi^{(j)} >$$

因为 H 是哈密顿矩阵，所以有

$$< \psi^{(0)}, H\psi^{(j+1)} >=< \psi^{(j+1)}, H\psi^{(0)} >= 0$$

于是有

$$< \psi^{(0)}, \psi^{(j)} >= 0 \qquad (j \leqslant 2m-2)$$

其次，根据定理 13-15 知，$\psi^{(0)}$ 与所有非零本征值的本征向量包括其约当型本征向量均辛正交，所以 $\psi^{(0)}$ 一定与 $\psi^{(2m-1)}$ 是辛共轭的，否则它将与所有本征向量辛正交，矛盾。因此有

$$< \psi^{(0)}, \psi^{(2m-1)} >= a \neq 0$$

所以式 (13-50) 对 $i = 0$ 成立。

(2) 假设存在一组零本征向量及其约当型本征向量 $\{\psi^{(0)}, \psi^{(1)}, \cdots, \psi^{(2m-1)}\}$，使得式 (13-50) 对 $i \leqslant k(k \geqslant 0)$ 成立。现在来看 $i \leqslant k+1$ 的情况。

① 当 k 为奇数时，记

$$t = -\frac{1}{2a} < \psi^{(k+1)}, \psi^{(2m-1)} >$$

令

$$\tilde{\psi}^{(k+1+p)} = \psi^{(k+1+p)} + t\psi^{(p)} \quad (p = 0,1,\cdots,2m-k-2)$$

显然，$\{\psi^{(0)}, \cdots, \psi^{(k)}, \tilde{\psi}^{(k+1)}, \cdots, \tilde{\psi}^{(2m-1)}\}$ 也是一组零本征向量及其约当型本征向量，并且仍然保持式 (13-50) 对 $i \leqslant k(k \geqslant 0)$ 成立。但此时有

$$< \tilde{\psi}^{(k+1)}, \tilde{\psi}^{(2m-1)} >=< \psi^{(k+1)}, \psi^{(2m-1)} >+t < \psi^{(0)}, \psi^{(2m-1)} >$$
$$+ t < \psi^{(k+1)}, \psi^{(2m-k-2)} >+t^2 < \psi^{(0)}, \psi^{(2m-k-2)} >$$
$$= -2ta + ta + (-1)t < \psi^{(k)}, \psi^{(2m-k-1)} >= 0$$

② 当 k 为偶数时，由式 (13-49) 知，有

$$< \psi^{(k+1)}, \psi^{(2m-1)} >= 0$$

综合①与②知，一定存在一组零本征向量及其约当型本征向量 $\{\boldsymbol{\psi}^{(0)},\cdots,\boldsymbol{\psi}^{(2m-1)}\}$ ，使得式 (13-50) 对 $i \leqslant k(k \geqslant 0)$ 成立，并且满足 $<\boldsymbol{\psi}^{(k+1)},\boldsymbol{\psi}^{(2m-1)}>=0$ 。而由式 (13-48) 知，对任意 $j \leqslant 2m-2$ 有

$$<\boldsymbol{\psi}^{(k+1)},\boldsymbol{\psi}^{(j)}>=-<\boldsymbol{\psi}^{(k)},\boldsymbol{\psi}^{(j+1)}>$$

再由数学归纳法假设知式 (13-50) 对 $i \leqslant k(k \geqslant 0)$ 成立，所以有

$$<\boldsymbol{\psi}^{(k+1)},\boldsymbol{\psi}^{(j)}> \begin{cases} =(-1)^{k+1}a \neq 0 & (k+1+j=2m-1) \\ =0 & (k+1+j \neq 2m-1) \end{cases}$$

所以 $\{\boldsymbol{\psi}^{(0)},\boldsymbol{\psi}^{(1)},\cdots,\boldsymbol{\psi}^{(2m-1)}\}$ 使得式 (13-50) 对 $i \leqslant k+1$ 均成立，即一定存在一组零本征向量 $\{\boldsymbol{\psi}^{(0)},\boldsymbol{\psi}^{(1)},\cdots,\boldsymbol{\psi}^{(2m-1)}\}$ 使得式 (13-50) 对 $i \leqslant k+1$ 成立。于是根据数学归纳法知定理成立。

定理 13-14～定理 13-17 表明 $2n$ 维辛空间一定存在一组由哈密顿矩阵 $\boldsymbol{H}$ 的本征向量和约当型本征向量组成的共轭辛正交基；再通过归一化，可以形成一组标准共轭辛正交基，由它们的列向量组成的矩阵当然是辛矩阵。下面通过一个具体例子来验证哈密顿矩阵的上述性质。

例 13-3 试构造由哈密顿矩阵

$$\boldsymbol{H} = \begin{bmatrix} 1 & -2 & 0 & 2 & 1 & 3 \\ 0 & -1 & 0 & 1 & 1 & 1 \\ 0 & -1 & -1 & 3 & 1 & 0 \\ 0 & 0 & 0 & -1 & 0 & 0 \\ 0 & -1 & 0 & 2 & 1 & 1 \\ 0 & 0 & 0 & 0 & 0 & 1 \end{bmatrix}$$

的本征向量(及约当型本征向量)组成的一组标准共轭辛正交基。

首先求哈密顿矩阵 $\boldsymbol{H}$ 的本征值。因为

$$|\mu\boldsymbol{I}-\boldsymbol{H}| = \mu^2(\mu-1)^2(\mu+1)^2$$

所以 $\mu=0,\pm1$ 是哈密顿矩阵 $\boldsymbol{H}$ 的本征值，且均为二重本征值。

其次求解本征向量。对本征值 $\mu=0$ 的本征向量，由

$$\boldsymbol{H}\boldsymbol{\psi}=0$$

解得

$$\boldsymbol{\psi}_0^{(0)} = \{1,\ 1,\ 0,\ 0,\ 1,\ 0\}^{\mathrm{T}}$$

因为零本征值只有一个约当型链，所以一定存在约当型解，由

$$\boldsymbol{H}\boldsymbol{\psi}=\boldsymbol{\psi}_0^{(0)}$$

解得

$$\boldsymbol{\psi}_0^{(1)} = \{0,\ 0,\ 1,\ 0,\ 1,\ 0\}^{\mathrm{T}}$$

显然，$\boldsymbol{\psi}_0^{(0)}$ 与 $\boldsymbol{\psi}_0^{(1)}$ 辛共轭：

$$<\boldsymbol{\psi}_0^{(0)},\boldsymbol{\psi}_0^{(1)}>=1$$

对本征值 $\mu=1$ 的本征向量，由

$$H\psi = \psi$$

解得

$$\psi_1^{(0)} = \{1,\quad 0,\quad 0,\quad 0,\quad 0,\quad 0\}^T$$

同样，本征值 $\mu = 1$ 存在约当型本征向量，由

$$H\psi = \psi + \psi_1^{(0)}$$

解得

$$\psi_1^{(1)} = \left\{0,\quad \frac{1}{2},\quad 0,\quad 0,\quad \frac{1}{2},\quad \frac{1}{2}\right\}^T$$

对本征值 $\mu = -1$ 的本征向量，由

$$H\psi = -\psi$$

解得

$$\psi_{-1}^{(0)} = \{0,\quad 0,\quad 1,\quad 0,\quad 0,\quad 0\}^T$$

同样，本征值 $\mu = -1$ 存在约当型本征向量，由

$$H\psi = -\psi + \psi_{-1}^{(0)}$$

解得

$$\psi_{-1}^{(1)} = \left\{-\frac{1}{4},\quad 0,\quad 0,\quad \frac{1}{2},\quad -\frac{1}{2},\quad 0\right\}^T$$

因为 $\mu = \pm 1$ 的本征值约当型链均只有两个向量，所以 $\psi_1^{(0)}$ 与 $\psi_{-1}^{(1)}$、$\psi_{-1}^{(0)}$ 与 $\psi_1^{(1)}$ 一定是辛共轭的：

$$a = <\psi_{-1}^{(0)}, \psi_1^{(1)}> = -<\psi_{-1}^{(1)}, \psi_1^{(0)}> = \frac{1}{2}$$

式中，$\psi_1^{(1)}$ 与 $\psi_{-1}^{(1)}$ 不是辛正交，参考定理 13-16 的证明，记

$$t = -2<\psi_1^{(1)}, \psi_{-1}^{(1)}> = \frac{1}{2}$$

令

$$\tilde{\psi}_1^{(1)} = \psi_1^{(1)} + t\psi_1^{(0)} = \left\{\frac{1}{2},\quad \frac{1}{2},\quad 0,\quad 0,\quad \frac{1}{2},\quad \frac{1}{2}\right\}^T$$

于是本征向量 $\psi_{-1}^{(1)}$ 与 $\tilde{\psi}_1^{(1)}$ 达成辛正交。而根据定理 13-15 和定理 13-16 知，其余本征向量间的辛正交关系是自然满足的。这样由哈密顿矩阵 H 的本征向量构成的一组共轭辛正交基是

$$\psi_{-1}^{(0)},\quad \psi_{-1}^{(1)},\quad \psi_0^{(0)};\quad \tilde{\psi}_1^{(1)},\quad \psi_1^{(0)},\quad \psi_0^{(1)}$$

再根据式(13-46)，对其辛归一化，可组成一组标准共轭辛正交基：

$$\psi_{-1}^{(0)},\quad \psi_{-1}^{(1)},\quad \psi_0^{(0)};\quad \hat{\psi}_1^{(1)},\quad \hat{\psi}_1^{(0)},\quad \psi_0^{(1)}$$

式中，

$$\hat{\boldsymbol{\psi}}_1^{(0)} = -2\boldsymbol{\psi}_1^{(0)} = \{-2, \quad 0, \quad 0, \quad 0, \quad 0, \quad 0\}^{\mathrm{T}}$$

$$\hat{\boldsymbol{\psi}}_1^{(1)} = 2\tilde{\boldsymbol{\psi}}_1^{(1)} = \{1, \quad 1, \quad 0, \quad 0, \quad 1, \quad 1\}^{\mathrm{T}}$$

这里需要说明一点的是，本书对共轭辛正交向量组（式(13-36)）采用的均是 $\{\boldsymbol{\alpha}_1,\cdots,\boldsymbol{\alpha}_r,\boldsymbol{\beta}_1,\cdots,\boldsymbol{\beta}_r\}$ 这样的排序方式。当然也可采用 $\{\boldsymbol{\alpha}_1,\boldsymbol{\beta}_1,\boldsymbol{\alpha}_2,\boldsymbol{\beta}_2,\cdots,\boldsymbol{\alpha}_r,\boldsymbol{\beta}_r\}$ 式的排序方式，此时单位辛矩阵的定义(式(13-34))应改写为

$$\boldsymbol{J}'_{2n} = \begin{bmatrix} \boldsymbol{J}'_2 & \boldsymbol{0} & \cdots & \boldsymbol{0} \\ \boldsymbol{0} & \boldsymbol{J}'_2 & \cdots & \boldsymbol{0} \\ \vdots & \vdots & & \vdots \\ \boldsymbol{0} & \boldsymbol{0} & \cdots & \boldsymbol{J}'_2 \end{bmatrix}, \quad \text{其中} \ \boldsymbol{J}'_2 = \boldsymbol{J}_2 = \begin{bmatrix} 0 & 1 \\ -1 & 0 \end{bmatrix} \tag{13-51}$$

而其他各有关定义如辛矩阵、哈密顿矩阵等也应相应进行修改，这种排序方式对数值计算较为方便。这里就不一一介绍了。

本节给出了有限维辛空间的基本概念，并简单介绍了一些基本性质，当然许多概念和性质可以直接推广到无穷维辛空间。本节最后给出欧几里得空间与辛空间的对比关系，如表13-1所示，以便读者能更好地了解辛空间的有关概念和性质。

表 13-1　欧几里得空间与辛空间的对比关系

欧几里得空间	辛空间
内积 $(\boldsymbol{\alpha},\boldsymbol{\beta})$ ——{长度}	辛内积 $<\boldsymbol{\alpha},\boldsymbol{\beta}>$ ——{面积}
单位矩阵 $\boldsymbol{I}$	单位辛矩阵 $\boldsymbol{J}$
正交 $(\boldsymbol{x},\boldsymbol{y}) = \boldsymbol{x}^{\mathrm{T}}\boldsymbol{y}(=\boldsymbol{x}^{\mathrm{T}}\boldsymbol{I}\boldsymbol{y}) = 0$	辛正交 $<\boldsymbol{x},\boldsymbol{y}> = \boldsymbol{x}^{\mathrm{T}}\boldsymbol{J}\boldsymbol{y} = 0$
(标准)正交基	(标准)共轭辛正交基
正交矩阵 $\boldsymbol{Q}^{\mathrm{T}}\boldsymbol{Q} = (\boldsymbol{Q}^{\mathrm{T}}\boldsymbol{I}\boldsymbol{Q} =)\boldsymbol{I}$	辛矩阵 $\boldsymbol{S}^{\mathrm{T}}\boldsymbol{J}\boldsymbol{S} = \boldsymbol{J}$
对称变换 $(\boldsymbol{\alpha},\tilde{\boldsymbol{A}}\boldsymbol{\beta}) = (\boldsymbol{\beta},\tilde{\boldsymbol{A}}\boldsymbol{\alpha})$	哈密顿变换 $<\boldsymbol{\alpha},\tilde{\boldsymbol{H}}\boldsymbol{\beta}> = <\boldsymbol{\beta},\tilde{\boldsymbol{H}}\boldsymbol{\alpha}>$
对称矩阵 $\boldsymbol{A}^{\mathrm{T}} = \boldsymbol{A}(= \boldsymbol{I}\boldsymbol{A}\boldsymbol{I})$	哈密顿矩阵 $\boldsymbol{H}^{\mathrm{T}} = \boldsymbol{J}\boldsymbol{H}\boldsymbol{J}$
实对称矩阵的本征值皆为实数	若 μ 是哈密顿矩阵本征值，则 $-\mu$ 也是其本征值
实对称矩阵不同本征值的本征向量必正交	哈密顿矩阵非辛共轭本征值的本征向量必辛正交
由实对称矩阵本征向量可组成一组标准正交基	由哈密顿矩阵本征向量可组成一组标准共轭辛正交基

13.2　勒让德变换

本节介绍数学上的勒让德(Legendre)变换，这是实现从拉格朗日体系向哈密顿体系转变的关键。

先考虑两个变量的勒让德变换，设 $f = f(x,y)$，则

$$\mathrm{d}f = u\mathrm{d}x + v\mathrm{d}y \tag{13-52}$$

式中，

$$u = \frac{\partial f}{\partial x}, \quad v = \frac{\partial f}{\partial y} \tag{13-53}$$

这里是用 x、y 作为独立变量的。实际上，根据问题的需要，x、y、u、v 中任何两个都可作为独立变量。如果把 u、y 当作独立变量，则由式 (13-53) 可解得

$$x = x(u, y), \qquad v = v(u, y) \tag{13-54}$$

而函数 f 亦可改用 u、y 表示：

$$\overline{f}(u, y) = f[x(u, y), y] \tag{13-55}$$

于是

$$\begin{cases} \dfrac{\partial \overline{f}}{\partial y} = \dfrac{\partial f}{\partial x}\dfrac{\partial x}{\partial y} + \dfrac{\partial f}{\partial y} = u\dfrac{\partial x}{\partial y} + v \\[3mm] \dfrac{\partial \overline{f}}{\partial u} = \dfrac{\partial f}{\partial x}\dfrac{\partial x}{\partial u} = u\dfrac{\partial x}{\partial u} = \dfrac{\partial}{\partial u}(ux) - x \end{cases} \tag{13-56}$$

式 (13-56) 可改写成

$$\begin{cases} v = -\dfrac{\partial}{\partial y}(ux - \overline{f}) = -\dfrac{\partial g}{\partial y} \\[3mm] x = \dfrac{\partial}{\partial u}(ux - \overline{f}) = \dfrac{\partial g}{\partial u} \end{cases} \tag{13-57}$$

式中，$g(u, y) = ux - \overline{f} = \dfrac{\partial f}{\partial x}x - f$。

由此可以看出，当独立变量由 x、y 变为 u、y 时，如果仍用函数 $\overline{f}$，则 x、v 不能像式 (13-53) 那样直接用 $\overline{f}$ 对 u 及 y 的偏微商表示，而应换成函数 g，新的函数 g 等于不要的变量 x 乘以原来的函数对该变量的偏微商 $u = \partial f / \partial x$ 再减去原来的函数 f。这时 x、v 才可用 g 对 u 及 y 的偏微商表示，这就是勒让德变换的基本法则。

上面的讨论仅是对自变量 x 实施了勒让德变换。当然，也可对两个自变量 x、y 同时实施勒让德变换，即选择 u、v 作为独立变量。类似地，由式 (13-53) 可解得

$$x = x(u, v), \qquad y = y(u, v) \tag{13-58}$$

而函数 f 亦可改用 u、v 表示：

$$\tilde{f}(u, v) = f[x(u, v), y(u, v)] \tag{13-59}$$

引入变换函数：

$$\tilde{g}(u, v) = ux + vy - \tilde{f}(u, v) \tag{13-60}$$

则不难验证有如下关系：

$$\begin{cases} \dfrac{\partial \tilde{g}}{\partial u} = x + u\dfrac{\partial x}{\partial u} + v\dfrac{\partial y}{\partial u} - \dfrac{\partial f}{\partial x}\dfrac{\partial x}{\partial u} - \dfrac{\partial f}{\partial y}\dfrac{\partial y}{\partial u} = x \\[3mm] \dfrac{\partial \tilde{g}}{\partial v} = u\dfrac{\partial x}{\partial v} + y + v\dfrac{\partial y}{\partial v} - \dfrac{\partial f}{\partial x}\dfrac{\partial x}{\partial v} - \dfrac{\partial f}{\partial y}\dfrac{\partial y}{\partial v} = y \end{cases} \tag{13-61}$$

即 x、y 可用 $\tilde{g}$ 对 u 及 v 的偏微商表出。

本节以两个变量为例介绍了勒让德变换，它完全可以从两个变量直接推广到多个变量，这里就不一一叙述了。

13.3　哈密顿原理与哈密顿正则方程

　　"大自然总是走最容易和最可能的途径。"这是著名的费马(Fermat)原理。在经典力学中最小作用量原理归结为哈密顿(Hamilton)原理。通常用有限自由度 n 维的广义位移 $q_i (i = 1, 2, \cdots, n)$ 或向量 q 来描述。用 $\dot{q}_i$ 表示其对时间的微商,则动力系统的拉格朗日函数(动能–势能)为

$$L(q, \dot{q}) \text{ 或 } L(q_1, q_2, \cdots, q_n; \dot{q}_1, \dot{q}_2, \cdots, \dot{q}_n) \tag{13-62}$$

　　哈密顿原理可表述为:一个保守系统自初始点 (q_0, t_0) 运动到终结点 (q_e, t_e),其真实的运动轨道应使作用量 A 成为驻值,即

$$A = \int_{t_0}^{t_e} L(q, \dot{q}) \mathrm{d}t , \quad \delta A = 0 \tag{13-63}$$

事实上展开变分式(13-63),并作分部积分,有

$$\delta A = \int_{t_0}^{t_e} \left[\frac{\partial L}{\partial q} - \frac{\mathrm{d}}{\mathrm{d}t} \left(\frac{\partial L}{\partial \dot{q}} \right) \right]^{\mathrm{T}} \cdot \delta q \mathrm{d}t = 0 \tag{13-64}$$

由于 δq 可任意变分,导出拉格朗日(Lagrange)方程为

$$\frac{\mathrm{d}}{\mathrm{d}t} \left(\frac{\partial L}{\partial \dot{q}} \right) = \frac{\partial L}{\partial q} \tag{13-65}$$

因此,哈密顿原理(式(13-63))对应于拉格朗日方程(13-65),它是二阶常微分方程组。可以看到,以上的表述只有位移这一类变量,所以它是单类变量的变分原理。

　　在经典分析力学中早已发展了哈密顿正则方程体系。它通过勒让德变换,把拉格朗日函数 L 中的一类独立变量由 $\dot{q}$ (广义速度)变换为 p (广义动量,即对偶变量):

$$p = \frac{\partial L}{\partial \dot{q}} \tag{13-66}$$

由式(13-66)可解出 $\dot{q}$,使 $\dot{q}$ 是 p 和 q 的函数,即

$$\dot{q} = \dot{q}(p, q) \tag{13-67}$$

　　按照勒让德变换的规则,应引入变换函数,即哈密顿函数(动能+势能):

$$H(q, p) = p^{\mathrm{T}} \dot{q} - L(q, \dot{q}(p, q)) \tag{13-68}$$

于是根据式(13-57),有

$$\frac{\partial L}{\partial q} = -\frac{\partial H}{\partial q} , \quad \dot{q} = \frac{\partial H}{\partial p} \tag{13-69}$$

另外,由式(13-65)知

$$\frac{\partial L}{\partial q} = \frac{\mathrm{d}}{\mathrm{d}t} \left(\frac{\partial L}{\partial \dot{q}} \right) = \dot{p} \tag{13-70}$$

故得

$$\dot{\boldsymbol{q}} = \frac{\partial H}{\partial \boldsymbol{p}} \, , \qquad \dot{\boldsymbol{p}} = -\frac{\partial H}{\partial \boldsymbol{q}} \tag{13-71}$$

式(13-71)就是哈密顿正则方程，其中采用了二类变量：广义位移 $\boldsymbol{q}$ 与广义动量 $\boldsymbol{p}$ 。与哈密顿方程(13-71)相对应的变分原理是

$$\delta \int_{t_0}^{t_e} [\boldsymbol{p}^\mathrm{T} \dot{\boldsymbol{q}} - H(\boldsymbol{q}, \boldsymbol{p})] \, \mathrm{d}t = 0 \tag{13-72}$$

式中，$\boldsymbol{q}$ 与 $\boldsymbol{p}$ 应当作为互不相关、独立变分的变量。只要展开变分式(13-72)，就可立即得到式(13-71)。

从单类变量的变分原理(式(13-63))变换到二类变量的变分原理(式(13-72))的过程具有典型性，它是通过勒让德变换而实现的。

习　　题

13-1　证明：(1)辛矩阵的逆矩阵是辛矩阵；(2)辛矩阵的转置矩阵是辛矩阵；(3)辛矩阵的行列式值等于 1 或–1；(4)辛矩阵的乘积是辛矩阵。

13-2　证明：(1)哈密顿矩阵的转置矩阵是哈密顿矩阵；(2)哈密顿矩阵的和是哈密顿矩阵。

13-3　已知一个哈密顿矩阵为

$$\boldsymbol{H} = \begin{bmatrix} 0 & 0 & 1 & 0 \\ 0 & 0 & 0 & 1 \\ -2 & 1 & 0 & 0 \\ 1 & -1 & 0 & 0 \end{bmatrix}$$

求其特征值和共轭辛正交归一特征向量。

13-4　如果已知一个拉格朗日函数为 $L = \frac{1}{2}\dot{x}^2 - \frac{1}{2}x^2 - \frac{1}{4}x^4$，试推导它对应的哈密顿函数和哈密顿正则方程。

第 13 章部分参考答案

第 14 章 弹性平面直角坐标的辛求解方法

本章将详细地介绍直角坐标系平面弹性问题的哈密顿体系，并通过分离变量和横向本征问题的求解形成平面问题完备的辛求解体系，从而直接对平面矩形域等问题进行求解，重点讨论零本征值的解及其圣维南问题的解析求解。

14.1 哈密顿正则方程和变分原理

考虑如图 14-1 所示的矩形域平面应力问题，其求解域为

$$V: \quad 0 \leqslant z \leqslant L, \qquad -h \leqslant x \leqslant h \tag{14-1}$$

x、z 方向的位移用 u、w 表示。在两侧边上有表面力作用：

$$\sigma_x = \bar{F}_{x1}(z), \qquad \tau_{xz} = \bar{F}_{z1}(z) \ (x=-h) \tag{14-2a}$$

$$\sigma_x = \bar{F}_{x2}(z), \qquad \tau_{xz} = \bar{F}_{z2}(z) \ (x=h) \tag{14-2b}$$

并且在域内沿 x、z 方向分别有体力 F_x、F_z。

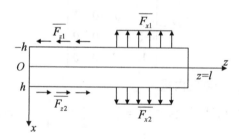

图 14-1　平面矩形域问题

上述问题所对应的最小总势能原理为

$$\Pi = \int_0^L \int_{-h}^h (U - wF_z - uF_x)\mathrm{d}x\mathrm{d}z - \int_0^L [(w\bar{F}_{z2} + u\bar{F}_{x2})_{x=h} - (w\bar{F}_{z1} + u\bar{F}_{x1})_{x=-h}]\mathrm{d}z, \ \delta\Pi = 0 \tag{14-3}$$

其中应变能密度 U 为

$$U = \frac{E}{2(1-v^2)}\left[\left(\frac{\partial u}{\partial x}\right)^2 + \left(\frac{\partial w}{\partial z}\right)^2 + 2v\left(\frac{\partial u}{\partial x}\right)\left(\frac{\partial w}{\partial z}\right)\right] + \frac{E}{4(1+v)}\left(\frac{\partial u}{\partial z} + \frac{\partial w}{\partial x}\right)^2 \tag{14-4}$$

此外在两端 0 和 L 处还应有相应的边界条件，这些稍后再讨论。现在将 z 坐标模拟成时间坐标，并用一点代表对坐标 z 的微商，即有 $(\dot{\ }) = \partial/\partial z$。将式 (14-3) 中域内的被积函数定义为拉格朗日密度函数，即

$$L(w, u, \dot{w}, \dot{u}) = U - wF_z - uF_x \tag{14-5}$$

首先，按哈密顿体系常规方式，采用勒让德变换引入位移 w、u 的对偶变量，即

$$\sigma = \frac{\partial L}{\partial \dot{w}} = \frac{E}{1-v^2}\left(\dot{w} + v\frac{\partial u}{\partial x}\right), \quad \tau = \frac{\partial L}{\partial \dot{u}} = \frac{E}{2(1+v)}\left(\dot{u} + \frac{\partial w}{\partial x}\right) \tag{14-6}$$

容易验证它们就是应力 σ_z、τ_{xz}，即原变量 $\boldsymbol{q}$ 和其对偶变量 $\boldsymbol{p}$ 分别为

$$\boldsymbol{q} = \{w, u\}^{\mathrm{T}}, \qquad \boldsymbol{p} = \{\sigma, \tau\}^{\mathrm{T}} \tag{14-7}$$

从式(14-6)中可以解出

$$\dot{w} = -v\frac{\partial u}{\partial x} + \frac{1-v^2}{E}\sigma, \quad \dot{u} = -\frac{\partial w}{\partial x} + \frac{2(1+v)}{E}\tau \tag{14-8}$$

其次，根据平衡方程(2-2a)、应力应变关系(式(4-1))，并利用式(14-8)，顺序消去 σ_x 及 $\dot{w}$，有

$$\dot{\sigma} = -\frac{\partial \tau}{\partial x} - F_z \tag{14-9a}$$

$$\dot{\tau} = -\frac{\partial \sigma_x}{\partial x} - F_x = -\frac{E}{1-v^2}\frac{\partial^2 u}{\partial x^2} - \frac{Ev}{1-v^2}\frac{\partial \dot{w}}{\partial x} - F_x = -E\frac{\partial^2 u}{\partial x^2} - v\frac{\partial \sigma}{\partial x} - F_x \tag{14-9b}$$

于是式(14-8)与式(14-9)即组成一组哈密顿对偶方程组：

$$\begin{bmatrix} \dot{w} \\ \dot{u} \\ \dot{\sigma} \\ \dot{\tau} \end{bmatrix} = \begin{bmatrix} 0 & -v\dfrac{\partial}{\partial x} & \dfrac{1-v^2}{E} & 0 \\ -\dfrac{\partial}{\partial x} & 0 & 0 & \dfrac{2(1+v)}{E} \\ 0 & 0 & 0 & -\dfrac{\partial}{\partial x} \\ 0 & -E\dfrac{\partial^2}{\partial x^2} & -v\dfrac{\partial}{\partial x} & 0 \end{bmatrix}\begin{bmatrix} w \\ u \\ \sigma \\ \tau \end{bmatrix} + \begin{bmatrix} 0 \\ 0 \\ -F_z \\ -F_x \end{bmatrix} \tag{14-10}$$

当然，也可通过引入哈密顿密度函数：

$$H(w, u, \sigma, \tau) = \sigma\dot{w} + \tau\dot{u} - L(w, u, \dot{w}, \dot{u})$$

$$= \frac{1-v^2}{2E}\sigma^2 + \frac{1+v}{E}\tau^2 - v\sigma\frac{\partial u}{\partial x} - \tau\frac{\partial w}{\partial x} - \frac{1}{2}E\left(\frac{\partial u}{\partial x}\right)^2 + wF_z + uF_x \tag{14-11}$$

而直接写出其哈密顿对偶方程，即式(14-10)的矩阵向量形式为

$$\dot{\boldsymbol{q}} = \frac{\partial H}{\partial \boldsymbol{p}} = \boldsymbol{A}\boldsymbol{q} + \boldsymbol{D}\boldsymbol{p}, \quad \dot{\boldsymbol{p}} = -\frac{\partial H}{\partial \boldsymbol{q}} = \boldsymbol{B}\boldsymbol{q} - \boldsymbol{A}^{\mathrm{T}}\boldsymbol{p} - \boldsymbol{X} \tag{14-12}$$

式中，

$$\begin{cases} \boldsymbol{A} = \begin{bmatrix} 0 & -v\dfrac{\partial}{\partial x} \\ -\dfrac{\partial}{\partial x} & 0 \end{bmatrix}, & \boldsymbol{B} = \begin{bmatrix} 0 & 0 \\ 0 & -E\dfrac{\partial^2}{\partial x^2} \end{bmatrix} \\[4mm] \boldsymbol{D} = \begin{bmatrix} \dfrac{1-v^2}{E} & 0 \\ 0 & \dfrac{2(1+v)}{E} \end{bmatrix}, & \boldsymbol{A}^{\mathrm{T}} = \begin{bmatrix} 0 & \dfrac{\partial}{\partial x} \\ v\dfrac{\partial}{\partial x} & 0 \end{bmatrix} \\[4mm] \boldsymbol{X} = \begin{bmatrix} F_z \\ F_x \end{bmatrix} \end{cases} \tag{14-13}$$

这里需要说明一点的是，关于算子矩阵的"转置"并不是简单的换位，而指的是其互伴算子矩阵，即对微分而言，还应有分部积分的过程，例如：

$$\int_{-h}^{h} \boldsymbol{p}^{\mathrm{T}} \boldsymbol{A} \boldsymbol{q} \mathrm{d}x = \int_{-h}^{h} \boldsymbol{q}^{\mathrm{T}} \boldsymbol{A}^{\mathrm{T}} \boldsymbol{p} \mathrm{d}x - \left[v\sigma u + \tau w \right]_{-h}^{h} \tag{14-14}$$

即在域内 $-h < x < h$ 已经相符，而余下的边界项将与 $\boldsymbol{B}$ 的边界项共同组成问题的边界条件。

有了哈密顿密度函数，就可以写出其哈密顿变分原理(或称混合能变分原理)：

$$\delta \left\{ \int_0^l \int_{-h}^{h} [\boldsymbol{p}^{\mathrm{T}} \dot{\boldsymbol{q}} - H(\boldsymbol{q}, \boldsymbol{p})] \mathrm{d}x \mathrm{d}z - \int_0^l [(\bar{\boldsymbol{X}}_2^{\mathrm{T}} \boldsymbol{q})_{x=h} - (\bar{\boldsymbol{X}}_1^{\mathrm{T}} \boldsymbol{q})_{x=-h}] \mathrm{d}z \right\} = 0 \tag{14-15}$$

式中，

$$\bar{\boldsymbol{X}}_1 = \{\bar{F}_{z1}, \quad \bar{F}_{x1}\}^{\mathrm{T}}, \quad \bar{\boldsymbol{X}}_2 = \{\bar{F}_{z2}, \quad \bar{F}_{x2}\}^{\mathrm{T}} \tag{14-16}$$

执行式(14-15)的变分，即给出域内对偶方程(14-12)和两侧边界条件(14-2)。其实，哈密顿变分原理(式(14-15))也可以直接从两类变量的赫林格-赖斯纳变分原理导出。

对平面矩形域问题，其赫林格-赖斯纳变分原理为

$$\delta \left\{ \int_0^l \int_{-h}^{h} \left[\sigma_x \frac{\partial u}{\partial x} + \sigma_z \frac{\partial w}{\partial z} + \tau_{xz} \left(\frac{\partial u}{\partial z} + \frac{\partial w}{\partial x} \right) - v_c - F_x u - F_z w \right] \mathrm{d}x \mathrm{d}z \right.$$
$$\left. - \int_0^l [(w\bar{F}_{z2} + u\bar{F}_{x2})_{x=h} - (w\bar{F}_{z1} + u\bar{F}_{x1})_{x=-h}] \mathrm{d}z \right\} = 0 \tag{14-17}$$

式中，

$$v_c = \frac{1}{2E} (\sigma_x^2 + \sigma_z^2 - 2v\sigma_x\sigma_z) + \frac{1+v}{E} \tau_{xz}^2 \tag{14-18}$$

因为选择 z 为纵向，x 为横向，所以横向的应力 σ_x 应予消去。首先对式(14-17)中的 σ_x 完成变分，有

$$\sigma_x = E\left(\frac{\partial u}{\partial x}\right) + v\sigma_z \tag{14-19}$$

将式(14-19)代入式(14-17)消去 σ_x 即得哈密顿变分原理(式(14-15))。

若引入全状态向量 $\boldsymbol{v}$ 及算子矩阵 $\boldsymbol{H}$：

$$\boldsymbol{v} = \begin{bmatrix} \boldsymbol{q} \\ \boldsymbol{p} \end{bmatrix} = \begin{bmatrix} w \\ u \\ \sigma \\ \tau \end{bmatrix}, \quad \boldsymbol{H} = \begin{bmatrix} \boldsymbol{A} & \boldsymbol{D} \\ \boldsymbol{B} & -\boldsymbol{A}^{\mathrm{T}} \end{bmatrix} \tag{14-20}$$

则哈密顿对偶方程(14-12)就可写成

$$\dot{\boldsymbol{v}} = \boldsymbol{H}\boldsymbol{v} + \boldsymbol{h}, \quad \boldsymbol{h}^{\mathrm{T}} = \{\boldsymbol{0}^{\mathrm{T}}, \quad -\boldsymbol{X}^{\mathrm{T}}\} \tag{14-21}$$

为了讨论算子矩阵 $\boldsymbol{H}$ 的性质，引入单位辛矩阵：

$$\boldsymbol{J} = \begin{bmatrix} \boldsymbol{0} & \boldsymbol{I}_2 \\ -\boldsymbol{I}_2 & \boldsymbol{0} \end{bmatrix} \tag{14-22}$$

令

$$<\boldsymbol{v}_1,\boldsymbol{v}_2> \stackrel{\text{def}}{=} \int_{-h}^{h} \boldsymbol{v}_1^{\mathrm{T}} \boldsymbol{J} \boldsymbol{v}_2 \mathrm{d}x$$

$$= \int_{-h}^{h} (w_1\sigma_2 + u_1\tau_2 - \sigma_1 w_2 - \tau_1 u_2)\mathrm{d}x \qquad (14\text{-}23)$$

式中，$\stackrel{\text{def}}{=}$ 表示"定义为"。显然式(14-23)满足辛内积的四个条件，即按式(14-23)的辛内积定义，全状态向量 $\boldsymbol{v}$ 组成辛几何空间。

既然要讨论算子的性质，当然应当与外荷载无关，即应讨论其齐次线性微分方程

$$\dot{\boldsymbol{v}} = \boldsymbol{H}\boldsymbol{v} \qquad (14\text{-}24)$$

及齐次侧边边界条件

$$E\frac{\partial u}{\partial x} + \nu\sigma = 0 , \quad \tau = 0 \ (x = \pm h) \qquad (14\text{-}25)$$

通过分部积分不难证明，有

$$<\boldsymbol{v}_1, \boldsymbol{H}\boldsymbol{v}_2> = \int_{-h}^{h} \boldsymbol{v}_1^{\mathrm{T}} \boldsymbol{J}\boldsymbol{H}\boldsymbol{v}_2 \mathrm{d}x$$

$$= \int_{-h}^{h} \left[\nu\sigma_1 \frac{\partial u_2}{\partial x} + \tau_1 \frac{\partial w_2}{\partial x} - Eu_1 \frac{\partial^2 u_2}{\partial x^2} - \nu u_1 \frac{\partial \sigma_2}{\partial x} \right.$$

$$\left. - w_1 \frac{\partial \tau_2}{\partial x} - \frac{1-\nu^2}{E}\sigma_1\sigma_2 - \frac{2(1+\nu)}{E}\tau_1\tau_2 \right]\mathrm{d}x$$

$$= \int_{-h}^{h} \left[-\nu u_2 \frac{\partial \sigma_1}{\partial x} - w_2 \frac{\partial \tau_1}{\partial x} - Eu_2 \frac{\partial^2 u_1}{\partial x^2} + \nu\sigma_2 \frac{\partial u_1}{\partial x} \right.$$

$$\left. + \tau_2 \frac{\partial w_1}{\partial x} - \frac{1-\nu^2}{E}\sigma_2\sigma_1 - \frac{2(1+\nu)}{E}\tau_2\tau_1 \right]\mathrm{d}x \qquad (14\text{-}26)$$

$$+ \left[u_2 \left(E\frac{\partial u_1}{\partial x} + \nu\sigma_1 \right) + w_2\tau_1 - u_1 \left(E\frac{\partial u_2}{\partial x} + \nu\sigma_2 \right) - w_1\tau \right]_{-h}^{h}$$

$$= <\boldsymbol{v}_2, \boldsymbol{H}\boldsymbol{v}_1> + \left[u_2 \left(E\frac{\partial u_1}{\partial x} + \nu\sigma_1 \right) + w_2\tau_1 \right]_{-h}^{h}$$

$$- \left[u_1 \left(E\frac{\partial u_2}{\partial x} + \nu\sigma_2 \right) + w_1\tau_2 \right]_{-h}^{h}$$

因此，只要 $\boldsymbol{v}_1$、$\boldsymbol{v}_2$ 是满足侧边边界条件(14-25)的连续可微全状态向量，则恒有

$$<\boldsymbol{v}_1, \boldsymbol{H}\boldsymbol{v}_2> = <\boldsymbol{v}_2, \boldsymbol{H}\boldsymbol{v}_1> \qquad (14\text{-}27)$$

即算子矩阵 $\boldsymbol{H}$ 为辛几何空间的哈密顿变换(算子矩阵)。

从式(14-26)可以看出，即使是对固支和简支边界，若 $\boldsymbol{v}_1$、$\boldsymbol{v}_2$ 满足其边界条件，则式(14-27)也是恒等式。

14.2　分离变量与横向本征问题

常用的分离变量法对于拉梅方程是无能为力的。但将方程化成哈密顿对偶方程后，分离变量就成为很自然的事了。分离变量当然针对的是齐次方程(14-24)。令

$$v(z,x) = \xi(z)\psi(x) \tag{14-28}$$

将其代入式(14-24)，可以得到

$$\xi(z) = e^{\mu z} \tag{14-29}$$

及本征方程

$$H\psi(x) = \mu\psi(x) \tag{14-30}$$

式中，μ 为本征值，待求；$\psi(x)$ 为本征函数向量，它应当满足齐次边界条件(14-25)。这里，纵向坐标 z 已分离出去，所以是横截面上的本征问题。由于是连续体，横向是无限维的。

在 14.1 节中已证明 H 为哈密顿型算子矩阵，其本征问题的特点与在 13.1.4 节介绍过的有限维哈密顿矩阵本征问题相同，有如下特征。

(1) 若 μ 是哈密顿型算子矩阵 H 的本征值，则 $-\mu$ 也一定是其本征值。由于现在讨论的是无穷维哈密顿本征问题，其本征值有无穷多个，当然它们可以分成两组

$$\begin{cases} (\alpha) \ \mu_i, \quad \mathrm{Re}(\mu_i) < 0 \ \text{或} \ \mathrm{Re}(\mu_i) = 0 \wedge \mathrm{Im}(\mu_i) < 0 \quad (i = 1,2,\cdots) \\ (\beta) \ \mu_{-i} = -\mu_i \end{cases} \tag{14-31}$$

并且在 (α) 组中还按 $|\mu_i|$ 的大小来排序，其模越小越在前。

(2) 哈密顿算子矩阵的本征向量之间有共轭辛正交关系。设 ψ_i 和 ψ_j 分别是本征值 μ_i 和 μ_j 对应的本征向量，则当 $\mu_i + \mu_j \neq 0$ 时有辛正交关系：

$$<\psi_i, \psi_j> = \int_{-h}^{h} \psi_i^{\mathrm{T}} J \psi_j \mathrm{d}x = 0 \tag{14-32}$$

而与 ψ_i 辛共轭的向量一定是本征值 $-\mu_i$ 的本征向量(或其约当型本征向量)。

有了共轭辛正交关系，则任一个横截面上的全状态函数向量 v 总可以用本征解来展开：

$$v = \sum_{i=1}^{\infty} (a_i \psi_i + b_i \psi_{-i}) \tag{14-33}$$

式中，a_i 与 b_i 为待定系数；ψ_i 与 ψ_{-i} 为本征函数向量，它们已满足如下的共轭辛正交归一关系：

$$\begin{cases} <\psi_i, \psi_j> = <\psi_{-i}, \psi_{-j}> = 0 \\ <\psi_i, \psi_{-j}> = \begin{cases} 1 & (i = j) \\ 0 & (i \neq j) \end{cases} \quad i,j = 1,2,\cdots \end{cases} \tag{14-34}$$

需要说明的是，按本征解展开的合法性取决于这些本征解在全状态函数向量空间的完备性。完备性问题在斯特姆-刘维尔(Sturm-Liouville)问题时也存在。可以首先将它化为对称核积分方程，然后用希尔伯特-施密特(Hilbert-Schmidt)理论加以证明。在泛函分析中也有关于对称算子谱分析的整套理论，完备性定理成为这些学科中的主要环节之一。

14.3 零本征值的解

在哈密顿本征问题中，零本征值是一个很特殊的本征值，在式(14-31)的描述中尚未加以覆盖。这类本征值的解在弹性力学中还具有特殊的重要性。

对于矩形域弹性问题，如果两侧边皆为自由的条件，就必然有重根的零本征值。现在来

寻求这些零本征值的解，即求解微分方程：

$$\boldsymbol{H}\boldsymbol{\psi}(x) = \boldsymbol{0} \tag{14-35}$$

展开为

$$\begin{cases} 0 & -v\dfrac{\mathrm{d}u}{\mathrm{d}x} & +\dfrac{1-v^2}{E}\sigma & +0 & =0 \\[2ex] -\dfrac{\mathrm{d}w}{\mathrm{d}x} & +0 & +0 & +\dfrac{2(1+v)}{E}\tau & =0 \\[2ex] 0 & +0 & +0 & -\dfrac{\mathrm{d}\tau}{\mathrm{d}x} & =0 \\[2ex] 0 & -E\dfrac{\mathrm{d}^2 u}{\mathrm{d}x^2} & -v\dfrac{\mathrm{d}\sigma}{\mathrm{d}x} & +0 & =0 \end{cases} \tag{14-36}$$

当然，其本征解还要满足齐次边界条件(14-25)。

14.3.1　基本本征解

从式(14-36)和边界条件(14-25)中可以看出，其问题的求解可以解耦成两组，即式(14-36)的第二式、第三式和边界条件(14-25)的第二式组成关于 w、τ 的一组方程；而式(14-36)的第一式、第四式和边界条件(14-25)的第一式则组成关于 u、σ 的另一组方程。求解前一组方程可得

$$w = c_1, \qquad \tau = 0 \tag{14-37}$$

而求解后一组方程则得

$$u = c_2, \qquad \sigma = 0 \tag{14-38}$$

式中，c_1 和 c_2 为任意常数。因此，其线性无关的基本本征解有

$$\boldsymbol{\psi}_{0f}^{(0)} = \{w=1, \quad u=0; \quad \sigma=0, \quad \tau=0\}^{\mathrm{T}} \tag{14-39}$$

$$\boldsymbol{\psi}_{0s}^{(0)} = \{w=0, \quad u=1; \quad \sigma=0, \quad \tau=0\}^{\mathrm{T}} \tag{14-40}$$

即有两条链，分别用下标 f 和 s 来区别。根据式(14-28)和式(14-29)知，这两个本征向量本身就是原方程(14-24)及其边界条件(14-25)的解：

$$\boldsymbol{v}_{0f}^{(0)} = \boldsymbol{\psi}_{0f}^{(0)}, \quad \boldsymbol{v}_{0s}^{(0)} = \boldsymbol{\psi}_{0s}^{(0)} \tag{14-41}$$

这两个解的物理意义分别是 z 向和 x 向的刚体平移。

14.3.2　约当型本征解

下面就要寻求约当型的零本征解。约当型的零本征解应求解方程：

$$\boldsymbol{H}\boldsymbol{\psi}_0^{(i)} = \boldsymbol{\psi}_0^{(i-1)} \tag{14-42}$$

式中，上标 $i, i-1$ 分别代表第 $i, i-1$ 阶约当型(或基本)本征解。

为求链一上的一阶约当型本征解，解带有齐次边界条件(14-25)的方程：

$$\boldsymbol{H}\boldsymbol{\psi}_{0f}^{(1)} = \boldsymbol{\psi}_{0f}^{(0)} \tag{14-43}$$

得

$$\boldsymbol{\psi}_{0f}^{(1)} = \{0, \quad -\nu x; \quad E, \quad 0\}^{\mathrm{T}} \tag{14-44}$$

此时一阶约当型本征向量 $\boldsymbol{\psi}_{0f}^{(1)}$ 已不是原方程(14-24)及其边界条件(14-25)的解了，它对应原方程的解为

$$\boldsymbol{v}_{0f}^{(1)} = \boldsymbol{\psi}_{0f}^{(1)} + z\boldsymbol{\psi}_{0f}^{(0)} \tag{14-45}$$

写成分量形式为

$$w = z, \quad u = -\nu x, \quad \sigma = E, \quad \tau = 0 \tag{14-46}$$

这个解的物理意义是轴向均匀拉伸解。

类似地，为求链二上的一阶约当型本征解，解带有齐次边界条件(14-25)的方程：

$$\boldsymbol{H}\boldsymbol{\psi}_{0s}^{(1)} = \boldsymbol{\psi}_{0s}^{(0)} \tag{14-47}$$

得

$$\boldsymbol{\psi}_{0s}^{(1)} = \{-x, \quad 0; \quad 0, \quad 0\}^{\mathrm{T}} \tag{14-48}$$

同样，一阶约当型本征向量 $\boldsymbol{\psi}_{0s}^{(1)}$ 也不是原方程(14-24)及其边界条件(14-25)的解，由它组成的原方程的解为

$$\boldsymbol{v}_{0s}^{(1)} = \boldsymbol{\psi}_{0s}^{(1)} + z\boldsymbol{\psi}_{0s}^{(0)} \tag{14-49}$$

写成分量形式为

$$w = -x, \quad u = z, \quad \sigma = 0, \quad \tau = 0 \tag{14-50}$$

这个解的物理意义显然是面内的刚体转动解。

求出一阶约当型本征解后，就可寻求二阶约当型解。先看链一的二阶约当型解，即求解方程：

$$\boldsymbol{H}\boldsymbol{\psi}_{0f}^{(2)} = \boldsymbol{\psi}_{0f}^{(1)} \tag{14-51}$$

由式(14-51)展开式的第三式可求出 $\tau = -Ex + c$，其中，c 为任意常数，然而该式无法同时满足在 $x = \pm h$ 时 $\tau = 0$ 的齐次边界条件，因此无解！该约当型本征解链至此断绝。

再看链二，其二阶约当型解应求解：

$$\boldsymbol{H}\boldsymbol{\psi}_{0s}^{(2)} = \boldsymbol{\psi}_{0s}^{(1)} \tag{14-52}$$

显然可以先求出 $w = \tau = 0$，再自式(14-52)展开式的第一和第四式积分出：

$$u_{0s}^{(2)} = \frac{1}{2}\nu x^2 + c_3 x + c_4, \quad \sigma_{0s}^{(2)} = -Ex + \frac{E\nu}{1-\nu^2}c_3 \tag{14-53}$$

将式(14-53)代入边界条件(14-25)的第一式可知，只要 $c_3 = 0$ 就可满足，而 c_4 可取任意常数。于是有

$$\boldsymbol{\psi}_{0s}^{(2)} = \left\{0, \quad \frac{1}{2}\nu x^2 + c_4; \quad -Ex, \quad 0\right\}^{\mathrm{T}} \tag{14-54}$$

由它组成的原方程的解为

$$\boldsymbol{v}_{0s}^{(2)} = \boldsymbol{\psi}_{0s}^{(2)} + z\boldsymbol{\psi}_{0s}^{(1)} + \frac{1}{2}z^2\boldsymbol{\psi}_{0s}^{(0)} \tag{14-55}$$

写成分量形式为

$$w = -xz, \quad u = \frac{1}{2}(z^2 + \nu x^2) + c_4, \quad \sigma = -Ex, \quad \tau = 0 \tag{14-56}$$

这个解的物理意义显然是纯弯曲解。

　　需要说明的是，c_4 仅相当于在约当型本征解上叠加了一个基本本征解，将其选定为一个适当的值，可以达成相关本征解之间的辛正交关系。

　　进一步寻求第三阶约当型本征解，方程为

$$\boldsymbol{H}\boldsymbol{\psi}_{0s}^{(3)} = \boldsymbol{\psi}_{0s}^{(2)} \tag{14-57}$$

　　显然可先定出 $u = \sigma = 0$；然后积分式 (14-57) 展开式的第三式并代入 $x = \pm h$ 时 $\tau = 0$ 的边界条件可给出

$$\tau_{0s}^{(3)} = \frac{1}{2}E(x^2 - h^2) \tag{14-58}$$

再将其代入式 (14-57) 展开式的第一式，积分得

$$w_{0s}^{(3)} = -(1+\nu)h^2 x - c_4 x + \frac{1}{6}(2+\nu)x^3 \tag{14-59}$$

于是

$$\boldsymbol{\psi}_{0s}^{(3)} = \left\{ \begin{array}{c} -(1+\nu)h^2 x - c_4 x + \dfrac{1}{6}(2+\nu)x^3 \\[2mm] 0 \\[1mm] 0 \\[2mm] \dfrac{1}{2}E(x^2 - h^2) \end{array} \right\} \tag{14-60}$$

由它组成的原方程的解为

$$\boldsymbol{v}_{0s}^{(3)} = \boldsymbol{\psi}_{0s}^{(3)} + z\boldsymbol{\psi}_{0s}^{(2)} + \frac{1}{2}z^2 \boldsymbol{\psi}_{0s}^{(1)} + \frac{1}{6}z^3 \boldsymbol{\psi}_{0s}^{(0)} \tag{14-61}$$

写成分量形式为

$$\left\{ \begin{array}{l} w = -(1+\nu)h^2 x - c_4 x + \dfrac{1}{6}(2+\nu)x^3 - \dfrac{1}{2}xz^2 \\[2mm] u = \dfrac{1}{2}\nu x^2 z + c_4 z + \dfrac{1}{6}z^3 \\[2mm] \sigma = -Exz \\[2mm] \tau = \dfrac{1}{2}E(x^2 - h^2) \end{array} \right. \tag{14-62}$$

这个解的物理意义显然是常剪弯曲解。

　　最后，考察是否存在下一阶的约当型，其方程为

$$\boldsymbol{H}\boldsymbol{\psi} = \boldsymbol{\psi}_{0s}^{(3)} \tag{14-63}$$

将其展开式的第四式

$$-E\frac{\mathrm{d}^2 u}{\mathrm{d}x^2} - \nu\frac{\mathrm{d}\sigma}{\mathrm{d}x} = \frac{1}{2}E(x^2 - h^2) \qquad (14\text{-}64)$$

自 $x = -h$ 到 $x = h$ 积分得

$$-\left[E\frac{\mathrm{d}u}{\mathrm{d}x} + \nu\sigma\right]_{x=-h}^{x=h} = -\frac{2}{3}Eh^3 \qquad (14\text{-}65)$$

由齐次边界条件(14-25)知，式(14-65)的左端应为零，因此无解！该约当型本征解链到此也告断绝。

至此，已求出零本征值全部的本征解，而且由它们组成的原问题的解都具有特定的物理意义。显然，链一上的解 $v_{0f}^{(0)}$ 和 $v_{0f}^{(1)}$ 是关于 $x = 0$ 轴的对称变形位移状态；而链二上的解 $v_{0s}^{(0)}$、$v_{0s}^{(1)}$、$v_{0s}^{(2)}$ 和 $v_{0s}^{(3)}$ 是关于 $x = 0$ 轴的反对称变形位移状态。

14.3.3　共轭辛正交关系

零本征值各阶次本征向量之间有共轭辛正交关系。因为链一上的本征向量 $\boldsymbol{\psi}_{0f}^{(0)}$ 和 $\boldsymbol{\psi}_{0f}^{(1)}$ 为对称变形，而链二上的本征向量 $\boldsymbol{\psi}_{0s}^{(0)}$、$\boldsymbol{\psi}_{0s}^{(1)}$、$\boldsymbol{\psi}_{0s}^{(2)}$ 和 $\boldsymbol{\psi}_{0s}^{(3)}$ 为反对称变形，所以这两个约当型链的本征向量之间一定是互相辛正交的。

在对称变形约当型链 $\boldsymbol{\psi}_{0f}^{(0)}$ 和 $\boldsymbol{\psi}_{0f}^{(1)}$ 上，只有两个函数向量，它们之间必然共轭而不辛正交。事实上可以验证：

$$\begin{aligned} <\boldsymbol{\psi}_{0f}^{(0)}, \boldsymbol{\psi}_{0f}^{(1)}> &= \int_{-h}^{h} \boldsymbol{\psi}_{0f}^{(0)\mathrm{T}} \boldsymbol{J} \boldsymbol{\psi}_{0f}^{(1)} \mathrm{d}x \\ &= \int_{-h}^{h} E\mathrm{d}x = 2Eh \neq 0 \end{aligned} \qquad (14\text{-}66)$$

再看反对称变形约当型链 $\boldsymbol{\psi}_{0s}^{(0)}$、$\boldsymbol{\psi}_{0s}^{(1)}$、$\boldsymbol{\psi}_{0s}^{(2)}$ 和 $\boldsymbol{\psi}_{0s}^{(3)}$ 的共轭辛正交性质。通过直接验证可以证明，$\boldsymbol{\psi}_{0s}^{(0)}$ 与 $\boldsymbol{\psi}_{0s}^{(1)}$、$\boldsymbol{\psi}_{0s}^{(2)}$ 是辛正交的，而 $\boldsymbol{\psi}_{0s}^{(0)}$ 与 $\boldsymbol{\psi}_{0s}^{(3)}$ 是辛共轭的：

$$<\boldsymbol{\psi}_{0s}^{(0)}, \boldsymbol{\psi}_{0s}^{(3)}> = \int_{-h}^{h}\left[\frac{1}{2}E(x^2 - h^2)\right]\mathrm{d}x = -\frac{2}{3}Eh^3 \neq 0 \qquad (14\text{-}67)$$

通过直接验证知 $\boldsymbol{\psi}_{0s}^{(1)}$ 与 $\boldsymbol{\psi}_{0s}^{(2)}$ 一定是辛共轭的：

$$<\boldsymbol{\psi}_{0s}^{(1)}, \boldsymbol{\psi}_{0s}^{(2)}> = -<\boldsymbol{\psi}_{0s}^{(0)}, \boldsymbol{\psi}_{0s}^{(3)}> = \frac{2}{3}Eh^3 \neq 0 \qquad (14\text{-}68)$$

而 $\boldsymbol{\psi}_{0s}^{(1)}$ 与 $\boldsymbol{\psi}_{0s}^{(3)}$ 一定是辛正交的。

最后是 $\boldsymbol{\psi}_{0s}^{(2)}$ 和 $\boldsymbol{\psi}_{0s}^{(3)}$ 之间的辛正交关系，它可以通过 c_4 的适当选择而达成辛正交关系。由

$$\begin{aligned} <\boldsymbol{\psi}_{0s}^{(2)}, \boldsymbol{\psi}_{0s}^{(3)}> = \int_{-h}^{h}\bigg\{ &Ex\left[\frac{1}{6}(2+\nu)x^3 - (1+\nu)h^2 x - c_4 x\right] \\ &+ \frac{1}{2}E(x^2 - h^2)\left(\frac{1}{2}\nu x^2 + c_4\right)\bigg\}\mathrm{d}x = 0 \end{aligned} \qquad (14\text{-}69)$$

可以解出

$$c_4 = -\left(\frac{2}{5} + \frac{v}{2}\right)h^2 \tag{14-70}$$

至此已达成了零本征值本征向量之间的共轭辛正交关系，即组成了一组共轭辛正交的向量组。与刚体轴向平移、横向平移和刚体旋转解共轭的解分别是简单拉伸、常剪弯曲和纯弯曲解。零本征值的这六个解就是二维圣维南问题的基本解，这些解可以张成一个完备的零本征值辛子空间。按理论力学，平面刚体有三个独立位移，梁的两端面共有六个独立刚体位移，与六个圣维南独立解正相配。

需要说明的是，带有齐次侧边边界条件(14-25)的方程(14-51)或方程(14-63)无解，仅表明其对应的约当型本征解链的断绝，即不再存在其他的本征解。然而，对于有均布外力的情形，这一套方法还可以用于继续求出非齐次特解，即通过链一的约当型方程(14-51)可以给出 z 向有均布外力的非齐次特解；通过链二的约当型方程(14-63)可以给出 x 向有均布外力的非齐次特解。

例如，对在 $x = -h$ 边有均布外表面力 q 作用的矩形域(图 14-2)，可以通过约当型的求解给出一个非齐次特解。

显然，此时两侧边的边界条件为

$$(\sigma_x =)E\frac{\partial u}{\partial x} + v\sigma = -q, \qquad \tau_{xz} = 0 \ (x = -h) \tag{14-71a}$$

$$(\sigma_x =)E\frac{\partial u}{\partial x} + v\sigma = q, \qquad \tau_{xz} = 0 \ (x = h) \tag{14-71b}$$

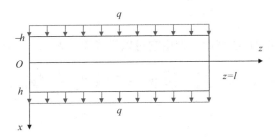

图 14-2　受均布荷载作用的平面矩形域

对约当型特解，应求解方程：

$$\boldsymbol{H}\tilde{\boldsymbol{\psi}} = k\boldsymbol{\psi}_{0s}^{(3)} \tag{14-72}$$

将其展开式的第四式

$$-E\frac{\mathrm{d}^2\tilde{u}}{\mathrm{d}x^2} - v\frac{\mathrm{d}\tilde{\sigma}}{\mathrm{d}x} = \frac{1}{2}kE(x^2 - h^2) \tag{14-73}$$

积分得

$$E\frac{\mathrm{d}\tilde{u}}{\mathrm{d}x} + v\tilde{\sigma} = \frac{1}{6}kE(3h^2x - x^3) + c \tag{14-74}$$

再代入边界条件(14-71)，可以解得

$$k = \frac{3q}{Eh^3}, \qquad c = 0 \tag{14-75}$$

即有

$$(\tilde{\sigma}_x =)E\frac{\mathrm{d}\tilde{u}}{\mathrm{d}x} + v\tilde{\sigma} = \frac{q}{2h^3}(3h^2x - x^3) \tag{14-76}$$

将式(14-76)与式(14-72)展开式的第一式联立，可以解得

$$\tilde{\sigma} = \frac{q}{h^3}x^3 - \frac{9q}{5h}x \tag{14-77}$$

和

$$\frac{\mathrm{d}\tilde{u}}{\mathrm{d}x} = -\frac{q(1+2v)}{2Eh^3}x^3 + \frac{3q(5+6v)}{10Eh}x \tag{14-78}$$

而由式(14-72)展开式的第二、第三式及边界条件(14-71)可以解得

$$\tilde{\tau} = \frac{\mathrm{d}\tilde{w}}{\mathrm{d}x} = 0 \tag{14-79}$$

于是，不失一般性，可以给出式(14-72)的一个特解为

$$\tilde{\psi} = \begin{cases} \tilde{w} = 0 \\ \tilde{u} = -\dfrac{q(1+2v)}{8Eh^3}x^4 + \dfrac{3q(5+6v)}{20Eh}x^2 \\ \tilde{\sigma} = \dfrac{q}{h^3}x^3 - \dfrac{9q}{5h}x \\ \tilde{\tau} = 0 \end{cases} \tag{14-80}$$

当然，$\tilde{\psi}$ 不是原问题(14-21)的特解，但由它可以组成原问题的一个特解：

$$\tilde{v} = \tilde{\psi} + k\left(z\psi_{0s}^{(3)} + \frac{1}{2}z^2\psi_{0s}^{(2)} + \frac{1}{6}z^3\psi_{0s}^{(1)} + \frac{1}{24}z^4\psi_{0s}^{(0)}\right) \tag{14-81}$$

该特解对应的应力场为

$$\begin{cases} \sigma = \dfrac{q}{h^3}x^3 - \dfrac{9q}{5h}x - \dfrac{3q}{2h^3}xz^2 \\ \tau = \dfrac{3q}{2h^3}z(x^2 - h^2) \\ \sigma_x = \dfrac{q}{2h^3}(3h^2x - x^3) \end{cases} \tag{14-82}$$

而位移场为

$$\begin{cases} w = \dfrac{q}{10Eh^3}xz[5(2+v)x^2 - 3(6+5v)h^2 - 5z^2] \\ u = -\dfrac{q(1+2v)}{8Eh^3}x^4 + \dfrac{3q(5+6v)}{20Eh}x^2 \\ \quad + \dfrac{3vq}{4Eh^3}x^2z^2 - \dfrac{3q(4+5v)}{20Eh}z^2 + \dfrac{q}{8Eh^3}z^4 \end{cases} \tag{14-83}$$

求出一个特解之后，余下就可根据叠加原理讨论对应齐次方程的求解。

对于其他形式的分布荷载，完全可以类似地进行求解，还可以进一步求解线性分布荷载、抛物线分布荷载等。

14.4　矩形梁圣维南问题的解

弹性力学在用半逆解法求解时特别强调圣维南原理。圣维南原理表达了一个自相平衡的力系的影响是局部的、不能及远的特性。也就是，其影响是随距离而快速衰减的。这当然是指数函数的特征，非零本征值的解正是具有这种现象的。

零本征值的解并无指数函数，它对于自相平衡的截面上的力系是不敏感的，而截面上的非自相平衡的外荷载正是通过这些解向较远的区域传播出去的。零本征值的解这一个划分将问题表达得很清楚。

对当前的矩形域问题，当 $L \gg h$ 时，就可应用圣维南原理，即两端的自相平衡的力系的影响仅在两端附近，也可以理解为忽略非零本征值的解，也就是在展开定理中仅采用零本征值的解：

$$v = a_1 \boldsymbol{\psi}_{0f}^{(0)} + a_2 \boldsymbol{\psi}_{0f}^{(1)} + a_3 \boldsymbol{\psi}_{0s}^{(0)} + a_4 \boldsymbol{\psi}_{0s}^{(1)} + a_5 \boldsymbol{\psi}_{0s}^{(2)} + a_6 \boldsymbol{\psi}_{0s}^{(3)} \tag{14-84}$$

即

$$
\begin{cases}
w = a_1 - a_4 x + a_6\left(-\dfrac{6+5\nu}{10}h^2 x + \dfrac{2+\nu}{6}x^3\right) \\[2mm]
u = -a_2 \nu x + a_3 - a_5\left(\dfrac{4+5\nu}{10}h^2 - \dfrac{\nu}{2}x^2\right) \\[2mm]
\sigma = a_2 E - a_5 E x \\[2mm]
\tau = \dfrac{1}{2}a_6 E(x^2 - h^2)
\end{cases}
\tag{14-85}
$$

因为式(14-84)展开式中的每一项都有明确的物理意义，所以待定参数 $a_1, a_2, \cdots, a_6$ 也有其特定的含义，如 a_1 为轴向位移；$a_2 \cdot (2hE)$ 为轴向力。这两个参数构成了对称变形的一组。而反对称变形的一组中 a_3 为横向位移；a_4 为截面转角；$a_5 \cdot (2Eh^3/3)$ 为弯矩（带变形）；$a_6 \cdot (2Eh^3/3)$ 为剪力（带变形）。

将哈密顿变分原理(式(14-15))写成纯量形式，为

$$
\begin{aligned}
\delta\Bigg\{ &\int_0^L \int_{-h}^h \Bigg[\sigma \dot{w} + \tau \dot{u} - \frac{1-\nu^2}{2E}\sigma^2 - \frac{1+\nu}{E}\tau^2 \\
&+ \nu\sigma\frac{\partial u}{\partial x} + \tau\frac{\partial w}{\partial x} + \frac{1}{2}E\left(\frac{\partial u}{\partial x}\right)^2 - wF_z - uF_x \Bigg]\mathrm{d}x\mathrm{d}z \\
&- \int_0^L [\bar{F}_{x2}u + \bar{F}_{z2}w]_{x=h}\,\mathrm{d}z + \int_0^L [\bar{F}_{x1}u + \bar{F}_{z1}w]_{x=-h}\,\mathrm{d}z \Bigg\} = 0
\end{aligned}
\tag{14-86}
$$

因为对称变形的 a_1、a_2 与反对称变形的 a_3、a_4、a_5、a_6 是互相解耦的两组，所以可分别求解。

首先，在式(14-85)的展开式中，只取对称变形的 a_1、a_2 两项，并代入式(14-86)，有

$$\delta\left\{\int_0^L [(2Eh)a_2\dot{a}_1 - Eha_2^2 - a_1\bar{N} - a_2\bar{W}]\mathrm{d}z\right\} = 0 \tag{14-87}$$

式中，

$$\bar{N} = \int_{-h}^h F_z\mathrm{d}x + \bar{F}_{z2} - \bar{F}_{z1} \tag{14-88}$$

$$\bar{W} = -\int_{-h}^h F_x \nu x\mathrm{d}x - \nu h(\bar{F}_{x2} + \bar{F}_{x1}) \tag{14-89}$$

显然，$\bar{N}$ 是轴向合力，而 $\bar{W}$ 则是侧向力引起的对于轴向伸长的作用。在变分式(14-87)中独立的变分变量只有 a_1 与 a_2，执行变分得

$$\dot{a}_1 = a_2 + \frac{1}{2Eh}\bar{W}, \qquad \dot{a}_2 = -\frac{1}{2Eh}\bar{N} \tag{14-90}$$

其物理意义分别是轴向应变方程和平衡方程。但这里应当指出的是，$\bar{W}$ 是由截面上的自相平衡的外力所引起的，它是由泊松比 ν 所引起的，它是会将轴向位移传播到远处的。在运用圣维南原理时也应当明白这一点。

其次，在式(14-85)的展开式中，只取反对称变形 a_3、a_4、a_5、a_6，并将其代入式(14-86)，有

$$\delta\left\{\int_0^L \left[\frac{1}{3}Eh^3(2a_5\dot{a}_4 - 2a_6\dot{a}_3 - a_5^2 + 2a_4a_6) - a_3\bar{Q} - a_4\bar{M} - a_5\bar{\theta} - a_6\bar{U}\right]\mathrm{d}z \right.$$
$$\left. + \left[\frac{4}{15}(1+\nu)Eh^5a_5a_6\right]_{z=0}^L \right\} = 0 \tag{14-91}$$

式中，

$$\bar{Q} = \int_{-h}^h F_x\mathrm{d}x + \bar{F}_{x2} - \bar{F}_{x1} \tag{14-92a}$$

$$\bar{M} = -\int_{-h}^h F_z x\mathrm{d}x - h(\bar{F}_{z2} + \bar{F}_{z1}) \tag{14-92b}$$

$$\bar{\theta} = \int_{-h}^h F_x\left(-\frac{4+5\nu}{10}h^2 + \frac{\nu}{2}x^2\right)\mathrm{d}x - \frac{2}{5}h^2(\bar{F}_{x2} - \bar{F}_{x1}) \tag{14-92c}$$

$$\bar{U} = \int_{-h}^h F_z\left(-\frac{6+5\nu}{10}h^2 x + \frac{2+\nu}{6}x^3\right)\mathrm{d}x - h^3(\bar{F}_{z2} + \bar{F}_{z1})\left(\frac{4+5\nu}{15}\right) \tag{14-92d}$$

对于变分的变量 a_3、a_4、a_5、a_6，其中 a_3、a_4 代表一种位移模式，但 a_5、a_6 并不是纯内力模式，而是一种混合模式，因为它们对应的 $\boldsymbol{\psi}_{0s}^{(2)}$ 与 $\boldsymbol{\psi}_{0s}^{(3)}$ 既有内力分布又有位移。这种混合模式的位移部分已带有某种相关的变形部分。所用的模态是本征向量，并且已进行共轭辛正交化，因此在变分式(14-91)中 a_6^2 项的系数成为零。但仍存在 a_4a_6 这一项，将 a_3、a_6 与 a_4、a_5 连在一起，形成一条链。

从式(14-92)可以看出，$\bar{Q}$、$\bar{M}$ 分别是截面的剪力和弯矩，而 $\bar{\theta}$、$\bar{U}$ 则是侧向力和轴向力引起的对截面横向和轴向位移的作用。

执行变分式(14-91)得

$$\dot{a}_3 = a_4 - \frac{3}{2Eh^3}\bar{U} \tag{14-93a}$$

$$\dot{a}_4 = a_5 + \frac{3}{2Eh^3}\bar{\theta} \tag{14-93b}$$

以及平衡方程

$$\dot{a}_5 = a_6 - \frac{3}{2Eh^3}\bar{M} \tag{14-93c}$$

$$\dot{a}_6 = \frac{3}{2Eh^3}\bar{Q} \tag{14-93d}$$

通过对式(14-93)直接进行积分，即给出其通解，但要确定其积分常数，写出具体问题的解，还要代入两端 $z=0$ 和 $z=L$ 的边界条件。

变分式(14-91)对于力的端部条件是自然边界条件，因此可以由变分直接导出其自由端边界条件为

$$a_5 = a_6 = 0 \; (z = 0 \text{ 或 } L) \tag{14-94}$$

其物理意义是端面的弯矩与剪力为零。

位移边界条件涉及各个模态，因此最好用变分的自然边界条件来导出。例如，当两端为固支边界条件时，在式(14-86)上应再加上两端相关项：

$$
\begin{aligned}
\delta\Bigg\{ &\int_0^L \int_{-h}^h \Bigg[\sigma\dot{w} + \tau\dot{u} - \frac{1-\nu^2}{2E}\sigma^2 - \frac{1+\nu}{E}\tau^2 + \nu\sigma\frac{\partial u}{\partial x} + \tau\frac{\partial w}{\partial x} \\
&+ \frac{1}{2}E\left(\frac{\partial u}{\partial x}\right)^2 - wF_z - uF_x \Bigg]\mathrm{d}x\mathrm{d}z - \int_{-h}^h \big[\sigma w + \tau u\big]_{z=0}^L \mathrm{d}x \\
&- \int_0^L \big[\bar{F}_{x2}u + \bar{F}_{z2}w\big]_{x=h}\mathrm{d}z + \int_0^L \big[\bar{F}_{x1}u + \bar{F}_{z1}w\big]_{x=-h}\mathrm{d}z \Bigg\} = 0
\end{aligned} \tag{14-95}
$$

就成为位移的自然边界条件了。于是式(14-91)也相应地成为

$$
\begin{aligned}
\delta\Bigg\{ &\int_0^L \Bigg[\frac{1}{3}Eh^3(2a_5\dot{a}_4 + 2a_6\dot{a}_3 - a_5^2 + 2a_4a_6) - a_3\bar{Q} - a_4\bar{M} - a_5\bar{\theta} - a_6\bar{U}\Bigg]\mathrm{d}z \\
&- \frac{2}{3}Eh^3\Bigg[a_5a_4 - a_6a_3 + \frac{2}{5}(1+\nu)h^2a_5a_6\Bigg]_{z=0}^L \Bigg\} = 0
\end{aligned} \tag{14-96}
$$

于是可以导出夹住端的边界条件为

$$
\begin{cases}
a_4 + 0.4(1+\nu)h^2a_6 = 0 \\
a_3 - 0.4(1+\nu)h^2a_5 = 0
\end{cases} \; (z = 0 \text{ 或 } L) \tag{14-97}
$$

这个方程看来奇怪，但由式(14-85)知

$$
\begin{cases}
w = -a_4 x + a_6\left(-\dfrac{6+5\nu}{10}h^2 x + \dfrac{2+\nu}{6}x^3\right) \\[3mm]
u = a_3 - a_5\left(\dfrac{4+5\nu}{10}h^2 - \dfrac{\nu}{2}x^2\right)
\end{cases}
\tag{14-98}
$$

于是知式(14-97)表示等价转角及等价位移为零，即

$$
\int_{-h}^{h} xw\,\mathrm{d}x = 0 , \quad \int_{-h}^{h}\left(1-\dfrac{x^2}{h^2}\right)u\,\mathrm{d}x = 0
\tag{14-99}
$$

有了边界条件，当然就可很容易地求解出圣维南问题的解。

例 14-1　设有一悬臂梁，其中在 $z=0$ 为夹住端，$z=L$ 为自由端，且在梁的侧边 $x=h$ 处作用单位均布荷载，试求解之。

首先，由式(14-92)知

$$
\bar{Q}=1 , \quad \bar{M}=0 ; \quad \bar{\theta}=-0.4h^2 , \quad \bar{U}=0
\tag{14-100}
$$

积分式(14-93d)和式(14-93c)，并代入自由端边界条件：

$$
a_5 = a_6 = 0 \; (z=L)
$$

得

$$
a_6 = \dfrac{3}{2Eh^3}(z-L)
\tag{14-101}
$$

$$
a_5 = \dfrac{3}{4Eh^3}(z-L)^2
\tag{14-102}
$$

再积分式(14-93b)和式(14-93a)，并代入夹住端边界条件：

$$
\begin{cases}
a_4 + 0.4(1+\nu)h^2 a_6 = 0 \\
a_3 - 0.4(1+\nu)h^2 a_5 = 0
\end{cases}
\; (z=0)
\tag{14-103}
$$

有

$$
a_4 = \dfrac{1}{4Eh^3}[z^3-3z^2L+3zL^2] + \dfrac{3}{5Eh}[L(1+\nu)-z]
\tag{14-104}
$$

及

$$
a_3 = \dfrac{1}{16Eh^3}(z^4-4z^3L+6z^2L^2) + \dfrac{3}{10Eh}[L(1+\nu)(2z+L)-z^2]
\tag{14-105}
$$

将求解出的 a_3、a_4、a_5、a_6 代入式(14-85)即给出悬臂梁的位移场与应力场。例如，梁轴线的挠度为

$$
\begin{aligned}
u(0,z) = &\dfrac{1}{16Eh^3}(z^4-4z^3L+6z^2L^2) \\
&+ \dfrac{3}{10Eh}[L(1+\nu)(2z+L)-z^2] - \dfrac{3(4+5\nu)}{40Eh}(z-L)^2
\end{aligned}
\tag{14-106}
$$

至此，通过哈密顿对偶变量体系的分离变量法，已找得全部圣维南解。圣维南解是零本征值对应的解。

采用理性推导方才能确认这一点。传统的半逆解法只能逐个去找，无法指认共有多少个解，以及是否已全部找到，也说不清楚其他的解应如何去寻找。例如，对于有局部效应的解等，理性推导就很容易指出，局部效应的解就是本征值实部不为零的解。

14.5 非零本征值的本征解

零本征值的解对应的是圣维南问题的解，而由圣维南原理覆盖的部分对应的是非零本征解，为了满足两端边界条件，或者当域内的外荷载突变时，这一部分的解是很重要的。

展开本征方程(14-30)，有

$$
\begin{cases}
0 & -\nu\dfrac{\mathrm{d}u}{\mathrm{d}x} & +\dfrac{1-\nu^2}{E}\sigma & +0 & = \mu w \\
-\dfrac{\mathrm{d}w}{\mathrm{d}x} & +0 & +0 & +\dfrac{2(1+\nu)}{E}\tau & = \mu u \\
0 & +0 & +0 & -\dfrac{\mathrm{d}\tau}{\mathrm{d}x} & = \mu\sigma \\
0 & -E\dfrac{\mathrm{d}^2u}{\mathrm{d}x^2} & -\nu\dfrac{\mathrm{d}\sigma}{\mathrm{d}x} & +0 & = \mu\tau
\end{cases}
\tag{14-107}
$$

这是对于 x 的联立常微分方程组，其求解首先要找出 x 方向的特征值 λ，其方程为

$$
\det\begin{bmatrix}
-\mu & -\nu\lambda & (1-\nu^2)/E & 0 \\
-\lambda & -\mu & 0 & 2(1+\nu)/E \\
0 & 0 & -\mu & -\lambda \\
0 & -E\lambda^2 & -\nu\lambda & -\mu
\end{bmatrix} = 0
\tag{14-108}
$$

将行列式展开，即可给出其特征方程为

$$
(\lambda^2 + \mu^2)^2 = 0
\tag{14-109}
$$

即其特征值为 $\lambda = \pm\mu\,\mathrm{i}$ 的重根，于是其通解为

$$
\begin{cases}
w = A_w\cos(\mu x) + B_w\sin(\mu x) + C_w x\sin(\mu x) + D_w x\cos(\mu x) \\
u = A_u\sin(\mu x) + B_u\cos(\mu x) + C_u x\cos(\mu x) + D_u x\sin(\mu x) \\
\sigma = A_\sigma\cos(\mu x) + B_\sigma\sin(\mu x) + C_\sigma x\sin(\mu x) + D_\sigma x\cos(\mu x) \\
\tau = A_\tau\sin(\mu x) + B_\tau\cos(\mu x) + C_\tau x\cos(\mu x) + D_\tau x\sin(\mu x)
\end{cases}
\tag{14-110}
$$

从中可以看出，A 与 C 的解是对于 z 轴为对称变形的解，而 B 与 D 的解是对于 z 轴为反对称变形的解。

14.5.1 对称变形的非零本征解

对称变形的通解为

$$
\begin{cases}
w = A_w\cos(\mu x) + C_w x\sin(\mu x) \\
u = A_u\sin(\mu x) + C_u x\cos(\mu x) \\
\sigma = A_\sigma\cos(\mu x) + C_\sigma x\sin(\mu x) \\
\tau = A_\tau\sin(\mu x) + C_\tau x\cos(\mu x)
\end{cases}
\tag{14-111}
$$

其中的常数还不是全部独立的。将式(14-111)代入式(14-107)，并注意到其表达式对任意 x 均成立，所以有

$$
\begin{bmatrix}
-\mu & \nu\mu & (1-\nu^2)/E & 0 \\
-\mu & -\mu & 0 & 2(1+\nu)/E \\
0 & 0 & -\mu & \mu \\
0 & E\mu^2 & -\nu\mu & -\mu
\end{bmatrix}
\begin{bmatrix}
C_w \\ C_u \\ C_\sigma \\ C_\tau
\end{bmatrix} = 0
\tag{14-112}
$$

及

$$
\begin{bmatrix}
-\mu & -\nu\mu & (1-\nu^2)/E & 0 \\
\mu & -\mu & 0 & 2(1+\nu)/E \\
0 & 0 & -\mu & -\mu \\
0 & E\mu^2 & \nu\mu & -\mu
\end{bmatrix}
\begin{bmatrix}
A_w \\ A_u \\ A_\sigma \\ A_\tau
\end{bmatrix} =
\begin{bmatrix}
\nu C_u \\ C_w \\ C_\tau \\ \nu C_\sigma - 2E\mu C_u
\end{bmatrix}
\tag{14-113}
$$

因为式(14-112)的系数行列式为零，所以存在非平凡解：

$$
C_w = C_u, \qquad C_\sigma = C_\tau = \frac{E\mu}{1+\nu} C_u
\tag{14-114}
$$

而方程(14-113)也是相容的，并可求出

$$
\begin{cases}
A_w = -A_u - \dfrac{3-\nu}{(1+\nu)\mu} C_u \\[2mm]
A_\sigma = -\dfrac{E\mu}{1+\nu} A_u - \dfrac{E(3+\nu)}{(1+\nu)^2} C_u \\[2mm]
A_\tau = \dfrac{E\mu}{1+\nu} A_u + \dfrac{2E}{(1+\nu)^2} C_u
\end{cases}
\tag{14-115}
$$

也就是说独立的常数只有两个，这里选择 A_u 与 C_u 为独立常数，当然也可选择其他常数。现将式(14-111)及式(14-114)、式(14-115)代入边界条件(14-25)，有

$$
\begin{cases}
A_u\mu\sin(\mu h) + C_u\left[\mu h\cos(\mu h) + \dfrac{2}{1+\nu}\sin(\mu h)\right] = 0 \\[2mm]
A_u\mu\cos(\mu h) + C_u\left[-\mu h\sin(\mu h) + \dfrac{1-\nu}{1+\nu}\cos(\mu h)\right] = 0
\end{cases}
\tag{14-116}
$$

要使问题有非零解，其系数行列式应为零，即可导出

$$
2\mu h + \sin(2\mu h) = 0
\tag{14-117}
$$

很明显，当 μ 为其根时，$-\mu$ 也一定是其根，这符合哈密顿算子矩阵的特征。显然，式(14-117)不存在非零实根。式(14-117)是实方程，因此其根必为共轭复数。记 $2\mu h = \pm\alpha \pm \mathrm{i}\beta$，其中 α 和 β 为正实数，当然可以只讨论其位于第一象限的根

$$
2\mu h = \alpha + \mathrm{i}\beta
\tag{14-118}
$$

求解方程(14-117)应当给出一个计算机上的算法。采取牛顿法求解可以很快收敛，但牛顿法需要一个初始近似根。这可以用渐近法求根。由于三角函数具有周期性质，当 $2\mu h$ 每增加 2π 时的复数条形域内一定有一个根在 $\beta>0$ 处，因此可令

$$
\alpha = 2n\pi + \alpha'
\tag{14-119}
$$

式中，$0 \le \alpha' < 2\pi$。当 β 为较大的正值时方程(14-117)可近似地写成

$$(\alpha' + 2n\pi) + i\beta - \frac{1}{2i}e^{-i(\alpha'+i\beta)} \approx 0 \tag{14-120}$$

将式 (14-120) 的实部与虚部分开即得

$$\alpha' + 2n\pi + \frac{1}{2}e^{\beta}\sin\alpha' \approx 0 \tag{14-121a}$$

$$\beta + \frac{1}{2}e^{\beta}\cos\alpha' \approx 0 \tag{14-121b}$$

因为当 β 为较大正值时有

$$\frac{2\beta}{e^{\beta}} \to 0^+ \tag{14-122}$$

所以有

$$\cos\alpha' \to 0^- \tag{14-123}$$

此外，由式 (14-121a) 知应有 $\sin\alpha' < 0$，因此有渐近解

$$\alpha \to 2n\pi - \frac{\pi}{2} - \varepsilon \tag{14-124a}$$

式中，$n = 1, 2, 3, \cdots$。将式 (14-124a) 代入式 (14-121a)，近似有

$$\beta \to \ln(2\alpha) \tag{14-124b}$$

式 (14-124) 即可作为牛顿法求根的初始近似值，从而解出其本征根。表 14-1 列出前五个本征根。

表 14-1　对称变形非零本征值

n	1	2	3	4	5
$\mathrm{Re}(\mu_n h)$	$\frac{\pi}{2} + 0.5354$	$\frac{3\pi}{2} + 0.6439$	$\frac{5\pi}{2} + 0.6827$	$\frac{7\pi}{2} + 0.7036$	$\frac{9\pi}{2} + 0.7169$
$\mathrm{Im}(\mu_n h)$	1.1254	1.5516	1.7755	1.9294	2.0469

表中仅列出了第一象限的根，当然，每一个 μ_n 都意味着还有其辛共轭本征值 $-\mu_n$ 以及它们的复共轭本征值，共四个本征值。这四个本征值中两个属于 (α) 组，另两个属于 (β) 组。从方程 (14-117) 不难判断，非零本征根均为单根。

求出本征值 μ_n，就可给出式 (14-116) 的一个非平凡解：

$$A_u = \cos^2(\mu_n h) - \frac{2}{1+\nu}, \qquad C_u = \mu_n \tag{14-125}$$

再由式 (14-114) 和式 (14-115) 确定其他常数后，就可以写出其相应的本征函数向量为

$$\boldsymbol{\psi}_n = \begin{bmatrix} w_n \\ u_n \\ \sigma_n \\ \tau_n \end{bmatrix} = \begin{bmatrix} -\left[\cos^2(\mu h) + \dfrac{1-\nu}{1+\nu}\right]\cos(\mu_n x) + \mu_n x \sin(\mu_n x) \\ \left[\cos^2(\mu h) - \dfrac{2}{1+\nu}\right]\sin(\mu_n x) + \mu_n x \cos(\mu_n x) \\ \dfrac{E\mu_n}{1+\nu}\{-[1+\cos^2(\mu h)]\cos(\mu_n x) + \mu_n x \sin(\mu_n x)\} \\ \dfrac{E\mu_n}{1+\nu}[\cos^2(\mu h)\sin(\mu_n x) + \mu_n x \cos(\mu_n x)] \end{bmatrix} \tag{14-126}$$

因为本征值为复数，所以其本征解也为复型。而相应原问题(14-24)的解为

$$v_n = \mathrm{e}^{\mu_n z} \boldsymbol{\psi}_n \tag{14-127}$$

14.5.2　反对称变形的非零本征解

反对称变形的通解为

$$\begin{cases} w = B_w \sin(\mu x) + D_w x \cos(\mu x) \\ u = B_u \cos(\mu x) + D_u x \sin(\mu x) \\ \sigma = B_\sigma \sin(\mu x) + D_\sigma x \cos(\mu x) \\ \tau = B_\tau \cos(\mu x) + D_\tau x \sin(\mu x) \end{cases} \tag{14-128}$$

这些常数还不是全部独立的。将式(14-128)代入式(14-107)，有

$$\begin{bmatrix} -\mu & -\nu\mu & (1-\nu^2)/E & 0 \\ \mu & -\mu & 0 & 2(1+\nu)/E \\ 0 & 0 & -\mu & -\mu \\ 0 & E\mu^2 & \nu\mu & -\mu \end{bmatrix} \begin{bmatrix} D_w \\ D_u \\ D_\sigma \\ D_\tau \end{bmatrix} = 0 \tag{14-129}$$

及

$$\begin{bmatrix} -\mu & \nu\mu & (1-\nu^2)/E & 0 \\ -\mu & -\mu & 0 & 2(1+\nu)/E \\ 0 & 0 & -\mu & \mu \\ 0 & E\mu^2 & -\nu\mu & -\mu \end{bmatrix} \begin{bmatrix} B_w \\ B_u \\ B_\sigma \\ B_\tau \end{bmatrix} = \begin{bmatrix} \nu D_u \\ D_w \\ D_\tau \\ \nu D_\sigma + 2E\mu D_u \end{bmatrix} \tag{14-130}$$

这两套方程都是相容的，所以可以解得

$$\begin{cases} B_w = B_u - \dfrac{3-\nu}{(1+\nu)\mu} D_u \,, \qquad D_w = -D_u \\[3mm] B_\sigma = \dfrac{E\mu}{1+\nu} B_u - \dfrac{E(3+\nu)}{(1+\nu)^2} D_u \,, \quad D_\sigma = -\dfrac{E\mu}{1+\nu} D_u \\[3mm] B_\tau = \dfrac{E\mu}{1+\nu} B_u - \dfrac{2E}{(1+\nu)^2} D_u \,, \quad D_\tau = \dfrac{E\mu}{1+\nu} D_u \end{cases} \tag{14-131}$$

这里选择 B_u 与 D_u 为独立常数。将式(14-128)及式(14-131)代入边界条件(14-25)，有

$$\begin{cases} B_u \mu \cos(\mu h) + D_u \left[\mu h \sin(\mu h) - \dfrac{2}{1+\nu} \cos(\mu h) \right] = 0 \\[3mm] -B_u \mu \sin(\mu h) + D_u \left[\mu h \cos(\mu h) + \dfrac{1-\nu}{1+\nu} \sin(\mu h) \right] = 0 \end{cases} \tag{14-132}$$

令其系数行列式为零即可导出

$$2\mu h - \sin(2\mu h) = 0 \tag{14-133}$$

很明显，当 μ 为其根时，$-\mu$ 也一定是其根。同样，式(14-133)不存在非零实根。令其位于第一象限的根为

$$2\mu h = \alpha + \mathrm{i}\beta$$

式中，α 和 β 为正实数。

同样也可采取牛顿法求解方程(14-133)，给出其渐近解为

$$\alpha \to 2n\pi + \frac{\pi}{2} - \varepsilon, \quad \beta \to \ln(2\alpha) \tag{14-134}$$

式中，$n = 1,2,3,\cdots$。以式(14-134)作为牛顿法求根的初始近似值，即可解出其本征根。表 14-2 列出前五个本征根。

表 14-2　反对称变形非零本征值

n	1	2	3	4	5
$\mathrm{Re}(\mu_n h)$	$\pi + 0.6072$	$2\pi + 0.6668$	$3\pi + 0.6945$	$4\pi + 0.7109$	$5\pi + 0.7219$
$\mathrm{Im}(\mu_n h)$	1.3843	1.6761	1.8584	1.9916	2.0966

当然，每一个 μ_n 都意味着还有其辛共轭本征值 $-\mu_n$ 以及它们的复共轭本征值，共四个本征值。这四个解中两个属于 (α) 组，另两个属于 (β) 组。显然，反对称的非零本征根也均为单根。而与本征值 μ_n 相应的本征函数向量为

$$\boldsymbol{\psi}_n = \begin{bmatrix} w_n \\ u_n \\ \sigma_n \\ \tau_n \end{bmatrix} = \begin{bmatrix} -\left[\sin^2(\mu h) + \dfrac{1-\nu}{1+\nu}\right]\sin(\mu_n x) - \mu_n x \cos(\mu_n x) \\[2mm] \left[-\sin^2(\mu h) + \dfrac{2}{1+\nu}\right]\cos(\mu_n x) + \mu_n x \sin(\mu_n x) \\[2mm] -\dfrac{E\mu_n}{1+\nu}\{[1+\sin^2(\mu h)]\sin(\mu_n x) + \mu_n x \cos(\mu_n x)\} \\[2mm] \dfrac{E\mu_n}{1+\nu}[-\sin^2(\mu h)\cos(\mu_n x) + \mu_n x \sin(\mu_n x)] \end{bmatrix} \tag{14-135}$$

反对称变形的非零本征值和其本征解也为复型。而相应原问题(14-24)的解为

$$v_n = \mathrm{e}^{\mu_n z}\boldsymbol{\psi}_n \tag{14-136}$$

至此，求出了所有的非零本征解，它们除互为辛共轭的本征值对应的本征向量是辛共轭的外，均为辛正交关系，包括与零本征值的本征向量全部辛正交。共轭辛正交性当然是十分重要的性质，只要再作归一化，就可以适用展开定理了，这对求解是十分重要的。

这些非零本征值的本征解当然全部都是向远处衰减的，这是由其本征值的特点所决定的。(α) 组解向 z 的正向衰减，而 (β) 组解向 z 的负向衰减。这些解都是圣维南原理所覆盖的部分。

这些解的一个共同特点是一律与零本征解相互辛正交。它们与 $\boldsymbol{\psi}_{0f}^{(0)}$、$\boldsymbol{\psi}_{0s}^{(0)}$、$\boldsymbol{\psi}_{0s}^{(1)}$ 的辛正交表明这些解在横截面上的分布力是自相平衡的力系，即满足传统的圣维南原理的要求。因此，传统的圣维南原理要求力系为自相平衡即已抓住要点。但零本征值解不止这一些，因此仅仅要求自相平衡仍不足。

14.6　一般平面矩形域问题的解

前面讨论的是齐次方程(14-24)的求解。当有外荷载作用时，原方程是方程(14-21)，其

中 h 为与给定的外荷载相关的非齐次项。方程(14-21)的求解有多种方法，但利用本征向量及其展开定理是十分有效的。

将式(14-21)中的全状态向量 v 用本征向量展开式(14-33)代入，即可给出关于 a_i、b_i 的常微分方程。对于单重本征值 μ_i 的解，其微分方程已被完全解耦为

$$\dot{a}_i = \mu_i a_i + c_i, \quad \dot{b}_i = -\mu_i b_i + d_i \tag{14-137}$$

式中，

$$c_i = <h, \psi_{-i}>, \quad d_i = -<h, \psi_i> \tag{14-138}$$

下标 i 及 $-i(i=1,2,\cdots)$ 分别表示其对应的本征值是属于 (α) 组和 (β) 组的。

如果本征值 $\pm\mu_i$ 为多重本征值，例如，为三重根，则相应有六个待求函数 $a_i^{(0)}$、$a_i^{(1)}$、$a_i^{(2)}$ 与 $b_i^{(0)}$、$b_i^{(1)}$、$b_i^{(2)}$。假定这里的本征向量包括约当型本征向量 $\psi_i^{(0)}$、$\psi_i^{(1)}$、$\psi_i^{(2)}$ 与 $\psi_{-i}^{(0)}$、$\psi_{-i}^{(1)}$、$\psi_{-i}^{(2)}$ 已化成标准共轭辛正交向量组，$\psi_{-i}^{(0)}$、$\psi_{-i}^{(1)}$、$\psi_{-i}^{(2)}$ 满足式(13-47b)。此时，确定六个函数 $a_i^{(0)}$、$a_i^{(1)}$、$a_i^{(2)}$ 与 $b_i^{(0)}$、$b_i^{(1)}$、$b_i^{(2)}$ 的方程为

$$\begin{cases} \dot{a}_i^{(0)} = \mu_i a_i^{(0)} + c_i^{(0)}, & \dot{b}_i^{(0)} = -\mu_i b_i^{(0)} + d_i^{(0)} \\ \dot{a}_i^{(1)} = \mu_i a_i^{(1)} + a_i^{(0)} + c_i^{(1)}, & \dot{b}_i^{(1)} = -\mu_i b_i^{(1)} - b_i^{(0)} + d_i^{(1)} \\ \dot{a}_i^{(2)} = \mu_i a_i^{(2)} + a_i^{(1)} + c_i^{(2)}, & \dot{b}_i^{(2)} = -\mu_i b_i^{(2)} - b_i^{(1)} + d_i^{(2)} \end{cases} \tag{14-139}$$

式中，

$$c_i^{(j)} = <h, \psi_{-i}^{(2-j)}>, \quad d_i^{(j)} = -<h, \psi_i^{(2-j)}> \quad (j=0,1,2) \tag{14-140}$$

即对约当型而言，要求解的是式(14-139)形式的联立微分方程，其解可通过由上至下逐步进行一元一次微分方程的求解而得到。

求出式(14-137)或式(14-139)的解 a_i、b_i 之后，再代入相应的两端边界即可确定其中的积分常数，从而给出原问题的解。

上面的方法其实也提供了求非齐次项 h 特解的一种方法。一旦得到特解，就可根据叠加原理，将通解表示为特解与齐次解之和，即通过特解将其预先加以处理，从而转化成齐次方程(14-24)的求解。

余下的讨论就限定为对齐次方程(14-24)的求解。当然此时两端边界条件应为原边界条件减去特解在两端相应的边界值。

对于两端为给定位移的边界条件，有

$$w = \bar{w}_0(x), \qquad u = \bar{u}_0(x) \quad (z=0) \tag{14-141a}$$

$$w = \bar{w}_L(x), \qquad u = \bar{u}_L(x) \quad (z=L) \tag{14-141b}$$

式中，$\bar{w}_0$、$\bar{u}_0$、$\bar{w}_L$、$\bar{u}_L$ 为在端部的给定位移。式(14-141a)与式(14-141b)也可写成

$$\boldsymbol{q}_0 = \bar{\boldsymbol{q}}_0(x) = \{\bar{w}_0(x), \quad \bar{u}_0(x)\}^{\mathrm{T}} \quad (z=0) \tag{14-142a}$$

$$\boldsymbol{q}_L = \bar{\boldsymbol{q}}_L(x) = \{\bar{w}_L(x), \quad \bar{u}_L(x)\}^{\mathrm{T}} \quad (z=L) \tag{14-142b}$$

式中，$\boldsymbol{q}_0$、$\boldsymbol{q}_L$ 分别为变量 q 在 $z=0$ 和 $z=L$ 端的值。

如果两端为给力边界条件，则有

$$\sigma = \bar{\sigma}_0(x), \qquad \tau = \bar{\tau}_0(x) \quad (z=0) \tag{14-143a}$$

$$\sigma = \bar{\sigma}_L(x), \qquad \tau = \bar{\tau}_L(x) \quad (z=L) \tag{14-143b}$$

式中，$\bar{\sigma}_0$、$\bar{\tau}_0$、$\bar{\sigma}_L$、$\bar{\tau}_L$ 为在端部的给定面力值。式(14-143a)与式(14-143b)也可写成

$$\boldsymbol{p}_0 = \bar{\boldsymbol{p}}_0(x) = \{\bar{\sigma}_0(x),\quad \bar{\tau}_0(x)\}^{\mathrm{T}} \ (z=0) \tag{14-144a}$$

$$\boldsymbol{p}_L = \bar{\boldsymbol{p}}_L(x) = \{\bar{\sigma}_L(x),\quad \bar{\tau}_L(x)\}^{\mathrm{T}} \ (z=L) \tag{14-144b}$$

式中，$\boldsymbol{p}_0$、$\boldsymbol{p}_L$ 分别为变量 $\boldsymbol{p}$ 在 $z=0$ 和 $z=L$ 端的值。两端当然也可为混合边界条件，读者可自行写出。

由于当前考虑的是带有两侧齐次边界条件(14-25)的齐次方程(14-24)，其哈密顿变分原理(式(14-15))退化为

$$\delta\left\{\int_0^l\int_{-h}^h[\boldsymbol{p}^{\mathrm{T}}\dot{\boldsymbol{q}}-H(\boldsymbol{q},\boldsymbol{p})]\mathrm{d}x\mathrm{d}z+U_e\right\}=0 \tag{14-145}$$

式中，哈密顿密度函数为

$$H=\frac{1-\nu^2}{2E}\sigma^2+\frac{1+\nu}{E}\tau^2-\nu\sigma\frac{\partial u}{\partial x}-\tau\frac{\partial w}{\partial x}-\frac{1}{2}E\left(\frac{\partial u}{\partial x}\right)^2 \tag{14-146}$$

这里已将 $z=0$ 和 $z=L$ 两端的影响 U_e 考虑进去。当两端为给定位移的边界条件(14-141a)与条件(14-141b)时，有

$$U_e=\int_{-h}^h\boldsymbol{p}_0^{\mathrm{T}}(\boldsymbol{q}_0-\bar{\boldsymbol{q}}_0)\mathrm{d}x-\int_{-h}^h\boldsymbol{p}_L^{\mathrm{T}}(\boldsymbol{q}_L-\bar{\boldsymbol{q}}_L)\mathrm{d}x \tag{14-147}$$

而当两端为给力边界条件(14-143a)与条件(14-143b)时，有

$$U_e=\int_{-h}^h\boldsymbol{q}_0^{\mathrm{T}}\bar{\boldsymbol{p}}_0\mathrm{d}x-\int_{-h}^h\boldsymbol{q}_L^{\mathrm{T}}\bar{\boldsymbol{p}}_L\mathrm{d}x \tag{14-148}$$

前面已应用分离变量讨论了齐次方程(14-24)的求解，并给出了其零本征解与非零本征解的具体解析表达式。根据展开定理，对当前的平面弹性矩形域问题，齐次方程(14-24)的通解为

$$\boldsymbol{v}=\sum_{i=0}^1 a_{0f}^{(i)}\boldsymbol{v}_{0f}^{(i)}+\sum_{i=0}^3 a_{0s}^{(i)}\boldsymbol{v}_{0s}^{(i)}+\sum_{i=1}^\infty(\tilde{a}_i\boldsymbol{v}_i+\tilde{b}_i\boldsymbol{v}_{-i}) \tag{14-149}$$

式中，$a_{0f}^{(i)}$、$a_{0s}^{(i)}$、$\tilde{a}_i$、$\tilde{b}_i$ 为待定常数。

由于当前问题的非零本征值均为复数，相应的本征向量 $\boldsymbol{v}_i$、$\boldsymbol{v}_{-i}$ 也为复型。出现复数运算不免使人感到麻烦。问题本来是实型的，只是由于本征解才出现了复数。在建立代数方程以满足两端边界条件时，最好恢复到实数运算，况且在运用变分原理时，极值条件也指的是实数。可将式(14-149)转化为实型正则方程：

$$\boldsymbol{v}=\sum_{i=0}^1 a_{0f}^{(i)}\boldsymbol{v}_{0f}^{(i)}+\sum_{i=0}^3 a_{0s}^{(i)}\boldsymbol{v}_{0s}^{(i)}$$
$$+\sum_{i=1,3,\cdots}^\infty[a_i\mathrm{Re}(\boldsymbol{v}_i)+a_{i+1}\mathrm{Im}(\boldsymbol{v}_i)+b_i\mathrm{Re}(\boldsymbol{v}_{-i})+b_{i+1}\mathrm{Im}(\boldsymbol{v}_{-i})] \tag{14-150}$$

式中，Re 和 Im 分别表示取相应复值的实部和虚部。需要注意的是，$i=1,3,\cdots$ 表示在式(14-150)的展开式中仅取 $\mathrm{Im}(\mu)>0$ 的本征值的本征解。至此，已经完成了由复型向实型正则方程的转化。由于现在式(14-150)已成为实型，并且已经满足偏微分方程(14-24)及侧边边界条件(14-25)，运用变分原理可以得出两端边界条件的变分方程。

若对两端为给定位移边界条件(14-141a)与条件(14-141b)执行式(14-145)及式(14-147)的变分，则有

$$\int_0^l \int_{-h}^h \left[(\delta \boldsymbol{p}^{\mathrm{T}}) \left(\dot{\boldsymbol{q}} - \frac{\delta H}{\delta \boldsymbol{p}} \right) - (\delta \boldsymbol{q}^{\mathrm{T}}) \left(\dot{\boldsymbol{p}} + \frac{\delta H}{\delta \boldsymbol{q}} \right) \right] \mathrm{d}x \mathrm{d}z \qquad (14\text{-}151)$$

$$- \int_{-h}^h (\delta \boldsymbol{p}_L^{\mathrm{T}})(\boldsymbol{q}_L - \bar{\boldsymbol{q}}_L) \mathrm{d}x + \int_{-h}^h (\delta \boldsymbol{p}_0^{\mathrm{T}})(\boldsymbol{q}_0 - \bar{\boldsymbol{q}}_0) \mathrm{d}x = 0$$

由于 $\boldsymbol{q}$、$\boldsymbol{p}$ 采用本征向量展开式(14-150)，变分式中的第一项恒为零，仅余留两端边界条件的变分式：

$$\int_{-h}^h (\delta \boldsymbol{p}_L^{\mathrm{T}})(\boldsymbol{q}_L - \bar{\boldsymbol{q}}_L) \mathrm{d}x - \int_{-h}^h (\delta \boldsymbol{p}_0^{\mathrm{T}})(\boldsymbol{q}_0 - \bar{\boldsymbol{q}}_0) \mathrm{d}x = 0 \qquad (14\text{-}152)$$

这样，边界的给定位移边界条件(14-141a)与条件(14-141b)可以用变分方程(14-152)来表示。将 $z=0$ 及 $z=L$ 代入式(14-150)，则 $\boldsymbol{q}_0$、$\boldsymbol{q}_L$ 和 $\boldsymbol{p}_0$、$\boldsymbol{p}_L$ 都成为待定常数 $a_{0f}^{(i)}$、$a_{0s}^{(i)}$、a_i、b_i 的函数。这些待定参数是变分的参数，而变分所产生的联立方程组就可以用于求解这些待定参数。这个联立方程组即正则方程。因为现在的各项解已满足两端边界条件之外的全部方程，而变分方程(14-152)代表协调条件，所以得出的联立方程组就是力法的正则方程。

这里给一个最简单的例子。选择在 $z=0$ 处完全固定的半无穷长条形域的单向拉伸问题，试求在固定端的应力分布。

按题意，当 $z \to \infty$ 时只有拉伸应力 σ_∞，并且问题对于 $z=0$ 轴是对称的变形状态，因此只可能由解(14-39)、解(14-45)以及对称变形的非零本征值解(14-127)组成，并且在式(14-150)中只选用 (α) 组本征解，即 $\mathrm{Re}(\mu_i) < 0$，因此展开式的通解为

$$\boldsymbol{v} = \left(\frac{\sigma_\infty}{E} \right) \boldsymbol{v}_{0f}^{(1)} + a_0 \boldsymbol{v}_{0f}^{(0)} + \sum_{i=1,3,\cdots}^\infty [a_i \mathrm{Re}(\boldsymbol{v}_i) + a_{i+1} \mathrm{Im}(\boldsymbol{v}_i)] \qquad (14\text{-}153)$$

式中，$\boldsymbol{v}_{0f}^{(1)}$ 项代表 $z \to \infty$ 的应力；a_0 代表刚体位移对于应力无影响；(α) 组本征解在 z 增大时是衰减的，符合 $z \to \infty$ 的远端边界条件，这些项就是由圣维南原理所覆盖的部分；其中影响最远的

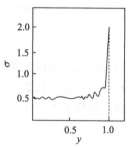

便是最接近虚轴的本征根。将式(14-153)代入变分方程(14-152)，选用 $i=1,3,\cdots,39$ 共 20 组非零本征解计算，得到在固定端 $z=0$ 的 σ_z / σ_∞ 结果，如图 14-3 所示。图中显示出边缘角点处是应力奇点，正应力的一些波动是级数展开取有限项时常有的。例如，取傅里叶级数有限项时，也有这种现象。

以上所讨论的平面弹性矩形域问题，其两侧边均为自由边，对两侧边为其他边界条件的问题同样可类似进行求解。总之，哈密顿体系的这一套方法可以用于处理各种边界问题。

图 14-3　固定端拉应力分析

习　题

14-1　试推导对边固定矩形平面问题的非零本征解。

14-2　试推导对边一端固定、一端自由矩形平面问题的非零本征解。

第 14 章部分参考答案

第 15 章 弹性平面极坐标的辛求解方法

本章讨论极坐标平面弹性问题的哈密顿体系，通过分别将径向及环向模拟为时间坐标，建立两种形式的哈密顿体系，从而给出圆形域及环扇形域平面弹性问题的一种解析求解方法。其中对径向哈密顿体系进行了重点介绍。

15.1 平面问题的极坐标方程和变分原理

第 14 章讨论了直角坐标系平面弹性问题的求解，但对于有些问题，如圆形域、环扇形域以及楔形域等问题，采用极坐标系将比较方便和易于求解。在极坐标系中，任一点的位置可用该点与原点的距离 ρ（极半径）以及 ρ 的方向与某一轴（如 x 轴）之间的夹角 φ（极角）来表示，见图 15-1。

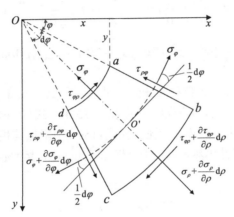

图 15-1 极坐标平面问题

极坐标系下的平衡方程为

$$\frac{\partial \sigma_\rho}{\partial \rho} + \frac{1}{\rho}\frac{\partial \tau_{\rho\varphi}}{\partial \varphi} + \frac{\sigma_\rho - \sigma_\varphi}{\rho} = 0 \tag{15-1}$$

$$\frac{\partial \tau_{\rho\varphi}}{\partial \rho} + \frac{1}{\rho}\frac{\partial \sigma_\varphi}{\partial \varphi} + \frac{2\tau_{\rho\varphi}}{\rho} = 0 \tag{15-2}$$

应变位移关系为

$$\begin{cases} \varepsilon_\rho = \dfrac{\partial u_\rho}{\partial \rho} \\[2mm] \varepsilon_\varphi = \dfrac{1}{\rho}\left(u_\rho + \dfrac{\partial u_\varphi}{\partial \varphi}\right) \\[2mm] \gamma_{\rho\varphi} = \dfrac{\partial u_\rho}{\rho \partial \varphi} + \dfrac{\partial u_\varphi}{\partial \rho} - \dfrac{u_\varphi}{\rho} \end{cases} \tag{15-3}$$

平面应力问题的极坐标形式的应变应力关系与直角坐标形式一样，即

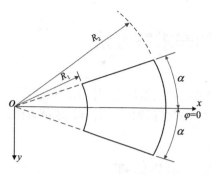

$$\begin{cases} \varepsilon_\rho = \dfrac{1}{E}(\sigma_\rho - \nu\sigma_\varphi) \\[2mm] \varepsilon_\varphi = \dfrac{1}{E}(\sigma_\varphi - \nu\sigma_\rho) \\[2mm] \gamma_{\rho\varphi} = \dfrac{2(1+\nu)}{E}\tau_{\rho\varphi} \end{cases} \qquad (15\text{-}4)$$

图 15-2　极坐标环扇形域问题

对于平面应变问题，其应变应力关系仍然可以写成式 (15-4) 的形式，但对 E、ν 应有不同的理解。

极坐标下可以描述许多有用的弹性力学解，其典型的区域是环扇形域，如图 15-2 所示，可以表示为

$$R_1 \leqslant \rho \leqslant R_2, \qquad -\alpha \leqslant \varphi \leqslant \alpha \qquad (15\text{-}5)$$

对环扇形域问题，可以写出其赫林格-赖斯纳变分原理为

$$\delta \int_{-\alpha}^{\alpha} \int_{R_1}^{R_2} \left[\sigma_\rho \frac{\partial u_\rho}{\partial \rho} + \frac{\sigma_\varphi}{\rho}\left(u_\rho + \frac{\partial u_\varphi}{\partial \varphi}\right) + \tau_{\rho\varphi}\left(\frac{\partial u_\varphi}{\partial \rho} - \frac{u_\varphi}{\rho} + \frac{1}{\rho}\frac{\partial u_\rho}{\partial \varphi}\right) \right.$$
$$\left. - \frac{1}{2E}(\sigma_\rho^2 + \sigma_\varphi^2 - 2\nu\sigma_\rho\sigma_\varphi + 2(1+\nu)\tau_{\rho\varphi}^2) \right] \rho\,\mathrm{d}\rho\,\mathrm{d}\varphi = 0 \qquad (15\text{-}6)$$

式中，u_ρ、u_φ、σ_ρ、σ_φ、$\tau_{\rho\varphi}$ 是各自独立变分的量。执行式 (15-6) 的变分即给出平衡方程 (15-1) 和方程 (15-2)，以及用位移表示的应变应力关系式 (15-4)。式 (15-6) 将自由边界条件当成变分的自然条件，如果有位移的边界条件则还应在式 (15-6) 中附加其相应的边界项部分。

哈密顿体系与分离变量法仍然可以用于极坐标下的问题，然而必须先作出必要的变量代换。

现在引入变换

$$\xi = \ln\rho, \quad \text{即 } \rho = \mathrm{e}^\xi \qquad (15\text{-}7)$$

并记

$$\xi_1 = \ln R_1, \quad \xi_2 = \ln R_2 \qquad (15\text{-}8)$$

于是变分式 (15-6) 改写成

$$\delta \int_{-\alpha}^{\alpha} \int_{\xi_1}^{\xi_2} \left[\frac{\sigma_\rho}{\rho}\frac{\partial u_\rho}{\partial \xi} + \frac{\sigma_\varphi}{\rho}\left(u_\rho + \frac{\partial u_\varphi}{\partial \varphi}\right) + \frac{\tau_{\rho\varphi}}{\rho}\left(\frac{\partial u_\varphi}{\partial \xi} - u_\varphi + \frac{\partial u_\rho}{\partial \varphi}\right) \right.$$
$$\left. - \frac{1}{2E}(\sigma_\rho^2 + \sigma_\varphi^2 - 2\nu\sigma_\rho\sigma_\varphi + 2(1+\nu)\tau_{\rho\varphi}^2) \right] \rho^2\,\mathrm{d}\xi\,\mathrm{d}\varphi = 0 \qquad (15\text{-}9)$$

还应当引入新的变量

$$S_\rho = \rho\sigma_\rho, \quad S_\varphi = \rho\sigma_\varphi, \quad S_{\rho\varphi} = \rho\tau_{\rho\varphi} \qquad (15\text{-}10)$$

则变分式 (15-9) 可重写成

$$\delta \int_{-\alpha}^{\alpha} \int_{\xi_1}^{\xi_2} \left[S_\rho \frac{\partial u_\rho}{\partial \xi} + S_\varphi \left(u_\rho + \frac{\partial u_\varphi}{\partial \varphi} \right) + S_{\rho\varphi} \left(\frac{\partial u_\varphi}{\partial \xi} - u_\varphi + \frac{\partial u_\rho}{\partial \varphi} \right) \right.$$

$$\left. - \frac{1}{2E} (S_\rho^2 + S_\varphi^2 - 2\nu S_\rho S_\varphi + 2(1+\nu) S_{\rho\varphi}^2) \right] \mathrm{d}\xi \mathrm{d}\varphi = 0 \tag{15-11}$$

现在变分方程(15-11)中就只有常系数的乘子，但其中仍有五个独立的变量 u_ρ、u_φ、S_ρ、S_φ、$S_{\rho\varphi}$。当前所讨论的区域也就成为

$$\xi_1 \leqslant \xi \leqslant \xi_2, \qquad -\alpha \leqslant \varphi \leqslant \alpha \tag{15-12}$$

它相当于直角坐标下的矩形域。对于矩形域来说，两个坐标方向是对称的。然而此时，其径向 ξ 与环向 φ 却有不同的特征，因此需要分别考虑两个方向相应的哈密顿体系，即以 ξ 模拟常规哈密顿体系的时间坐标的径向哈密顿体系，以及以 φ 模拟时间坐标的环向哈密顿体系。

15.2　径向模拟为时间的哈密顿体系

将 ξ 模拟为时间坐标，则 φ 就成为横向，于是横向的力素应予消去，即将式(15-11)先对 S_φ 变分得

$$S_\varphi = E \left(u_\rho + \frac{\partial u_\varphi}{\partial \varphi} \right) + \nu S_\rho \tag{15-13}$$

将其代入式(15-11)消去 S_φ 后就给出哈密顿变分原理：

$$\delta \int_{-\alpha}^{\alpha} \int_{\xi_1}^{\xi_2} \left[S_\rho \frac{\partial u_\rho}{\partial \xi} + S_{\rho\varphi} \frac{\partial u_\varphi}{\partial \xi} + S_\rho \nu \left(u_\rho + \frac{\partial u_\varphi}{\partial \varphi} \right) + S_{\rho\varphi} \left(\frac{\partial u_\rho}{\partial \varphi} - u_\varphi \right) \right.$$

$$\left. + \frac{1}{2} E \left(u_\rho + \frac{\partial u_\varphi}{\partial \varphi} \right)^2 - \frac{1}{2E} \left((1-\nu^2) S_\rho^2 + 2(1+\nu) S_{\rho\varphi}^2 \right) \right] \mathrm{d}\xi \mathrm{d}\varphi = 0 \tag{15-14}$$

即位移 u_ρ、u_φ 的对偶变量分别是 S_ρ、$S_{\rho\varphi}$。记

$$\boldsymbol{q} = \{u_\rho, \quad u_\varphi\}^\mathrm{T}, \quad \boldsymbol{p} = \{S_\rho, \quad S_{\rho\varphi}\}^\mathrm{T} \tag{15-15}$$

再用一点代表对于 ξ 的微商，则式(15-14)可改写成

$$\delta \int_{-\alpha}^{\alpha} \int_{\xi_1}^{\xi_2} [\boldsymbol{p}^\mathrm{T} \dot{\boldsymbol{q}} - H(\boldsymbol{q}, \boldsymbol{p})] \, \mathrm{d}\xi \mathrm{d}\varphi = 0 \tag{15-16}$$

式中，哈密顿密度函数为

$$H(\boldsymbol{q}, \boldsymbol{p}) = -S_\rho \nu \left(u_\rho + \frac{\partial u_\varphi}{\partial \varphi} \right) - S_{\rho\varphi} \left(\frac{\partial u_\rho}{\partial \varphi} - u_\varphi \right)$$

$$- \frac{1}{2} E \left(u_\rho + \frac{\partial u_\varphi}{\partial \varphi} \right)^2 + \frac{1}{2E} [(1-\nu^2) S_\rho^2 + 2(1+\nu) S_{\rho\varphi}^2] \tag{15-17}$$

这是场问题的哈密顿体系的表达式，是变分原理的形式。将变分式(15-16)展开，得哈密顿对偶方程组为

$$\begin{cases} \dot{q} = Aq + Dp \\ \dot{p} = Bq - A^{\mathrm{T}}p \end{cases} \tag{15-18}$$

式中，算子矩阵为

$$\begin{cases} A = \begin{bmatrix} -v & -v\dfrac{\partial \cdot}{\partial \varphi} \\ -\dfrac{\partial \cdot}{\partial \varphi} & 1 \end{bmatrix}, \ A^{\mathrm{T}} = \begin{bmatrix} -v & \dfrac{\partial \cdot}{\partial \varphi} \\ v\dfrac{\partial \cdot}{\partial \varphi} & 1 \end{bmatrix} \\[4mm] D = \begin{bmatrix} \dfrac{1-v^2}{E} & 0 \\ 0 & \dfrac{2(1+v)}{E} \end{bmatrix}, \ B = \begin{bmatrix} E & E\dfrac{\partial \cdot}{\partial \varphi} \\ -E\dfrac{\partial \cdot}{\partial \varphi} & -E\dfrac{\partial^2 \cdot}{\partial \varphi^2} \end{bmatrix} \end{cases} \tag{15-19}$$

引入全状态向量

$$v = \{q^{\mathrm{T}} \ \ p^{\mathrm{T}}\}^{\mathrm{T}} = \{u_\rho, \ u_\varphi; \ S_\rho, \ S_{\rho\varphi}\}^{\mathrm{T}} \tag{15-20}$$

则方程（15-18）可改写成

$$\dot{v} = Hv \tag{15-21}$$

式中，哈密顿算子矩阵为

$$H = \begin{bmatrix} A & D \\ B & -A^{\mathrm{T}} \end{bmatrix} \tag{15-22}$$

在以上推导过程中并未写上外荷载，因此得到的方程是齐次方程。另外，并未涉及两端边界条件。当然，哈密顿变分原理（式(15-16)）仍然将自由边界条件当成变分的自然条件。对两边 $\varphi = \pm\alpha$ 的自由边界条件为

$$E\left(u_\rho + \frac{\partial u_\varphi}{\partial \varphi}\right) + vS_\rho = 0, \quad S_{\rho\varphi} = 0 \ (\varphi = \pm\alpha) \tag{15-23}$$

为了讨论算子矩阵 H 的性质，引入单位辛矩阵：

$$J = \begin{bmatrix} 0 & I_2 \\ -I_2 & 0 \end{bmatrix} \tag{15-24}$$

令

$$<v_1, v_2> \stackrel{\text{def}}{=} \int_{-\alpha}^{\alpha} v_1^{\mathrm{T}} J v_2 \mathrm{d}\varphi = \int_{-\alpha}^{\alpha} (u_{\rho 1}S_{\rho 2} + u_{\varphi 1}S_{\rho\varphi 2} - S_{\rho 1}u_{\rho 2} - S_{\rho\varphi 1}u_{\varphi 2})\mathrm{d}\varphi \tag{15-25}$$

显然式(15-25)满足辛内积的四个条件，即按式(15-25)的辛内积定义，全状态向量 v 组成一个辛几何空间。

通过分部积分不难证明：

$$<v_1, Hv_2> = <v_2, Hv_1> + \left[u_{\varphi 2}\left(Eu_{\rho 1} + E\frac{\partial u_{\varphi 1}}{\partial \varphi} + vS_{\rho 1}\right) + u_{\rho 2}S_{\rho\varphi 1}\right]_{-\alpha}^{\alpha}$$
$$- \left[u_{\varphi 1}\left(Eu_{\rho 2} + E\frac{\partial u_{\varphi 2}}{\partial \varphi} + vS_{\rho 2}\right) + u_{\rho 1}S_{\rho\varphi 2}\right]_{-\alpha}^{\alpha} \tag{15-26}$$

因此，只要 v_1、v_2 为满足侧边边界条件(15-23)的连续可微全状态向量，则恒有

$$<v_1, Hv_2> = <v_2, Hv_1>\tag{15-27}$$

即算子矩阵 H 为辛几何空间的哈密顿算子矩阵。

对偶方程(15-21)连同边界条件(15-23)是线性哈密顿体系，适用叠加原理，并且分离变量法特别有效，即可令

$$v(\xi, \varphi) = e^{\mu\xi}\boldsymbol{\psi}(\varphi)\tag{15-28}$$

式中，μ 为本征值，待求；$\boldsymbol{\psi}(\varphi)$ 为本征函数向量，它只是 φ 的函数，本征方程为

$$H\boldsymbol{\psi}(\varphi) = \mu\boldsymbol{\psi}(\varphi)\tag{15-29}$$

当然本征函数向量 $\boldsymbol{\psi}(\varphi)$ 还应当满足边界条件(15-23)。

前面已证明了 H 为哈密顿算子矩阵，而哈密顿算子矩阵的特点如下。

(1)若 μ 是哈密顿算子矩阵 H 的本征值，则 $-\mu$ 也一定是其本征值。

由于现在讨论的是无穷维哈密顿本征问题，其本征值有无穷多个，当然它们可以分成两组：

$$(\alpha)\quad \mu_i, \quad \mathrm{Re}(\mu_i) < 0 \text{ 或 } \mathrm{Re}(\mu_i) = 0 \wedge \mathrm{Im}(\mu_i) < 0 \quad (i = 1, 2, \cdots)\tag{15-30a}$$

$$(\beta)\quad \mu_{-i} = -\mu_i\tag{15-30b}$$

并且在 (α) 组中还按 $|\mu_i|$ 的大小来排序，其模越小越在前。当然 (α) 组排定后 (β) 组自然就排好了。

(2)哈密顿算子矩阵的本征向量之间有共轭辛正交关系。设 $\boldsymbol{\psi}_i$ 和 $\boldsymbol{\psi}_j$ 分别是本征值 μ_i 和 μ_j 对应的本征向量，则当 $\mu_i + \mu_j \neq 0$ 时有辛正交关系：

$$<\boldsymbol{\psi}_i, \boldsymbol{\psi}_j> = \int_{-\alpha}^{\alpha} \boldsymbol{\psi}_i^{\mathrm{T}} \boldsymbol{J}\boldsymbol{\psi}_j \mathrm{d}\varphi = 0\tag{15-31}$$

而与 $\boldsymbol{\psi}_i$ 辛共轭的向量一定是本征值 $-\mu_i$ 的本征向量(或其约当型本征向量)。

对非零本征值的本征解，应该将本征方程(15-29)展开：

$$\begin{cases} -(\mu+\nu)u_\rho & -\nu\dfrac{\mathrm{d}u_\varphi}{\mathrm{d}\varphi} & +\dfrac{1-\nu^2}{E}S_\rho & +0 & = 0 \\[3mm] -\dfrac{\mathrm{d}u_\rho}{\mathrm{d}\varphi} & +(1-\mu)u_\varphi & +0 & +\dfrac{2(1+\nu)}{E}S_{\rho\varphi} & = 0 \\[3mm] Eu_\rho & +E\dfrac{\mathrm{d}u_\varphi}{\mathrm{d}\varphi} & +(\nu-\mu)S_\rho & -\dfrac{\mathrm{d}S_{\rho\varphi}}{\mathrm{d}\varphi} & = 0 \\[3mm] -E\dfrac{\mathrm{d}u_\rho}{\mathrm{d}\varphi} & -E\dfrac{\mathrm{d}^2u_\varphi}{\mathrm{d}\varphi^2} & -\nu\dfrac{\mathrm{d}S_\rho}{\mathrm{d}\varphi} & -(1+\mu)S_{\rho\varphi} & = 0 \end{cases}\tag{15-32}$$

这是对于 φ 的联立常微分方程组，其求解首先要找出 φ 方向的特征值 λ，其特征方程为

$$\det\begin{bmatrix} -(\mu+\nu) & -\nu\lambda & (1-\nu^2)/E & 0 \\ -\lambda & (1-\mu) & 0 & 2(1+\nu)/E \\ E & E\lambda & \nu-\mu & -\lambda \\ -E\lambda & -E\lambda^2 & -\nu\lambda & -(1+\mu) \end{bmatrix} = 0\tag{15-33}$$

展开其行列式得

$$\lambda^4 + 2(1+\mu^2)\lambda^2 + (1-\mu^2)^2 = 0 \tag{15-34}$$

解得

$$\lambda_{1,2} = \pm i(1+\mu), \quad \lambda_{3,4} = \pm i(1-\mu) \tag{15-35}$$

根据不同的 μ，其通解的表达式是不同的，当然这里的 μ 仍为待定的。

(1) 如果 $\mu \neq 0, \pm 1$，则式(15-35)表示的是四个不等的根，此时其通解为

$$\begin{cases} u_\rho = A_1 \cos[(1+\mu)\varphi] + B_1 \sin[(1+\mu)\varphi] + C_1 \cos[(1-\mu)\varphi] + D_1 \sin[(1-\mu)\varphi] \\ u_\varphi = A_2 \sin[(1+\mu)\varphi] + B_2 \cos[(1+\mu)\varphi] + C_2 \sin[(1-\mu)\varphi] + D_2 \cos[(1-\mu)\varphi] \\ S_\rho = A_3 \cos[(1+\mu)\varphi] + B_3 \sin[(1+\mu)\varphi] + C_3 \cos[(1-\mu)\varphi] + D_3 \sin[(1-\mu)\varphi] \\ S_{\rho\varphi} = A_4 \sin[(1+\mu)\varphi] + B_4 \cos[(1+\mu)\varphi] + C_4 \sin[(1-\mu)\varphi] + D_4 \cos[(1-\mu)\varphi] \end{cases} \tag{15-36}$$

但这些常数还不是完全独立的，它们应满足方程(15-32)，即有

$$\begin{cases} -(\mu+\nu)A_1 - \nu(1+\mu)A_2 + \dfrac{1-\nu^2}{E}A_3 + 0 = 0 \\ (1+\mu)A_1 + (1-\mu)A_2 + 0 + \dfrac{2(1+\nu)}{E}A_4 = 0 \\ EA_1 + E(1+\mu)A_2 + (\nu-\mu)A_3 - (1+\mu)A_4 = 0 \\ E(1+\mu)A_1 + E(1+\mu)^2 A_2 + \nu(1+\mu)A_3 - (1+\mu)A_4 = 0 \end{cases} \tag{15-37}$$

$$\begin{cases} -(\mu+\nu)B_1 + \nu(1+\mu)B_2 + \dfrac{1-\nu^2}{E}B_3 + 0 = 0 \\ -(1+\mu)B_1 + (1-\mu)B_2 + 0 + \dfrac{2(1+\nu)}{E}B_4 = 0 \\ EB_1 - E(1+\mu)B_2 + (\nu-\mu)B_3 + (1+\mu)B_4 = 0 \\ -E(1+\mu)B_1 + E(1+\mu)^2 B_2 - \nu(1+\mu)B_3 - (1+\mu)B_4 = 0 \end{cases} \tag{15-38}$$

$$\begin{cases} -(\mu+\nu)C_1 - \nu(1-\mu)C_2 + \dfrac{1-\nu^2}{E}C_3 + 0 = 0 \\ (1-\mu)C_1 + (1-\mu)C_2 + 0 + \dfrac{2(1+\nu)}{E}C_4 = 0 \\ EC_1 + E(1-\mu)C_2 + (\nu-\mu)C_3 - (1-\mu)C_4 = 0 \\ E(1-\mu)C_1 + E(1-\mu)^2 C_2 + \nu(1-\mu)C_3 - (1+\mu)C_4 = 0 \end{cases} \tag{15-39}$$

以及

$$\begin{cases} -(\mu+\nu)D_1 + \nu(1-\mu)D_2 + \dfrac{1-\nu^2}{E}D_3 + 0 = 0 \\ -(1-\mu)D_1 + (1-\mu)D_2 + 0 + \dfrac{2(1+\nu)}{E}D_4 = 0 \\ ED_1 - E(1-\mu)D_2 + (\nu-\mu)D_3 + (1-\mu)D_4 = 0 \\ -E(1-\mu)D_1 + E(1-\mu)^2 D_2 - \nu(1-\mu)D_3 - (1+\mu)D_4 = 0 \end{cases} \tag{15-40}$$

方程组 (15-37) ～方程组 (15-40) 中每一组中均各有一个方程是多余的，因此 A_i、B_i、C_i、D_i 四组参数中各仅有一个独立参数，取 A_1、B_2、C_1、D_2，则从这四个方程组中可解得

$$\begin{cases} A_2 = -A_1 \\ A_3 = \dfrac{E\mu}{1+\nu}A_1 \\ A_4 = -\dfrac{E\mu}{1+\nu}A_1 \end{cases} ; \quad \begin{cases} C_2 = \dfrac{-3+\nu-\mu-\nu\mu}{3-\nu-\mu-\nu\mu}C_1 \\ C_3 = \dfrac{E\mu(3-\mu)}{3-\nu-\mu-\nu\mu}C_1 \\ C_4 = \dfrac{E\mu(1-\mu)}{3-\nu-\mu-\nu\mu}C_1 \end{cases} \qquad (15\text{-}41)$$

以及

$$\begin{cases} B_1 = B_2 \\ B_3 = \dfrac{E\mu}{1+\nu}B_2 \\ B_4 = \dfrac{E\mu}{1+\nu}B_2 \end{cases} ; \quad \begin{cases} D_1 = \dfrac{3-\nu-\mu-\nu\mu}{3-\nu+\mu+\nu\mu}D_2 \\ D_3 = \dfrac{E\mu(3-\mu)}{3-\nu+\mu+\nu\mu}D_2 \\ D_4 = \dfrac{-E\mu(1-\mu)}{3-\nu+\mu+\nu\mu}D_2 \end{cases} \qquad (15\text{-}42)$$

(2) 如果 $\mu = \pm 1$，则式 (15-35) 表示的根有 $\pm 2i$ 和零，其中零根为二重根，因此其通解为

$$\begin{cases} u_\rho = A_1\cos(2\varphi) + B_1\sin(2\varphi) + C_1 + D_1\varphi \\ u_\varphi = A_2\sin(2\varphi) + B_2\cos(2\varphi) + C_2\varphi + D_2 \\ S_\rho = A_3\cos(2\varphi) + B_3\sin(2\varphi) + C_3 + D_3\varphi \\ S_{\rho\varphi} = A_4\sin(2\varphi) + B_4\cos(2\varphi) + C_4\varphi + D_4 \end{cases} \qquad (15\text{-}43)$$

同样，这些常数还不是完全独立的，它们应满足方程 (15-32)。将通解 (15-43) 代入式 (15-32)，解得 $C_2 = C_4 = D_1 = D_3 = 0$。于是，对 $\mu = \pm 1$ 的情况，其通解 (15-43) 仍可以用式 (15-36) 的形式来表达，且其常数间的关系仍可写为式 (15-41) 和式 (15-42)。因此，在以后的讨论中，对 $\mu \neq 0$ 的本征解的通解一律采用式 (15-36)。

(3) 如果 $\mu = 0$（其实在式 (15-30) 的分类中并不包含 $\mu = 0$ 的情形），零本征值只是一种特殊情形，它们有特定的物理意义，应当单独分析。

前面对非零本征解的通解进行了讨论，需要说明的是，通解 (15-36) 除了要满足式 (15-41) 和式 (15-42) 外，还要满足两侧边的边界条件 (15-23)。

对均匀材料的弹性问题，可以将问题区分成对于 $\varphi = 0$ 线为对称与反称变形来求解。其对称条件为

$$u_\varphi = 0, \quad S_{\rho\varphi} = 0 \quad (\varphi = 0) \qquad (15\text{-}44)$$

而反对称条件为

$$E\frac{\partial u_\varphi}{\partial \varphi} + \nu S_\rho = 0, \quad u_\rho = 0 \quad (\varphi = 0) \qquad (15\text{-}45)$$

显然在通解 (15-36) 中，A 与 C 对应的是对称变形的本征解，而 B 与 D 对应的是反对称变形的本征解。

在具体求解本征解之前先介绍按本征函数向量展开的展开定理。

任一全状态函数向量 v 总可以用本征解来展开，即

$$v = \sum_{i=1}^{\infty} \left(a_i \boldsymbol{\psi}_i + b_i \boldsymbol{\psi}_{-i} \right) \tag{15-46}$$

式中，a_i 与 b_i 为待定的系数，它是 φ 的函数。需要强调的是，这里约定式(15-46)已包含式(15-30)及零本征值对应的所有的本征函数向量，并且其本征向量已进行共轭辛正交归一化，即有

$$<\boldsymbol{\psi}_i, \boldsymbol{\psi}_{-j}> = \delta_{ij} , \quad <\boldsymbol{\psi}_i, \boldsymbol{\psi}_j> = <\boldsymbol{\psi}_{-i}, \boldsymbol{\psi}_{-j}> = 0 \quad (i, j = 1, 2, \cdots) \tag{15-47}$$

式中，δ_{ij} 为克罗内克(Kronecker)符号。

对于无穷维自由度的哈密顿算子矩阵，有一个基底完备性问题，这是应当从数学上加以严格证明的。但在弹性力学求解中却可认为它是完备的系统，将完备性证明留给数学家去完成吧。

15.3 径向哈密顿体系对称变形本征解

对称变形的本征解的本征方程仍为方程(15-29)，但其边界条件有对称条件(15-44)及 $\varphi = \alpha$ 的自由边界条件：

$$E \left(u_\rho + \frac{\partial u_\varphi}{\partial \varphi} \right) + \nu S_\rho = 0 , \quad S_{\rho\varphi} = 0 \ (\varphi = \alpha) \tag{15-48}$$

15.3.1 零本征解

正如前面反复强调的是，零本征值是一种特殊情形，它应当首先加以分析。零本征值解的基本方程为

$$\boldsymbol{H} \boldsymbol{\psi}_0^{(s0)} = 0$$

展开为

$$\begin{cases} -\nu u_{\rho 0}^{(s0)} & -\nu \dfrac{\mathrm{d} u_{\varphi 0}^{(s0)}}{\mathrm{d}\varphi} & +\dfrac{1-\nu^2}{E} S_{\rho 0}^{(s0)} & +0 & = 0 \\[3mm] -\dfrac{\mathrm{d} u_{\rho 0}^{(s0)}}{\mathrm{d}\varphi} & +u_{\varphi 0}^{(s0)} & +0 & +\dfrac{2(1+\nu)}{E} S_{\rho\varphi 0}^{(s0)} & = 0 \\[3mm] E u_{\rho 0}^{(s0)} & +E \dfrac{\mathrm{d} u_{\varphi 0}^{(s0)}}{\mathrm{d}\varphi} & +\nu S_{\rho 0}^{(s0)} & -\dfrac{\mathrm{d} S_{\rho\varphi 0}^{(s0)}}{\mathrm{d}\varphi} & = 0 \\[3mm] -E \dfrac{\mathrm{d} u_{\rho 0}^{(s0)}}{\mathrm{d}\varphi} & -E \dfrac{\mathrm{d}^2 u_{\rho 0}^{(s0)}}{\mathrm{d}\varphi^2} & -\nu \dfrac{\mathrm{d} S_{\rho 0}^{(s0)}}{\mathrm{d}\varphi} & -S_{\rho\varphi 0}^{(s0)} & = 0 \end{cases} \tag{15-49}$$

由式(15-49)的后两式得

$$\frac{\mathrm{d}^2 S_{\rho\varphi 0}^{(s0)}}{\mathrm{d}\varphi^2} + S_{\rho\varphi 0}^{(s0)} = 0 \tag{15-50}$$

其通解为

$$S_{\rho\varphi 0}^{(s0)} = c_1 \cos\varphi + c_2 \sin\varphi \tag{15-51}$$

将式(15-51)代入式(15-49)的第三式得

$$E\left[u_{\rho 0}^{(s0)} + \frac{\mathrm{d}u_{\varphi 0}^{(s0)}}{\mathrm{d}\varphi}\right] + \nu S_{\rho 0}^{(s0)} = -c_1 \sin\varphi + c_2 \cos\varphi \tag{15-52}$$

将式(15-51)与式(15-52)代入对称条件(15-44)与边界条件(15-48)得

$$c_1 = c_2 = 0 \tag{15-53}$$

所以

$$S_{\rho\varphi 0}^{(s0)} = E\left[u_{\rho 0}^{(s0)} + \frac{\mathrm{d}u_{\varphi 0}^{(s0)}}{\mathrm{d}\varphi}\right] + \nu S_{\rho 0}^{(s0)} = 0 \tag{15-54}$$

再将式(15-54)与式(15-49)的第一式联立可解得

$$S_{\rho 0}^{(s0)} = 0 \tag{15-55}$$

及

$$u_{\rho 0}^{(s0)} + \frac{\mathrm{d}u_{\varphi 0}^{(s0)}}{\mathrm{d}\varphi} = 0 \tag{15-56}$$

而将 $S_{\rho\varphi 0}^{(s0)} = 0$ 代入式(15-49)的第二式则有

$$\frac{\mathrm{d}u_{\rho 0}^{(s0)}}{\mathrm{d}\varphi} - u_{\varphi 0}^{(s0)} = 0 \tag{15-57}$$

联立式(15-56)与式(15-57)解得

$$\begin{cases} u_{\rho 0}^{(s0)} = c_3 \cos\varphi + c_4 \sin\varphi \\ u_{\varphi 0}^{(s0)} = -c_3 \sin\varphi + c_4 \cos\varphi \end{cases} \tag{15-58}$$

将其代入对称条件(15-44)有 $c_4 = 0$ ，所以其对称零本征值的基本本征向量为

$$\boldsymbol{\psi}_0^{(s0)} = \{u_{\rho 0}^{(s0)} = \cos\varphi, \quad u_{\rho\varphi 0}^{(s0)} = -\sin\varphi, \quad S_{\rho 0}^{(s0)} = 0, \quad S_{\rho\varphi 0}^{(s0)} = 0\}^{\mathrm{T}} \tag{15-59}$$

本征向量(15-59)本身即原问题的解 $\boldsymbol{v}_0^{(s0)} = \boldsymbol{\psi}_0^{(s0)}$ ，其物理意义很清楚，是沿对称轴的单位刚体平移。

因为当前的零本征解只有一条链，所以还存在一阶约当型的解，其解应求解方程：

$$\boldsymbol{H}\boldsymbol{\psi}_0^{(s1)} = \boldsymbol{\psi}_0^{(s0)} \tag{15-60}$$

与前面的推导完全相同，由式(15-60)展开式的后两式及边界条件可得 $S_{\rho\varphi 0}^{(s1)} = 0$ 。

将 $S_{\rho\varphi 0}^{(s1)} = 0$ 代入式(15-60)展开式的第三式并与其第一式联立可解得

$$S_{\rho 0}^{(s1)} = E \cos\varphi \tag{15-61}$$

及

$$u_{\rho 0}^{(s1)} + \frac{\mathrm{d}u_{\varphi 0}^{(s1)}}{\mathrm{d}\varphi} = -\nu \cos\varphi \tag{15-62}$$

而将 $S_{\rho\varphi 0}^{(s1)} = 0$ 代入式(15-60)展开式的第二式则有

$$\frac{\mathrm{d}u_{\rho 0}^{(s1)}}{\mathrm{d}\varphi} - u_{\varphi 0}^{(s1)} = \sin\varphi \tag{15-63}$$

联立式(15-62)与式(15-63)解得

$$\begin{cases} u_{\rho 0}^{(s1)} = \dfrac{1-\nu}{2}\varphi\sin\varphi + c_3\cos\varphi + c_4\sin\varphi \\[3mm] u_{\varphi 0}^{(s1)} = \dfrac{1-\nu}{2}\varphi\cos\varphi - \dfrac{1+\nu}{2}\sin\varphi - c_3\sin\varphi + c_4\cos\varphi \end{cases} \tag{15-64}$$

将其代入对称条件(15-44)有 $c_4 = 0$，而 c_3 则为可任意叠加的基本本征解，因此其对称零本征值的一阶约当型本征向量可取为

$$\boldsymbol{\psi}_0^{(s1)} = \left\{ \frac{1-\nu}{2}\varphi\sin\varphi, \quad \frac{1-\nu}{2}\varphi\cos\varphi - \frac{1+\nu}{2}\sin\varphi, \quad E\cos\varphi, \quad 0 \right\}^{\mathrm{T}} \tag{15-65}$$

这个向量本身并不直接是原问题(15-21)的解，但由向量(15-65)可构成原问题(15-21)的解为

$$\boldsymbol{v}_0^{(s1)} = \boldsymbol{\psi}_0^{(s1)} + \xi\boldsymbol{\psi}_0^{(s0)} \tag{15-66}$$

这个解相应的应力场为

$$\sigma_\rho = \frac{1}{\rho}E\cos\varphi, \quad \sigma_\varphi = 0, \quad \tau_{\rho\varphi} = 0 \tag{15-67}$$

显然它在两端形成沿着对称轴方向的一个合力：

$$\begin{cases} F_n = \displaystyle\int_{-\alpha}^{\alpha} (-\sigma_\rho\cos\varphi + \tau_{\rho\varphi}\sin\varphi)\rho\mathrm{d}\varphi = -\frac{E}{2}[2\alpha + \sin(2\alpha)] \neq 0 \\[3mm] F_s = \displaystyle\int_{-\alpha}^{\alpha} (-\sigma_\rho\sin\varphi - \tau_{\rho\varphi}\cos\varphi)\rho\mathrm{d}\varphi = 0 \\[3mm] M = \displaystyle\int_{-\alpha}^{\alpha} (\tau_{\rho\varphi}\rho^2)\mathrm{d}\varphi = 0 \end{cases} \tag{15-68}$$

取 $\xi_1 \to -\infty$（$R_1 = 0$），则解

$$\tilde{\boldsymbol{v}}_0^{(s1)} = \frac{1}{F_n}\boldsymbol{v}_0^{(s1)} \tag{15-69}$$

即在顶点 $R_1 = 0$ 处有沿对称轴的单位集中力作用的弹性楔的解(图 15-3)。它与以往著作中得到的解是一致的。当角 α 为 $\pi/2$ 时，解(15-69)就成为半无限平面在集中力作用下的解。

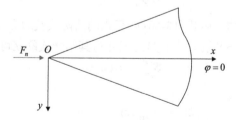

图 15-3 顶点受沿对称轴集中力作用的弹性楔

因为本征向量 $\boldsymbol{\psi}_0^{(s1)}$ 与 $\boldsymbol{\psi}_0^{(s0)}$ 是辛共轭的:

$$<\boldsymbol{\psi}_0^{(s0)},\boldsymbol{\psi}_0^{(s1)}> = \int_{-\alpha}^{\alpha} \boldsymbol{\psi}_0^{(s0)\mathrm{T}} \boldsymbol{J} \boldsymbol{\psi}_0^{(s1)}\mathrm{d}\varphi = \frac{1}{2}E[2\alpha + \sin(2\alpha)] \neq 0 \qquad (15\text{-}70)$$

所以式 (15-65) 是式 (15-59) 的对偶解,而且表明对称零本征解的约当型链至此断绝。

15.3.2　非零本征解

由式 (15-36) 及式 (15-41) 知,对 $\varphi = 0$ 线为对称的非零本征解的通解为

$$\begin{cases} u_\rho = A_1 \cos[(1+\mu)\varphi] + C_1 \cos[(1-\mu)\varphi] \\ u_\varphi = -A_1 \sin[(1+\mu)\varphi] + \dfrac{-3+\nu-\mu-\nu\mu}{3-\nu-\mu-\nu\mu}C_1 \sin[(1-\mu)\varphi] \\ S_\rho = \dfrac{E\mu}{1+\nu}A_1 \cos[(1+\mu)\varphi] + \dfrac{E\mu(3-\mu)}{3-\nu-\mu-\nu\mu}C_1 \cos[(1-\mu)\varphi] \\ S_{\rho\varphi} = -\dfrac{E\mu}{1+\nu}A_1 \sin[(1+\mu)\varphi] + \dfrac{E\mu(1-\mu)}{3-\nu-\mu-\nu\mu}C_1 \sin[(1-\mu)\varphi] \end{cases} \qquad (15\text{-}71)$$

通解 (15-71) 虽然已满足域内的微分方程 (15-29) 与对称条件 (15-44),但还没有满足侧边边界条件 (15-48)。将式 (15-71) 代入式 (15-48),经一番推导,有

$$\begin{cases} -\dfrac{E\mu}{1+\nu}A_1 \cos[(1+\mu)\alpha] + \dfrac{E\mu(1+\mu)}{3-\nu-\mu-\nu\mu}C_1 \cos[(1-\mu)\alpha] = 0 \\ -\dfrac{E\mu}{1+\nu}A_1 \sin[(1+\mu)\alpha] + \dfrac{E\mu(1-\mu)}{3-\nu-\mu-\nu\mu}C_1 \sin[(1-\mu)\alpha] = 0 \end{cases} \qquad (15\text{-}72)$$

A_1 与 C_1 不能同时为零,因此其行列式必为零,从而导出对称变形的非零本征值 μ 的超越方程为

$$\sin(2\mu\alpha) + \mu\sin(2\alpha) = 0 \qquad (15\text{-}73)$$

可以看出,若 μ 是本征值,则 $-\mu$ 也必是其本征值,这验证了辛本征问题的特性 (式 (15-30))。另外可以证明方程不存在纯虚根。

本征方程 (15-73) 的求解也可采用牛顿法。对非零本征值而言,超越方程 (15-73) 可改写为

$$\frac{\sin x}{x} = -\frac{\sin(2\alpha)}{2\alpha}, \quad \text{其中 } x = 2\mu\alpha \qquad (15\text{-}74)$$

其求解应区分 $\alpha > \pi/2$ 与 $\alpha < \pi/2$ 两种情况,前者右端为正而后者右端为负;对 $\alpha > \pi/2$ 的情况,当 $\rho \to 0$ 时有应力奇点,此时必有 $0 < x < \pi$ 的实根。

根据当前超越方程的特点,可以仅讨论 x 位于复平面第一象限的根。当 $|x|$ 较大时,必定出现复根,因此应当判别何时出现复根。由 $\sin x/x$ 的曲线 (图 15-4) 可以看出,在 $\pi/2 < \alpha \leqslant \pi$ 内必有一个根;当 $\eta = -\sin(2\alpha)/(2\alpha) < 0.1284$ 时,在 $2\pi < x < 3\pi$ 中还有两个实根,否则在 $2\pi < \mathrm{Re}(x) < 3\pi$ 中会有复根了。对于复根,可采取渐近法寻求迭代的初始值。

将 $x = 2n\pi + a + \mathrm{i}b$ ($n = 1, 2, \cdots$; $a > 0, b > 0$) 代入

$$\eta x = \sin x \approx \frac{\mathrm{i}}{2}\mathrm{e}^{-\mathrm{i}x} \qquad (15\text{-}75)$$

并区分虚部与实部,有

$$2\eta b \approx e^b \cos a\ ;\quad 2\eta(2n\pi + a) \approx e^b \sin a \qquad (15\text{-}76)$$

由于 b 较大，有

$$a \approx \frac{\pi}{2} - \varepsilon\ ,\quad b \approx \ln(4\eta n\pi + 2\eta a) \qquad (15\text{-}77)$$

式中，ε 为高阶小量。在渐近根（式(15-77)）的基础上就可用牛顿法解出复值本征根。

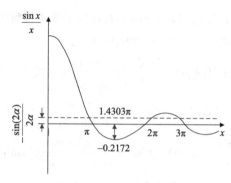

图 15-4　函数 $\sin x/x$ 的图形

当 $\alpha = \pi$ 时，相当于一条裂缝的解。此时式(15-74)的解为 $x = \pi, 2\pi, 3\pi, \cdots$，相当于 $\mu = 1/2, 1, 3/2, \cdots$。注意到 $S_\rho = \rho\sigma_\rho$，$S_{\rho\varphi} = \rho\sigma_{\rho\varphi}$，因此当 $\rho \to 0$ 时尖点有奇性 $\rho^{\mu-1}$。

对于不同的 α 角，解出的前几个本征根见表 15-1。表中仅列出了 $\mathrm{Re}(2\mu\alpha) > 0$ 部分的根。求出本征根后还应当由式(15-72)得到 A_1 与 C_1 的比值，再代入式(15-71)得到本征函数向量的表达式。这些函数向量是展开求解的基础。

表 15-1　扇形域对称变形的本征值 $2\mu\alpha$

$\alpha/(°)$	1 2 3	4 5	6 7	8 9	10 11	12 13
180	π 2π 3π	4π 5π	6π 7π	8π 9π	10π 11π	12π 13π
170	-3.313595 $2\pi + 0.395112$ $+2.603832$	$4\pi + 0.887387$ $+2.131078$	$6\pi + 1.516289$ $\pm 0.584204\mathrm{i}$	$8\pi + 1.521668$ $\pm 0.995763\mathrm{i}$	$10\pi + 1.525936$ $\pm 1.257540\mathrm{i}$	$12\pi + 1.529418$ $\pm 1.456962\mathrm{i}$
160	-3.471163 $2\pi + 0.992428$ $+1.910136$	$4\pi + 1.474761$ $\pm 1.065548\mathrm{i}$	$6\pi + 1.489566$ $\pm 1.498203\mathrm{i}$	$8\pi + 1.499908$ $\pm 1.788172\mathrm{i}$	$10\pi + 1.507612$ $\pm 2.009485\mathrm{i}$	$12\pi + 1.513610$ $\pm 2.189284\mathrm{i}$
150	-3.601216 $2\pi + 1.419095$ $\pm 0.742802\mathrm{i}$	$4\pi + 1.453587$ $\pm 1.491782\mathrm{i}$	$6\pi + 1.473863$ $\pm 1.887954\mathrm{i}$	$8\pi + 1.487460$ $\pm 2.165877\mathrm{i}$	$10\pi + 1.497315$ $\pm 2.381868\mathrm{i}$	$12\pi + 1.504837$ $\pm 2.558770\mathrm{i}$
120	-3.704010 $2\pi + 1.397618$ $\pm 1.056610\mathrm{i}$	$4\pi + 1.439762$ $\pm 1.734300\mathrm{i}$	$6\pi + 1.463809$ $\pm 2.119570\mathrm{i}$	$8\pi + 1.479576$ $\pm 2.394128\mathrm{i}$	$10\pi + 1.490837$ $\pm 2.608348\mathrm{i}$	$12\pi + 1.499344$ $\pm 2.784264\mathrm{i}$

15.4　径向哈密顿体系反对称变形本征解

反对称变形的微分方程及 $\varphi = \alpha$ 的自由边界条件与对称变形时相同，仍为方程(15-29)及条件(15-48)，而不同的是对称条件(15-44)应用反对称条件(15-45)代替。

15.4.1　零本征解

反对称零本征值解的基本方程为

$$H\psi_0^{(a0)} = 0 \qquad (15\text{-}78)$$

由式(15-78)展开式的后两式可得

$$S_{\rho\varphi0}^{(a0)} = c_1 \cos\varphi + c_2 \sin\varphi \qquad (15\text{-}79)$$

将其代入式(15-78)展开式的第三式得

$$E\left[u_{\rho0}^{(a0)} + \frac{\mathrm{d}u_{\varphi0}^{(a0)}}{\mathrm{d}\varphi} \right] + \nu S_{\rho0}^{(a0)} = -c_1 \sin\varphi + c_2 \cos\varphi \qquad (15\text{-}80)$$

将式(15-79)与式(15-80)代入边界条件(15-48)及反对称条件(15-45)有 $c_1 = c_2 = 0$，即有 $S_{\rho\varphi0}^{(a0)} = 0$。

再将式(15-79)与式(15-80)代入式(15-78)，可解得

$$S_{\rho0}^{(a0)} = 0 \qquad (15\text{-}81)$$

及

$$\begin{cases} u_{\rho0}^{(a0)} = c_3 \cos\varphi + c_4 \sin\varphi \\ u_{\varphi0}^{(a0)} = -c_3 \sin\varphi + c_4 \cos\varphi \end{cases} \qquad (15\text{-}82)$$

将式(15-82)代入反对称条件(15-45)有 $c_3 = 0$，所以其反对称零本征值的基本本征向量为

$$\psi_0^{(a0)} = \{\sin\varphi, \quad \cos\varphi, \quad 0, \quad 0\}^{\mathrm{T}} \qquad (15\text{-}83)$$

本征向量(15-83)本身即原问题的解 $v_0^{(a0)} = \psi_0^{(a0)}$，其物理意义很清楚，是沿与对称轴垂直方向的单位刚体平移。

同样，因为当前的零本征解只有一条链，所以它存在一阶约当型的本征解，其解应求解：

$$H\psi_0^{(a1)} = \psi_0^{(a0)} \qquad (15\text{-}84)$$

与前面的推导完全相同，由式(15-84)展开式的后两式及边界条件可得

$$S_{\rho\varphi0}^{(a1)} = 0 \text{ 和 } E\left[u_{\rho0}^{(a1)} + \frac{\mathrm{d}u_{\varphi0}^{(a1)}}{\mathrm{d}\varphi} \right] + \nu S_{\rho0}^{(a1)} = 0 \qquad (15\text{-}85)$$

将式(15-85)先后代入式(15-84)展开式的第一式与第二式可解得

$$S_{\rho0}^{(a1)} = E\sin\varphi \qquad (15\text{-}86)$$

及

$$u_{\rho0}^{(a1)} + \frac{\mathrm{d}u_{\varphi0}^{(a1)}}{\mathrm{d}\varphi} = -\nu\sin\varphi, \quad \frac{\mathrm{d}u_{\rho0}^{(a1)}}{\mathrm{d}\varphi} - u_{\varphi0}^{(a1)} = -\cos\varphi \qquad (15\text{-}87)$$

联立式(15-87)的两式解得

$$
\begin{cases}
u_{\rho 0}^{(a1)} = -\dfrac{1-\nu}{2}\varphi\cos\varphi + c_3\cos\varphi + c_4\sin\varphi \\[3mm]
u_{\varphi 0}^{(a1)} = \dfrac{1-\nu}{2}\varphi\sin\varphi + \dfrac{1+\nu}{2}\cos\varphi - c_3\sin\varphi + c_4\cos\varphi
\end{cases}
\tag{15-88}
$$

再代入反对称条件(15-45)有 $c_3 = 0$，而 c_4 则为可任意叠加的基本本征解，因此反对称零本征值的一阶约当型本征向量可取为

$$
\boldsymbol{\psi}_0^{(a1)} = \left\{ -\frac{1-\nu}{2}\varphi\cos\varphi, \quad \frac{1-\nu}{2}\varphi\sin\varphi + \frac{1+\nu}{2}\cos\varphi, \quad E\sin\varphi, \quad 0 \right\}^{\mathrm{T}}
\tag{15-89}
$$

由这个向量构成的原问题(15-21)的解为

$$
\boldsymbol{v}_0^{(a1)} = \boldsymbol{\psi}_0^{(a1)} + \xi\boldsymbol{\psi}_0^{(a0)}
\tag{15-90}
$$

其相应的应力场为

$$
\sigma_\rho = \frac{1}{\rho}E\sin\varphi, \quad \sigma_\varphi = 0, \quad \tau_{\rho\varphi} = 0
\tag{15-91}
$$

其在两端形成一个作用在原点并与对称轴方向垂直的合力：

$$
\begin{cases}
F_n = \displaystyle\int_{-\alpha}^{\alpha}(-\sigma_\rho\cos\varphi + \tau_{\rho\varphi}\sin\varphi)\rho\,\mathrm{d}\varphi = 0 \\[3mm]
F_s = \displaystyle\int_{-\alpha}^{\alpha}(-\sigma_\rho\sin\varphi - \tau_{\rho\varphi}\cos\varphi)\rho\,\mathrm{d}\varphi = -\frac{1}{2}E[2\alpha - \sin(2\alpha)] \neq 0 \\[3mm]
M = \displaystyle\int_{-\alpha}^{\alpha}(\tau_{\rho\varphi}\rho^2)\mathrm{d}\varphi = 0
\end{cases}
\tag{15-92}
$$

取 $\xi_1 \to -\infty$（$R_1 = 0$），则解

$$
\tilde{\boldsymbol{v}}_0^{(a1)} = \frac{1}{F_s}\boldsymbol{v}_0^{(a1)}
\tag{15-93}
$$

即在顶点 $R_1 = 0$ 有沿与对称轴垂直方向的单位集中力作用的弹性楔的解(图 15-5)。

因为本征向量 $\boldsymbol{\psi}_0^{(a1)}$ 与 $\boldsymbol{\psi}_0^{(a0)}$ 是辛共轭的：

$$
<\boldsymbol{\psi}_0^{(a0)}, \boldsymbol{\psi}_0^{(a1)}> = \frac{1}{2}E[2\alpha - \sin(2\alpha)] \neq 0
\tag{15-94}
$$

所以式(15-89)是式(15-83)的对偶解，而且表明反对称零本征解的约当型链至此断绝。

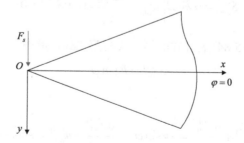

图 15-5　顶点受垂直对称轴集中力作用的弹性楔

回顾关于条形域问题的反对称解。当前零本征值约当型链短了，表明缺少某些解。这

里应当注意到，$v_0^{(a0)}$ 与 $v_0^{(a1)}$ 相当于条形域时的侧向平移刚体位移以及常剪弯曲这两个解，缺少了与刚体旋转和纯弯曲相对应的解。后面将介绍扇形域还有 $\mu = \pm 1$ 的本征解，可以解除这个困惑。

15.4.2　$\mu = \pm 1$ 的本征解

由式(15-36)及式(15-42)知，对 $\varphi = 0$ 线为反对称的非零本征解的通解为

$$
\begin{cases}
u_\rho = B_2 \sin[(1+\mu)\varphi] + \dfrac{3 - \nu - \mu - \nu\mu}{3 - \nu + \mu + \nu\mu} D_2 \sin[(1-\mu)\varphi] \\[2mm]
u_\varphi = B_2 \cos[(1+\mu)\varphi] + D_2 \cos[(1-\mu)\phi] \\[2mm]
S_\rho = \dfrac{E\mu}{1+\nu} B_2 \sin[(1+\mu)\varphi] + \dfrac{E\mu(3-\mu)}{3-\nu+\mu+\nu\mu} D_2 \sin[(1-\mu)\varphi] \\[2mm]
S_{\rho\varphi} = \dfrac{E\mu}{1+\nu} B_2 \cos[(1+\mu)\varphi] - \dfrac{E\mu(1-\mu)}{3-\nu+\mu+\nu\mu} D_2 \cos[(1-\mu)\varphi]
\end{cases}
\tag{15-95}
$$

通解(15-95)虽然已满足域内的微分方程(15-29)与反对称条件(15-45)，但还没有满足侧边边界条件(15-48)。将式(15-95)代入式(15-48)，经一番推导，有

$$
\begin{cases}
-\dfrac{E\mu}{1+\nu} B_2 \sin[(1+\mu)\alpha] + \dfrac{E\mu(1+\mu)}{3-\nu+\mu+\nu\mu} D_2 \sin[(1-\mu)\alpha] = 0 \\[2mm]
\dfrac{E\mu}{1+\nu} B_2 \cos[(1+\mu)\alpha] - \dfrac{E\mu(1-\mu)}{3-\nu+\mu+\nu\mu} D_2 \cos[(1-\mu)\alpha] = 0
\end{cases}
\tag{15-96}
$$

B_2 与 D_2 不能同时为零，因此其行列式必为零，从而导出反对称变形的非零本征值 μ 的超越方程：

$$
\sin(2\mu\alpha) - \mu \sin(2\alpha) = 0
\tag{15-97}
$$

由此可看出，若 μ 是本征值，则 $-\mu$ 也必是其本征值，这验证了辛本征问题的特性(式(15-30))。显然，不论 α 为何值，$\mu = \pm 1$ 一定是方程(15-97)的根，因此对反对称变形而言，一定存在 $\mu = \pm 1$ 的本征解。

对 $\mu = 1$ 的解，由式(15-96)知应有 $B_2 = 0$，而 D_2 为任意常数，不失一般性，取 $D_2 = 1$，则 $\mu = 1$ 对应的基本本征解为

$$
\boldsymbol{\psi}_1^{(a0)} = \{0, \quad 1, \quad 0, \quad 0\}^{\mathrm{T}}
\tag{15-98}
$$

而对应原问题(15-21)的解为

$$
\boldsymbol{v}_1^{(a0)} = \mathrm{e}^\xi \boldsymbol{\psi}_1^{(a0)} = \{0, \quad \rho, \quad 0, \quad 0\}^{\mathrm{T}}
\tag{15-99}
$$

其物理意义很清楚，是围绕原点的刚体旋转。

对 $\mu = -1$ 的解，由式(15-96)知应有

$$
B_2 = \frac{1+\nu}{1-\nu} D_2 \cos(2\alpha)
\tag{15-100}
$$

不失一般性，可取 $D_2 = 1 - \nu$，则 $\mu = -1$ 对应的本征解为

$$\boldsymbol{\psi}_{-1}^{(a0)} = \begin{bmatrix} 2\sin(2\varphi) \\ (1+\nu)\cos(2\alpha)+(1-\nu)\cos(2\varphi) \\ -2E\sin(2\varphi) \\ -E\cos(2\alpha)+E\cos(2\varphi) \end{bmatrix} \tag{15-101}$$

即对应原问题的解为

$$\boldsymbol{v}_{-1}^{(a0)} = \exp(-\xi)\boldsymbol{\psi}_{-1}^{(a0)} = \rho^{-1}\boldsymbol{\psi}_{-1}^{(a0)} \tag{15-102}$$

该本征解对应的应力场为

$$\begin{cases} \sigma_\rho = -\dfrac{2}{\rho^2}E\sin(2\varphi) \\ \sigma_\varphi = 0 \\ \tau_{\rho\varphi} = \dfrac{1}{\rho^2}E[\cos(2\varphi)-\cos(2\alpha)] \end{cases} \tag{15-103}$$

该应力场在弹性楔顶端合成为一个集中力偶：

$$\begin{cases} F_n = \displaystyle\int_{-\alpha}^{\alpha}(-\sigma_\rho\cos\varphi + \tau_{\rho\varphi}\sin\varphi)\rho\,\mathrm{d}\varphi = 0 \\ F_s = \displaystyle\int_{-\alpha}^{\alpha}(-\sigma_\rho\sin\varphi - \tau_{\rho\varphi}\cos\varphi)\rho\,\mathrm{d}\varphi = 0 \\ M = \displaystyle\int_{-\alpha}^{\alpha}(\tau_{\rho\varphi}\rho^2)\mathrm{d}\varphi = E[\sin(2\alpha)-2\alpha\cos(2\alpha)] \end{cases} \tag{15-104}$$

在一般情况下即 $\alpha \neq \tilde{\alpha}$（$\tan(2\tilde{\alpha})=2\tilde{\alpha}$，$\tilde{\alpha} \approx 0.715\pi$）时，$M \neq 0$，于是该本征解相当于在尖楔顶端作用一个集中力偶。至此可以看出，$\boldsymbol{v}_1^{(a0)}$ 与 $\boldsymbol{v}_{-1}^{(a0)}$ 给出了环扇形域的刚体旋转与纯弯曲解，这就可以比拟于条形域问题中的刚体旋转与纯弯曲解了。此时，$\boldsymbol{\psi}_1^{(a0)}$ 与 $\boldsymbol{\psi}_{-1}^{(a0)}$ 也是辛共轭的：

$$<\boldsymbol{\psi}_1^{(a0)}, \boldsymbol{\psi}_{-1}^{(a1)}> = E[\sin(2\alpha)-2\alpha\cos(2\alpha)] = M \neq 0 \tag{15-105}$$

而尖楔顶点受单位集中力偶作用的解（图 15-6）则为

$$\boldsymbol{v} = \frac{1}{M}\boldsymbol{v}_{-1}^{(a0)} = \frac{1}{\rho M}\boldsymbol{\psi}_{-1}^{(a0)} \tag{15-106}$$

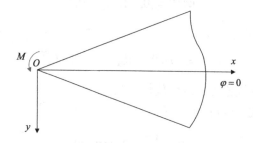

图 15-6　顶点受集中力偶作用的弹性楔

特别需要说明的是，从式 (15-104) 可知，当 $\alpha = \tilde{\alpha}$ 时 $M = 0$，此时，$\boldsymbol{\psi}_1^{(a0)}$ 与 $\boldsymbol{\psi}_{-1}^{(a0)}$ 不再是

辛共轭而是辛正交，因此，还应该分别存在与 $\boldsymbol{\psi}_1^{(a0)}$ 和 $\boldsymbol{\psi}_{-1}^{(a0)}$ 辛共轭的本征向量。与此同时，由式(15-106)给出的解的应力分量成为无穷大，这有些令人困惑，在这种特定情况下的弹性楔在顶点受集中力偶作用的解是什么呢？这就是弹性楔的佯谬问题。虽然通过半逆解法给出了该佯谬问题的解，但是其求解方法显然缺乏理性，不能直接用于其他类似问题的求解，而且不能解释清楚发生佯谬问题的根本原因。

值得注意的是从式(15-97)可知，在一般情况下即 $\alpha \neq \tilde{\alpha}$ 时 $\mu = \pm 1$ 一定为单根，因此 $\mu = \pm 1$ 均不存在约当型本征解，本征解 $\boldsymbol{\psi}_1^{(a0)}$ 与 $\boldsymbol{\psi}_{-1}^{(a0)}$ 即 $\mu = \pm 1$ 对应的所有的本征解。但当 $\alpha = \tilde{\alpha}$ 时， $\mu = \pm 1$ 是式(15-97)的二重根，由前面的推导知 $\mu = \pm 1$ 的本征解均只有一条链，因此本征值 $\mu = \pm 1$ 除了本征解 $\boldsymbol{\psi}_1^{(a0)}$ 与 $\boldsymbol{\psi}_{-1}^{(a0)}$，一定还存在约当型本征解。

根据数学物理方法，对应 $\mu = 1$ 的约当型本征解应求解方程：

$$\boldsymbol{H}\boldsymbol{\psi}_1^{(a1)} = \boldsymbol{\psi}_1^{(a0)} \tag{15-107}$$

经过一番推导，可给出方程(15-107)的通解为

$$\begin{cases} u_\rho = c_2 \cos(2\varphi) + c_3 \sin(2\varphi) - \dfrac{1-\nu}{2}\varphi - (1-\nu)c_0 \\ u_\varphi = -c_2 \sin(2\varphi) + c_3 \cos(2\varphi) + c_1 \\ S_\rho = \dfrac{E}{1+\nu}\left[c_2 \cos(2\varphi) + c_3 \sin(2\varphi) - \dfrac{1+\nu}{2}\varphi - (1+\nu)c_0 \right] \\ S_{\rho\varphi} = \dfrac{E}{1+\nu}\left[-c_2 \sin(2\varphi) + c_3 \cos(2\varphi) + \dfrac{1+\nu}{4} \right] \end{cases} \tag{15-108}$$

将其代入反对称条件(15-45)与侧边边界条件(15-48)，可以确定其中的常数为

$$c_0 = c_2 = 0 , \qquad c_3 = -\frac{1+\nu}{4\cos(2\tilde{\alpha})} \tag{15-109}$$

而 c_1 表示可任意叠加的基本本征解 $\boldsymbol{\psi}_1^{(a0)}$。于是当 $\alpha = \tilde{\alpha}$ 时，对应 $\mu = 1$ 的约当型本征解为

$$\boldsymbol{\psi}_1^{(a1)} = \frac{1}{4\cos(2\tilde{\alpha})}\begin{bmatrix} -(1+\nu)\sin(2\varphi) - 2(1-\nu)\varphi\cos(2\tilde{\alpha}) \\ -(1+\nu)\cos(2\varphi) \\ -E[\sin(2\varphi) + 2\varphi\cos(2\tilde{\alpha})] \\ E[\cos(2\tilde{\alpha}) - \cos(2\varphi)] \end{bmatrix} \tag{15-110}$$

而对 $\mu = -1$ 的约当型本征解，应求解方程：

$$\boldsymbol{H}\boldsymbol{\psi}_{-1}^{(a1)} = -\boldsymbol{\psi}_{-1}^{(a0)} \tag{15-111}$$

经过一番推导，可给出满足反对称条件(15-45)与侧边边界条件(15-48)的本征解为

$$\boldsymbol{\psi}_{-1}^{(a1)} = \begin{bmatrix} -2\varphi\cos(2\varphi) + \dfrac{5-\nu}{2}\sin(2\varphi) + (1+\nu)\varphi\cos(2\tilde{\alpha}) \\ (2-\nu)\cos(2\varphi) + (1-\nu)\varphi\sin(2\varphi) + (1+\nu)[1+2\tilde{\alpha}^2]\cos(2\tilde{\alpha}) \\ -\dfrac{1}{2}E\sin(2\varphi) + E\varphi[2\cos(2\varphi) - \cos(2\tilde{\alpha})] \\ E[\varphi\sin(2\varphi) - \tilde{\alpha}\sin(2\tilde{\alpha})] \end{bmatrix} \tag{15-112}$$

显然解(15-112)可任意叠加上其基本本征解。而解(15-112)对应的原问题的解为

$$v_{-1}^{(a1)} = \exp(-\xi)[\boldsymbol{\psi}_{-1}^{(a1)} + \xi\boldsymbol{\psi}_{-1}^{(a0)}] = \rho^{-1}[\boldsymbol{\psi}_{-1}^{(a1)} + \ln\rho\,\boldsymbol{\psi}_{-1}^{(a0)}] \tag{15-113}$$

其对应的应力场为

$$\begin{cases} \sigma_\rho = \dfrac{E}{\rho^2}\left\{-\dfrac{1}{2}\sin(2\varphi) + \varphi[2\cos(2\varphi) - \cos(2\tilde{\alpha})] - 2\sin(2\varphi)\ln\rho\right\} \\[2mm] \sigma_\varphi = \dfrac{E}{\rho^2}\left[\varphi\cos(2\tilde{\alpha}) - \dfrac{1}{2}\sin(2\varphi)\right] \\[2mm] \tau_{\rho\varphi} = \dfrac{E}{\rho^2}\{\varphi\sin(2\varphi) - \tilde{\alpha}\sin(2\tilde{\alpha}) + [\cos(2\varphi) - \cos(2\tilde{\alpha})]\ln\rho\} \end{cases} \tag{15-114}$$

它们在弹性楔顶端合成为一个集中力偶：

$$\tilde{M} = \int_{-\tilde{\alpha}}^{\tilde{\alpha}} \tau_{\rho\varphi}\rho^2\,\mathrm{d}\varphi = -2E\tilde{\alpha}^2\sin(2\tilde{\alpha}) \neq 0 \tag{15-115}$$

于是，尖楔顶点受单位集中力偶作用的佯谬问题的解为

$$v = \frac{1}{\tilde{M}}v_{-1}^{(a1)} = \frac{1}{\rho\tilde{M}}[\boldsymbol{\psi}_{-1}^{(a1)} + \ln\rho\,\boldsymbol{\psi}_{-1}^{(a0)}] \tag{15-116}$$

即佯谬问题的解对应的是哈密顿体系特殊约当型解。两侧边受力作用的佯谬问题的解也可类似地求解。

不难验证，$\boldsymbol{\psi}_1^{(a0)}$ 与 $\boldsymbol{\psi}_{-1}^{(a1)}$、$\boldsymbol{\psi}_1^{(a1)}$ 与 $\boldsymbol{\psi}_{-1}^{(a0)}$ 是互相辛共轭的，即

$$<\boldsymbol{\psi}_1^{(a0)}, \boldsymbol{\psi}_{-1}^{(a1)}> = <\boldsymbol{\psi}_{-1}^{(a0)}, \boldsymbol{\psi}_1^{(a1)}> = \tilde{M} \neq 0 \tag{15-117}$$

而 $\boldsymbol{\psi}_1^{(a1)}$ 与 $\boldsymbol{\psi}_{-1}^{(a1)}$ 则可通过常数 c_1 的选择而达成辛正交。至此，已求出尖楔半顶角 $\alpha = \tilde{\alpha}$ 时 $\mu = \pm 1$ 的所有本征解。

有趣的是，当 $\alpha \neq \tilde{\alpha}$ 时 $\boldsymbol{\psi}_1^{(a0)}$ 与 $\boldsymbol{\psi}_{-1}^{(a0)}$ 辛共轭，而当 $\alpha = \tilde{\alpha}$ 时 $\boldsymbol{\psi}_1^{(a0)}$ 与 $\boldsymbol{\psi}_{-1}^{(a1)}$ 辛共轭，即表示刚体旋转的本征解始终与表示集中力偶作用的纯弯曲本征解是互相辛共轭的，这表明本征解之间是有特定的对偶关系的。

15.4.3　一般非零本征解

除去 $\mu = \pm 1$ 的根外，方程(15-97)还有无穷多个本征根。可以证明方程(15-97)不存在纯虚根。根据本征方程的特性，现在只须寻找 $\mu > 0$ 的实根及在第一象限的复根。对非零本征值而言，超越方程(15-97)可改写为

$$\frac{\sin x}{x} = \frac{\sin(2\alpha)}{2\alpha}, \quad \text{其中 } x = 2\mu\alpha \tag{15-118}$$

当然从奇点解的角度看，更关心 $|\mu| < 1$ 的根。先看 $\alpha < \pi/2$ 的尖楔形域，此时右端为正值。由于在 $0 \leq x < \pi$ 内 $\sin x/x$ 是单调下降函数，不存在 $|\mu| < 1$ 的根，当然也就不存在 $\mathrm{Re}(\mu) < 1$ 的根。

再看 $\pi/2 < \alpha \leq \pi$ 的内凹奇点，此时式(15-118)右端为负值。从图 15-4 中可以看出，当 $2\alpha < 2\tilde{\alpha}$（$\tan(2\tilde{\alpha}) = 2\tilde{\alpha}$，$\tilde{\alpha} \approx 0.715\pi$）时，只有 $\mu = 1$ 的解；当 $2\tilde{\alpha} < 2\alpha \leq 2\pi$ 时，存在 $\mu < 1$ 的实根；而当 $\alpha = \pi$ 时，$\mu = 1/2, 1, 3/2, \cdots$。当 α 为不同值时，μ 存在许多复值根，其求解方法与对称变形的情况类似，这里不再多讲。其数值求解结果见表 15-2。

表 15-2　扇形域反对称变形的本征值 $2\mu\alpha$

$\alpha/(°)$	1 2	3 4	5 6	7 8	9 10	11 12
180	π 2π	3π 4π	5π 6π	7π 8π	9π 10π	11π 12π
170	$2\pi - 2.948172$ -0.349066	$4\pi - 2.524356$ -0.749255	$6\pi - 1.736228$ -1.520924	$8\pi - 1.622449$ $\pm 0.821515i$	$10\pi - 1.617676$ $\pm 1.137183i$	$12\pi - 1.613832$ $\pm 1.362919i$
160	$2\pi - 2.718902$ -0.698132	$4\pi - 1.677034$ $\pm 0.706814i$	$6\pi - 1.658695$ $\pm 1.308939i$	$8\pi - 1.646442$ $\pm 1.654492i$	$10\pi - 1.637574$ $\pm 1.905229i$	$12\pi - 1.630808$ $\pm 2.103549i$
150	$2\pi - 2.456159$ -1.047247	$4\pi - 1.702609$ $\pm 1.201317i$	$6\pi - 1.676738$ $\pm 1.710587i$	$8\pi - 1.660332$ $\pm 2.036754i$	$10\pi - 1.648846$ $\pm 2.279830i$	$12\pi - 1.640282$ $\pm 2.474288i$
120	$2\pi - 2.094435$ -1.470587	$4\pi - 1.719585$ $\pm 1.459254i$	$6\pi - 1.688385$ $\pm 1.946271i$	$8\pi - 1.669172$ $\pm 2.266485i$	$10\pi - 1.655959$ $\pm 2.507054i$	$12\pi - 1.646228$ $\pm 2.700211i$

求出本征值后，还应当计算其本征向量。其步骤为由式(15-96)得到 B_2 与 D_2 的比值，不失一般性，可取 $D_2 = 1$，再代入式(15-95)即可得到本征函数向量。这些本征解是在外载荷作用下及 $\rho = R_1$、$\rho = R_2$ 端边界条件的展开求解法的基础上得到的。这些计算工作应当编成计算机程序来执行；步骤既已说明，具体公式的综合就不再进行。

以上对于扇形域侧边为自由情况进行了许多讨论，其实侧边条件并不必须是自由边，对夹住边或者不同材料相连接都可以用这套解法处理。

对于侧边上有外力作用的情形，可以利用本征函数向量展开的方法予以求解，而许多本征解正是以往用圣维南原理所覆盖掉的。展开求解的具体步骤与条形域的问题是一样的。通过以上的求解过程已经看到，通常弹性力学教程中所述的解往往就是一些特殊本征值所相应的本征解。在哈密顿体系中，这些解的求得完全通过理性的推导，并且是应力与位移同时求出的。其概念清楚，而且方法可以机械化，因此有很大的优势。展开解法也是可以机械化求解的。

解析法的优点是精确，但处理的都是规则区域问题，因此总得用有限元法解决整体结构的计算问题。其中规则区域的部件(子结构)可以用解析法计算其刚度阵，通过子结构法与整个结构相连。另外，在有限元法中，无限域的问题不便于处理求解。但无限域往往可以由无限规则外域和有限局部域组成。无限规则外域的刚度阵则可以用哈密顿体系的展开法提供，然后与有限局部域连接。这样，无限规则域的刚度阵就是精确的，这对于该类问题的数值求解有重要意义。

扇形域问题的一个重要应用是断裂力学奇点解的计算。奇性性质由本征值 μ 来确定，它取决于裂缝尖点附近材料的配置，而与远场无关。而奇点强度因子则与周围的结构和受力密切有关。由于整体结构情况复杂，一般要用有限元法来计算，而裂缝处的扇形域则可处理为整体结构中的一个超级单元。扇形域单元可以用分析法求解，此时以裂缝尖点为中心的圆应当提供一个单元刚度阵，以与结构的其他部分相连，方可进行断裂强度因子的计算。采用本征函数向量展开的方法再结合变分原理可以将该扇形域单元的单元刚度阵计算出来。其实，即使对多种介质黏连界面的应力奇性问题，本征函数展开法也是适用的。

15.5　环向模拟为时间的哈密顿体系

15.5.1　哈密顿正则方程

前面在变换式(15-7)的基础上，将 ξ 模拟为时间坐标，并将横向 φ 的力素用式(15-13)消去，从而进入哈密顿体系。然而实际上，φ 也可以模拟时间，于是 ξ 就成为横向。同样，横向的力素应当从变分原理中消去，将式(15-11)对 S_ρ 变分得

$$S_\rho = E\frac{\partial u_\rho}{\partial \xi} + \nu S_\varphi \tag{15-119}$$

将其代入式(15-11)消去 S_ρ 后得(对于域内无外力时)

$$\delta \int_{-\alpha}^{\alpha} \int_{\xi_1}^{\xi_2} \left[S_{\rho\varphi}\frac{\partial u_\rho}{\partial \varphi} + S_\varphi \frac{\partial u_\varphi}{\partial \varphi} + S_\varphi\left(u_\rho + \nu\frac{\partial u_\rho}{\partial \xi}\right) - S_{\rho\varphi}\left(u_\varphi - \frac{\partial u_\varphi}{\partial \xi}\right) \right.$$
$$\left. + \frac{1}{2}E\left(\frac{\partial u_\rho}{\partial \xi}\right)^2 - \frac{1}{2E}((1-\nu^2)S_\varphi^2 + 2(1+\nu)S_{\rho\varphi}^2) \right] \mathrm{d}\xi \mathrm{d}\varphi = 0 \tag{15-120}$$

这就是哈密顿变分原理。式中，位移 u_ρ、u_φ 的对偶变量分别是 $S_{\rho\varphi}$、S_φ。记

$$\boldsymbol{q} = \{u_\rho, \quad u_\varphi\}^{\mathrm{T}}, \quad \boldsymbol{p} = \{S_{\rho\varphi}, \quad S_\varphi\}^{\mathrm{T}} \tag{15-121}$$

再用一点代表对于 φ 的微商，则式(15-120)可改写成

$$\delta \int_{-\alpha}^{\alpha} \int_{\xi_1}^{\xi_2} \left[\boldsymbol{p}^{\mathrm{T}}\dot{\boldsymbol{q}} - H(\boldsymbol{q}, \boldsymbol{p}) \right] \mathrm{d}\xi \mathrm{d}\varphi = 0$$

式中，哈密顿密度函数为

$$H(\boldsymbol{q}, \boldsymbol{p}) = S_{\rho\varphi}\left(u_\varphi - \frac{\partial u_\varphi}{\partial \xi}\right) - S_\varphi\left(u_\rho + \nu\frac{\partial u_\rho}{\partial \xi}\right)$$
$$- \frac{1}{2}E\left(\frac{\partial u_\rho}{\partial \xi}\right)^2 + \frac{1}{2E}[(1-\nu^2)S_\varphi^2 + 2(1+\nu)S_{\rho\varphi}^2] \tag{15-122}$$

这又是场问题的哈密顿体系表达式，是变分原理形式。完成变分原理的展开，得哈密顿对偶方程组：

$$\begin{cases} \dot{\boldsymbol{q}} = \boldsymbol{A}\boldsymbol{q} + \boldsymbol{D}\boldsymbol{p} \\ \dot{\boldsymbol{p}} = \boldsymbol{B}\boldsymbol{q} - \boldsymbol{A}^{\mathrm{T}}\boldsymbol{p} \end{cases}$$

式中，

$$\begin{cases} \boldsymbol{A} = \begin{bmatrix} 0 & 1 - \dfrac{\partial \cdot}{\partial \xi} \\ -1 - \nu\dfrac{\partial \cdot}{\partial \xi} & 0 \end{bmatrix}, \quad \boldsymbol{A}^{\mathrm{T}} = \begin{bmatrix} 0 & -1 + \nu\dfrac{\partial \cdot}{\partial \xi} \\ 1 + \dfrac{\partial \cdot}{\partial \xi} & 0 \end{bmatrix} \\[6mm] \boldsymbol{D} = \begin{bmatrix} \dfrac{2(1+\nu)}{E} & 0 \\ 0 & \dfrac{1-\nu^2}{E} \end{bmatrix}, \quad \boldsymbol{B} = \begin{bmatrix} -E\dfrac{\partial^2 \cdot}{\partial \xi^2} & 0 \\ 0 & 0 \end{bmatrix} \end{cases} \tag{15-123}$$

哈密顿变分原理(式(15-16))仍然将自由边界条件当成变分的自然边界条件。对两侧边 $\xi=\xi_1$ 和 $\xi=\xi_2$ 的自由边界条件为

$$E\frac{\partial u_\rho}{\partial \xi}+\nu S_\varphi=0 , \quad S_{\rho\varphi}=0 \tag{15-124}$$

在以上推导过程中并未写上外荷载，也并未涉及 $\varphi=\pm\alpha$ 两端边界条件，因此得到的方程是齐次的。

引入全状态向量：

$$v=\begin{bmatrix}q\\p\end{bmatrix}=\{u_\rho, \quad u_\varphi, \quad S_{\rho\varphi}, \quad S_\varphi\}^{\mathrm{T}} \tag{15-125}$$

则方程(15-18)可重写成

$$\dot{v}=Hv$$

式中，哈密顿算子矩阵为

$$H=\begin{bmatrix}A & D\\B & -A^{\mathrm{T}}\end{bmatrix}$$

对偶方程(15-21)连同边界条件(15-124)是线性体系，适用叠加原理，并且分离变量法特别有效，即可令

$$v(\xi,\varphi)=\mathrm{e}^{\mu\varphi}\psi(\xi) \tag{15-126}$$

式中，μ 为本征值；$\psi(\xi)$ 为本征函数向量，它只是 ξ 的函数，本征方程为

$$H\psi(\xi)=\mu\psi(\xi) \tag{15-127}$$

当然本征函数向量 $\psi(\xi)$ 还应当满足边界条件(15-124)。

为了讨论算子矩阵 H 的性质，记

$$<v_1,v_2>=\int_{\xi_1}^{\xi_2} v_1^{\mathrm{T}}Jv_2\mathrm{d}\xi \tag{15-128}$$

式中，J 为按式(15-24)定义的单位辛矩阵。显然式(15-128)满足辛内积的四个条件，即按式(15-128)的辛内积定义，全状态向量 v 组成一个辛几何空间。

通过分部积分不难证明，只要 v_1、v_2 是满足侧边边界条件(15-124)的连续可微全状态向量，则恒满足式(15-27)，即算子矩阵 H 为辛几何空间的哈密顿算子矩阵。哈密顿算子矩阵 H 的本征问题有突出的性质，即若 μ 是 H 的本征值，则 $-\mu$ 也一定是其本征值，因此其本征值可以自然分成两组：

(α) μ_i, $\quad \mathrm{Re}(\mu_i)<0$ 或 $\mathrm{Re}(\mu_i)=0\wedge\mathrm{Im}(\mu_i)<0$ $\quad (i=1,2,\cdots)$

(β) $\quad \mu_{-i}=-\mu_i$

而且其本征向量之间有共轭辛正交关系。

一旦求出了本征向量，辛本征展开的求解方法就可以实施了，这部分的讨论同以前论述的完全相同，这里就不再重复了。

以下的讨论仅局限于本征函数向量的求解。

15.5.2　零本征解

零本征解并没有包含在式(15-30)的分类中，但它们是最重要的本征解。将零本征解的方程列出为

$$\begin{cases} 0 & +u_\varphi - \dfrac{\mathrm{d}u_\varphi}{\mathrm{d}\xi} & +\dfrac{2(1+\nu)}{E}S_{\rho\varphi} & +0 & = 0 \\ -u_\rho - \nu\dfrac{\mathrm{d}u_\rho}{\mathrm{d}\xi} & +0 & +0 & +\dfrac{1-\nu^2}{E}S_\varphi & = 0 \\ -E\dfrac{\mathrm{d}^2 u_\rho}{\mathrm{d}\xi^2} & +0 & +0 & +S_\varphi - \nu\dfrac{\mathrm{d}S_\varphi}{\mathrm{d}\xi} & = 0 \\ 0 & +0 & -S_{\rho\varphi} - \dfrac{\mathrm{d}S_{\rho\varphi}}{\mathrm{d}\xi} & +0 & = 0 \end{cases} \tag{15-129}$$

由其第四式及侧边边界条件(15-124)易知

$$S_{\rho\varphi} = 0 \tag{15-130}$$

再代入式(15-129)的第一式，求解得

$$u_\varphi = \mathrm{e}^\xi = \rho \tag{15-131}$$

而由式(15-129)的第二式与第三式可联立解得

$$u_\rho = c_1 \mathrm{e}^\xi + c_2 \mathrm{e}^{-\xi}, \quad S_\varphi = \frac{E}{1-\nu}c_1\mathrm{e}^\xi + \frac{E}{1+\nu}c_2\mathrm{e}^{-\xi} \tag{15-132}$$

将其代入边界条件(15-124)可以确定积分常数为

$$c_1 = c_2 = 0 \tag{15-133}$$

于是给出零本征值的基本本征向量为

$$\boldsymbol{\psi}_0^{(0)} = \{u_\rho = 0, \quad u_\varphi = \mathrm{e}^\xi(=\rho), \quad S_{\rho\varphi} = 0, \quad S_\varphi = 0\}^\mathrm{T} \tag{15-134}$$

而其本身即原问题(15-21)的解为

$$\boldsymbol{v}_0^{(0)} = \boldsymbol{\psi}_0^{(0)} \tag{15-135}$$

它的物理意义非常明显，是刚体旋转。

由于当前的零本征解只有一条链，一定存在约当型的零本征解，其方程为

$$\begin{cases} 0 & +u_\varphi - \dfrac{\mathrm{d}u_\varphi}{\mathrm{d}\xi} & +\dfrac{2(1+\nu)}{E}S_{\rho\varphi} & +0 & = 0 \\ -u_\rho - \nu\dfrac{\mathrm{d}u_\rho}{\mathrm{d}\xi} & +0 & +0 & +\dfrac{1-\nu^2}{E}S_\varphi & = \mathrm{e}^\xi \\ -E\dfrac{\mathrm{d}^2 u_\rho}{\mathrm{d}\xi^2} & +0 & +0 & +S_\varphi - \nu\dfrac{\mathrm{d}S_\varphi}{\mathrm{d}\xi} & = 0 \\ 0 & +0 & -S_{\rho\varphi} - \dfrac{\mathrm{d}S_{\rho\varphi}}{\mathrm{d}\xi} & +0 & = 0 \end{cases} \tag{15-136}$$

与基本本征解(15-129)的求解相同，由式(15-136)的第一式、第四式与边界条件(15-124)可解得

$$u_\varphi = c\mathrm{e}^\xi , \quad S_{\rho\varphi} = 0 \tag{15-137}$$

式中，因为 $u_\varphi = c\mathrm{e}^\xi$ 表示可任意叠加的基本本征解，不失一般性可取 $c = 0$。

类似地，由式(15-136)的第二式与第三式可联立解得

$$\begin{cases} u_\rho = c_3 \mathrm{e}^\xi + c_4 \mathrm{e}^{-\xi} + \dfrac{1-\nu}{2}\xi \mathrm{e}^\xi \\ S_\varphi = \dfrac{E}{1-\nu}c_3 \mathrm{e}^\xi + \dfrac{E}{1+\nu}c_4 \mathrm{e}^{-\xi} + \dfrac{E}{2}\mathrm{e}^\xi\left(\xi + \dfrac{2-\nu}{1-\nu}\right) \end{cases} \tag{15-138}$$

式中，c_3、c_4 为待定常数，将其代入边界条件(15-124)可以确定为

$$\begin{cases} c_3 = -\dfrac{1}{2}\left[1 + (1-\nu)\dfrac{R_2^2 \ln R_2 - R_1^2 \ln R_1}{R_2^2 - R_1^2}\right] \\ c_4 = -\dfrac{(1+\nu)R_2^2 R_1^2}{2(R_2^2 - R_1^2)}\ln\left(\dfrac{R_2}{R_1}\right) \end{cases} \tag{15-139}$$

从而给出其一阶约当型本征向量为

$$\boldsymbol{\psi}_0^{(1)} = \begin{bmatrix} c_3\rho + c_4\dfrac{1}{\rho} + \dfrac{1-\nu}{2}\rho\ln\rho \\ 0 \\ 0 \\ \dfrac{E}{1-\nu}c_3\rho + \dfrac{E}{1+\nu}c_4\dfrac{1}{\rho} + \dfrac{E}{2}\rho\left(\ln\rho + \dfrac{2-\nu}{1-\nu}\right) \end{bmatrix} \tag{15-140}$$

它本身并不是原问题(15-21)的解，而原问题的解为

$$\boldsymbol{v}_0^{(1)} = \boldsymbol{\psi}_0^{(1)} + \varphi\boldsymbol{\psi}_0^{(0)} \tag{15-141}$$

这个解的物理意义是圆弧形梁的纯弯曲。

由于本征解 $\boldsymbol{\psi}_0^{(1)}$ 与 $\boldsymbol{\psi}_0^{(0)}$ 是互相辛共轭的：

$$<\boldsymbol{\psi}_0^{(0)}, \boldsymbol{\psi}_0^{(1)}> = \frac{E[(R_2^2 - R_1^2)^2 - 4R_2^2 R_1^2[\ln(R_2/R_1)]^2]}{8(R_2^2 - R_1^2)} > 0 \tag{15-142}$$

其二阶约当型本征解是不存在的。其实，通过直接求解也可验证这一点。

已知平面矩形域问题共有六个零本征解，它们都是圣维南原理不能覆盖的解。但对当前的环扇形域问题，零本征解仅有两个，这与径向模拟为时间的哈密顿体系类似，显然还缺少四个基本解。零本征值意味着其本征解并不随纵向坐标 φ 的变化而衰减，其实纯虚根的本征解也有不随 φ 的变化而衰减的特性，因此，纯虚根的解也是应该分析的最基本的解。

15.5.3　$\mu = \pm\mathrm{i}$ 的非零本征解

对非零本征值的本征解，应该首先将本征方程(15-127)展开：

$$\begin{cases} -\mu u_\rho & +u_\varphi - \dfrac{\mathrm{d}u_\varphi}{\mathrm{d}\xi} & +\dfrac{2(1+\nu)}{E}S_{\rho\varphi} & +0 & =0 \\[3mm] -u_\rho - \nu\dfrac{\mathrm{d}u_\rho}{\mathrm{d}\xi} & -\mu u_\varphi & +0 & +\dfrac{1-\nu^2}{E}S_\varphi & =0 \\[3mm] -E\dfrac{\mathrm{d}^2 u_\rho}{\mathrm{d}\xi^2} & +0 & -\mu S_{\rho\varphi} & +S_\varphi - \nu\dfrac{\mathrm{d}S_\varphi}{\mathrm{d}\xi} & =0 \\[3mm] 0 & +0 & -S_{\rho\varphi} - \dfrac{\mathrm{d}S_{\rho\varphi}}{\mathrm{d}\xi} & -\mu S_\varphi & =0 \end{cases} \tag{15-143}$$

这是对于 ξ 的联立常微分方程组，其求解应首先要找出 ξ 方向的特征值 λ，其特征方程为

$$\det\begin{bmatrix} -\mu & 1-\lambda & 2(1+\nu)/E & 0 \\ -1-\nu\lambda & -\mu & 0 & (1-\nu^2)/E \\ -E\lambda^2 & 0 & -\mu & 1-\nu\lambda \\ 0 & 0 & -1-\lambda & -\mu \end{bmatrix}=0 \tag{15-144}$$

展开其行列式得

$$\lambda^4 - 2(1-\mu^2)\lambda^2 + (1+\mu^2)^2 = 0 \tag{15-145}$$

解得

$$\lambda_{1,2} = \pm(1+\mathrm{i}\mu) , \quad \lambda_{3,4} = \pm(1-\mathrm{i}\mu) \tag{15-146}$$

根据不同的 μ，其通解的表达式是不同的，当然这里的 μ 仍为待定的。从式 (15-146) 可以看出，当 $\mu = \pm\mathrm{i}$ 时，式 (15-146) 除了 2 与 -2 的根，还有 0 的重根，因此其通解应为

$$\begin{cases} u_\rho = A_1 + A_2\xi + A_3\mathrm{e}^{2\xi} + A_4\mathrm{e}^{-2\xi} \\ u_\varphi = B_1 + B_2\xi + B_3\mathrm{e}^{2\xi} + B_4\mathrm{e}^{-2\xi} \\ S_{\rho\varphi} = C_1 + C_2\xi + C_3\mathrm{e}^{2\xi} + C_4\mathrm{e}^{-2\xi} \\ S_\varphi = D_1 + D_2\xi + D_3\mathrm{e}^{2\xi} + D_4\mathrm{e}^{-2\xi} \end{cases} \tag{15-147}$$

但这些常数还不是完全独立的，将式 (15-147) 代入方程 (15-143)，有

$$\begin{cases} A_2 = -\dfrac{(1+\nu)(3-\nu)}{E(1-\nu)}\mu C_1 , \quad D_1 = \mu C_1 , \quad C_2 = D_2 = 0 \\[3mm] B_1 = \mu A_1 + \dfrac{(1+\nu)^2}{E(1-\nu)}C_1 , \quad B_2 = \dfrac{(1+\nu)(3-\nu)}{E(1-\nu)}C_1 \end{cases} \tag{15-148}$$

及

$$\begin{cases} A_3 = \dfrac{1-3\nu}{2E}\mu C_3, \quad B_3 = \dfrac{5+\nu}{2E}C_3, \quad D_3 = 3\mu C_3 \\[3mm] A_4 = -\dfrac{1+\nu}{2E}\mu C_4, \quad B_4 = -\dfrac{1+\nu}{2E}C_4, \quad D_4 = -\mu C_4 \end{cases} \tag{15-149}$$

将式 (15-147)～式 (15-149) 代入侧边边界条件 (15-124) 可得

$$C_1 = C_3 = C_4 = 0 \tag{15-150}$$

于是可以写出对应 $\mu=\mathrm{i}$ 的本征解为

$$\boldsymbol{\psi}_{\mathrm{i}}^{(0)} = \{1, \quad \mathrm{i}, \quad 0, \quad 0\}^{\mathrm{T}} \tag{15-151}$$

而对应 $\mu=-\mathrm{i}$ 的本征解为

$$\boldsymbol{\psi}_{\mathrm{i}}^{(0)} = \{1, \quad -\mathrm{i}, \quad 0, \quad 0\}^{\mathrm{T}} \tag{15-152}$$

由它们构成的原问题(15-21)的解分别为

$$\boldsymbol{v}_{-\mathrm{i}}^{(0)} = \mathrm{e}^{\mathrm{i}\varphi}\boldsymbol{\psi}_{\mathrm{i}}^{(0)} \text{ 和 } \boldsymbol{v}_{-\mathrm{i}}^{(0)} = \mathrm{e}^{-\mathrm{i}\varphi}\boldsymbol{\psi}_{-\mathrm{i}}^{(0)} \tag{15-153}$$

这两个解是互为复共轭的本征解，分出其实部与虚部为

$$\boldsymbol{v}_{\mathrm{iR}}^{(0)} = \{\cos\varphi, \quad -\sin\varphi, \quad 0, \quad 0\}^{\mathrm{T}} \tag{15-154a}$$

$$\boldsymbol{v}_{\mathrm{iI}}^{(0)} = \{\sin\varphi, \quad \cos\varphi, \quad 0, \quad 0\}^{\mathrm{T}} \tag{15-154b}$$

可以看出这是两个互相垂直方向的刚体位移。

　　不难看出，$\boldsymbol{\psi}_{\mathrm{i}}^{(0)}$ 与 $\boldsymbol{\psi}_{-\mathrm{i}}^{(0)}$ 互相辛正交而不是辛共轭，这说明必有次级约当型解。例如，对 $\mu=\mathrm{i}$ 的一阶本征解，其方程为

$$\boldsymbol{H}\boldsymbol{\psi}_{\mathrm{i}}^{(1)} = \mathrm{i}\boldsymbol{\psi}_{\mathrm{i}}^{(1)} + \boldsymbol{\psi}_{\mathrm{i}}^{(0)} \tag{15-155}$$

方程(15-155)是非齐次方程，其齐次方程的通解已由式(15-147)～式(15-149)给出，而非齐次方程的一个特解为

$$\left\{ \frac{2}{1-\nu}\mathrm{i}\xi, \quad -\frac{1+\nu+2\xi}{1-\nu}, \quad 0, \quad 0 \right\}^{\mathrm{T}} \tag{15-156}$$

将式(15-156)与式(15-147)叠加即给出式(15-155)的通解。将通解代入侧边边界条件(15-126)可得

$$\boldsymbol{\psi}_{\mathrm{i}}^{(1)} = \{\mathrm{i}u_{\rho}^{(1)}, \quad u_{\varphi}^{(1)}, \quad S_{\rho\varphi}^{(1)}, \quad \mathrm{i}S_{\varphi}^{(1)}\}^{\mathrm{T}} \tag{15-157}$$

式中，

$$\begin{cases} u_{\rho}^{(1)} = \dfrac{1}{2}(1-\nu)\xi + a(1-3\nu)\mathrm{e}^{2\xi} + b(1+\nu)\mathrm{e}^{-2\xi} \\[2mm] u_{\varphi}^{(1)} = -\dfrac{1}{2}[1+\nu+(1-\nu)\xi] + a(5+\nu)\mathrm{e}^{2\xi} + b(1+\nu)\mathrm{e}^{-2\xi} \\[2mm] S_{\rho\varphi}^{(1)} = E\left[\dfrac{1}{2} + 2a\mathrm{e}^{2\xi} - 2b\mathrm{e}^{-2\xi}\right] \\[2mm] S_{\varphi}^{(1)} = E\left[\dfrac{1}{2} + 6a\mathrm{e}^{2\xi} + 2b\mathrm{e}^{-2\xi}\right] \end{cases} \tag{15-158}$$

而

$$a = \frac{-1}{4(R_1^2 + R_2^2)}, \qquad b = -aR_1^2 R_2^2 \tag{15-159}$$

其相应的原问题的解为

$$\boldsymbol{v}_{\mathrm{i}}^{(1)} = \mathrm{e}^{\mathrm{i}\varphi}[\boldsymbol{\psi}_{\mathrm{i}}^{(1)} + \varphi\boldsymbol{\psi}_{\mathrm{i}}^{(0)}] \tag{15-160}$$

　　以上是 $\mu=\mathrm{i}$ 的约当型解。对于 $\mu=-\mathrm{i}$ 的约当型解，则只须对式(15-156)予以取复共轭即可。式(15-160)的表达式为复数形式，看起来不方便，还是以实数形式表达更受欢迎。将式(15-160)

的实部与虚部分开，有

$$\boldsymbol{v}_{\mathrm{iR}}^{(1)} = \left\{ \begin{array}{c} \varphi\cos\varphi - u_\rho^{(1)}\sin\varphi \\ -\varphi\sin\varphi + u_\varphi^{(1)}\cos\varphi \\ S_{\rho\varphi}^{(1)}\cos\varphi \\ -S_\varphi^{(1)}\sin\varphi \end{array} \right\}; \quad \boldsymbol{v}_{\mathrm{iI}}^{(1)} = \left\{ \begin{array}{c} \varphi\sin\varphi + u_\rho^{(1)}\cos\varphi \\ \varphi\cos\varphi + u_\varphi^{(1)}\sin\varphi \\ S_{\rho\varphi}^{(1)}\sin\varphi \\ S_\varphi^{(1)}\cos\varphi \end{array} \right\} \tag{15-161}$$

这两个实数解都是原问题的解。

除了零本征解 (15-135) 和解 (15-143)，$\mu = \pm \mathrm{i}$ 的本征解 (15-154) 和解 (15-161) 也是不能用圣维南原理来覆盖的，这六个解即组成曲梁弯曲问题的最基本解。

因此，曲梁弯曲问题可以用 $\boldsymbol{\psi}_0^{(0)}$、$\boldsymbol{\psi}_0^{(1)}$、$\boldsymbol{\psi}_{\mathrm{i}}^{(0)}$、$\boldsymbol{\psi}_{-\mathrm{i}}^{(0)}$、$\boldsymbol{\psi}_{\mathrm{i}}^{(1)}$ 与 $\boldsymbol{\psi}_{-\mathrm{i}}^{(1)}$ 这六个本征解当作基底来展开求解，就如同直梁时的情况一样。只选用这六个解作为基底意味着将发生衰减的局部效应解全部略去，即使用圣维南原理。

15.5.4 一般非零本征解

前面分别分析了 $\mu = 0$ 与 $\mu = \pm \mathrm{i}$ 的本征解，它们都是非衰减的解。对 $\mu \neq 0, \pm \mathrm{i}$ 的本征解，式 (15-146) 表示的是四个不等的根，因此其通解为

$$\left\{ \begin{array}{l} u_\rho = A_1 \mathrm{e}^{\lambda_1 \xi} + A_2 \mathrm{e}^{\lambda_2 \xi} + A_3 \mathrm{e}^{\lambda_3 \xi} + A_4 \mathrm{e}^{\lambda_4 \xi} \\ u_\rho = B_1 \mathrm{e}^{\lambda_1 \xi} + B_2 \mathrm{e}^{\lambda_2 \xi} + B_3 \mathrm{e}^{\lambda_3 \xi} + B_4 \mathrm{e}^{\lambda_4 \xi} \\ S_{\rho\varphi} = C_1 \mathrm{e}^{\lambda_1 \xi} + C_2 \mathrm{e}^{\lambda_2 \xi} + C_3 \mathrm{e}^{\lambda_3 \xi} + C_4 \mathrm{e}^{\lambda_4 \xi} \\ S_\varphi = D_1 \mathrm{e}^{\lambda_1 \xi} + D_2 \mathrm{e}^{\lambda_2 \xi} + D_3 \mathrm{e}^{\lambda_3 \xi} + D_4 \mathrm{e}^{\lambda_4 \xi} \end{array} \right. \tag{15-162}$$

但这些常数还不是完全独立的，它们应满足方程 (15-127)。若选择 $A_j (j = 1, 2, 3, 4)$ 为基本独立常数，则这些常数间有如下关系：

$$\left\{ \begin{array}{l} B_j = \dfrac{(1 + \lambda_j)\lambda_j^2 - (1 + \nu\mu^2)\lambda_j - \mu^2 - 1}{\mu(\mu^2 + 1 + \lambda_j - \nu\lambda_j - \nu\lambda_j^2)} A_j \\ C_j = \dfrac{-E\mu\lambda_j^2}{\mu^2 + 1 + \lambda_j - \nu\lambda_j - \nu\lambda_j^2} A_j \\ D_j = \dfrac{E\lambda_j^2(1 + \lambda_j)}{\mu^2 + 1 + \lambda_j - \nu\lambda_j - \nu\lambda_j^2} A_j \end{array} \right. \qquad (j = 1, 2, 3, 4) \tag{15-163}$$

将式 (15-162) 以及式 (15-163) 代入两侧边界条件 (15-124)，共可得四个齐次方程。令其系数行列式为零，即得本征值 μ 的超越方程，求出本征值之后，再代入齐次方程即可给出常数 $A_j (j = 1, 2, 3, 4)$ 之间的比例关系，从而给出对应的本征函数向量。

有了本征函数向量，就可按展开定理进行求解，其过程与前面论述相同，这里不再介绍。

习　题

第 15 章部分参考答案

15-1　试推扇形域侧边固定、问题的非零本征解。

15-2　试推导扇形域侧边一端固定、一端自由问题的非零本征解。

附录 笛卡儿张量简介

附录1 指 标 符 号

可以将由 n 个数如 $a_1, a_2, \cdots, a_n$ 或 n 个变量如 $x_1, x_2, \cdots, x_n$ 记为 a_i 或 x_i, $i=1,2,\cdots, n$。如果 a_i 或 x_i 单独出现，可以将其作为 $a_1, a_2, \cdots, a_n$ 或 $x_1, x_2, \cdots, x_n$ 中的任意一个的代表。其下标 i 称为指标，i 可以取值为小于或等于的 n 所有整数，n 称为问题的维数，给出了指标取值范围。

指标的取值范围在一般情况下必须标明，如 $i=1,2,\cdots, n$，在三维空间，$n= 3$。如果没有特别声明，均默认 $n=3$，即指标取 1,2,3，此时省略指标取值范围。指标的位置可以在变量左上或左下变动，分别称为上指标或下指标，本书只对下指标进行描述及应用。

由此形成的符号系统定义为指标符号。例如，在三维空间中取一点 O，用笛卡儿坐标描述的三个坐标 x_1, x_2, x_3 (x, y, z) 就可以用这个体系表示为 x_i。

1. 求和约定和哑指标

考虑和式：

$$S = a_1 x_1 + a_2 x_2 + \cdots + a_n x_n = \sum_{i=1}^{n} a_i x_i \tag{1-1}$$

引入求和约定：在表达式的某一项里，某一指标重复出现且只有一次，则将该项对该指标遍历取值范围集合内所有值(从 1 到 n)而进行求和，这种重复出现的指标求和以后不再出现，定义该指标为哑指标，简称哑标。根据该约定，式(1-1)中的求和记号可以省略，写作

$$S = a_i x_i \quad (i=1,\ 2,\ \cdots,\ n) \tag{1-2}$$

求和约定有以下三点需要注意：

(1) 哑标与其对应的字母无关，如 $a_i x_i$ 与 $a_j x_j$ 是相同的；

(2) 指标只能重复一次，也就是只有两个指标相同，如在 $a_i b_i x_i$ 中指标 i 重复了两次，这样就不符合求和约定，如果表示求和只能用求和符号；

(3) 求和约定适用于双重求和甚至多重求和，例如，双重求和可以通过求和约定作以下等式变换

$$\sum_{i=1}^{3}\sum_{j=1}^{3} A_{ij} x_i y_j = A_{ij} x_i y_j \tag{1-3}$$

将其展开可以得到九项和式，即

$$\begin{aligned}
A_{ij} x_i y_j = \ &A_{11} x_1 y_1 + A_{12} x_1 y_2 + A_{13} x_1 y_3 \\
&+ A_{21} x_2 y_1 + A_{22} x_2 y_2 + A_{23} x_2 y_3 \\
&+ A_{31} x_3 y_1 + A_{32} x_3 y_2 + A_{33} x_3 y_3
\end{aligned}$$

类似地，三重求和则代表 27 项和式。

另外还需要注意的是，多重求和的哑指标必须用不同的字母来表示，例如，$A_{ij}x_iy_j$ 不能写成 $A_{ii}x_iy_i$。

2. 自由指标

考察下列方程组：

$$\begin{cases} A_{11}x_1 + A_{12}x_2 + A_{13}x_3 = b_1 \\ A_{21}x_1 + A_{22}x_2 + A_{23}x_3 = b_2 \\ A_{31}x_1 + A_{32}x_2 + A_{33}x_3 = b_3 \end{cases}$$

按求和约定的规则，该方程可以简写为

$$A_{ij}x_j = b_i \tag{1-4}$$

式中，j 为哑指标，而 i 在每一项中只出现一次，称这样的指标为自由指标，简称为自由标。一个自由指标每次可以任取 1,2,3 中任一数，也就是遍历指标取值范围的全体，如式(1-4)就代表了三个方程。

在一个公式中各项自由指标必须相同，例如，下列各式是有意义的

$$a_i + b_i = c_i$$
$$a_i + b_ic_jd_j = 0$$
$$D_{ik} = B_{ij}C_{jk}$$

与之比较，下列各式就没有其指标系统层面上的意义

$$a_i + b_j = c_i$$
$$T_{ij} = T_{ik}$$
$$D_{ik} = B_{ij}C_{jm}$$

当然，虽然只改变其中某一项的自由指标的字母就会失去其原本意义，但是同时改变所有对应的自由指标的字母并不会改变其意义，例如，将式(1-4)中所有的自由指标 i 替换为 k，替换后与原式等价。

3. 克罗内克符号 δ_{ij} 和置换符号 ε_{ijk}

引入符号：

$$\delta_{ij} = \begin{cases} 1 & (i = j) \\ 0 & (i \neq j) \end{cases} \tag{1-5}$$

称这个符号为克罗内克符号。

由定义可知，克罗内克符号有九个分量，合在一起组成单位矩阵 $\boldsymbol{\delta} = \begin{bmatrix} 1 & 0 & 0 \\ 0 & 1 & 0 \\ 0 & 0 & 1 \end{bmatrix}$，该符号有以下性质：

(1) $|\boldsymbol{\delta}| = \begin{vmatrix} \delta_{11} & \delta_{12} & \delta_{13} \\ \delta_{21} & \delta_{22} & \delta_{23} \\ \delta_{31} & \delta_{32} & \delta_{33} \end{vmatrix} = \begin{vmatrix} 1 & 0 & 0 \\ 0 & 1 & 0 \\ 0 & 0 & 1 \end{vmatrix} = 1;$

(2) $\delta_{ii} = \delta_{11} + \delta_{22} + \delta_{33} = 3;$

(3) $\delta_{ij} a_j = \delta_{i1} a_1 + \delta_{i2} a_2 + \delta_{i3} a_3 = a_i;$

(4) $\delta_{im} A_{mj} = A_{ij};$

(5) $\delta_{im} \delta_{mj} = \delta_{ij}$, $\quad \delta_{im} \delta_{mj} \delta_{jk} = \delta_{ik}$。

再引入记号:

$$\varepsilon_{ijk} = \begin{cases} +1 & (i, j, k = 1,\ 2,\ 3;\ 2,\ 3,\ 1;\ 3,\ 1,\ 2\text{顺序排列}) \\ -1 & (i, j, k = 3,\ 2,\ 1;\ 2,\ 1,\ 3;\ 1,\ 3,\ 2\text{逆序排列}) \\ 0 & (i, j, k\text{有 2 个或 3 个相同}) \end{cases} \tag{1-6}$$

称这个符号为置换符号, 也称为 Levi-Civita 符号或 Ricci 符号。

由定义可知, ε_{ijk} 有 27 个分量, 但非零分量只有六个, 其余 21 个分量均为零, 即

$$\varepsilon_{123} = \varepsilon_{231} = \varepsilon_{312} = 1$$
$$\varepsilon_{213} = \varepsilon_{132} = \varepsilon_{321} = -1$$
$$\varepsilon_{111} = \varepsilon_{112} = \varepsilon_{113} = \cdots = 0$$

由此还可以得到

$$\varepsilon_{ijk} = \varepsilon_{jki} = \varepsilon_{kij} = -\varepsilon_{ikj} = -\varepsilon_{kji} = -\varepsilon_{jik}$$

根据 ε_{ijk} 的性质, 行列式可以写成

$$|A| = \begin{vmatrix} a_{11} & a_{12} & a_{13} \\ a_{21} & a_{22} & a_{23} \\ a_{31} & a_{32} & a_{33} \end{vmatrix} = a_{11}a_{22}a_{33} + a_{12}a_{23}a_{31} + a_{13}a_{21}a_{32} - a_{13}a_{22}a_{31} - a_{12}a_{21}a_{33} - a_{11}a_{23}a_{32} \tag{1-7}$$

$$= \varepsilon_{ijk} a_{1i} a_{2j} a_{3k} = \varepsilon_{ijk} a_{i1} a_{j2} a_{k3}$$

附录 2　坐标变换与张量的定义

坐标变换包括平移和转动, 这里先讨论平面笛卡儿坐标系的转动。考虑平面内两个笛卡儿坐标系 Oxy 和 $Ox'y'$, 新坐标系 $Ox'y'$ 是绕 O 点逆时针旋转 θ 角度实现的, 如图 2-1 所示。

平面上任意一点 P 的位置可以用旧坐标表示, 当然, 也可以用新坐标表示。如果用 x_1、x_2 表示旧坐标 (x, y), 用 $x_{1'}$、$x_{2'}$ 表示新坐标 (x', y'), 则从图 2-1 可以看出

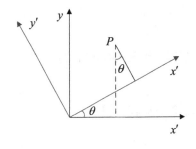

图 2-1

$$\begin{cases} x_{1'} = x_1 \cos\theta + x_2 \sin\theta \\ x_{2'} = -x_1 \sin\theta + x_2 \cos\theta \end{cases}$$

$$\begin{cases} x_1 = x_{1'} \cos\theta - x_{2'} \sin\theta \\ x_2 = x_{1'} \sin\theta + x_{2'} \cos\theta \end{cases}$$

一般地，设新坐标系 x_i 轴上的基矢量为 $e_{i'}$，旧坐标系轴 x_j 上的基矢量为 e_j，则 x_i 轴与 x_j 轴的夹角余弦就是基矢量 $e_{i'}$ 和 e_j 夹角余弦，记为 $\alpha_{i'j}$。根据定义，$\alpha_{i'j} = \cos(e_{i'}, e_j)$，$\alpha_{i'j}$ 称为坐标变换系数，并有

$$\boldsymbol{\alpha} = \begin{pmatrix} \alpha_{1'1} & \alpha_{1'2} \\ \alpha_{2'1} & \alpha_{2'2} \end{pmatrix} = \begin{pmatrix} \cos\theta & \sin\theta \\ -\sin\theta & \cos\theta \end{pmatrix}$$

引用指标符号，则上面的坐标变换式可以写成

$$x_{i'} = \alpha_{i'j} x_j \tag{2-1}$$

$$x_j = \alpha_{ji'} x_{i'} \tag{2-2}$$

不难证明

$$\boldsymbol{\alpha}^{\mathrm{T}} = \boldsymbol{\alpha}^{-1}$$

则 $\boldsymbol{\alpha}$ 为正交矩阵。

除坐标分量外，基矢量在坐标旋转变换时也具有类似的变换规律，说明如下。

设在旧坐标系的基矢量为 e_i，在新坐标系的基矢量为 $e_{j'}$，将 e_1 和 e_2 分别在 $e_{j'}$ 上分解，得到

$$e_1 = \cos\theta e_{1'} - \sin\theta e_{2'} = \alpha_{11'} e_{1'} + \alpha_{12'} e_{2'}$$
$$e_2 = \sin\theta e_{1'} + \cos\theta e_{2'} = \alpha_{21'} e_{1'} + \alpha_{22'} e_{2'}$$

合并写成

$$e_i = \alpha_{ij'} e_{j'} \tag{2-3}$$

同理可得

$$e_{i'} = \alpha_{i'j} e_j \tag{2-4}$$

可见基矢量与坐标分量具有相同的变换规律。

现在讨论平面内任意一个矢量 v 的变换规律。矢量 v 可以在旧基 e_i 上分解，也可以在新基 $e_{j'}$ 上分解，即

$$v = v_i e_i \tag{2-5}$$
$$v = v_{j'} e_{j'} \tag{2-6}$$

将式 (2-3) 代入式 (2-5)，得

$$v = v_i \alpha_{ij'} e_{j'}$$

与式 (2-6) 比较，得到

$$v_{j'} = \alpha_{ij'} v_i = \alpha_{j'i} v_i \tag{2-7}$$

可见，矢量的分量在坐标旋转变换时也具有与坐标分量相同的变换规律。

式(2-1)和式(2-2)也可以采用更一般的形式推出。记位置矢量为 $\boldsymbol{x}$，将分别在旧基 $\boldsymbol{e}_j$ 和新基 $\boldsymbol{e}_{j'}$ 上分解，有

$$\boldsymbol{x} = x_j \boldsymbol{e}_j = x_{j'} \boldsymbol{e}_{j'}$$

在上式第二个等号的两边分别点乘 $\boldsymbol{e}_{i'}$，得到

$$x_j \boldsymbol{e}_j \cdot \boldsymbol{e}_{i'} = x_{j'} \boldsymbol{e}_{j'} \cdot \boldsymbol{e}_{i'}$$

也就是

$$x_j \cos(\boldsymbol{e}_j, \boldsymbol{e}_{i'}) = x_{j'} \delta_{j'i'}$$

根据坐标变换系数的定义和克罗内克符号的性质，得到

$$x_{i'} = \alpha_{ji'} x_j = \alpha_{i'j} x_j$$

同理，还可以得到 $x_j = \alpha_{ji'} x_{i'}$，与式(2-1)和式(2-2)具有相同的形式。换言之，式(2-1)和式(2-2)对于三维情况同样成立，式(2-3)、式(2-4)和式(2-7)等也是如此。

另外，根据 $x_i = \alpha_{ij'} x_{j'}$，可以得到

$$x_i = \alpha_{ij'} x_{j'} = \alpha_{ij'} \alpha_{j'k} x_k$$

比较 $x_i = \delta_{ik} x_k$，有

$$\alpha_{ij'} \alpha_{j'k} = \delta_{ik} \tag{2-8}$$

读者可以自行验证，当 $i=k$ 时，式(2-8)表示基矢量 $\boldsymbol{e}_i$ 长度为 1；当 $i \neq k$ 时，式(2-8)表示基矢量 $\boldsymbol{e}_i$ 和 $\boldsymbol{e}_k$ 相互正交，坐标变换系数 α_{ij} 构成一个正交矩阵。

将上述变换规律进行推广，可以给出张量的定义。在坐标系变换时，满足如下变换关系的量称为张量：

$$\varphi_{i'j'k'\cdots l'} = \alpha_{i'i} \alpha_{j'j} \alpha_{k'k} \cdots \alpha_{l'l} \varphi_{ijk\cdots l} \tag{2-9}$$

式中，自由指标的数目称为张量的阶，记为 n；对于三维情况，式(2-9)共有 3^n 个；张量是指全体分量的有序整体，张量的分量个数也是 3^n 个。

根据上述定义，标量和矢量堪称张量的特殊情况。对于标量，$n=0$，称为零阶张量；对于矢量，$n=1$，有三个变换式和三个分量，称为一阶张量。

张量还可以采用并矢记号(也称为不变性记法，或抽象记法)进行表示：

$$\boldsymbol{\varphi} = \varphi_{ijk\cdots l} \boldsymbol{e}_i \boldsymbol{e}_j \boldsymbol{e}_k \cdots \boldsymbol{e}_l \tag{2-10}$$

式中，$\varphi_{ijk\cdots l}$ 称为张量 $\boldsymbol{\varphi}$ 的分量，基矢量的数目就是张量的阶数。事实上，也可以用式(2-10)代替式(2-9)作为张量的定义，它们是等价的，也就是说，凡能够在任何坐标系里写成如式(2-10)不变性形式的量即张量，即可以用式(2-9)和式(2-10)鉴别一组数的张量性。

附录 3　偏导数的下标记法

在弹性力学中，处处遇到如位移分量、应变分量和应力分量对坐标的偏导数 $\dfrac{\partial u_i}{\partial x_j}$、$\dfrac{\partial \varepsilon_{ij}}{\partial x_k}$、

$\dfrac{\partial \sigma_{ij}}{\partial x_k}$ 等。在指标符号中同样对此也有特殊的下标进行表示，将它们分别记作

$$
\begin{cases}
u_{i,j} = \dfrac{\partial u_i}{\partial x_j}, \quad u_{i,jk} = \dfrac{\partial^2 u_i}{\partial x_j \partial x_k} \\[2mm]
\varepsilon_{ij,k} = \dfrac{\partial \varepsilon_{ij}}{\partial x_k}, \quad \varepsilon_{ij,kl} = \dfrac{\partial^2 \varepsilon_{ij}}{\partial x_k \partial x_l} \\[2mm]
\sigma_{ij,k} = \dfrac{\partial \sigma_{ij}}{\partial x_k}, \quad \sigma_{ij,kl} = \dfrac{\partial^2 \sigma_{ij}}{\partial x_k \partial x_l}
\end{cases}
\tag{3-1}
$$

等等。可以证明它们中的每一个组成的集合都是张量。

例如，对于 $u_{i,j}$ 九个量的集合，接下来证明它是二阶张量。这里，作从坐标系 $Ox_1x_2x_3$ 到 $Ox'_1x'_2x'_3$ 的转轴变换，则由式(2-1)得

$$
\begin{aligned}
u_{i',j'} &= \left(\sum_{k=1}^{3} \alpha_{i'k} u_k \right)_{,j'} = \sum_{l=1}^{3} \left(\sum_{k=1}^{3} \alpha_{i'k} u_k \right)_{,l} \frac{\mathrm{d}x_l}{\mathrm{d}x_{j'}} \\
&= \sum_{l=1}^{3} \left(\sum_{k=1}^{3} \alpha_{i'k} u_{k,l} \right) \frac{\mathrm{d}x_l}{\mathrm{d}x_{j'}}
\end{aligned}
\tag{3-2}
$$

在转轴变换时，由式(2-2)得新旧坐标间的关系为

$$
x_l = \sum_{j'=1'}^{3'} \alpha_{lj'} x_{j'}
$$

由此得

$$
\frac{\partial x_l}{\partial x_{j'}} = \alpha_{lj'}
$$

代入式(3-2)，得到

$$
u_{i',j'} = \sum_{k,l=1}^{3} u_{k,l} \alpha_{ki'} \alpha_{lj'}
\tag{3-3}
$$

这样就证明了 $u_{i,j}$ 是服从二阶张量的变化规律的，因此，它是二阶张量。请感兴趣的读者自行证明式(3-1)中的其他每一个集合分别是三阶张量和四阶张量。

附录4　弹性力学相关公式的张量记法

有了张量的概念，就可以将弹性力学的相关公式用下标记法写成如下的形式。

直角坐标系下的平衡微分方程为

$$
\sigma_{ij,j} + f_i = 0
\tag{4-1}
$$

直角坐标系下的几何方程为

$$\varepsilon_{ij} = \frac{1}{2}(u_{i,j} + u_{j,i}) \tag{4-2}$$

直角坐标系下的物理方程为

$$\varepsilon_{ij} = \frac{1}{2G}\sigma_{ij} - \frac{\mu}{E}\sigma_{kk}\delta_{ij} \tag{4-3}$$

或

$$\sigma_{ij} = \lambda\theta\delta_{ij} + 2G\varepsilon_{ij} \tag{4-4}$$

直角坐标系下的位移边界条件为

$$u_i = \bar{u}_i \tag{4-5}$$

直角坐标系下的应力边界条件为

$$\sigma_{ij}n_j = \bar{f}_i \tag{4-6}$$

按位移求解时，直角坐标系下的拉梅方程为

$$(\lambda + G)\theta_{,i} + Gu_{i,jj} + f_i = 0 \tag{4-7}$$

位移边界同式(4-5)，而式(4-6)给出的应力边界条件用位移表示在直角坐标系下则为

$$\lambda u_{k,k}n_i + G(u_{i,j} + u_{j,i})n_j = \bar{f}_i \tag{4-8}$$

按应力求解时，需要补充用应力表示的相容方程，即米歇尔方程，不变性记法为

$$\nabla^2\boldsymbol{\sigma} + \frac{1}{1+\mu}\nabla\nabla\boldsymbol{\Theta} + \nabla\boldsymbol{f} + \boldsymbol{f}\nabla + \frac{\mu}{1-\mu}(\nabla\cdot\boldsymbol{f})\boldsymbol{I} = 0 \tag{4-9}$$

在体力为常量的情况下，方程(4-8)在直角坐标系下简化为如下的贝尔特拉米方程：

$$(1+\mu)\nabla^2\sigma_{ij} + \boldsymbol{\Theta}_{,ij} = 0 \tag{4-10}$$

下面给出变分法中弹性力学相关公式的张量表示。

对于线弹性问题，应变能密度与应变余能密度在数值上相等，即

$$\bar{U}^* = \bar{U} = \frac{1}{2}\boldsymbol{\sigma} : \boldsymbol{\varepsilon} = \frac{1}{2}\sigma_{ij}\varepsilon_{ij} \tag{4-11}$$

其中，:为张量的并联双点积运算符号，但应变能密度是应变分量的状态函数，可表示为

$$\bar{U} = \frac{1}{2}(\lambda\theta\boldsymbol{I} + 2G\boldsymbol{\varepsilon}) : \boldsymbol{\varepsilon} = \frac{1}{2}\left[\frac{\mu E}{(1+\mu)(1-2\mu)}\theta^2 + \frac{E}{1+\mu}\varepsilon_{ij}\varepsilon_{ij}\right] \tag{4-12}$$

而应变余能密度是应力分量的状态函数，可表示为

$$\bar{U}^* = \frac{1}{2}\boldsymbol{\sigma} : \left[\frac{1+\mu}{E}(\boldsymbol{\sigma} - \frac{\mu}{1+\mu}\boldsymbol{\Theta}\boldsymbol{I})\right] = \frac{1}{2E}[(1+\mu)\sigma_{ij}\sigma_{ij} - \mu\boldsymbol{\Theta}^2] \tag{4-13}$$

弹性体的变形势能(应变能)为

$$U = \int_V \bar{U}\mathrm{d}V \tag{4-14}$$

弹性体的应变余能为

$$U^* = \int_V \bar{U}^* dV \tag{4-15}$$

位移变分方程可表示为

$$\delta U = \int_V f_i \delta u_i dV + \int_{S_\sigma} \bar{f}_i \delta u_i dS \tag{4-16}$$

虚功方程(虚位移原理)为

$$\int_V \sigma_{ij} \delta \varepsilon_{ij} dV = \int_V f_i \delta u_i dV + \int_{S_\sigma} f_i \delta u_i dS \tag{4-17}$$

弹性体的总势能 Π 等于应变能与外力势能之和，即

$$\Pi(u_i) = U + V$$

其中外力势能 V 为

$$V = -\int_V f_i u_i dV - \int_{S_\sigma} \bar{f}_i u_i dS \tag{4-18}$$

最小势能原理为

$$\delta \Pi(u_i) = 0 \tag{4-19}$$

应力变分方程可表示为

$$\delta U = \int_{S_u} \bar{u}_i \delta \bar{f}_i dS \tag{4-20}$$

虚应力原理为

$$\int_{Su} \delta \bar{f}_i \bar{u}_i dS = \int_V \delta \sigma_{ij} \varepsilon_{ij} dV \tag{4-21}$$

弹性体的总余能为

$$\Pi^* = U^* - \int_{S_u} \bar{f}_i \bar{u}_i dS \tag{4-22}$$

最小余能原理为

$$\delta \Pi^*(\sigma_{ij}) = 0 \tag{4-23}$$

参 考 文 献

北京大学数力系, 1978. 高等代数[M]. 北京: 人民教育出版社.

曹富新, 杨春秋, 1993. 工程薄壁结构计算[M]. 北京: 中国铁道出版社.

程昌钧, 1995. 弹性力学[M]. 兰州: 兰州大学出版社.

胡聿贤, 2006. 地震工程学[M]. 2 版. 北京: 地震出版社.

季顺迎, 2013. 材料力学[M]. 北京: 科学出版社.

JOHNSON K L, 1992. 接触力学[M]. 徐秉业, 译. 北京: 高等教育出版社.

柯歇尔丁, 邹异明, 1986. 辛几何引论[M]. 北京: 科学出版社.

蓝以中, 赵春来, 1998. 线性代数引论[M]. 2 版. 北京: 北京大学出版社.

陆明万, 罗学富, 2016. 弹性理论基础[M]. 2 版. 北京: 清华大学出版社.

穆斯海里什维, 1958. 数学弹性力学的几个基本问题[M]. 赵惠元, 译. 北京: 科学出版社.

钱令希, 1958. 超静定结构学[M]. 上海: 上海科学卫生出版社.

秦孟兆, 1990. 辛几何及计算哈密顿力学[J]. 力学与实践, 12(6): 1-20.

史荣昌, 1996. 矩阵分析[M]. 北京: 北京理工大学出版社.

王龙甫, 1984. 弹性理论[M]. 北京: 科学出版社.

吴家龙, 1993. 弹性力学[M]. 上海: 同济大学出版社.

吴家龙, 2016. 弹性力学[M]. 3 版. 北京: 高等教育出版社.

徐芝纶, 1990. 弹性力学[M]. 北京: 高等教育出版社.

徐芝纶, 2006. 弹性力学(上册) [M]. 北京: 高等教育出版社.

姚伟岸, 2001. 极坐标哈密顿体系约当型与弹性楔的佯谬解[J]. 力学学报, 33(1): 79-86.

张鸿庆, 阿拉坦仓, 1995. 辛正交系的完备性问题[J]. 大连理工大学学报, 35(6): 754-758.

张允真, 曹富新, 1988. 弹性力学及其有限元法[M]. 北京: 中国铁道出版社.

钟万勰, 1991a. 分离变量法与哈密尔顿体系[J]. 计算结构力学及其应用, 8(3): 229-240.

钟万勰, 1991b. 条形域平面问题与哈密顿体系[J]. 大连理工大学学报, 31(4): 373-384.

钟万勰, 1995. 弹性力学求解新体系[M]. 大连: 大连理工大学出版社.

钟万勰, 徐新生, 1996. 弹性曲梁问题的直接法[J]. 工程力学, 13(4): 1-8.

周衍柏, 1979. 理论力学教程[M]. 北京: 人民教育出版社.

DEMPSEY J P, 1981. The wedge subjected to tractions: A paradox resolved[J]. Journal of Elasticity, 11(1): 1-10.

STERNBERG E, KOITER W T, 1958. The wedge under a concentrated couple: A paradox in the two-dimensional theory of elasticity[J]. Journal of Applied Mechanics, 25(3): 575-581.

TIMOSHENKO S P, GOODIER J N, 1970. Theory of elasticity[M]. 3rd ed. New York: McGraw-Hill.